火炮系统分析与优化
Gun Systems Analysis and Optimization

杨国来　王丽群　编著

科学出版社
北　京

内 容 简 介

本书首先概要地介绍了火炮系统与火炮武器系统的内涵、火炮系统分析与优化的主要研究内容，然后分章节介绍了火炮系统分析与优化的基本理论与方法，包括系统工程的基本原理、火炮系统设计和综合分析、火炮多学科设计优化、火炮系统不确定性分析与优化方法、火炮关键参数误差方案的优选方法等。

本书可作为兵器科学与技术学科研究生的教材或参考书，也可供相关学科专业的高年级学生、教师及工程技术人员参考。

图书在版编目（CIP）数据

火炮系统分析与优化 / 杨国来，王丽群编著. —北京：科学出版社，2023.6
ISBN 978-7-03-072662-9

Ⅰ. ①火… Ⅱ. ①杨… ②王… Ⅲ. ①火炮系统－研究 Ⅳ. ①E92
中国版本图书馆 CIP 数据核字（2022）第 114838 号

责任编辑：李涪汁　赵晓廷　曾佳佳 / 责任校对：郝璐璐
责任印制：赵　博 / 封面设计：许　瑞

科学出版社 出版
北京东黄城根北街 16 号
邮政编码：100717
http://www.sciencep.com

北京厚诚则铭印刷科技有限公司印刷
科学出版社发行　各地新华书店经销

*

2023 年 6 月第 一 版　开本：787×1092　1/16
2024 年 5 月第二次印刷　印张：19 1/4
字数：450 000

定价：109.00 元
（如有印装质量问题，我社负责调换）

前　言

随着科学技术的飞速发展和战争需求的快速变化，火炮系统的结构组成和技术特征越来越复杂，武器系统战技指标之间的矛盾越来越突出，传统的单学科确定性设计理论无法解决火炮系统复杂结构和多个性能指标的优化匹配难题，难以适应现代火炮技术的快速发展和武器研制需求，因此迫切需要综合运用系统工程、多学科优化、不确定性分析等复杂系统设计理论和方法，以系统整体最优性为设计目标，对火炮战技指标和总体结构进行系统仿真与综合优化，正确评价和处理诸多战技指标之间的矛盾，获得合理的指标体系和系统结构，以提高火炮综合效能。

目前国内高校的兵器类研究生专业已经开设了"武器系统分析"课程，并作为全国兵器科学与技术一级学科研究生核心课程来建设，但已有的教材和著作尚不能充分适应兵器类研究生专业武器系统分析教学的需要，尤其缺乏将武器系统分析与计算机建模仿真、多学科优化、不确定性分析有机融合的教科书。因此，作者在多年从事火炮系统分析与优化、火炮虚拟样机技术、火炮现代设计理论与方法、不确定性分析与优化设计等教学和科研实践的基础上，根据兵器类研究生教学和科研需要，撰写了本书。

全书共分6章，内容具体如下。

第1章简要介绍火炮系统分析与优化的基本内涵，包括火炮系统组成、火炮系统分析与优化的主要研究内容。

第2章介绍系统工程的基本原理，包括系统工程的概念、系统工程方法论以及系统分析的基本原理。

第3章阐述火炮系统设计和综合分析，介绍火炮系统设计的主要任务、要求、原则，以及火力分系统、火控分系统、底盘分系统等关键系统的总体设计流程与基本理论，阐述火炮系统建模与性能分析方法，给出火炮系统效能分析的几种典型模型。

第4章介绍火炮多学科设计优化技术，重点阐述多学科设计优化的主要算法、灵敏度分析方法、近似模型技术和火炮膛内射击过程多学科设计优化。

第5章阐述火炮系统不确定性分析与优化方法，重点介绍基于神经网络的火炮发射动力学响应区间优化方法、基于前馈神经网络微分的火炮发射动力学响应区间分析与优化方法。

第6章介绍火炮关键参数误差方案的优选方法，包括火炮关键参数误差方案优选的评价指标体系、火炮关键参数误差方案的模糊综合评价法、基于模糊优选神经网络模型的火炮关键参数误差方案优选。

本书第1～3章和第6章（6.1节和6.2节）由南京理工大学杨国来教授编写，第4章、第5章和第6章（6.3节）由南京理工大学王丽群教授编写，全书由杨国来教授统稿。

本书得以出版，需要感谢博士研究生徐凤杰、马毓泽、陈宇、于情波、谢继鹏以及硕士研究生李志旭、李荣、刘丹等的创新性工作，同时需要感谢博士研究生李雷、吴清乐、李聪、俞文斌、王宗范、王一珉、王一端、林大睿等在本书资料整理、图形绘制等方面付出的辛勤劳动。

鉴于作者水平有限，书中难免有不妥之处，敬请读者和同行专家批评指正。

作　者

2022 年 12 月

目 录

前言
第1章 概述·······1
1.1 火炮系统与火炮武器系统·······1
1.2 火炮系统分析与优化的主要研究内容·······2
1.2.1 火炮系统设计与综合分析·······3
1.2.2 火炮多学科设计优化·······3
1.2.3 火炮系统不确定性分析与优化·······4
1.2.4 火炮关键参数误差方案的优选方法·······4
第2章 系统工程的基本原理·······5
2.1 系统工程的概念·······5
2.1.1 系统工程的定义·······5
2.1.2 系统工程的特点和应用·······6
2.2 系统工程方法论·······7
2.2.1 系统工程观念·······7
2.2.2 系统工程的一般研究方法·······12
2.2.3 霍尔三维结构方法论·······13
2.2.4 切克兰德方法论·······17
2.3 系统分析·······18
2.3.1 系统分析的定义·······18
2.3.2 系统分析的原则·······18
2.3.3 系统分析的基本要素·······19
2.3.4 系统分析的要点与步骤·······20
2.3.5 系统分析的方法·······20
第3章 火炮系统设计和综合分析·······22
3.1 火炮系统设计·······22
3.1.1 火炮系统设计的主要任务·······22
3.1.2 火炮系统设计的要求·······23
3.1.3 火炮系统设计原则·······26
3.2 火力分系统总体设计·······27
3.2.1 火力分系统总体设计的基本方法·······27
3.2.2 外弹道设计·······29
3.2.3 装药与内弹道设计·······31
3.2.4 火炮发射系统设计·······33

3.2.5 弹药装填系统设计 …………………………………………… 35
　3.3 火控分系统总体设计 ……………………………………………… 37
　　　3.3.1 火控分系统组成 ……………………………………………… 37
　　　3.3.2 火控分系统方案设计 ………………………………………… 38
　　　3.3.3 火控分系统的数学模型 ……………………………………… 39
　3.4 底盘分系统总体设计 ……………………………………………… 41
　　　3.4.1 底盘总体布置 ………………………………………………… 41
　　　3.4.2 驾驶室装置 …………………………………………………… 43
　　　3.4.3 战斗室装置 …………………………………………………… 43
　　　3.4.4 动力和传动系统布置 ………………………………………… 46
　　　3.4.5 行动系统布置 ………………………………………………… 48
　3.5 火炮主要性能建模与分析 ………………………………………… 48
　　　3.5.1 射击稳定性分析 ……………………………………………… 48
　　　3.5.2 刚强度分析 …………………………………………………… 54
　　　3.5.3 动态强度分析 ………………………………………………… 60
　　　3.5.4 射击密集度分析 ……………………………………………… 69
　　　3.5.5 可靠性分析 …………………………………………………… 82
　3.6 武器系统效能分析 ………………………………………………… 91
　　　3.6.1 武器装备效能的基本概念 …………………………………… 91
　　　3.6.2 效能分析 ……………………………………………………… 96
　　　3.6.3 指标效能模型 ………………………………………………… 99
　　　3.6.4 系统效能模型 ………………………………………………… 110
　　　3.6.5 作战效能模型 ………………………………………………… 118

第4章 火炮多学科设计优化 ……………………………………………… 122
　4.1 多学科设计优化的重要意义 ……………………………………… 122
　　　4.1.1 多学科设计优化的研究背景 ………………………………… 122
　　　4.1.2 多学科设计优化的基本内涵 ………………………………… 123
　　　4.1.3 多学科设计优化的主要研究内容 …………………………… 123
　4.2 多学科设计优化的主要算法 ……………………………………… 127
　　　4.2.1 复杂系统的分解方法 ………………………………………… 127
　　　4.2.2 多学科可行法 ………………………………………………… 130
　　　4.2.3 单学科可行法 ………………………………………………… 132
　　　4.2.4 并行子空间优化法 …………………………………………… 133
　　　4.2.5 协同优化法 …………………………………………………… 135
　　　4.2.6 两级集成系统综合法 ………………………………………… 136
　4.3 灵敏度分析方法 …………………………………………………… 138
　　　4.3.1 学科灵敏度分析 ……………………………………………… 138
　　　4.3.2 系统灵敏度分析 ……………………………………………… 142

4.4 近似模型技术 ·································148
4.4.1 试验设计方法 ·······························149
4.4.2 多项式响应面法 ···························154
4.4.3 Kriging 法 ·································156
4.4.4 支持向量机法 ·······························157
4.4.5 BP 前馈神经网络 ··························158
4.4.6 径向基神经网络 ···························160
4.4.7 近似模型预测精度的评价 ···············161
4.5 火炮膛内射击过程多学科设计优化 ············161
4.5.1 火炮膛内射击过程多学科设计优化的学科划分与重构 ············162
4.5.2 系统级和各子学科的分析与优化模型 ············164
4.5.3 火炮膛内射击过程多学科设计优化结果分析 ············178

第5章 火炮系统不确定性分析与优化方法 ············190
5.1 区间分析方法 ································191
5.1.1 区间数的基本概念和运算法则 ···············191
5.1.2 结构响应的经典区间分析法 ···············193
5.2 基于神经网络的火炮发射动力学响应区间优化方法 ············197
5.2.1 区间数的排序法则 ·······························197
5.2.2 非线性区间数优化的数学转换模型 ············200
5.2.3 基于神经网络代理模型的嵌套优化求解策略 ············203
5.2.4 火炮发射动力学响应区间不确定性优化实例 ············205
5.3 基于前馈神经网络微分的火炮发射动力学响应区间分析方法 ············219
5.3.1 前馈神经网络的微分方程 ···············220
5.3.2 前馈神经网络结构对微分计算精度的影响 ············223
5.3.3 基于前馈神经网络微分的区间摄动法 ············233
5.3.4 火炮发射动力学响应区间分析实例 ············241
5.4 基于前馈神经网络微分的火炮发射动力学响应区间优化方法 ············243
5.4.1 基于前馈神经网络微分的非线性区间数优化转换模型 ············244
5.4.2 基于前馈神经网络微分的区间优化求解策略 ············245
5.4.3 算法性能分析 ·······························247
5.4.4 火炮发射动力学响应区间优化实例 ············251

第6章 火炮关键参数误差方案的优选方法 ············255
6.1 火炮关键参数误差方案优选的评价指标体系 ············255
6.1.1 评价指标体系确定的基本原则与步骤 ············255
6.1.2 火炮关键参数误差方案优选评价指标体系的建立 ············257
6.1.3 优选指标权重的确定方法 ···············257
6.2 火炮关键参数误差方案的模糊综合评价法 ············261
6.2.1 多目标模糊优选模型 ·······························262

  6.2.2 隶属度确定的基本方法 ………………………………………………… 267
  6.2.3 火炮关键参数误差方案模糊优选分析实例 …………………………… 268
 6.3 基于模糊优选神经网络模型的火炮关键参数误差方案优选 …………………… 280
  6.3.1 模糊优选神经网络综合评价的基本原理 ……………………………… 281
  6.3.2 火炮关键参数误差方案的评价与优选实例 …………………………… 286

参考文献 ……………………………………………………………………………………… 297

第1章 概　　述

火炮是一种口径不小于 20mm，利用发射药为能源发射弹丸等战斗部的身管射击武器，广泛装备于陆、海、空各军兵种。火炮经过几百年的发展，其系统组成、技术原理、功能性能、目标任务等已经发生了巨大的变化，现代火炮已不是传统的"炮身+架体"的纯机械装备，而是集机械、控制、光电和信息技术于一体的复杂武器系统，在初速、射程、精度、反应能力、可靠性、智能化程度等各方面的性能都得到了显著的提升，不仅可以发射普通的无控弹药，而且能发射低成本的制导弹药和智能弹药。本章针对现代火炮系统组成和技术特征日趋复杂化的发展需求，重点阐述火炮系统与火炮武器系统的基本内涵，在此基础上对火炮系统分析与优化的主要研究内容进行概述。

1.1　火炮系统与火炮武器系统

火炮系统（gun system）是现代火炮的火力分系统、火控分系统、运载分系统等的统称，也是广义的"火炮"；狭义的"火炮"一般是指火炮发射系统，即火力系统的核心部分[1]。

火力分系统包括发射系统和弹药。发射系统包括火炮发射系统、其他辅助武器等。火炮发射系统一般包含炮身、炮闩、反后坐装置、操瞄装置、架体等部件或子系统。弹药是火炮最终完成战术使命，达到杀伤、破坏等战术目的的功能单元。弹药只有被火炮发射至预定的区域才能够实现其毁伤作用，因此火炮与弹药两者相互依存、共同作用来完成火炮武器的战术使命。为了将炮弹迅速、准确地发射到更远的区域，不仅需要突破火炮进一步提高射程、精度和射速的关键技术，还要同时系统考虑射程、精度、射速与机动性、可靠性之间的综合平衡。火炮作战范围的提升又导致各种新型弹种的出现，如低成本制导弹药、电磁干扰弹、电子侦察弹、炮射无人机等，一方面要攻克这些新型弹药自身的核心理论与关键技术，另一方面需要解决火炮发射这些弹药的适配性技术，只有统筹解决了火炮与弹药的系统性问题，才能使火炮的作战能力得到真正意义上的提升。

火控分系统是指控制分系统，俗称大火控，它是一种使被控武器发挥最大效益的装置，包括火控子系统、指控子系统、导航子系统、情报通信子系统等[2]。火控子系统随炮种不同而不同，一般包括射击诸元求取、瞄准控制和射击控制系统等，其主要功能是控制火炮发射弹丸，击中所选择的目标。火控子系统的核心任务是准确、实时地计算出射击诸元，并将其赋予火炮以将弹丸准确送抵目标区域，其目的在于提高火炮瞄准、射击的快速性和准确性，增加对恶劣战场环境的适应性，以提升火力机动性和充分发挥武器对目标的毁伤能力。火控分系统对弹丸的控制主要是通过对火炮身管的控制来实现的，即赋予弹丸以初速和方向，而火控分系统赋予弹丸的飞行时间、飞行距离、转向角等均是预测值，所以必然存在预测误差和控制误差，为满足射击精度要求，需严格控制火控分系统的误差。

运载分系统对自行火炮而言指履带式底盘或轮式底盘，对车载火炮或牵引火炮而言则指其车体、车轮等运动部分。运载分系统对提升火炮机动作战能力和射击稳定性具有重要意义。

火炮武器系统的范畴通常比火炮系统的范畴宽泛。一般认为，火炮武器系统是指由火炮系统、指挥与侦察系统、维修维护系统以及其他辅助系统组成的技术密集的综合武器系统。例如，一个营套的某155mm自行榴弹炮武器系统包括155mm自行榴弹炮、指挥车、侦察车、雷达车、抢救车、维修车、弹药输送车等，如图1.1所示。

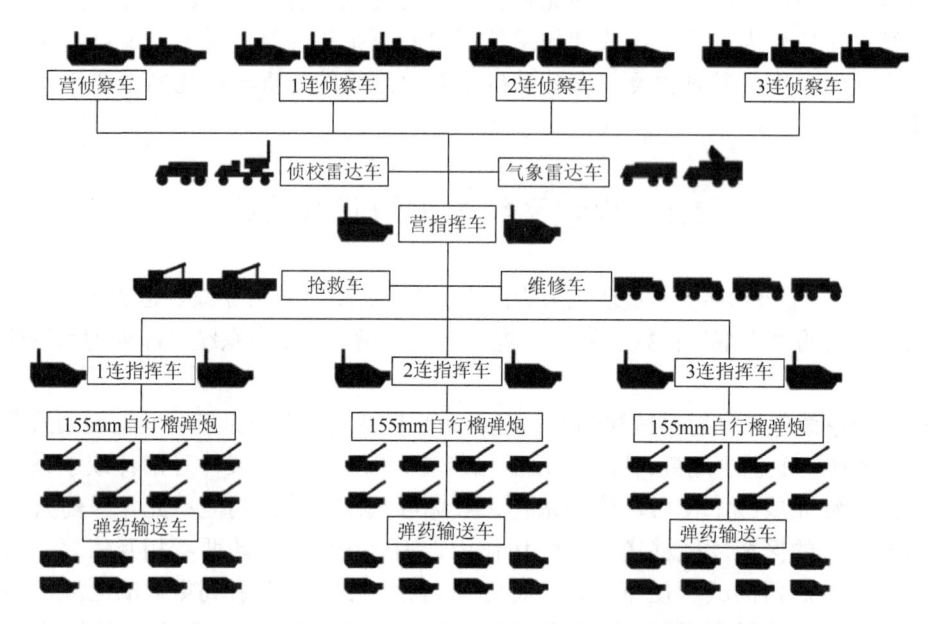

图 1.1　一个营套的某155mm自行榴弹炮武器系统组成

1.2　火炮系统分析与优化的主要研究内容

火炮的演变过程表明，科学技术的进步是火炮发展的基础，战争的需求是火炮发展的动力，解决威力和机动性之间的矛盾是火炮发展的主线[3]。威力是一个与弹、炮、药三要素密切相关的多目标函数，通常包括弹丸对目标的毁伤效能、射程、射击精度、火力密度；机动性是运载机动能力和火力机动能力的总称。例如，为了提高火炮的威力，要求火炮口径更大，弹丸炮口动能更高，更完善、更复杂的火控系统，更多的弹药，这就要求火炮战斗全重和外形尺寸加大，机动性能力下降。火炮的威力、机动性、反应能力、生存能力等主要性能之间，不但有互相矛盾的一面，也有互相统一、互相促进的一面。例如，火炮威力强大，能够更快、更准、更狠地消灭敌人，就是保护了自己；机动性好就可以更好地发挥火力的威力和更好地避免被敌人命中。因此，需要从火炮系统整体出发，利用系统观念和系统思想，通过科学的分析研究，对火炮整体和各分系统进行综合分析与评价，或寻求满足火炮系统战术技术要求和总体性能最佳的方案，解决火炮主要性能之间的综合平衡，保证实现战术技术性能。

1.2.1 火炮系统设计与综合分析

火炮武器系统的特点是系统组成和技术特征复杂，各分系统联系紧密且相互影响和制约，长期的火炮研制和作战使用实践表明，进行有效的火炮系统设计和综合分析，是关乎火炮研制成败和提高火炮武器系统作战效能的关键问题和难点之一。火炮系统设计，广义上是指用系统的观点和优化的方法，综合相关学科的成果，进行与火炮总体有关因素的综合考虑，包括立项论证、战术技术要求论证、总体方案论证、功能分解、技术设计、生产、试验、管理等；狭义上是指涉及火炮总体性能方面的设计，包括火炮系统组成设计、战术技术指标分解与设计参数确定、原理设计、总体布局设计，以及人机工程、可靠性、安全性、检测、通用化、标准化、系列化等方面的设计。

综合分析是运用系统概念对火炮系统设计方案进行分析和评价，为火炮系统设计确定科学的逻辑程序，也为技术管理提供协调控制的节点。火炮综合分析的主要研究内容包括火炮射击稳定性、结构刚强度、射击密集度、可靠性等关键性能的建模仿真与分析，以及火炮系统效能分析等。

1.2.2 火炮多学科设计优化

多学科设计优化（multidisciplinary design optimization，MDO），是借鉴并行协同设计学及集成制造技术的思想而提出的，它将单个学科（领域）的分析与优化同整个系统中互为耦合的其他学科的分析与优化结合起来，将并行工程的基本思想贯穿到整个设计阶段[4]。其主要设计思想是在复杂产品设计的整个过程中，利用分布式计算机网络技术来集成各个学科（子系统）的知识以及分析和求解根据，应用有效的优化设计策略，组织和管理整个优化设计过程。其目的是通过充分利用各个学科（子系统）之间相互作用所产生的协同效应，获得系统的整体最优解，并通过实现并行设计，来缩短设计周期，从而使研制出的产品更具有竞争力。实际上，多学科设计优化就是一种通过充分探索和利用工程系统中相互作用的协同机制，来设计复杂产品及其子系统的方法论。

火炮多学科设计优化可以表述为：从系统工程的观点出发，紧密结合目标特性分析，以获得最大综合发射性能为目的，研究火炮系统之间的协调匹配问题和优化设计技术，为火炮系统设计参数的制定提供先进的设计方法。多学科设计优化的研究内容随着各种多学科设计优化技术的逐渐深入而不断得到扩展和充实，已形成比较完善的理论体系。多学科设计优化所涵盖的研究内容广泛而深入，近年来，相关研究机构重点关注的研究内容主要包括：复杂系统的分解与协调、多学科设计优化方法、复杂系统建模、灵敏度分析、近似建模、优化算法、集成设计系统等。

1.2.3 火炮系统不确定性分析与优化

火炮发射过程实际上是一个受多种不确定性因素影响的不确定性过程。在由机、电、液集成的复杂机械系统现代化火炮中，无可避免地存在着由载荷特性、材料性质、几何尺寸、边界条件、初始条件、测量偏差、环境因素等带来的误差或不确定性。这些不确定性将不可避免地影响最终火炮武器的综合性能，尽管在大多数状况下它们的数值很小，但耦合在一起可能导致火炮的某些系统响应与性能指标产生较大改变；而以确定性模型作为优化基础所获得的优化结果，在实际使用中很可能成为违反约束的不可行解。

不确定性因素的存在，是产生火炮发射性能指标差异的根本原因。受不确定性因素的影响，每一发射弹的膛内载荷、火炮振动特性以及弹丸的飞行轨迹与姿态都存在差异，这些差异汇聚到落点坐标，最终影响到火炮武器系统的一项重要战术技术指标——射击密集度。在火炮武器系统研制过程中，经常有射击密集度达不到指标要求的情况发生，这主要是因为对不确定性因素对火炮发射性能的影响规律没有清晰的认知，也缺乏有效的分析手段。目前，对火炮系统的数值分析与优化研究，往往忽略了火炮系统的不确定性。对一个不确定性问题按照确定性问题处理，不可能揭示其过程本质。因此，必须从不确定性的角度出发研究火炮发射动力学系统中各个阶段上的射击现象，提出具有普遍适用性的不确定性数值分析方法，解决火炮发射动力学系统动态响应的不确定性数值计算问题，才能揭示其过程本质并掌握其变化规律。不确定性优化是不确定性数值分析的延伸，在不确定性分析方法的基础上，建立火炮系统的不确定性优化模型，并提出相应的不确定性优化算法，能够实现火炮系统的不确定性优化[5]。

1.2.4 火炮关键参数误差方案的优选方法

火炮的设计过程是一个多方案、多参数、多目标、多因素的评价与决策过程。在整个设计过程中，设计人员往往会面临很多种不同的方案，如火炮总体设计方案、火力系统设计方案、信息系统与控制方案、结构设计方案、电气设计方案等，不同方案的优劣以及如何选择最佳的方案是设计人员特别是决策者要经常面对的问题。方案的选择是否科学、是否符合实际要求直接决定了系统性能的优劣，因此，在火炮系统研制中，不同方案的综合评价、决策与优选在火炮全寿命系统设计过程中是较为重要的设计环节。

为了能够将复杂的评价决策问题用科学的计算方法进行量化，方便设计者和决策者进行方案的优选，首先必须建立能够衡量方案优劣的评价标准，即建立以火炮射击精度、射击稳定性、经济性等为主要指标的方案综合评价优选指标体系，该指标体系应能够尽可能全面地反映影响火炮主要战术、技术指标的各种因素。针对方案决策，主要研究重点在于在可行域中选择令决策者满意的方案的过程，主要方法论包括指标隶属度确定、模糊综合评价优选法、基于模糊神经网络综合评价法等[6]。

第 2 章　系统工程的基本原理

20 世纪 60 年代系统工程的出现，使系统科学中的系统分析技术在各领域中得到广泛的应用。在国内，系统工程最早由我国著名科学家、导弹之父钱学森提出，为我国武器装备的发展提供了有力支持。本章主要介绍系统工程的基本原理，包括系统工程的概念、系统工程方法论以及系统分析。

2.1　系统工程的概念

2.1.1　系统工程的定义

系统工程是一门正处于发展阶段的新兴学科，其应用领域十分广阔。由于其他学科的相互渗透、相互影响，不同专业领域的人对它的理解不尽相同[7]。

钱学森院士认为：系统工程是组织管理系统的规划、研究、设计、制造、试验和使用的科学方法，是一种对所有系统都具有普遍意义的科学方法。简言之，系统工程就是组织管理系统的技术。

美国著名学者切斯纳指出：系统工程认为虽然每个系统都是由许多不同的特殊功能部分所组成的，而这些功能部分之间又存在着相互关系，但是每一个系统都是完整的整体，每个系统都要求有一个或若干个目标。系统工程则是按照各个目标进行权衡，全面求得最优解（或满意解）的方法，并使各组成部分能够最大限度地互相适应。

日本工业标准界定：系统工程是为了更好地实现系统目标，而对系统的构成要素、组织结构、物质流动、能量流动、信息流动和控制机制等进行分析和设计的技术。

日本学者三浦武雄指出：系统工程与其他工程学的不同之处在于它是跨越许多学科的科学，而且是填补这些学科边界空白的边缘科学。他认为系统工程的研究目的是研究系统，而系统不仅涉及工程学的领域，还涉及社会、经济和政治等领域。为了圆满解决这些交叉领域的问题，除了需要某些纵向的专门技术以外，还要有一种技术从横向把它们组织起来。这种横向技术就是系统工程，也就是研究系统所需的思想、技术、方法和理论等体系化的总称。

系统工程是从总体出发，合理开发、运行和革新一个大规模复杂系统所需思想、理论、方法论、方法与技术的总称，属于一门综合性的工程技术。它是按照问题导向的原则，根据总体协调的需要，把自然科学、社会科学、数学、管理学、工程技术等领域的相关思想、理论、方法等有机地综合起来，应用定量分析和定性分析相结合的基本方法，采用现代信息技术等技术手段，对系统的功能配置、构成要素、组织结构、环境影响、物质和能量流动、信息交换、反馈控制、行为特点等进行系统分析，最终达到使系统合理开发、科学管理、持续改进、协调发展的目的。

系统工程是一门工程技术，但它与机械工程、电子工程、水利工程等其他工程学的某些性质不尽相同。各门工程学都有其特定的工程特质对象，而系统工程的对象，则不限定于某种特定的工程物质对象，任何一种物质系统都能成为它的研究对象，而且不只限于物质系统，它可以包含自然系统、社会经济系统、经济管理系统、军事指挥系统等。由于系统工程处理的对象主要是信息，并着重为决策服务，因此国内外很多学者认为系统工程是一门软科学。

系统工程在自然科学和社会科学之间架设了一座沟通的桥梁。现代数学方法和计算机技术等，通过系统工程，为社会科学研究增加了极为有用的定量方法、模型方法、模拟方法和优化方法。系统工程也为自然科学的工程技术人员和从事社会科学的研究人员的相互合作开辟了广阔的道路。

人们比较一致的看法和共同的认识是：系统工程学是以大规模复杂系统问题为研究对象，在运筹学、系统理论、管理科学等学科基础上，逐步发展和成熟起来的一门交叉学科，其理论基础是一般系统理论、大系统理论、经济控制论、运筹学、管理科学等学科相互渗透、交叉发展而形成的。

2.1.2 系统工程的特点和应用

1）一个系统，两个最优

一个系统是指系统工程以系统为研究对象，要求全面地、综合地考虑问题；两个最优是指研究系统的目标是实现系统总体效果最优，同时，实现这一目标的方法或途径也要求达到最优。当然，最优只是理想，实际上是尽量优化，即没有最好，只有更好，这是由系统的复杂性决定的。

2）以软为主，软硬结合

传统的机械工程、土木工程、电子工程、兵器科学与技术等工程学，以"硬件"对象为主，可以归纳为广义的物理学的范畴，是以硬技术为主的工程技术。传统的工程技术的单元学科性较强。而系统工程是一大类新兴的工程技术的总称，以对事物进行合理筹划为主，可以将它们划归为广义的事理学（对事物进行处理的学问）的范畴，是以软技术为主的工程技术。系统工程的学科综合性较强。

实际上事物是事与物的合成体，系统工程与传统的工程技术对事与物的研究，只是侧重点有所不同而已，系统工程以软为主，但又软硬结合。

3）跨学科多，综合性强

跨学科多包括两个方面：一是用到的知识是多个学科的，系统工程的研究要用到系统科学、自然科学、社会科学等各方面的知识；二是开展系统工程研究要有多个学科的专家参加。

综合性强，不同的学科、各个部门的专家要相互配合，协同研究和设计，而不是各自为战，各行其是，或攻其一点不及其余。

4）从定性到定量的综合集成研究

这是钱学森院士提出的系统工程方法论。综合集成是在观念的集成、技术的集成、人员的集成、管理方法的集成等各种集成之上的高度综合，又是在各种综合（复合、覆盖、组合、联合、合成、合并、兼并、包容、结合、融合等）之上的高度集成。综合集成考虑问题的视野是系统之上的系统，包含本系统而比本系统更大的系统、更大更大的系统。

综合集成的实质是把专家体系、数据和信息体系以及计算机体系结合起来，构成一个高度智能化的人机结合系统，这个方法的成功应用就在于发挥了这个系统的综合优势、整体优势和智能优势。

5）以宏观研究为主，兼顾微观研究

系统工程认为，系统无论大小，皆有其宏观与微观；凡属系统的全局、总体和长远的发展问题，均为宏观；凡是系统内部低层次上的问题，则是微观。宏观调控、微观搞活是系统科学的一条基本原理。研究微观问题，必须重视它的宏观背景，不能就事论事，只顾局部、不顾全局，必须至少上升一个层次考虑问题。

6）实践性与咨询性

系统工程的应用研究是针对实际问题的，是要解决问题且接受实际检验的，不是"纸上谈兵"或"闭门造车"，这是系统工程的实践性。

这种研究主要是给决策者提供决策咨询，研究成果是为他们提供多种备选方案，由他们最终决策。系统工程人员是为决策者当好参谋与助手，并不是取代决策者的地位。

系统工程的应用领域包括社会系统工程、经济系统工程、区域规划系统工程、环境生态系统工程、能源系统工程、水资源系统工程、交通运输系统工程、农业系统工程、企业系统工程、教育系统工程、人口系统工程、军事系统工程、信息系统工程、物流系统工程等。

2.2 系统工程方法论

2.2.1 系统工程观念

系统工程观念是人类对事物本质和内在规律的基本看法，是指导解决工程问题的基本思想的集合，也称系统工程基本原则，一般包括整体观念、综合观念、价值观念、全过程观念、创造观念、策略观念[8]。

1）整体观念

整体观念指在工程开发研究和规划时要有全局观点和长远观点。在研究方法上既把研究对象看作一个整体，又把研究过程看作一个系统整体，这是系统工程的精华。通俗地说，系统工程处理问题总是"先观大象再摸象腿""先用望远镜再用显微镜"，不能"只见树木，不见森林"，也不能"只顾现在，不顾将来"。

把研究对象看作一个整体，就是把对象看作由若干分系统按一定规律有机地结合而成的总体系统。对每个分系统的要求都要首先从实现总体系统技术协调的观点来考虑；对开发过程中分系统之间的矛盾或分系统与整体之间的矛盾都要从整体出发协调解决。同时，要把对象系统作为它所从属的更大系统的组成部分来研究，对它所有的技术要求，都尽可能从实现这个更大系统技术协调的观点来考虑。

按整体观念的要求，在制定系统工程方案、策略和规划时必须牢固树立全局观点。在实际工程中，某些方案或策略从局部和短期来看是好的，但从全局和长远来看是不好的；另外，有些方案或策略从局部和短期来看不那么好，但从全局和长远来看却是有价值的。因此，应该从实现整个系统的总目标出发，用局部服从全局、短期服从长远的原则来处理问题，才能做出科学的判断，否则会形成错误的方案，影响决策。

【实例】 在英国和阿根廷的马岛战争中，英国军队为了减轻船体重量以便设置更多武器装备，采用铝合金代替钢制成舰艇，但由于铝合金的熔点远低于钢，致使舰艇中弹后，水线以上的船体迅速熔化而失去作战功能，这种片面追求某一战术技术指标而忽略武器系统总体性能的做法是缺乏整体观念的表现，应当引以为戒。

2）综合观念

综合和分析是解决工程问题的两种方法。对于传统工程，其解决问题多以分析为主，而系统工程则非常强调综合的作用，因为系统工程面临的都是开发性的大型项目，没有直接样本可循，需要通过复杂的创造性思维活动开发出系统概念，并且跨学科、超行业地综合运用各种知识和经验才能组成实现预定目标的系统结构，从而解决面临的问题。

综合可浅可深，如情况、数据、观点的归纳和整理属于初级的综合，融合各方面的因素于一体，从而产生质的飞跃则为高级的综合。系统工程的综合属于高级的综合，是机器不能替代的。综合平衡、综合利用、技术集成、技术转移、流程革新等是运用综合观念解决工程开发问题的一些具体途径。

系统工程特别强调各种知识和经验的综合运用。综合运用并不是指将各种知识和经验进行简单的堆砌，而是要从系统的总目标出发，将各种有关的知识和经验予以有机结合、协调运用、融合一致，达到质的飞跃，从而开发出新的概念，创造出新的"技术综合体"。

可以说，现代许多先进的工程系统，实际上都是综合运用已有技术成果而得到的"技术综合体"。现代科学技术发展的趋势是"技术突破型"越来越少，而"系统综合型"越来越多。这就要求各门学科和技术相互渗透、相互融合，继而产生更多的"技术综合体"。例如，导弹武器是综合运用自动控制技术、电子计算机技术和管理科学的成果。导弹的出现并不是因为基础理论方面有何重大突破或技术上有什么新的发明，而是由于高度综合运用了已有的技术成果。美国人称系统工程是科学加艺术，日本学术界称系统工程是"综合即创造"。

【实例1】 苏制米格-25战斗机是当时世界上基本接近"双三"指标（最大马赫数为3，最大升限为3000m）的战斗机，性能优良。但其机身材料是一般战斗机上使用的普通铝合金，机上的通信设备并不先进，有些还是比较落后的电子管式的，铆接技术也很粗糙。这些并不先进的材料、工艺技术、设备为什么能使米格-25战斗机的性能依然很先进呢？其奥妙就在于综合运用，这说明了整体的最优化并不一定要求所有的分系统都达到最优。

【实例2】 美国研制成功的"隐身飞机"。起初研制该飞机时曾走了一段弯路，为了使飞机和导弹突破对方的防御体系，曾经花费了巨大的人力、物力和财力研制微波吸收材料，但是进展非常缓慢，后来改变了研制策略，一方面在飞机的外形设计上尽量使雷达的有效反射面积减少；另一方面使用控制技术，在飞机被敌方雷达发现时，先使机身转动，将其反射面积最小的方向对准雷达，后又施放反射面积较大的假目标作为诱饵，引诱敌方雷达跟踪假目标；再一方面是在飞机的某些部位上配合使用微波吸收材料，通过这些技术的综合运用，使飞机具备很强的"隐身"功能。

下面再通过"海军平衡"理论了解一下综合平衡（trade-off）的重要性。

20世纪80年代初，苏联海军的许多高级将领从各个侧面对海军作战和建设理论问题进行了讨论。1983年7月，以海军司令戈尔什科夫撰文总结而告一段落。戈尔什科夫指出，通过讨论得出的结论是：海军建设的首要问题是平衡问题。在现代条件下，一支协调平衡的小舰队可以打败庞大而不平衡的大舰队。他在文章中指出，苏联海军从装备编成到作战能力，都要依靠科学的比例结构发展，做到既能与各兵种协同，又能独立完成作战任务。另外，他还提到历史上英国海军不注重反潜能力和日本不注意防空能力的教训，要求苏联海军从现代海战的特点出发，系统地改进装备，加强训练，提高综合作战能力。

上述的"海军平衡"理论对苏联海军建设具有重要的指导意义。苏联海军舰队为了实现"海军平衡"，新装备了"光荣"号新型导弹巡洋舰，该舰的排水量为12500t，舰长为190m，时速为34km，配有2架反潜飞机，前甲板装有19具导弹发射架，后甲板还有6具导弹发射架，舰上配备了舰对舰导弹、防空导弹和反潜导弹，海、空、潜作战能力很强。北大西洋公约组织已把该舰列为进攻性武器，认为它的服役使海军的新理论有了物质力量保障，使苏联海军在很大程度上弥补了防空和反潜方面的不足，加快了组织海上战斗群，进行远洋作战的进程。

这个从整体、综合观念出发形成的"海军平衡"理论是很有借鉴意义的。系统工程认为，局部最优不等于系统或全局最优，因此只能在均衡发展的基础上突出重点。

3）价值观念

系统工程的目的是要为主管人员提供决策方案、策略和规划，而对这些方案、策略和规划的评价与决策都是建立在价值观念基础上的。因此，价值观念是系统工程观念中的一个极其重要的组成部分。

（1）评价标准。

系统工程中确定价值目标是一件相当困难的事情，主要原因是工程开发问题具有无样本性、不确定性、不分明性和多目标性。一般把描述系统价值的总体称为评价标准目标集。对于武器装备系统，它包括以下一些价值目标因素，如战术技术性能、进度、费用、可靠性、可维修性、期望寿命、适应性等。因此，应针对不同的系统目标建立不同的评价标准目标集来对系统进行综合评价。

正确评价一个武器系统的效能是一个非常重要的问题。通常进攻性武器系统的效能可用弹头杀伤力、命中率、有效距离以及速度等来表示。因此，几十年来各国武器研究人员都努力研究如何提高弹头的杀伤力、命中率、有效距离以及速度。近年来，由于现代化的自动化指挥系统及C^4I（指挥、控制、通信、计算机和情报）系统的出现，武器系统效能的综合评价用传统的效能评价方式已经不适合了。原因在于，如果对信息的探测、处理不及时，即使是装备很强大的兵力，也可能败于一支信息反馈快、训练有素的小部队手下。

此外，未来战争将是信息化条件下的战争，信息主导、火力主战是必然趋势，除了运用武器实施火力打击（硬杀伤）外，还有对信息目标的"软杀伤"，即探测并识别敌方的信息系统如 C^4I 网络，通过针对信息目标的新型毁伤方式如电磁波干扰或削弱传输网络的效率，进而达到赢得战争的目的。

（2）时间标准。

把时间列为一项重要指标并考察其价值，是系统工程的一个极其重要的价值观念。随着科学技术的日益发达，系统工程所面临的庞大复杂系统不仅研制周期长，而且更新淘汰快，一项工程耗费的时间越长，所付出的代价就越大，甚至一个系统研制了十几年，当它投入使用时，技术上已经陈旧落后，失去了它的使用价值，造成了极大的浪费。工程的开发研究应牢固地把握时间价值这个观念，尽快造出符合时代要求，并且具有竞争力的武器装备。

（3）社会价值和潜在价值。

任何一项工程的开发不能只考虑其经济效益的好坏，还必须同时考虑其社会效益如何。例如，使用液态火箭发动机的导弹部队，由于燃烧剂及其氧化剂均有剧毒，应考虑不能对周围环境带来污染。

工程开发除了产生预定的效能，还可能产生一些有益的输出或产品，这些工程的额外收益称为工程的潜在价值。例如，远程的潜地导弹除了可以直接打击敌战略目标，还有一种威慑力量。军事工程技术的发展对民品生产有一定的促进作用。

4）全过程观念

（1）纵向。

从工程发展过程的纵向来看，工程一般都经历开发、实施、运用和退出四个阶段，这四个阶段构成了工程系统的全寿命周期。系统工程的研究必须着眼于工程系统的全寿命周期，在工程的开发阶段制定工程开发的方案、策略和规划时，就必须考虑工程的设计制造与试验、工程的运用和维修以及工程使用寿命结束以后的处理问题。若忽略了其中的任何一个环节，都会使工程出现停滞与混乱，以致其价值得不到充分发挥。对于现代化的武器装备，在其开发阶段，就要充分考虑工程系统的可靠性、可维修性、抗干扰性等问题，要把这些问题作为战术性能指标提出来，同时要保证有一定的期望寿命。

在工程开发阶段就要考虑工程退出，即工程的"后事处理"，这是系统工程区别于传统工程的又一个重要标志。

【实例】苏联对米格-15 飞机的退役处理。在退役的米格-15 飞机安装自动驾驶仪、雷达导引头和战斗部后就成为岸对舰的飞航式导弹，重新装备部队。

（2）横向。

从工程发展过程的横向来看，工程一般都有并行的两个基本过程：一个是工程技术过程；另一个是工程管理过程。这两个过程是一辆马车上的两个轮子，相辅相成，缺一不可，系统工程的总目标必须依靠这两个并行过程的密切配合才能实现。

工程技术过程是运用自然科学原理和工程技术手段以及生产实践来完成的分析设计、制造和使用的过程。为了保证这个过程有条不紊地进行，还需要对工程活动的进程进行规划、组织和控制，对方案进行分析、比较、评价和决策，这些统称为工程管理过程，简称"管理"。工程技术对于工程技术过程的重要性看得比较清楚，但对于工程管理过程的作用和意义却容易忽视。

现代工程系统具有高度复杂性和综合性，往往需要很多单位和各行各业的参加，需要使用多种技术，投入巨额的资金、材料和设备，这就使得仅凭经验的、直观的、小生产方式的管理方法根本不能适应。管理不善将大大拖延研制周期，使工程质量得不到保证，因此科学的管理成为系统工程中极为重要的一个研究方面。

管理工作涉及组织结构、管理体制、人员配备和工作效益的分析，工作环境的布局，程序步骤的安排，以及工程的计划、检查与控制等问题的研究。

大量的事实证明，在工程发展过程中，工程管理过程往往比工程技术过程更容易出问题。因为管理涉及方针、政策、组织体制和人的行为等因素以及对全局容易产生影响的因素，所以实现系统目标的关键不仅在于工程技术过程，而且更在于工程管理过程，可总结为一句话：可行在技术，成效在管理。

在武器装备发展过程中，这样的矛盾更加突出。长期以来重技术轻管理的思想比较普遍，没有把管理当作一门科学，武器装备的管理普遍比工程技术落后，因此出现了许多工程质量问题，甚至是颠覆性的重大问题，严重制约了武器装备的发展。

5）创造观念

系统的概念开发和结构开发是系统工程中最关键的两项工作，只有明确了工程系统的概念和结构，才能进行工程系统的分析和综合评价。开发工程系统的概念和结构除了需要综合运用科学技术的成果，还特别需要充分发挥人的智慧和创造性。

系统的概念开发，又称系统的概念设计，其主要任务是定义系统的概念，明确建立系统的必要性，在此基础上明确系统的目的和目标，同时提出系统所处的环境条件，并估计系统所受的各种制约条件，最后制定出系统开发计划书。

系统的结构开发，又称系统的组态设计，它是把系统的概念开发所获得的系统概念具体化为概略的系统结构（总体结构），其内容主要是依据定义的系统概念设计出为实现系统目标的系统结构，然后进行系统的分析、优化、评价与决策。

事实证明，要用有限的社会资源（物质、能源和信息）建立起价值较高的系统，从而取得较好的经济效益和社会效益，必须创造性地进行系统的概念开发和结构开发。

【实例1】集装箱的概念。没有创造性的工作方式，可以贬称为"追尾巴"和"照镜子"，体现在武器装备的发展中就是对国外武器的照抄照搬或墨守其现成的概念和结构，忙于搞一件战术技术指标差不多或稍高的类似武器去对付。这种跟在别人后面一步一步爬行的"消极对抗"策略，是很难摆脱被动挨打局面的。武器开发中最忌讳这种消极对抗的策略，而应特别强调"积极对抗"。

【实例2】德国针对T-34坦克的火炮和装甲的威力，采取拼技术、拼指标的方法，研制出一种重型坦克，通过大口径火炮和特厚装甲的途径来压倒T-34坦克，但是由于没有概念和结构的创新，该型坦克体积庞大，车宽3.7m，重量达70t，机动性很差，能通过的公路、桥梁和地区很少，运输和抢救很困难，使用不久很快被淘汰。

【实例3】在第四次中东战争中，以色列飞机被苏制"萨姆"导弹击毁多架，损伤惨重。战争结束后，以色列分析了"萨姆"导弹的优势和致命弱点，采取了"避实就虚"的积极对抗策略，在飞机上使用新的电子对抗技术和相应的战术，在1982年6月发生的中东战争中，以色列飞机仅用 6min 就击毁了叙利亚的 19 个"萨姆"导弹营，而以色列未损伤一架飞机。

6) 策略观念

为使系统工程开发取得最佳的效果，必须运用一系列策略来谋求工程开发与社会环境和自然环境相融合。

(1) 多途径发展。

为了应付环境突变引起的危机，必须制定多途径发展的策略。为了达到同一目的，可以有多种多样的方案，这是工程技术的一个客观规律。

(2) 系列化、标准化、通用化。

这一策略的指导思想是通过规范化形式，使得研究成果具有更大的继承性和可转移性，从而大大降低工程造价，节省施工时间，并带来维护和使用的方便。

(3) 吸取社会潜力。

吸取社会潜力包括利用专利、引用文献、履行承包合同、履行计件合同、聘请和招募有才能的专业人员、建立技术储备和信息库以及人员培训等。

(4) 竞争策略。

通过设置竞争环境，开展方案竞争，是获得工程开发最佳方案的一种策略。曼哈顿工程确定五个方案，苏联的歼击机、轰炸机的研制工作各有三个集团，就是一种设置竞争环境的策略。

(5) 创新和改革策略。

从外延和内涵两方面开发其价值的思想，其目的在于形成系统价值开发的阶跃点。

(6) 相对平衡的策略。

由于事物发展的宏观上的连续性和微观上的间断性，所以在处理现实问题时要保持相对的均衡性，否则就没有办法拿出一个工程的开发方案，也难以去评价一个工程的开发方案。这个策略包括资源（物质、能量、信息）流动的均衡性、系统输入输出（投入产出）的均衡性、开发过程的阶段性等。制定相对平衡的策略的基础是做好技术发展和环境变化的预测工作。

2.2.2　系统工程的一般研究方法

系统工程的研究方法取决于它的指导思想，即"系统思想"。

什么是系统思想？首先要掌握系统工程的精髓，即系统工程是人、设备和过程有机地、有秩序地组合于一定环境之中的工程技术。把握系统工程的精髓需要从以下 6 个方面着手研究一个工程系统。

(1) 系统既是各组成部分的有机组合，也是各子过程的有机组合。单独研究子系统和子过程并不能揭示系统运动的规律性，只有在确定子系统之间、子过程之间的互相联系的情况下，研究子系统和子过程，才能达到系统整体最优化的目的。

(2) 事物总是在不断地发展和变化，不能孤立地、静止地研究系统，必须动态地研究和探索系统的发展与变化的规律性。

（3）没有比较就没有鉴别，只有在多方案的分析和比较下，才能识别优劣，故在多方案的论证中选择最优的或满意的方案是系统工程处理问题的主要方法。

（4）系统工程的特点之一是数学理论和行为科学的统一，要充分考虑人在系统中的作用和地位，这是系统工程处理问题不可忽略的。

（5）不仅要研究物质、能量的流动，更重要的是研究信息的流动。

（6）不仅要考虑技术要素，还要研究考虑社会、经济、环境、心理、生态等各种因素，不仅要研究工程问题，还必须研究其组织和管理问题。

系统工程的基本方法就是分析、评价、综合。把所研究的对象当作系统来分析，对分析加以综合后产生的结果就是系统（或分系统），然后对系统（或分系统）进行评价，这样反复进行，直到实现预定目标。

分析，一般指把一件事物、一种现象、一个概念分解成较简单的组成部分，找出这些组成部分的本质属性和相互关系。系统分析，就是为了使被研究对象的目标和其他事项要求最优地实现；对系统构成和行动的最优方式进行探讨；运用各种分析法（包括模拟、计算）对对象的要求和功能进行分析，从而明确系统的特性，取得为构成系统所需要的信息。在分析中将每次分析结果同制定的评价标准进行比较，也应考虑环境等约束条件，达不到满意程度就重复分析，这就是反馈过程，每次反馈都要修改某些参数或结构，如果分析的解经过评价后认为合适，就转入综合。

综合，一般是指把分析过的对象或现象的各个部分、各种属性联合成一个统一的整体。系统工程综合，是根据分析结果的特定解和评价结果决定系统结构与行动方式，作为系统的方案设计。在此阶段，应尽可能做出若干个系统供选方案，然后将各方案同制定的评价标准进行比较，以不同的观点进行综合评价，选出最优的系统方案。当得不到最优方案时，将反复进行这一综合过程，这又是进行反馈，甚至对分析的结果又不满意再进行重新分析、再综合，直到达到最优。

分析和综合很难确定其因果关系，因为要分析似乎要有现成的（综合好的）系统，而要综合似乎要先经过分析，才能决定要综合的系统的效能是否良好。一般情况下，分析工作先于综合工作，对原有系统可以在分析研究后加以改善重新综合；对尚未有的系统，可以收集其他类似系统情况或列出模型加以分析后重新综合。分析和综合谁先谁后，谁为主谁为次，要视具体情况而定。

2.2.3 霍尔三维结构方法论

系统工程方法论就是开展系统工程的一般过程或程序[9]，它反映系统工程研究和解决问题的一般规律或模式。

1969年，美国工程师霍尔等在总结多方面系统工程实践的基础上，提出了一种系统工程三维结构方法论，将系统工程的整个过程按时间坐标、逻辑坐标和知识坐标划分为不同的层次和阶段，并对每个层次、阶段所应用的科学、人文、社会知识做了分析，提出了解决系统工程的一般性方法，如图2.1所示。

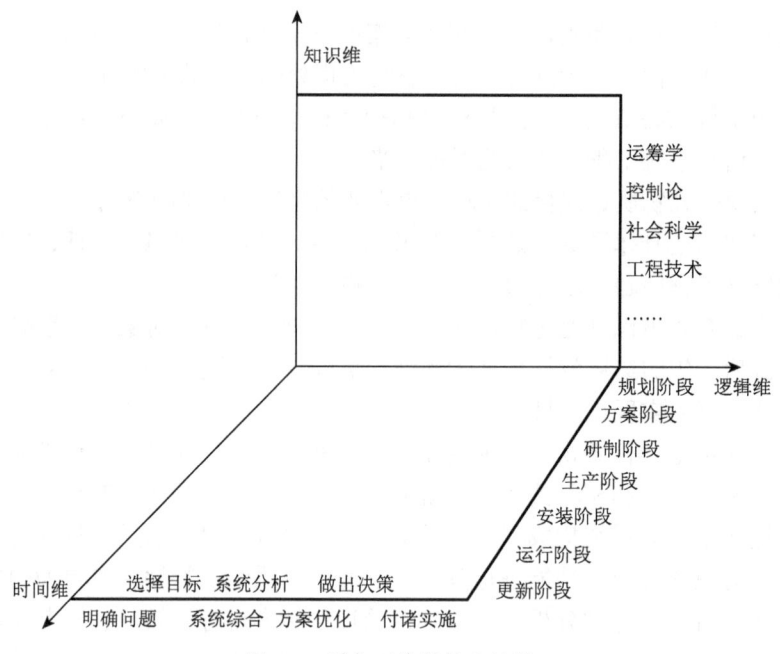

图 2.1 霍尔三维结构方法论

1）时间维

时间维表达的是系统工程从开始启动到最后完成的整个过程中按时间划分的各个阶段所需进行的工作，是保证任务按时完成的时间规划。

（1）规划阶段：对将要进行的系统工程问题进行调查研究，明确研究目标，在此基础上，提出设计思想和初步方案，制定出系统工程活动的方针、政策和规划。

（2）方案阶段：根据规划阶段所提出的若干设计思想和初步方案，从社会、经济、技术等可行性方面进行综合分析，提出具体计划方案并选择一个最优方案。

（3）研制阶段：以方案（计划）为行动指南，把人、财、物组成一个有机整体，使各环节、各部门围绕总目标，实现系统的研制方案，并做出生产计划。

（4）生产阶段：生产或研制、开发出系统的零部件（硬件、软件）及各个分系统。

（5）安装阶段：把系统安装调试好，制定出具体的运行（含测试）计划。

（6）运行阶段：完成系统的运行及测试计划，使系统按预定目标运行服务。

（7）更新阶段：基于运行测试的结果，完成系统评价，在现有系统运行的基础上，改进和更新系统。

对于一些大型系统，例如，美国国家航空航天局（National Aeronautics and Space Administration，NASA）针对飞行系统和地面保障项目，把工程或项目中需要实现的所有事项按关键决策点划分为若干明显的阶段。关键决策点是指决策机构确定工程进入寿命周期下一阶段是否准备就绪的事件时间点。NASA 将寿命周期分为以下 7 个递进阶段。

项目规划阶段：概念探索。该阶段的目的是谋划可行概念，由此选定新的工程/项目。

项目阶段 A：概念研究和技术开发。系统地进行控制基线（初步设计方案）的概念研究和关键技术攻关，明确研究任务和研制要求。

项目阶段 B：初步设计和技术完善。建立初始的项目控制基线（初步设计方案），以满足项目研制要求；权衡研究继续进行。

项目阶段 C：详细设计和制造。建立完整的初步设计方案（即功能控制基线），进行硬件产品制造或生产及软件代码开发，为产品集成做准备。

项目阶段 D：系统组织、集成、试验和投产。

项目阶段 E：运行使用与维护。

项目阶段 F：退役处理。

我国的火炮研制一般分为以下五个阶段。

（1）论证阶段：主要工作是对战术技术指标进行论证，论证由使用部门组织有关部门进行。论证结束后，向相关领导机关上报附有论证报告的战术技术指标。战术技术指标经批准后，将作为型号研制立项的依据。

（2）方案阶段：主要工作是论证功能组成、原理方案、方案设计、结构与布局等。方案论证除理论计算和初步设计外，对关键技术或部件乃至整机，需要设计制造原理样机进行试验验证。从方案阶段开始，主要由工业部门负责。方案论证结果：完成研制任务书的编制，并上报主管领导机关审批，经批准的研制任务书即设计、试制、试验、定型工作的依据。

（3）工程研制阶段：主要工作是设计、试制、试验、鉴定等。在工程研制阶段主要设计并制造出样机。通过工厂鉴定试验后，把遗留的问题逐一解决，并落实到设计定型样机的图纸资料上，按定型要求制造出若干设计定型样机。

（4）设计定型阶段：主要工作是通过试验和部队热区、寒区试用，全面考核新设计的火炮性能，确认所设计的新火炮样机是否达到研制任务书的要求。设计定型阶段包括设计定型试验及设计定型（鉴定）。

（5）生产定型阶段：主要工作是对生产工艺、生产条件的考核和鉴定，以及试生产产品的试验鉴定和部队试用。该阶段包括生产定型试验、试用及生产定型。

美国的火炮研制过程，与我国的火炮研制阶段的划分略有不同。美国的火炮研制过程一般分为以下九个阶段。

（1）基本概念、原理、技术研究阶段：为新型火炮研制或改造现役和旧式火炮而进行的新思想、新概念、新原理的探索研究，一般称为基础研究，目的是为火炮研制提供新的技术理论基础，通常以科学研究报告、论文或科技论著的形式提供给决策部门。

（2）通过开发，进入探索性发展阶段：进一步探索基础研究成果在火炮技术上应用的可行性、实用性的科学研究活动，从而为火炮研制提供专用技术基础，一般也称应用研究，通常有可行性报告、试验报告、试验样品、原理样机等成果形式，为决策机关提供可采用的成熟技术信息。

（3）通过技术集成，进入先期技术演示阶段：开发供试验用的新技术项目多为火炮部件或分系统，并通过实物试验或演示，验证新技术项目在火炮武器系统研制中的可行性和经济性，这类研究一般属近期项目或可能具有型号研制背景的项目，但尚未进入型号研制阶段，是从"技术基础"通向武器型号研制的桥梁。先期技术演示是先期技术发展阶段的核心任务，其目的是验证预研成果的成熟性、可行性和经济承受能力，保证向武器研制部门输送合格的产品。

（4）通过项目论证，进入型号研制阶段：依据火炮武器装备规划计划确定的研制项目或按计划程序批准的项目，由火炮使用部门组织有关单位，对火炮的作战使用性能和战术、技术指标进行论证，形成《战术技术指标》和论证报告，经上级主管部门审批后的《战术技术指标》是火炮型号研制的主要依据。美国在火炮等武器装备研制中非常重视型号研制的论证工作，并认为，虽然型号论证工作的花费只占全寿命费用的2%，但是却影响着全寿命费用的70%以上，而且在论证中大量采用系统集成、虚拟样机技术和预实践等先进的技术和方法，通过综合权衡各种相关因素，从多种备选方案中选择最优匹配方案，并制定相应的规避研制风险的有效措施，对火炮的勤务使用和技术保障也有充分的考虑。

（5）通过工程化研究，进入先期开展样机研制阶段：研制部门依据批准的《战术技术指标》进行总体方案论证、方案设计、先期发展样机研制及相应的研究试验工作，对火炮武器系统的军事效益、全寿命费用、环境影响、安全性、适应能力和技术、后勤保障能力等进行全面评估。

（6）研制产品及设备：对火炮武器系统进行全面设计、试制和试验，包括火炮初样、试样的研制和试验；小批量和大批量生产之前的准备工作；研制可供技术鉴定和考核用的试制火炮，提供逼近最终产品的火炮样机系统；编写与火炮实物相符的完整、准确的全套文件和资料，绘出全套图纸，为技术鉴定提供档案资料；制定技术、后勤保障计划。具备设计定型条件后，由研制单位向定型管理机构提出设计定型试验的申请报告。

（7）经产品试生产，进行定型试验鉴定：定型试验包括设计定型试验和生产定型试验。设计定型试验是对新研制产品和经过改进后战术技术性能有重大改变的已定型产品所进行的试验，以考核其性能和功能是否达到预定的战术技术指标。生产定型试验是对按设计定型图纸试生产的产品和引进图纸、资料仿制的产品所进行的试验，以考核其性能是否符合原设计定型的要求。

（8）批量生产，投放市场：批量生产在生产定型之后进行，依据生产定型文件、所选定的技术和工艺及完整的图纸资料组织生产，一般可分为制定生产计划、进行生产准备、零部件加工制造、总装、检验、交付部队或投放市场等过程。

（9）售后服务：主要包括技术培训、维修服务、技术质量跟踪和质量问题处理等内容。

2）逻辑维

逻辑维按系统工程的不同工作内容划分具有逻辑先后顺序的工作步骤，每一步骤具有不同的工作性质和实现的工作目标，这是运用系统工程方法进行思考、分析和解决问题时应遵循的一般程序，包括以下方面。

（1）明确问题：尽可能全面地收集资料、了解问题，包括实地考察和测量、调研、需求分析和市场预测等。

（2）选择目标：对所解决的问题，提出应实现的目标，并制定出衡量是否达标的准则。在确定目标时应注意以下原则：要有长远观点，要选择对系统的未来有重大意义的目标；要有总体观点，着眼全局，必要时可在某些局部做让步；注意明确性，目标务必明确，力求用数量表示；多目标时应注意区分主次、轻重缓急，以便加权计算。权衡先进性和可行性：保证目标既有先进性，同时又要兼顾可实现性；注意标准化，与国内外的同类系统进行比较，争取先进水平。

（3）系统综合：搜集并综合实现预期目标的方案，对每一个方案进行必要的说明。系统综合要反复进行多次。第一次的系统综合是指按照问题的性质、目标、环境、条件拟定若干可能的备选方案。没有分析就没有综合，系统综合是建立在摆明问题和确定目标的基础之上的。没有综合便没有分析，系统综合又为下一步的系统分析打下基础。

（4）系统分析：应用系统工程方法技术，将综合得到的各种方案，系统地进行比较、分析，建立数学模型进行仿真试验或理论计算，对应每一种方案建立各种模型，进行仔细分析，得到可靠的数据、资料和结论。系统分析主要依靠模型（有实物模型与非实物模型，尤其是数学模型）来代替真实系统，利用演算和模拟代替系统的实际运行，进行仿真，选择参数，实现优化。在系统分析的过程中，可能形成新的方案。系统工程的大量工作是系统分析，某种程度上系统工程就是系统分析。

（5）方案优化：对数学模型给出的结果加以评价，通过优化的方法筛选出满足目标要求的最佳方案。

（6）做出决策：确定最佳方案。由决策者选择某个方案来实施，出于各方面的考虑和权衡，决策者选择的方案未必是已提供的最优方案。

（7）付诸实施：将决策者选定的方案付诸实施，完成各阶段工作。在决策或实施中，有时会遇到原定方案都不满意的情况，这就需要回到前述逻辑步骤中某一步骤开始重新做起，然后决策或实施。这种反复视工程的复杂程度或执行情况会出现多次，直到满意。

3）知识维

知识维是指在完成各种步骤时所需要的各种专业知识和管理知识，包括自然科学、工程技术、经济学、法律、管理科学、环境科学、计算机技术等多方面。由于系统工程本身的复杂性和多学科性，综合的多学科知识成为完成系统工程工作的必要条件。

霍尔三维结构强调明确目标，核心内容是最优化，应用定量分析与定性分析相结合的手段求得最优解答。

2.2.4 切克兰德方法论

系统工程通常把所研究的系统分为良结构系统与不良结构系统两类。良结构系统偏重工程、机理明显的物理型的硬系统，它可以用较明显的数学模型描述，可以用定量的方法计算出系统的行为和最佳结果。解决这类系统所用的方法通常称为"硬方法"，霍尔三维结构主要适用于解决良结构的硬系统。不良结构系统是指偏重运行机理尚不清楚的生物型的软系统，它较难用数学模型描述，往往只能用半定量、半定型或只能用定性的方法来处理问题。解决这类系统所用的方法通常称为"软方法"。解决不良结构的软系统方法主要包括专家调查法、德尔菲法、情景分析法、冲突分析法等。从系统工程方法论角度看，切克兰德的"调查学习"方法具有更高的概括性，主要包括认识问题、根底定义、建立概念模型、比较及探寻、选择、设计与实施、评估与反馈等阶段。

切克兰德的"调查学习"方法的核心不是寻求"最优化"，而是"调查、比较"或是"学习"，从模型和现状比较中，学习改善或提高现存系统的途径。

2.3 系 统 分 析

2.3.1 系统分析的定义

系统分析（system analysis）一词来源于美国的兰德公司（Research and Development，RAND），该公司是专门以研究和开发项目方案以及方案评价为主的软科学咨询公司，长期以来，它发展并总结了一套解决复杂问题的方法和步骤，称为"系统分析"。

系统分析产生于 20 世纪 40 年代末期，早期主要用于武器系统的成本分析和效益分析，是一种定量分析方法。60 年代以后，人们开始将系统分析方法广泛地应用于社会经济系统，不仅有定量分析，还必须同时对众多的相互交叉影响的社会因素进行定性分析。目前对系统分析的解释有广义和狭义之分。

广义的解释：系统分析作为系统工程的同义词，认为系统分析就是系统工程。

狭义的解释：系统分析作为系统工程的一个逻辑步骤，系统工程在处理大型复杂系统的规划、研制和运用问题时，必须经过这个逻辑步骤。

系统分析是以系统的整体最优为目标，对系统的各个方面进行定性和定量的分析。它是一个有目的、有步骤的探索和分析过程，给决策者提供直接判断和决定最优系统方案所需信息和资料。系统分析人员使用系统方法和其他科学分析技术与工具，对系统目的、功能、环境、费用、效果等进行充分的调查研究，并收集、分析有关的资料和数据，据此在若干可能方案中建立必要的模型并进行仿真试验，把计算、试验、分析的结果同预先制定的计划（标准或要求）进行比较和评价。最后整理成完整、正确、可行的综合资料供决策者选择。

系统分析的实质如下。

（1）应用科学的推理步骤，使系统分析中任何问题的分析均能符合逻辑原则，合乎事物发展规律，而不是仅凭决策者的主观臆断和局限的经验。

（2）用数学的方法和以计算机为工具，使各种方案的比较，不仅具有定性的描述，还有定量的分析和计算，以具体的数量概念来显示各方案的差异。

（3）系统分析的结果能在一定条件下充分挖掘潜力，从而做到人尽其才、物尽其用，借以找出最优的系统方案。

2.3.2 系统分析的原则

一个复杂的系统由许多要素组成，要素之间的相互作用关系错综复杂。系统的输入、输出和转换过程、系统与其所处的环境的相互作用关系等都是比较复杂的。因此，在系统分析时，应处理好各种关系，遵循以下原则。

1）内部因素与外部因素相结合

系统的内部因素往往是可控的，而外部因素往往是不可控的，系统的功能或行为不仅受到内部因素的作用，而且受到外部因素的影响和制约，因此对系统进行分析，必须把内外各种因素结合到一起来考虑。一般将内部因素作为决策变量，外部因素作为约束条件，用一组联立方程式来反映它们之间的相互关系。

2) 当前利益与长远利益相结合

选择最优方案，不仅要从当前利益出发，还要同时考虑长远利益，要两者兼顾，如果发生矛盾，应该坚持当前利益服从长远利益的原则。

3) 局部利益与总体效益相结合

局部的最优并不意味着总体最优。总体最优往往要求局部放弃最优而实现次优或次次优。系统分析必须坚持系统总体效益最优、局部效益服从总体效益的原则。

4) 定性分析与定量分析相结合

定量分析是指采用数学模型进行的数量指标的分析，但是一些政治因素与心理因素、社会效果与精神效果目前还难以建立数学模型进行定量分析，只能依靠人的经验和判断力进行定性分析。因此，在系统分析中，定性分析和定量分析需要结合起来进行综合分析，或交叉进行。

2.3.3 系统分析的基本要素

系统分析的基本要素包括目标、方案、指标、准则或效能量度、模型、决策。

1) 目标

目标是系统目的的具体化，目标通常是一个总体性的东西。对系统目标要给出具体的定义。目标要明确，且是必要的、有根据的、可行的。

2) 方案

方案也称可能方案。方案是优选的前提。没有足够数量的方案，就没有系统分析的基础，也没有优化而言。一般地，只有在性能、费用与效能、时间等综合性指标上互有长短并能进行对比的，才称得上方案。

3) 指标

指标是对方案进行分析的出发点，是衡量总体目标的具体标志。分析的指标包括性能、费用与效能、时间等方面的内容。

4) 准则

准则是效能的量度，也称标准，它是评价所有方案所对应系统优劣的共同量度。由于系统分析中要利用准则并根据目标评价各个方案，因此，准则必须要定得恰当并是可以度量的。如何恰当地确定效能量度，往往是系统分析技术中最微妙、最难搞懂的问题之一。

5) 模型

模型指判别性能、费用与效能、时间等的模型。模型是对处在真实环境中的系统所做的"抽象"描述，即根据目标要求，用若干参数或因素体现出系统本质方面的描述。建模通常以分析的客观性、推理的一贯性和可能有限的定量化为基础。通过模型预测各方案的性能、费用与效能、时间等指标的情况，以利于方案的分析和比较，其结果是方案论证中判断的依据。

6) 决策

有了不同标准下的方案的优先顺序之后，决策者根据分析结果的不同侧面、个人的经验判断、各种系统分析原则进行综合的考虑，最后做出选优决策。

以上六个要素构成了系统分析要素结构图，如图 2.2 所示。

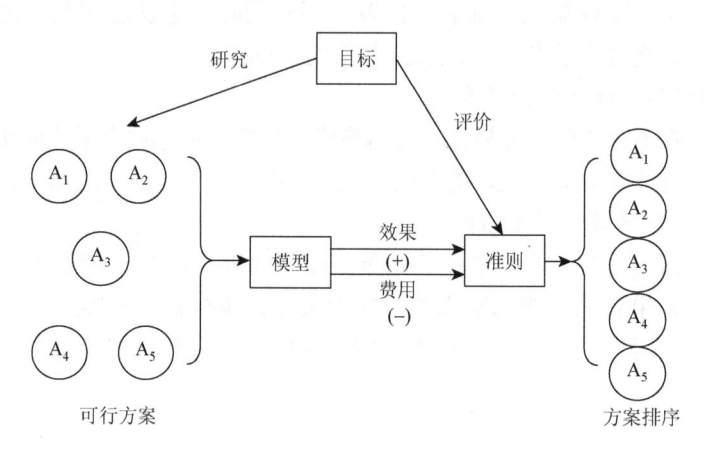

图 2.2 系统分析要素结构图

系统分析是在明确系统目标的前提下进行的，经过开发研究得到能够实现系统目标的各种可行方案以后，首先要建立模型，并借助模型进行效果-费用分析，然后依据准则对可行方案进行综合评价以确定方案的先后顺序。

2.3.4 系统分析的要点与步骤

1）系统分析的要点

系统分析的要点归纳为系统分析解决问题的"5W1H"：①任务的对象是什么（What）；②这个任务何以需要（Why）；③该任务在什么时候和什么情况下使用（When）；④使用的场所在哪里（Where）；⑤是以谁为对象的系统（Who）；⑥如何解决问题（How）。

2）系统分析的步骤

系统分析的步骤如图 2.3 所示，包括：①界定问题；②确定目标；③收集资料；④提出方案；⑤建立模型；⑥分析效果；⑦综合评价。

2.3.5 系统分析的方法

系统分析并没有特定的技术方法，主要是根据不同的分析对象及其特点，选择合适的定性方法与定量方法。

系统分析伴随系统建模仿真的全过程，随着分析的问题、对象、阶段不同，所使用的具体方法也可能不相同。定量方法适用于系统结构清楚、收集到的信息准确、可建

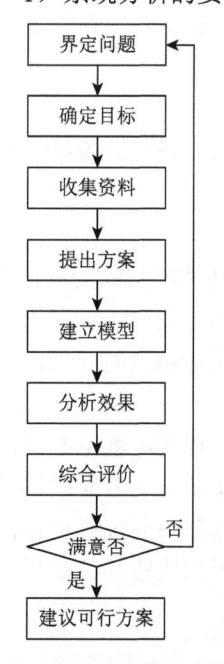

图 2.3 系统分析要素结构图

立数学模型等情况，如投入产出分析法、效益成本分析法、统计回归方法等。如果要解决的问题涉及的系统结构不清、收集到的信息不太准确，或是由于评价者的偏好不一、对于所提方案评价不一致等难以形成常规的数学模型时，可以用定性方法，如德尔菲分析法、因果分析法等。当然，现在还有各种仿真方法，如人工神经网络算法、遗传算法等。

第3章 火炮系统设计和综合分析

本章将系统工程应用于火炮系统设计，基本原理是将设计对象看成系统，确定系统目标和功能组成，并对组成结构进行优化，形成多个火炮系统设计方案，对射击稳定性、结构刚强度、射击密集度、可靠性等关键性能，以及系统效能进行仿真和评估分析。

3.1 火炮系统设计

3.1.1 火炮系统设计的主要任务

系统工程用于火炮系统设计，其基本原理是将设计对象看成系统，确定系统目标和功能组成，并对组成结构进行优化，制定计划予以实施并进行现代化管理。系统工程用于火炮系统设计的三个重点：一是对火炮系统的分析，明确设计要求；二是通过功能分析提出多个方案；三是对方案进行优化与综合决策评价。

火炮系统设计的主要任务包括以下方面。

1）火炮系统组成设计

战术技术指标大体上明确了火炮系统的基本框架，但由于某些功能可以合并或分解，因此可以设计、选择一个或两个功能部件（如有机联合式制退复进机或单独的制退机、复进机；高平机或单独的高低机、平衡机）。又由于火炮系统中许多功能部件有不同的工作原理和结构，设计工作者可以根据需要进行创新，因此有不同的组成方案设计。只有确定了组成方案后，才能进行战术技术指标的分解，并对具体组成提出设计参数。

在进行系统组成设计时，应在实现战术技术指标的前提下，从总体与组件，各组件之间的结构、工作协调以及经济性、工艺性等各个方面综合权衡。在满足功能和指标要求的前提下，尽量选用成熟部件或设计，经加权处理后，一般新研制部件不超过30%。

系统组成设计是火炮系统设计的初始工作，它与指标分解、设计参数拟定、系统结构和布局与接口关系等一系列总体设计有关，是一个反复协调的过程。

2）战术技术指标分解与设计参数确定

把战术技术指标转化为火炮系统组成部分的设计参数，是提出火炮系统组成及有关技术方案的重要工作。例如，火炮系统的最大射程或直射距离、有效射高问题，通过外弹道设计将转化为弹丸的初速问题。内弹道设计将初速问题转化为身管长度、药室尺寸以及发射药品号、药形、装药量等身管、发射药的设计参数问题，对于一定质量的弹丸，要达到一定的初速，可以有不同的内弹道方案，所以战术技术指标转化为设计参数，形成技术措施时是多方案的，有些参数还受其他战术技术指标的制约，如弹形不仅和射程有关，也和散布有关，这种相互制约表示了火炮系统各组成部分的依从和制约关系。所以，分解转化战术技术指标必须全面分析，注意保证火炮系统的综合性能，而不能只从一项指标考虑。

分解战术技术指标、确定设计参数与火炮系统组成设计是密切相关的，实际上是对组成方案的分析和论证，并在各组成的软、硬特征上进一步细化和确定。火炮系统中进行分配的指标主要是射程与射弹散布、反应时间、射击诸元求解与瞄准误差、射速、质量等。通过分配将基本确定火炮系统的软、硬特性。

战术技术指标分解与转化后应形成一个按组成层次的技术设计参数体系，它是火炮系统设计的基础，也是制定各层次设计规格书的基础。

3）火炮系统的原理设计

与火炮系统组成和战术技术指标转化工作同时进行的是原理设计，其主要解决以下问题：

（1）火炮系统各功能组成间能量、物质、信息传递的方向和转换，各功能组成间的界限与接口关系；

（2）系统的逻辑与时序关系；

（3）建立物理数学模型或软件的总体设计。

火炮系统的各功能结构在工作时要按一定的顺序，有一定的持续时间，与其前行或后继的功能结构间有能量、物质、信息等的传递和转换。在功能组成设计、战术技术指标分解的同时，必须对各功能组成的上述关系一一弄清，才能形成完整的火炮系统功能，包括各种工作方式的设计。

火炮系统原理设计主要以方块图表示，在各方块之间有表明传递性质或要求的连线。此外，还有流程或逻辑框图来表示逻辑关系。时序图是协调处理时间分配的主要手段。

4）总体布局

火炮系统的总体布局与主要装置与部件的结构、布局直接有关。对自行火炮而言，首先是火炮及炮塔结构与布局，其次是发动机布局与底盘结构设计。例如，多管自行高炮是按中炮还是边炮布局，如果是弹炮结合，还要考虑导弹发射装置如何布置；容纳几名炮手，还是无人炮塔，这对整个火炮形式、有关仪器设备的布局和连接均有很大的影响，使得设计上有很大的差别。

在总体布局中各个装置或部件要考虑以下方面：①各装置或部件的功能及相关部件的适配性、相容性；②温度、湿度、污物、振动、摇摆等引起的影响；③可靠性；④安装方式与空间；⑤动力供应；⑥控制方式与施控件联系；⑦向外施放的力、热、电磁波等；⑧操作、维修、检测要求。

火炮作为一个复杂的武器系统，它应具备的各项功能有不同的定义，但可以归结为五个方面的战术技术要求，即威力、机动能力、作战反应能力、战场生存能力和使用保障能力。

3.1.2 火炮系统设计的要求

1. 威力要求

作战能力取决于在陆、海、空战役、战斗中赋予火炮系统的使命，或在整个作战的火力系统中，它担负的战斗任务，包括以下方面。

1）射距离

对于地面、海上作战的加农/榴弹炮、迫击炮，首先要求的是最大的射距离（最大射程），而对于榴弹炮、迫击炮还要求最小射程。最大射程与最小射程再加上方向、高低射界就构成榴弹炮、迫击炮的火力覆盖能力。

对于直射武器如高炮、坦克炮、反坦克炮，由于主要利用的是外弹道的升弧段，因此要求的是有效射高、直射距离、有效作用距离。

2）射击精度

射击精度是指射弹密集度和射击准确度的综合。

射弹密集度包括落点、弹着点或炸点的散布。与单个目标、点目标作战，散布越小，效果越好；与面目标、线目标或以进行拦阻射击为主的作战，则要求有适当的散布，效果会更好。

射击准确度是射弹散布中心与目标的偏差量。

3）火力密度

火力密度指单位时间内把炮弹送到目标区的数量。随着技术进步，火力密度的内涵不断拓展和丰富。

（1）火炮的理论和实际最大射速。前者是设计的数据，后者是经训练过的炮手实际能达到的数据。

（2）爆发射速。一般火炮在前十几秒对敌的毁伤效果最好，这时的射速称为爆发射速。

（3）单炮多发同时弹着射击。随着战场纵深的大幅度增加，火炮自主作战的可能性增加，同时为了提高作战效能，对火炮提出了单炮多发同时弹着射击的作战要求，一般指一门火炮射击，在同一目标区，在 4s 内，有不少于 3 发炮弹落入。

（4）可变射速。根据作战目标的特性，通过改变射速寻找较佳的射击效果。

4）对目标的毁伤能力

对火炮系统来说，对目标的毁伤机制主要靠弹丸战斗部对目标软、硬毁伤作用。

软毁伤包括用生物、化学试剂，用各种辐射源产生的射线，也包括撒布各种干扰素，使目标处于极端状态的环境中，暂时或永久地、局部或全部地失去正常功能。

硬毁伤作用有爆破和燃烧、破片杀伤、聚能破甲、动能穿甲等。

2. 机动能力

机动能力包括火炮机动与火力机动。火炮机动是指火炮在战场上输送的能力；火力机动是指火炮的战斗位置不变，对战场上不同距离、不同方位的目标进行射击的能力。

1）火炮机动

（1）火炮行军与战斗重量，主要关注影响火炮机动的重量，它决定了运载工具的承载能力，如牵引车、吊运的直升机、空运的飞机、海运的舰船等。

（2）火炮行军、运载时的外形尺寸及质心位置，如直升机吊运或空投应平稳投送等，都与火炮的外形尺寸及质心位置密切相关。

（3）火炮最低点离地高及越障能力。战时的路口十分复杂，既要绕过也要直接跨越某些障碍，因此对火炮最低点离地高及越障能力有明确的要求。

(4) 火炮的运动性能，包括最大行军速度、平均行军速度和加速性能等。
(5) 自行火炮对地面的压强，决定了对桥梁和不同道路的通过能力。
(6) 最大行驶里程、浮渡能力等。

2) 火力机动

(1) 火力机动的范围：火炮的高低、方向射界以及火炮的最大、最小射程，构成火炮的火力控制区。
(2) 火炮瞄准的最大速度和加速度是火力机动能力的主要标志。
(3) 火炮瞄准的精确度是火力机动的基本要求。

3. 作战反应能力

现代化战争对作战反应能力提出了更高的要求。火炮的作战反应能力是指从受领任务开始到第一发弹发射为止所需的全部时间，包括以下方面：

(1) 行军-战斗状态转换所需的时间；
(2) 从接收命令进行目标搜索到捕获目标并确定目标诸元所需的时间；
(3) 跟踪并计算出射击诸元所需的时间；
(4) 下达、传输到接收射击命令的时间；
(5) 火炮进行瞄准、跟踪的时间；
(6) 按射击命令准备弹药并完成装填、击发的时间。

4. 战场生存能力

在高技术战争的战场上，拥有有效的生存能力显得更为重要。

(1) 应具有隐身和伪装的能力。现代战场通过各种卫星、无人机以及传感器、探测设备进行侦察，从而遂行空中打击、地面或海上远程精确打击等作战任务，采用有效的隐身和伪装技术是拥有战场生存能力的重要条件。
(2) 具有发射后迅速撤离阵地的能力。
(3) 根据不同的需要与可能，具有防护各种硬、软杀伤/毁伤的能力。软杀伤种类繁多，例如，在敌实施核、生、化攻击后，我方人员通过攻击区时应有防止被污染伤害的防护能力；有在敌实施电子战、信息战时的防御能力；有防辐射武器伤害的能力等。
(4) 根据需要与可能拥有各种灾害的预警、报警和抑制能力，如自行火炮战斗舱内的火警报警和抑爆装置，防精确打击武器攻击的激光、红外探测的预警装置，舱内有害气体的报警装置，药室、制退液以及液压系统液体温度超过规定值的报警装置，由于火炮故障不允许射击的报警装置等。

5. 使用保障能力

在技术越来越密集的兵器中，使用保障能力越来越重要，若这一环节失效，整个武器的效能就没有保证。

(1) 使用寿命。对火炮系统而言，身管寿命一直是火炮发展的瓶颈，是制约火炮威力提高的重要因素，但又始终是无定论的火炮研究课题。延长身管寿命的主要技术途径有：选用有利于延长寿命的发射装药元件；选用高能量低爆温的发射装药；选用耐烧蚀、耐磨损的身管材料；身管内膛表面镀铬和冷却等。

（2）可用性。从人-机-环的角度，以人为中心对火炮系统的使用操作性能进行科学的评价，是可用性的内涵。

（3）可靠性。火炮系统的可靠性包括任务可靠度、致命故障间隔发射弹数、平均故障间隔发射弹数、电气系统平均无故障工作时间、行驶系统平均无故障间隔里程。

（4）维修性。维修性指火炮系统在规定的条件下和规定的时间内，按规定的程序和方法维修，保持或恢复其规定状态的能力。简化产品设计，具有良好的维修可达性，提高标准化、互换性程度，具有完善的防差错措施及识别标记，保证维修的安全性，具有简便、快速、准确的测试性以及关重件的可修复性，都属于维修性的范畴。

（5）保障性。保障性指的是对火炮系统的技术保障能力。在火炮装备技术和系统构成愈加复杂的条件下，为使火炮装备尽快形成战斗力，并保证在作战使用中保持和发挥武器的各项功能，必须将技术保障能力提高到系统总体性能的高度，这些保障包括故障的判断与检测、维修方案的建议、各类器材保障、使用说明书，以及弹药、油料管理及供应等。

（6）安全性。对火炮系统来说，安全性包括作战使用的安全性、维修的安全性、环境突变的安全性等。

3.1.3　火炮系统设计原则

1）追求总体综合性能的先进性

火炮的先进性体现在其综合性能而不在乎采用了多少高新技术。当然没有任何高新技术，也难以设计出性能先进的火炮武器，关键是不要单纯追求单项技术的先进性，而是从总体的综合性能出发去追求有效的先进性。

2）火炮系统的协调性

火炮系统是由多个分系统集成的，这些分系统相互有机联系和制约。能否实现各个分系统之间的相互协调十分关键，火炮系统效能的量度往往取决于组成系统中最落后的分系统效能（"木桶效应"）。因此，需要通过综合集成，在一定条件下协调得当，可以把不怎么先进的分系统、部件集成为综合性能先进的系统。

3）在继承的基础上突出创新

开发火炮系统需要处理好继承与创新的关系，创新是灵魂，没有创新的产品是没有生命力的，但没有继承性可能会基础不好、不稳。在满足战术技术指标要求的前提下，优先采用成熟技术和已有的产品、部件，或改进现有的产品，一般新研制部件控制在一定的比例范围内，比例过大将增加研制风险和加长研制周期。火炮系统研制的创新首先是要有创意的构思，然后是在原理上、结构上的创新。

4）注意标准化、通用化、系列化与组合优化设计

在系统设计中应当与使用方和生产企业充分研究标准化、通用化、系列化的实施，贯彻国家和军用的有关标准，拟定实施大纲，充分重视组合优化设计。

5）优化传递路线

尽量缩短有关能量、物质和信号的传递路线，减少传递线路中的转接装置数量。

6）设计制造环节中关注可靠性

广义的火炮可靠性包括可靠性、维修性、测试性、保障性、安全性，它是现代火炮系统的重要性能，并且由设计和制造决定，设计对形成产品的这种固有特性贡献率最大。在对系统方案进行权衡、决策时，宁愿牺牲或降低一些系统的其他功能也要保证可靠性指标的实现。

3.2 火力分系统总体设计

3.2.1 火力分系统总体设计的基本方法

现代火炮火力系统的结构组成复杂、战技指标要求高，如何科学、合理地匹配弹、弹道、装药、火炮之间的关系，对火力系统能否成功研制和战技指标能否实现具有至关重要的决定作用。大量的工程实践证明，我国在以往的火炮火力系统研制过程中由于不重视各分系统之间的相互协调和优化匹配，暴露了许多重大技术问题，如多个型号研制出现的密集度超差问题，以及激光末制导炮弹、复合增程弹与火炮、装药等的不适配问题等。事实上，美国、德国等西方先进国家在火炮武器研制中非常重视综合论证与系统分析环节，并认为，虽然综合论证与系统分析的花费只占全寿命费用的2%，但是却影响着全寿命费用的70%以上，而且在综合论证与系统分析中大量采用系统集成与优化匹配、虚拟样机技术和预实践等先进的技术和方法，通过综合权衡各种相关因素，从多种备选方案中选择最优匹配方案，并制定相应的规避研制风险的有效措施，对火炮的勤务使用和技术保障也有充分的考虑。因此，在火炮火力系统方案研究过程中需要充分发挥高等院校弹丸、弹道、装药、火炮学科配套齐全和先进的设计方法及其与院所企业相结合的优势，切实保证弹丸、弹道、装药、火炮等分系统的综合匹配和优化。

利用现代系统仿真技术、多体系统动力学、非线性有限元、概率论与数理统计、内弹道学、外弹道学、火炮现代设计理论、虚拟样机技术等建立火力系统设计、研制、试验和评估的集成化虚拟环境（图3.1）。根据火力系统总体方案设计图样构建数字化虚拟样机模型，通过驱动性能/功能虚拟样机模型，对火力系统的总体布局、射程、射速、密集度、刚强度、射击稳定性等进行仿真与评估分析，发现总体方案设计中存在的不足和薄弱环节，提出设计更改意见，修改和变更设计方案图样，建立新一轮的虚拟样机模型，再进行仿真与评估分析，如此循环迭代，直至满足设计要求。

利用系统论、灵敏度分析和两级系统综合优化（bi-level integrated system synthesis，BLISS）的方法对火力系统进行全局协调和系统优化，将火力系统的总体设计变量分为两类，一类是仅影响火力系统某个单项性能指标的局部设计变量集 X，另一类是影响火力系统综合性能指标的全局设计变量集 Z，首先完成单项性能指标的并行灵敏度分析和优化，在此基础上完成全局灵敏度分析和系统级优化，实现火力系统的全局协调和优化匹配（图3.2）。

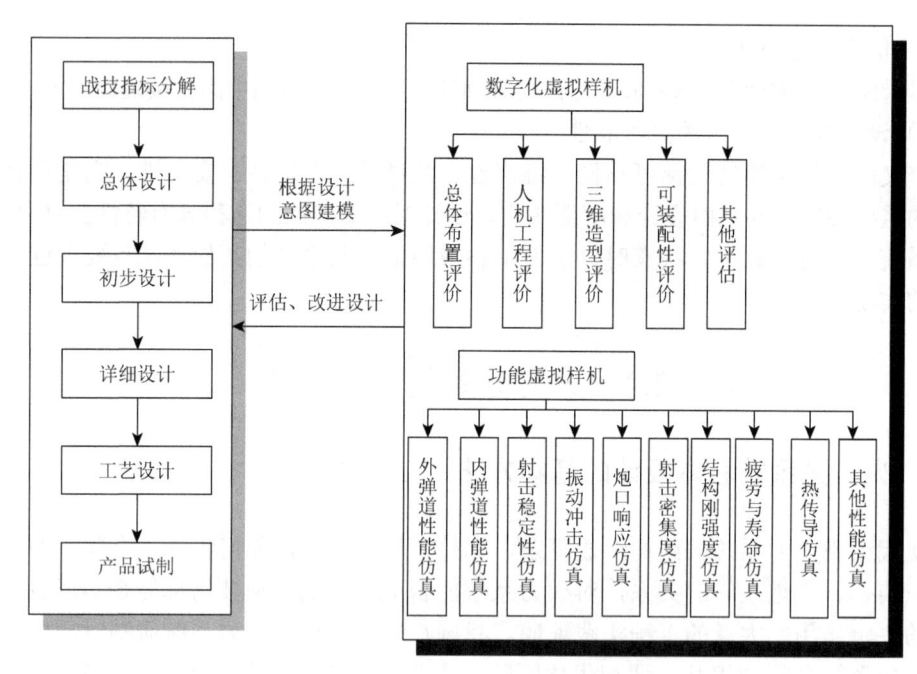

图 3.1 火力系统总体方案虚拟样机设计体系

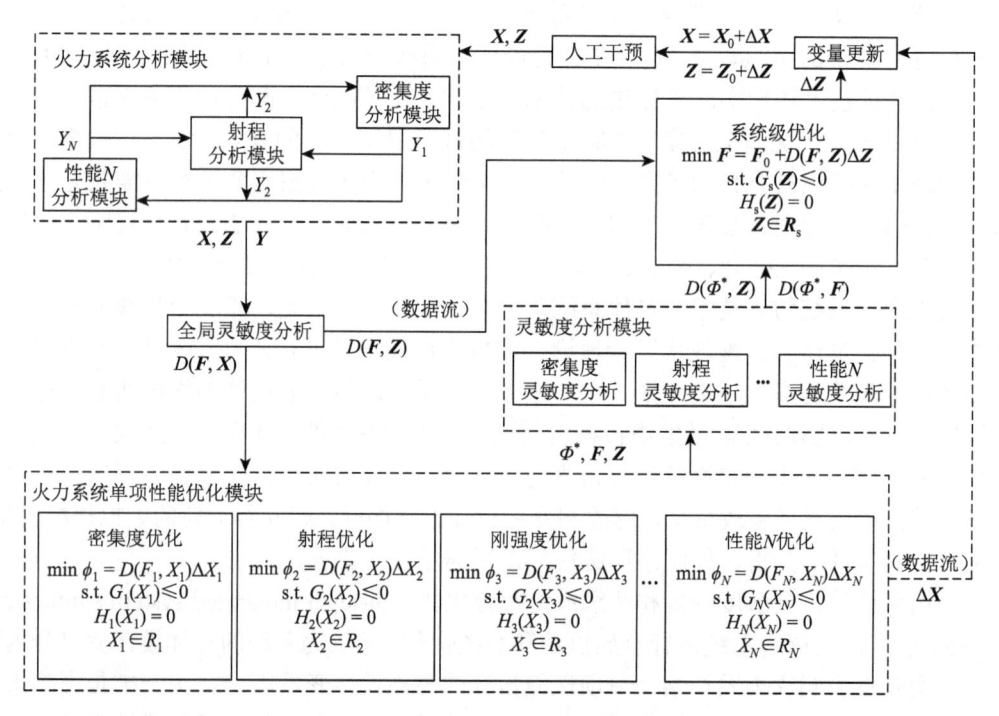

图 3.2 火力系统全局协调和优化匹配流程图

3.2.2 外弹道设计

弹道设计是弹丸空气动力学、内弹道学、发射动力学、外弹道学、终点弹道学以及其他有关理论和方法的综合应用。在一定程度上，它决定了火炮系统的射程或射高、威力、精度和机动性等主要性能指标，如图 3.3 所示。

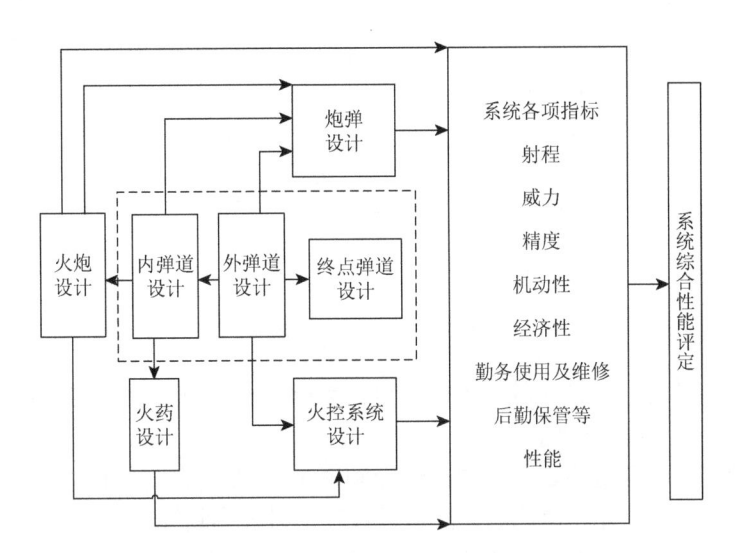

图 3.3　弹道与火炮系统设计关系

外弹道设计是弹道设计不可缺少的重要组成部分，不仅射程、精度等外弹道本身研究的课题，而且有关威力、机动性甚至勤务使用及维修等性能也与外弹道设计关系密切。由图 3.3 可以看出，外弹道设计前与内弹道、火药装药、火炮等设计相连接，后与弹丸的威力、精度、终点弹道及火控系统（如雷达、火控计算机、瞄准具等）设计相关。因此，外弹道设计是承上启下、决定火力系统和火控系统设计的关键环节。

火炮系统的性能指标大都是相互矛盾、相互影响的，如弹长、威力、稳定性与精度之间，初速、膛压、火炮重量、机动性与射程之间，它们或有影响，或有矛盾；而且，其中有些性能参数还必须结合大量的试验获得，武器系统全部性能指标最后也必须通过射击实践检验和修正。

外弹道设计流程如图 3.4 所示。外弹道设计一般分为四部分：第一部分为基本参数与弹丸外形结构等的预定；第二部分为弹道诸元的计算，从而对气动力、稳定性和散布进行估算及分析；第三部分是用风洞和靶道技术对设计方案进行试验检验，若不合要求则修改方案；第四部分是综合评定方案并定型。

外弹道设计是理论和试验相结合、必须经多次反复修改才能完成的。由于理论和试验条件的限制，对弹炮系统进行设计时，所得结果总是很难令人满意，例如，进行设计方案的射击试验验证时，射程和精度往往达不到预定的结果，需要分析产生的原因，如弹丸实际的外形与设计方案的差别，以及引信、弹带等的安装与设计方案有差别等，而

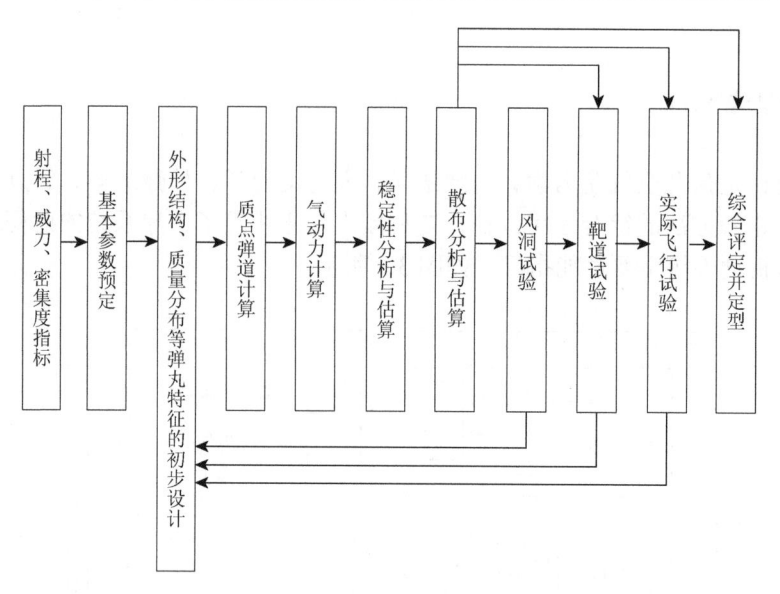

图 3.4　外弹道设计流程

这些差别往往在最初方案设计时又难以消除。因此，需要进一步引进先进的系统分析与设计技术，如系统工程及优化设计等。

外弹道设计的任务是确定满足弹道诸元和射击密集度要求、弹炮系统全面性的最优的有关性能参数，包括外弹道计算、外弹道设计、射表编制等。

（1）外弹道计算，是根据一定的已知条件计算出描述弹丸在空中运动规律的有关参量。外弹道计算的正面问题，是指根据给定的弹炮系统的有关特征参数和起始条件，如弹丸质心、弹径、弹形、炮身仰角、初速以及气象条件等，计算出描述弹丸质心在空中运动规律的参量——任意时刻的质心坐标及速度大小和方向。外弹道计算的反面问题，是给定描述弹丸质心在空中运动规律的某些参量，如坐标及飞行时间等，利用某些初始值如射角和初速等，反算出某些特征量如弹丸质量、弹形等有关参数的量值大小。

（2）外弹道设计，是根据给定的火炮系统战术技术指标（主要指威力、射程/射高、精度和机动性等），应用外弹道学和其他相关学科理论，确定火炮系统弹道参数和相应的结构参数以及飞行方案的设计过程。随着空气动力学、计算技术和优化方法的发展与应用，外弹道设计已突破了原有求近似局部最佳解的方法，而可以全面考虑给定的战术技术要求选择目标函数，应用弹道刚体模型和气动力模型的数值计算程序，选择适当的优化方法，确定弹丸的气动力外形及几何、物理和弹道等基础设计参数。

（3）射表编制。射表是保证火炮进行有效射击的重要文件，也是设计瞄准具、指挥仪或火控计算机软件的基本依据。射表的主要内容包括基本诸元和修正诸元两大部分。基本诸元是指在标准条件下射距离与射角、最大弹道高、落角、落速、飞行时间、横偏、散布诸元等之间的对应关系。修正诸元提供了射距离与弹丸质量、初速、药温、气温、气压、风速等变化引起的射距离改变量和横偏改变量的关系。射表编制的基本原理是理论与试验相结合，以试验为主。射表编制是一个非常复杂的过程，包括确定射表试验方案、进行弹药及试验物资预算、试验计划与实施、射击试验数据采集及处理、气动参数辨识、符合计算与射程标准化、射表计算等环节。外弹道学、空气动力学、参数辨识学、统计学、气象学、外弹道测试技术等与射表技术相关学科和技术的不断发展，将促进射表技术不断发展，射表的内容和格式也在不断变化与发展，精度要求将进一步提高。

以某大口径加榴炮外弹道为例，其设计方法是：依据战技指标要求，初步确定弹丸的气动外形，估算各种气动参数；利用弹道方程，求出满足射程要求的若干个弹重与初速的组合，再求出各种组合下的炮口动能，依据最小的炮口动能选择弹重和初速的组合；进行各种组合下的弹丸飞行稳定性校核计算以及密集度估算，选择其飞行稳定性好、密集度高的弹重与初速组合，作为外弹道设计的初步参数；经过风洞的吹风试验和自由飞行试验，寻求合理弹丸外形和外弹道基本参数。

3.2.3 装药与内弹道设计

根据火炮总体技术指标，基于内弹道学与发射装药理论，完成火炮内弹道及装药设计与试验验证。内弹道主要涉及底火性能、点传火药与发射装药的点火及燃烧性能、弹丸挤进与加速运动规律、火药气体膨胀与排空规律等。发射装药的理论是指研究基于火炮内弹道方案而采用的点传火系统、发射药及其装药附件在火炮药室内的不同配置方案，以确保火炮内弹道性能稳定，装药结构安全可靠，装药勤务使用方便，主要涉及点火药剂、传火药及发射药的性能、装药附件性能、点传火系统与装药结构的匹配性能、装药整体与弹药及火炮结构的匹配等。

1. 内弹道设计

内弹道设计是指在终点弹道与外弹道论证的基础上，结合火炮总体指标与火炮技术，首先确定出弹丸质量、火炮口径及弹丸初速，然后根据火炮种类所针对的最大膛压、火炮药室扩大系数、发射装药燃烧结束点、弹丸运动相对位置及炮口压力等约束条件，经内弹道方程组求解，最后给出满足弹丸初速要求的火炮药室与身管内部结构参数、火炮发射装药各种装填参数等。

一般来讲，火炮内弹道设计过程中主要考虑火炮口径、弹丸质量、初速、最大膛压、火炮种类、发射药种类、火炮药室容积、身管长度、装药量、炮口压力、发射装药燃烧结束点等因素。针对所形成的内弹道方案，一般通过弹道效率、装药利用系数、火炮身管寿命、炮口压力、火药燃烧结束点位置等参数对其合理性进行综合评估，并结合火炮总体技术要求、火炮身管与弹丸材料、加工工艺等，最终给出合理可行的方案。除此之外，为验证内弹道设计的合理性，通常还需在装药结构设计的基础上，进行火炮弹道性能射击试验，以验证能否达到弹道性能指标。

2. 装药设计

装药设计是指在已确定火炮内弹道方案（最大膛压、火炮药室容积、身管长度、发射药量等）、单体发射药种类与形状的基础上，参考已定型火炮内膛结构，确定火炮药室整体结构，并结合弹体整体结构，布置完成点传火系统（包括底火、传火管、传火药、点火药包等）、发射药、装药附件（除铜剂、消焰剂、护膛剂等）在所选药筒或药室中的位置。装药设计一般包括点传火系统、药筒类型、装药附件等论证与设计，以及进一步的内弹道计算等工作。按装药方式装药可分为定装药和变装药，其中定装药是将火药和装药元件放于药筒或药室内，其装药量固定不变。变装药在保管、运输时，装药都与弹丸分开，它可以取出定量的附加药包，以得到若干弹丸初速和不同射程。按药筒材料，装药可分为金属药筒装药与非金属药筒装药；按药筒可燃方式，装药又分为半可燃药筒装药、全可燃药筒装药及非可燃药筒装药等。

对装药设计的要求如下。

1) 弹道要求

（1）应达到的弹丸初速及初速或然误差、允许的最大膛压。在变装药时还需给定初速的分级和最小号装药的最低压力。

（2）装药在常温（15℃）、高温（50℃）、低温（-40℃）进行射击试验，初速和膛压应在一定范围内有规律性地变化。

（3）火药应在膛内燃完。

2) 其他战术技术要求

（1）应保证火炮较长的寿命，尤其对威力大的火炮，必须设法保证身管寿命，避免严重的烧蚀现象。

（2）火炮发射时应尽量减少炮口焰和消除炮尾焰。

（3）发射时应少烟。

（4）装药应当使用安全方便，便于夜间操作。

（5）标记应简明易懂。

3) 生产和经济性要求

（1）装药结构简单，便于机械化、自动化、连续化、大批量生产。

（2）装药成本低，原料来源广，且立足于国内。

（3）装药能顺利地装入药筒或药室。

（4）运输过程中装药应有一定的牢固性，长期保存中不应变质。

火药装药为火炮武器提供发射能量，是决定火炮威力的关键因素之一。火药装药应满足火炮的战术、技术要求，尤其应满足火炮威力的要求，为火炮储备和提供必需的能量，并在发射瞬间完成能量的转换。

在总体设计时比较关心的问题是选择火药力、弧厚和控制装药量、装填密度、最大膛压。其中，火药力和弧厚的增加可以显著提高初速，但它们又受到一些约束，如身管强度与寿命、压力波及弹道安全问题。

初速的水平决定了炮架的载荷水平，因此要解决威力与机动性的矛盾，在满足威力的条件下，尽可能取最小的初速是十分重要的。

对于直瞄武器，初速提高意味着缩短了弹丸抵达目标所需的时间，对运动目标的提前量计算模型误差更会减小，则初速的或然误差对射击密集度的影响较小。

对于间瞄武器，必须控制初速的或然误差，即既要高初速，也要高精度，往往难点在后者，这就需要内弹道和装药设计有出色的工作。

3.2.4 火炮发射系统设计

火炮发射系统设计主要包括发射系统总体结构设计、炮身设计、反后坐设计、炮架设计、自动机（或半自动机）设计等。

1. 发射系统总体结构设计

在满足火炮系统功能的前提下，按照发射与后坐复进、瞄准、支撑、防护、供输弹等模块选择合适的结构，并进行创造性的、有机的组合，且应满足后坐复进运动、起落部分的俯仰运动、回转部分的方位运动以及供输弹、开关闩运动各项功能的要求，而且动作协调、可靠，结构紧凑，人-机-环的界面清晰、友好。

计算、选定发射系统的主要设计参数包括以下几项。

（1）重要的结构参数：如耳轴坐标、火线高、炮尾后端面相对耳轴的位置、发射系统以及后坐部分、起落部分、回转部分的质心坐标、回转轴位置以及外形尺寸等。

（2）动力能源参数：火炮自动机/半自动机、供输弹、瞄准系统、电气设备等所需的动力能源参数。

（3）重量参数：发射系统重量，以及后坐部分、起落部分、回转部分的重量等。

（4）运动参数：后坐长、瞄准速度、加速度等。

2. 炮身设计

炮身设计是根据火炮总体对炮身的战术技术要求进行的。对炮身的战术技术要求主要包括：具有足够的强度（发射时不能出现永久变形）、具有足够的刚度（身管弯曲不能过大、炮尾受力变形不能过大）、具有足够的寿命（保持良好的弹道性能）、满足总体对重量、重心、刚度、连接等方面的要求以及满足材料要求（来源容易，加工方便）。

炮身设计的主要内容包括身管设计和炮尾、炮闩设计。从作用原理上炮口制退器属于反后坐装置。

（1）身管设计主要包括身管结构设计、身管强度设计和身管寿命设计。

①身管结构设计包括身管内膛结构设计和身管外部结构设计。

②身管强度设计是身管设计的一项基本任务，其目的是以膛内火药燃气的最大压力曲线为依据，应用厚壁圆筒理论和强度理论，确定身管的材料和壁厚，使其具有足够的强度和刚度，保证身管弯曲量不能过大和发射时身管不出现永久性变形，而且有较长的寿命，即能在较长的时间内保持规定的战斗性能。

③身管寿命设计是根据身管特点，在设计中考虑延长身管寿命的技术措施。

（2）炮尾和炮闩设计包括结构设计与强度设计。炮尾和炮闩的结构设计是根据总体设计要求，合理选择炮尾和炮闩的结构形式与尺寸。炮尾和炮闩的强度设计，主要是运用材料力学、弹塑性理论及有限元方法，在给定的作用力下，分析给定尺寸的炮尾和炮闩是否满足刚强度要求，或者优化设计满足刚强度要求的炮尾和炮闩结构与尺寸。

3. 反后坐设计

通过采用适当的反后坐原理对后坐与复进运动进行控制，可以有效控制和减小火炮发射时作用在炮架上的力。

反后坐装置的设计通常是在外弹道、内弹道和炮身设计完成之后进行的，它应完成的任务主要包括以下方面。

（1）正确处理火炮总体上威力与机动性的矛盾，在火炮总体设计中，合理地选择反后坐装置的结构形式，确定主要结构尺寸和基本技术参数。

（2）根据所确定的反后坐装置的主要技术参数，制定合理的后坐复进时火炮与后坐部分的受力与运动规律，在此基础上，详细地设计反后坐装置，保证这些受力和运动规律能可靠地实现，最后完成产品图纸和有关技术文件。

（3）进行各种特殊条件下的受力和运动计算，为全炮的动力学分析、炮架各零部件的受力分析及刚强度的校核计算提供详细、全面的数据。

4. 炮架设计

对于现代牵引炮，其炮架包括反后坐装置、三机（高低机、方向机、平衡机，其中高低机和方向机也合称瞄准机）、四架（摇架、上架、下架、大架）、瞄准具、行走部分（缓冲装置、调平装置、制动装置、车轮等），以及其他辅助装置等。

对于现代自行炮，一般认为其由炮身、炮塔和底盘等几大部分组成，而将包含炮架并具有防护功能的部分称为炮塔。炮塔主要包括炮塔本体、反后坐装置、高低机、方向机、平衡机、摇架、托架（相当于上架）、瞄准装置、观察系统、辅助武器、"三防"系统等，有的还包括供输弹系统。

炮架设计主要包括炮架的结构设计、炮架的受力分析和炮架的强度分析等。

5. 自动机设计

自动机设计就是根据总体要求合理选择火炮自动机及其各部件的结构形式，确定各部分的尺寸，使其满足设计要求。火炮自动机设计包括几何学分析与几何学综合、运动学分析与运动学综合、动力学分析与动力学综合。

（1）几何学分析是研究给定火炮自动机各构件在运动中的相互位置和确定构件上给定点的运动轨迹。几何学综合是确定火炮自动机各构件的结构形状和尺寸，以满足对给定的运动动作或给定点的运动轨迹的要求。

（2）运动学分析是确定给定火炮自动机及其构件上各点间的传速比，或根据其上某点的速度、加速度，确定其他点的速度和加速度。运动学综合是确定能满足给定运动条件的机构或构件的结构和尺寸。

（3）动力学分析是已知作用于火炮自动机及其构件上的力，确定该机构及构件上任一点运动的速度和加速度；或者已知火炮自动机及其构件上给定点的运动速度和加速度变化规律，求解作用于该火炮自动机及其构件上的力。动力学综合是确定能满足全部运动条件和动力条件的火炮自动机及其构件的结构和尺寸。

3.2.5 弹药装填系统设计

1. 弹药装填系统的基本组成和任务

火炮弹药装填系统的任务是根据射击任务组合相应装药、选取弹丸,并将弹丸和发射药从火炮中的弹药存储装置中安全、可靠地输送入膛。

弹药装填系统设计是以火炮弹药装填系统为研究对象,以实现弹丸和发射装药的安全可靠装填为目标,综合采用机械、液压、电气、计算机、控制等专业技术,通过对装填系统总体、组成配置、功能和性能的研究与优化设计,实现弹药安全、快速、可靠地装填。火炮弹药装填系统一般包括弹药存储装置、弹药传送机构、弹药输送机构、动力系统、控制系统等,如图 3.5 所示。

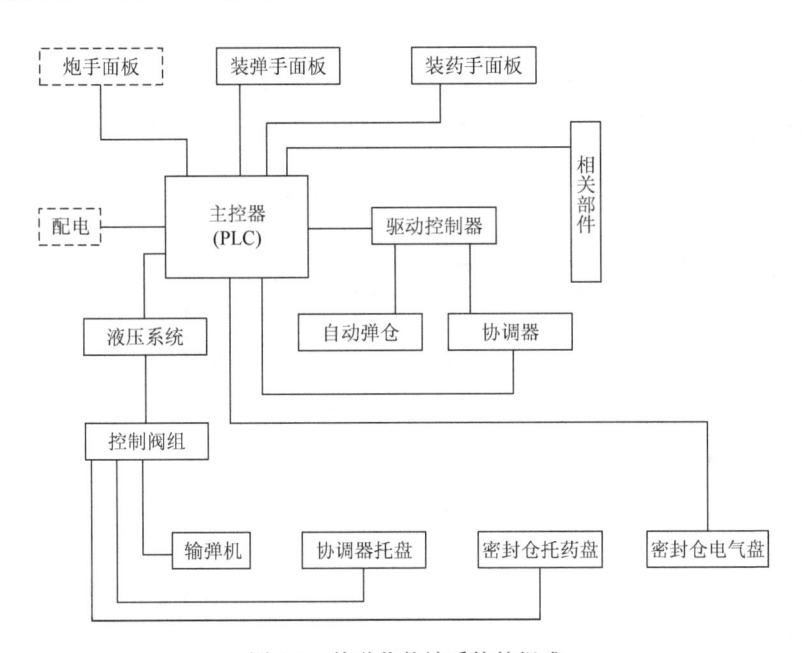

图 3.5 某弹药装填系统的组成

2. 弹药装填系统总体设计

在进行弹药装填系统总体设计时,首先要认真分析火炮系统对弹药装填分系统的基本要求,研究弹药装填系统与火炮系统及其他分系统的相互作用和影响,例如,与火控、底盘、火炮等分系统的相互作用和影响。在进行总体结构布局时,应从系统结构总体优化的角度出发,根据火炮系统总体要求,充分利用有限的炮塔和车体空间,布置出运动轨迹简单、动作切实可靠,又满足射速要求的弹药装填系统。

另外,还要充分考虑利用先进材料和结构技术,尽量减小体积、减轻重量。为了保证最终方案的可行性,应充分利用仿真和系统优化方法,对系统方案进行性能评估和方案优化,通过定性定量分析,做出科学的决策和评价,获得最佳的优选方案。

在进行弹药装填系统总体设计时，还要满足人-机-环的要求，其总体布置和实际操作过程，应尽可能为火炮乘员提供舒适的操作界面和环境，提高乘员的工作效率。

弹药装填系统应适应火炮系统复杂的电磁环境。现代自行火炮不但有火控计算机、全炮管理控制器等弱电电子仪器和设备，还有大功率随动系统、空调设备、大功率电台等强电设备，电磁环境复杂。为保证系统正常工作，需采取多种电磁兼容性和抗干扰的措施。

弹药装填系统应适应恶劣的振动冲击环境。自行火炮行军（尤其是越野情况）或发射过程中产生剧烈的振动冲击，需要进行振动冲击分析，设计相应的缓冲装置，保证装填系统结构或电气、液压元件能够承受恶劣的振动冲击。

弹药装填系统应保证输弹卡膛的一致性。卡膛姿态影响弹丸出炮口的初始扰动，并影响射击密集度。因此，需采取有效措施，切实保证弹丸卡膛牢靠以及卡膛状态的一致性。

弹药装填系统是一种机-电-液耦合系统，其系统建模和仿真对设计有着重要的作用。为了获得性能较优的系统方案，需要建立虚拟样机模型（图 3.6），准确地预测装填系统的主要性能，进行系统级的设计和仿真模拟，从而提高设计效率。

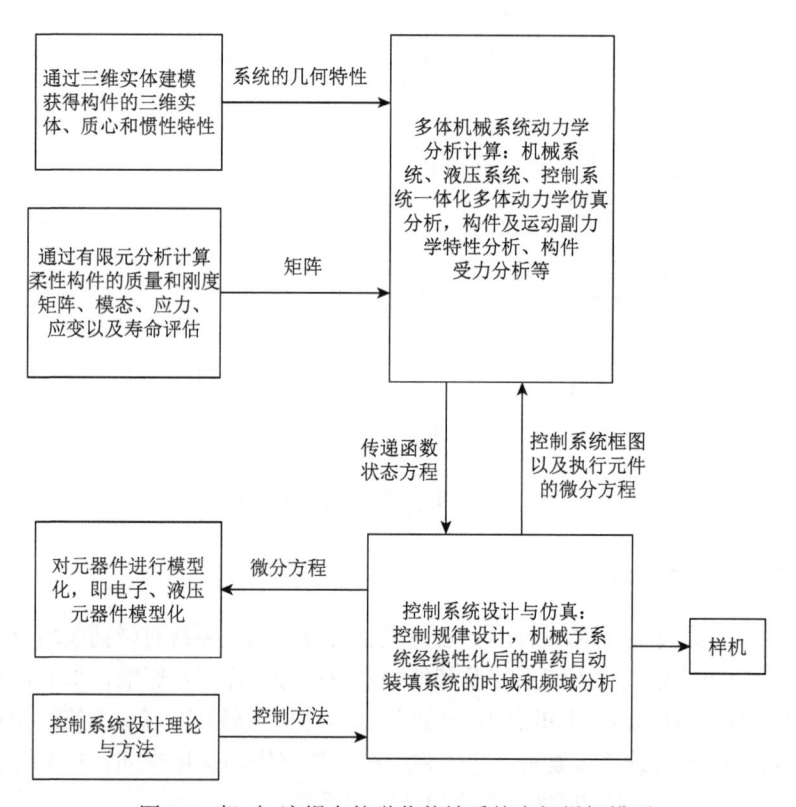

图 3.6 机-电-液耦合的弹药装填系统虚拟样机模型

3.3 火控分系统总体设计

3.3.1 火控分系统组成

不同的火炮武器系统虽然作战使命与控制任务不同，但其功能和实现这些功能的子系统却大体相同，一般都包含目标搜索子系统、目标跟踪子系统、火控计算子系统、武器随动子系统、弹道与气象测量子系统、系统操作控制台和初级供电子系统[2]，如图3.7所示。

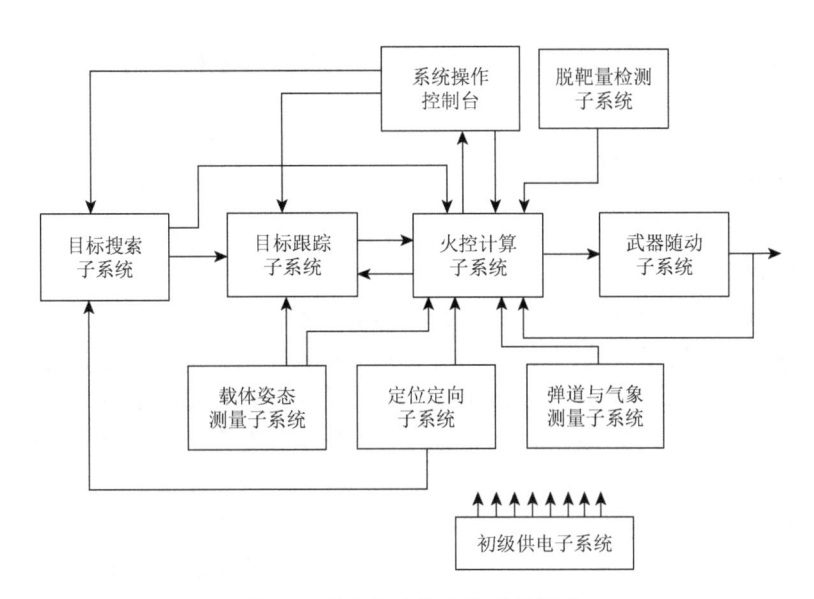

图 3.7　某自行高炮火控系统组成

火控分系统的主要任务如下：

（1）利用各种探测、跟踪器材，搜索、发现、识别、跟踪目标，并测定目标；

（2）依据目标运动模型、目标坐标的测量值，估计目标的运动状态参数（位置、速度、加速度）；

（3）依据弹丸的外弹道特性、实际气象条件、地理特征、武器载体及目标运动状态，预测命中点，求取射击诸元；

（4）依据射击诸元，利用半自动或全自动武器随动子系统驱动武器线趋于射击线，并根据指挥员的射击命令控制射击程序实施；

（5）实测脱靶量，修正射击诸元，实现校射或大闭环火控系统；

（6）实时测量武器载体的运动姿态或其变化率，用于火控计算及跟踪线、武器线稳定；

（7）实施系统内部及外部的信息交换，使武器系统内部协调一致地工作及使火控系统成为指挥控制系统的终端；

（8）实施火控系统的一系列操作控制，使火控系统按战术要求及作战环境要求工作；

（9）实施火控系统的故障自动检测和性能自动检测；
（10）实施操作人员的模拟训练。

3.3.2 火控分系统方案设计

方案设计是开发火控系统的第一步，是根据战术任务、被控武器、作战环境等要求进行的，其设计原则包括以下方面：

（1）明确设计目的和各子系统的功能划分及其特性，透彻地理解所要解决的火控问题；

（2）合理划分子系统内部和外部接口关系及子系统的技术指标，运用优化技术进行总体优化，使系统性能最优；

（3）确定火控分系统方案时，应权衡战术任务、当前及未来一段时期内的技术状况、经费条件，在满足战术任务的前提下，尽量考虑先进性、可扩展性，并降低成本，缩短研制周期。

1）设备选择

火控分系统的设备是依据所选择的方案需求而确定的。一般而言，火控分系统主要分为搜索子系统、跟踪子系统、火控计算子系统和武器随动子系统，但由于需求不同，各子系统的构成却千差万别。对于高炮火控分系统，为了尽早发现远距离快速目标，通常采用搜索雷达搜索目标，为保证搜索雷达在遭受干扰时火控分系统仍能使用，也常采用光电搜索设备作为补充手段。为满足全天候作战，常采用雷达自动跟踪目标，如果仅需昼夜作战，则采用红外热成像跟踪即可，如果仅需白天作战，则采用光学半自动或电视自动跟踪目标即可。对于自行高炮火控系统，为提高跟踪精度，还需增加跟踪线稳定系统。对于坦克火控分系统，由于射击的是低速、地面目标，常采用光电设备搜索目标，跟踪目标也常以光学半自动为主，但为了保证首发命中率，常采用射击门装置。对于地炮火控分系统，在间接瞄准射击的情况下，需前方观察哨所专业人员采用观测器材或用无人机等观测目标；而在直接瞄准射击的情况下，需炮上观瞄设备观测目标。对于火控计算机，常采用微型数字计算机。武器随动子系统采用数字计算机控制的大功率随动系统。

在经费支持的情况下，为了增加系统的可靠性和战场环境的适应能力，有的火控系统采用多种搜索和跟踪手段。为了提高跟踪精度和火控分系统的自动化程度，常采用自动跟踪目标。总之，火控分系统设备的选择与战术任务、被控武器、作战使用环境、经费、技术现状、性能指标等有关。

2）兼容性

设计方案和选择设备时，必须保证系统中的各分系统或设备相互兼容。如果某一设备在系统中对其他设备造成影响，就需认真分析，找出折中方案。如果某一个分系统或设备独立工作时，性能非常优良，而对系统整体却不利，则不能采用。如果某一设备的性能特别高，但在系统中却不能充分发挥其潜在性能，这种设备也是不可取的。

影响设备兼容性的因素有相对精度、相对工作速度、相对工作范围、设备互联等。因为火控分系统工作在一个精度链上，其中精度最低的设备决定了火控分系统的精度。例如，如果所选取的火控随动系统的精度仅是火控计算机输出的射击诸元精度的 10%，则随动系统的精度与火控计算机的精度是不匹配的，也是不兼容的，应予以调整。因此，选择设备时，不仅要根据任务需要，还要考虑系统自身的整体兼容性。同时，还要考虑火控分系统与故障检测设备、性能测试设备、模拟训练设备等外部设备的兼容性。

3.3.3 火控分系统的数学模型

火控分系统的数学模型是描述火控分系统及子系统之间静态的、动态的、确定的、随机的或逻辑相互作用的一套抽象的数学关系式。现代火控分系统是一个多工况、多任务的复杂系统，因此它具有比较复杂的数学模型。一般来说，它的数学模型包括以下模型。

（1）解命中问题的数学模型。

（2）外弹道方程的解算模型。

（3）计算修正量的数学模型。

（4）控制主线中各轴线（包括火炮轴线、瞄准线和跟踪线）控制系统的数学模型。

（5）反映目标运动规律（包括运动规律假定）的数学模型。

火控分系统正是根据这一套模型来对系统进行控制的。其中有的模型可直接求解或应用，有的则需要简化后进行求解或应用。在上述数学模型中，前三者称为现代火控系统的基本数学模型，它们能决定火控分系统的基本面貌。计算机工作时，实际上有许多种工作状态，如有战斗工作状态、校炮工作状态、自检工作状态等。不同工作状态有不同的数学模型，下面仅就战斗工作状态的数学模型进行分析。

1. 火控计算机对输入量的处理

1）激光距离信息

由激光测距仪输入计算机的距离信息，通常是用 10 位二进制数表示的 3 位 BCD 码。计算机首先要通过"BCD 码→二进制数"子程序，将 BCD 码转换成 12 位二进制数，然后才能进行其他的计算和处理。当激光测距仪发生故障时，可用人工输入距离。人工输入距离的信息，在形式上和激光测距仪输入计算机的信息相同。

2）角速度信号

无论哪种火控系统，在对运动目标进行射击时，都要以某种"目标运动假定"为依据来建立相应的数学模型。测量目标速度的方法通常有两类：一类用于测量目标的平均角速度，此类传感器用在以静止状态射击为主要射击方式的火控系统上；另一类用于测量目标的瞬时角速度，此类传感器用在以行进间射击为主的稳像式火控系统中。

（1）目标瞬时角速度信号。

为获取目标瞬时角速度，可以用速度陀螺仪作为速度传感器的基础部件，也可以从操纵台或瞄准电磁铁等处，取出一定的电压作为速度信号。下面以后一种方案为例进行讨论。

在炮长瞄准镜中，由于双自由度陀螺仪外环（内环）进动的角速度与瞄准电磁铁定子及转子线圈中电流的乘积成正比。假定流经定子和转子线圈中的电流相等，则

$$\omega = KU^2 \tag{3.1}$$

式中，ω 为双自由度陀螺仪外环（内环）进动的角速度；U 为加在瞄准电磁铁定子及转子线圈两端的电压；K 为比例系数。

当炮手跟踪匀速运动的目标时，如果瞄准标记和目标中心保持重合，火炮和炮塔转动的角速度将等于双自由度陀螺仪内外环进动的角速度。于是，可以用由式（3.1）求出的陀螺仪进动的角速度作为目标运动的角速度。

（2）目标平均角速度信号。

测量目标平均角速度的方法是：计量经过一段时间目标（实际是火炮或炮塔）转过的角度。通常，"时间"用一定频率时钟脉冲作用下的时间计数器计量；"目标转过的角度"由光码盘输出的脉冲数反映，同时要考虑目标运动的方向。例如，目标向左运动时，方向脉冲计数器记录的脉冲数用 n_+ 表示；目标向右运动时，脉冲数用 n_- 表示。

这样，只要记录下光码盘正转及反转时发送到计算机的脉冲数，用时间除其差值，就可求出目标运动的平均角速度。

例如，炮塔（或火炮）每转动 0.2mil（1mil≈0.06°），光码盘发送一个脉冲，时间计数器的时钟频率为 200Hz，则目标的水平平均角速度和垂直平均角速度可分别按下列公式计算：

$$\omega_\eta = \frac{(n_{+\eta} - n_{-\eta}) \cdot 0.2}{\frac{n_t}{200}} = 40 \frac{\Delta n_\eta}{n_t} \text{(mil/s)}$$

$$\omega_\varepsilon = \frac{(n_{+\varepsilon} - n_{-\varepsilon}) \cdot 0.2}{\frac{n_t}{200}} = 40 \frac{\Delta n_\varepsilon}{n_t} \text{(mil/s)}$$

式中，ω_η 和 ω_ε 分别为目标水平角速度和垂直角速度；$n_{+\eta}$ 和 $n_{-\eta}$ 分别为水平角速度传感器光码盘正转和反转时发送到计算机的脉冲数；$n_{+\varepsilon}$ 和 $n_{-\varepsilon}$ 分别为垂直角速度传感器光码盘正转和反转时发送到计算机的脉冲数；n_t 为时间计数器在测速时间内记下的时钟脉冲数。

显然，光码盘输出一个脉冲所对应的炮塔（或火炮）转过的角度越小，以及时间计数器时钟频率越高，则角速度的计算越准确。

3）横风和火炮耳轴倾斜角度

横风传感器和耳轴倾斜传感器输送到计算机的信息通常是模拟量。为了有效地利用计算机中 A/D 变换器的分辨能力，传感器的极限工作情况，即战术技术指标要求中规定的工作范围，要和 A/D 变换器的参考电压相对应。

例如，参考电压为 10V 时：

耳轴倾斜传感器——耳轴倾斜±15°时，传感器输出±10V 电压；

横风传感器——横风速度为 20m/s 时，传感器输出±10V 电压。

4）各种人工装定数据

药温、气温、横风（当不用自动传感器时）初速减退量和人工修正距离等通常通过拨码盘输入。

2. 弹道函数及其逼近方法

1）弹道函数

计算机能完成瞄准角和方位修正量的计算，是因为其内部的只读存储器（EPROM）中存放着由各种弹的射表所逼近的弹道函数。弹道函数是计算机工作的基础，它决定着计算机解算的精度并影响计算时间。通常，对每一种弹药都要事前按照射表列出的数据，求出瞄准角、飞行时间、横风、药温、气温和初速减退量等与距离相关的函数关系。这些关系一般用多项式表示。考虑到编写程序的方便性，各弹道函数的逼近多项式在满足精度的条件下尽量统一成相同的次数。对射击影响比较大的参数，如瞄准角、飞行时间、横风等，可选为 3 次或 4 次；次等的影响参数，如药温、气温、初速减退量等，可选为 2 次或 3 次。

2）弹道函数的逼近方法

如何准确、合理地确定每种弹药的基本诸元（瞄准角、飞行时间、横风等）与射击距离之间的函数关系，是研制一个火控分系统首先遇到和要解决的问题。

确定弹道函数曲线的基础是火炮射表。火炮射表为表格形式，通常给出的是以 100m 为间隔的参数。如何求得任意距离上的瞄准角、飞行时间等函数值，是弹道函数逼近曲线要解决的问题。

在火控分系统中，常用曲线拟合的方法建立弹道函数。它求出的是一条与所给函数图形近似的曲线，它不要求曲线完全通过所有的已知点，只要求得出的曲线使总的误差值达到最小。进行弹道函数逼近最常采用的方法是最小二乘法。

3.4 底盘分系统总体设计

从装甲车辆底盘分系统的内部空间来区分，一般可分为驾驶室、战斗室、动力室和传动室四个空间。驾驶室内主要有驾驶员、操纵装置和储存物等；战斗室内主要有战斗人员、武器和火控装置等；动力室以发动机为主；传动室以传动及其操纵装置为主。这四个部分在车中有时并非截然分开，而可能交叉或合并；由于各部分所占位置不同，形成了不同的总体布置方案及不同战术技术性能的装甲车辆武器[10]。

3.4.1 底盘总体布置

在装甲防护空间内外，合理地布置各部件、各分系统、装置、武器和乘员的相对位置，称为坦克装甲车辆的总体布置。

1）乘员布置

乘员布置以乘员发挥战斗作用为核心，结合技术可能性，考虑坦克装甲车辆乘员人数及其分工来布置。目前，坦克装甲车辆乘员一般为 4 人，即车长、炮长、驾驶员和装填手，其中，驾驶员位于车体前部驾驶室内，其余人员位于战斗室内，车长位于炮长后上方，以便环视战场，而炮长着重观察炮口所指方向，装填手单独在一侧，以便于装填炮弹。配有自动装弹机的坦克装甲车辆可省去装填手。

2）外廓尺寸

外廓尺寸为车辆在长、宽、高方向的最大轮廓尺寸，分高度、宽度和长度三个方向来说明。

车辆外廓高度一般为三个环节之和，即车底距地高、车体高度和炮塔高度。车底距地高按战术技术要求一般为400～550mm，由于现代坦克装甲车辆悬挂装置进行了改进，故其行程加大，车速也有提高，车底距地高常采用以上范围中的较大值。车体高度由驾驶室高度、发动机及冷却装置高度、战斗室车体高度、炮塔高度等决定。

履带式车辆外廓宽度是车内宽度 b_0、侧装甲厚度 h、履带板宽度 b、履带与车体间的间隙 s、叶子板外伸 y 尺寸之和，如图3.8所示。

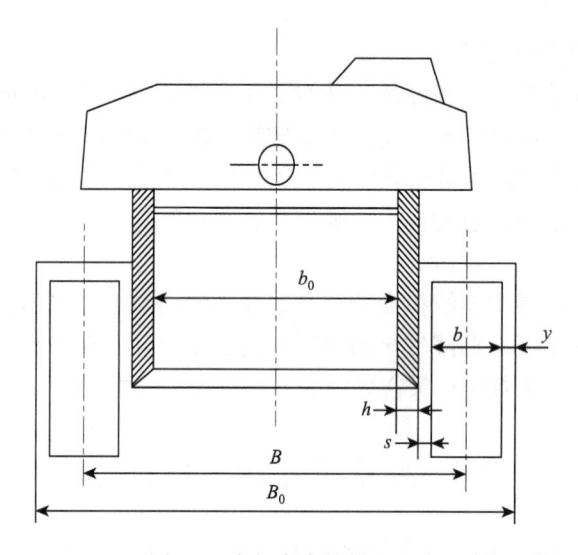

图3.8　车辆宽度的组成环节

根据驾驶室、战斗室、动力和传动室的布置，车体长度由各长度环节之和构成（图3.9）。

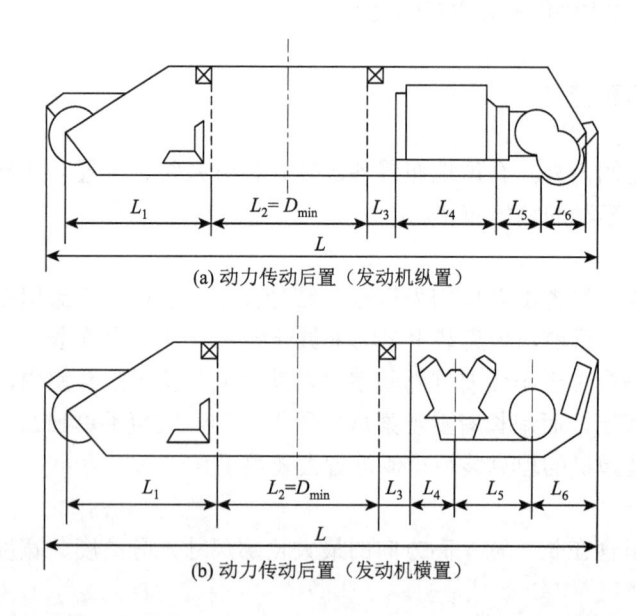

(a) 动力传动后置（发动机纵置）

(b) 动力传动后置（发动机横置）

(c) 动力传动前置（发动机纵置）

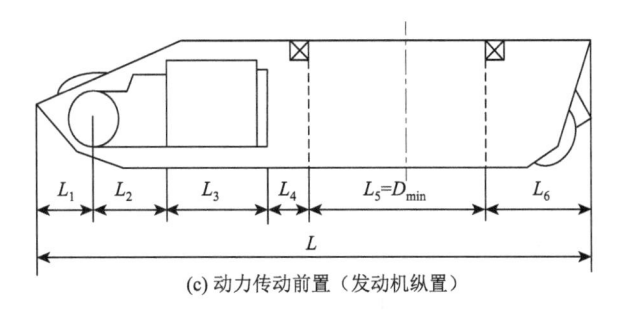

图 3.9 车辆长度的组成环节

3）战斗全质量的确定

总体方案设计中战斗全质量的计算方法如下。

（1）利用虚拟样机技术，精确计算出车体装甲板质量、炮塔体的质量、焊缝质量和新设计部件的质量。

（2）得到精确的成品部件和设备的质量，如发动机、火炮、机枪、弹药、火控装置、蓄电池和电台等。

（3）利用虚拟样机技术，完成整车的虚拟装配，由此可以计算出全车的总质量。

3.4.2 驾驶室装置

驾驶员的活动空间应该符合人体尺寸的需要。其头部的位置应该位于前倾斜甲板之后、顶甲板的最前端。在这里充分利用车内高度，既可获得较低的车体高度和避免潜望镜孔削弱前装甲防护，又可以使驾驶员观察的盲区尽量小、视界尽量广。

驾驶员的视界不广，闭窗驾驶转向时看不到将要转过去的方向，车体俯仰时只能望天和看地，这样即使发动机功率很大，传动装置、行动装置和操纵装置很先进，驾驶时也难以发挥车辆的机动性能，并且操作不及时容易发生故障，在复杂地形中，驾驶员往往被迫冒险开窗驾驶。

近年来车首上装甲对水平面的倾角越来越小，故导致视界角减小（$a_1 > a_2$）而盲区增大（$l_1 < l_2$），如图 3.10 所示。又由于驾驶员在车内位置受战斗室回转部件的影响而不能过多后移，因此增大车首上装甲的倾斜度有时会使驾驶员身处车体形成的独立凸出的锥台中。为保证防护，台体不应凸出过多，并应形成较大的防护厚度。对于厚度很大的复合车首上装甲，驾驶员前面应形成缺口，以免妨碍观察，此时装甲外形可能不是凸出台体而是凹坑。

3.4.3 战斗室装置

战斗车辆的动力室、传动室和驾驶室在一定意义上是为战斗室服务的。在战斗室，战斗人员除进行通信联络、指挥车辆前进、观察战场、搜索目标、测定目标距离等工作之外，关键是围绕武器进行供弹装填、瞄准修正射击等战斗活动。战斗室的主要布置方案也是由此决定的。

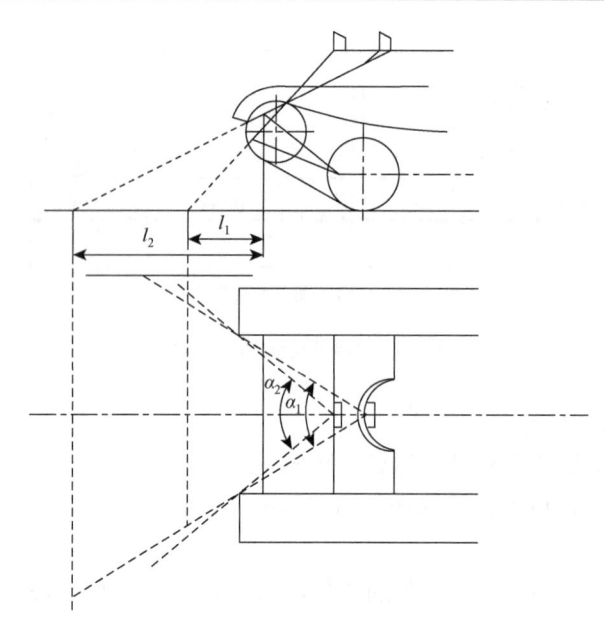

图 3.10　驾驶员不同位置对盲区的影响

在保证最有效地使用武器的基础上，力求塔形小、质量轻、防护力强、乘员操作活动方便、空间能合理地充分利用。

1）车体宽度和炮塔座圈直径

为能在防护状态下向四周进行俯仰瞄准，机动地射击所有方位的目标，通常将火炮和机枪安装在位于车体顶部座圈上的回转炮塔上。为避免火炮射击后座圈回转或方向机构承受大负荷，火炮常居座圈中心线上，或偏离一个小距离，即战斗人员位置常设在炮塔下座圈内火炮两侧的空间处。这是至今一直采用的基本布置方案。

在有限方位摆动一定角度的火炮安装方案，只在部分支援火力，如一些自行火炮、歼击坦克等上应用。这就不需要采用座圈，而是将火炮安装在车体前部可以在有限方位左右摆动的炮框上。这种方案现在已很少使用。

坦克战斗室的最基本的两个尺寸是车体宽度和座圈直径。火炮要在耳轴支点上前后平衡，炮尾在车内既要随火炮俯仰而上下运动，又要随炮塔的回转而运动。炮尾有一个发射时的后坐距离，且开闩装弹也需要一定的长度空间。因此，车体宽度和座圈尺寸应尽量允许在炮塔转向的任何方向与火炮在任何俯仰角度都能装弹与射击。为能在一定车体宽度上加大座圈，有些坦克将履带运动高度之上的侧装甲向外倾斜，或焊接弧形装甲来局部加宽车体。

2）炮塔最小尺寸的确定

坦克装甲车辆总体方案的外形尺寸需由炮塔基本尺寸决定，为了加强防护和减轻质量，炮塔应该在保证火炮高低射界和乘员观察及操作方便的条件下，力求外形矮小。近代坦克在加大火炮口径的情况下，出现了一些铸造的接近半球形的较小炮塔。但间隙装甲、复合装甲等的应用，又形成了一些焊接的、外形宽大的大方炮塔。近年来比较强调要求炮塔的正投影面积小，特别是火线以上的正投影面积尽量减小。

不管是由于铸、焊还是采用不同装甲等而将炮塔设计成什么外形，根据塔内需要的炮塔最小形状，都可以大约地确定炮塔的最小基本尺寸，如图 3.11 所示。

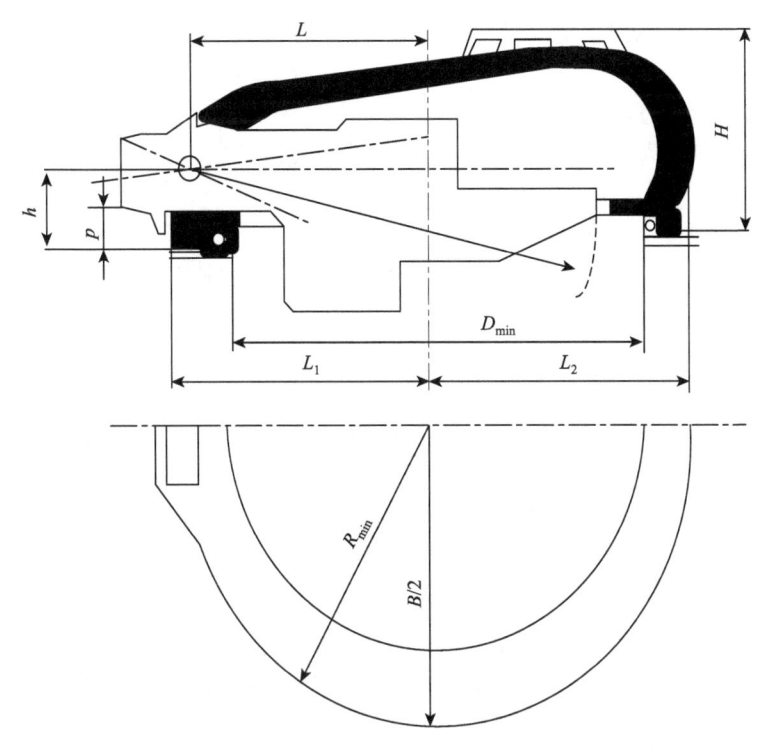

图 3.11 炮塔的最小基本尺寸

需要确定的基本尺寸主要有：火炮耳轴到座圈平面的垂直距离 h、火炮耳轴到座圈中心的水平距离 L、座圈最小直径 D_{min}、座圈中心到塔前与塔后的长度 L_1 和 L_2、塔体的高度 H 和炮塔宽度 B、炮塔最小回转半径 R_{min} 等。

3）战斗室内乘员、装置的布置

根据以上确定的战斗室空间，可以分为可回转的炮塔内空间和固定的车体内空间两部分。座圈以下的车体内空间又可分为以座圈内径为直径的圆柱形回转用空间，以及这个圆柱形之外的四角空间。战斗室内主要有若干乘员、火炮、火控系统、电台和弹药等，装备多而复杂，它们一部分随火炮俯仰运动，且大部分还随炮塔在车体内回转。因此，布置是比较困难的。其布置原则如下。

（1）操作方便。常用设备应位于肘与肩之间，不常用和不重要的设备、仪表以及开关可以布置稍远些。凡是平常不需要接触的装置，布置位置越远越不妨碍经常性的工作。

（2）尽量利用空间。凡是随同炮塔回转的装置，尽量布置在塔的四壁，不要向下凸出到座圈以下。

（3）较重的装置应尽量布置在塔的后部，以便于炮塔的平衡。

（4）保养和修理时便于接近。

（5）塔前尽量少开口、开小口，以提高防护性能。

3.4.4 动力和传动系统布置

根据现有各坦克装甲车辆总体布置的特点,动力和传动系统布置可归纳为五种基本方案。

1) 动力和传动后置方案

这种方案又可分为发动机纵放、发动机横放及发动机斜放三种方案,如图 3.12 所示。

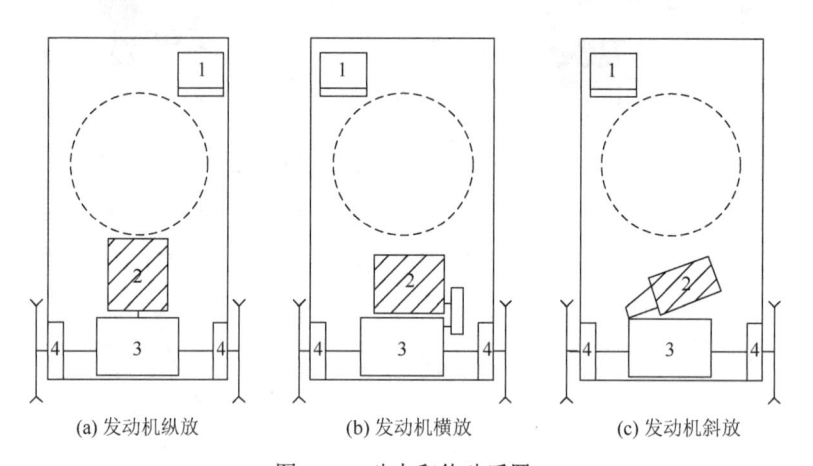

(a) 发动机纵放　　(b) 发动机横放　　(c) 发动机斜放

图 3.12　动力和传动后置

1-驾驶室；2-发动机；3-传动装置；4-侧传动

（1）发动机纵放方案。这是最典型的总体布置形式。自第二次世界大战以来,大多数轻、中、重型坦克以及现代主战坦克均采用这种布置形式。

（2）发动机横放方案。这是第二次世界大战后,俄罗斯坦克所采用的方案,它是保持车辆较小、较轻的重要措施之一,在防护性和工作条件方面同发动机纵放。

（3）发动机斜放方案。这是介于以上两者之间的布置方案,目前只有瑞典 IKV91 轻型坦克采用了此方案,即利用对角线的最大长度来布置发动机,可节省占用车长,而相比于发动机横放也减少了传动箱的齿轮啮合次数,只用一对齿轮。其他特点同发动机横放方案。

2) 动力后置、传动前置方案

这种方案曾在第二次世界大战时期被美国、德国、日本等国家的一些坦克所采用,如图 3.13 所示。

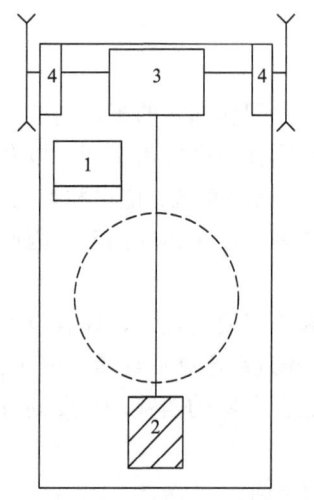

图 3.13　动力后置、传动前置

1-驾驶室；2-发动机；3-传动装置；4-侧传动

驾驶室和传动室的长度重叠,可缩短车体长度,减轻车体质量,或扩大战斗室的长度,战斗室的长度可能扩大到车长的 2/5 左右。战斗室的位置相对后移,炮口伸出车体的长度减短,利于改善通行。传动轴穿过战斗室,使需要回转的战斗室部件位置被迫提高,因而使车体或整个坦克装甲车辆的高度加大，并引起车辆质量大量增加。传动操纵拉杆或管道的距离短，甚至操纵装置可以直接伸向驾驶员而不必经过甲板上的支座，简便可靠、便于调整。车内可能接近传动和操纵部件，在战场上排除故障可以不用到车外。这种方案现已淘汰，不再采用。

3）动力和传动前置方案

所有的履带式装甲输送车和步兵战车、多数现代自行火炮和轻型坦克，以及少数主战坦克采用这种方案。发动机和传动前置又可分为四种方案，如图3.14所示。

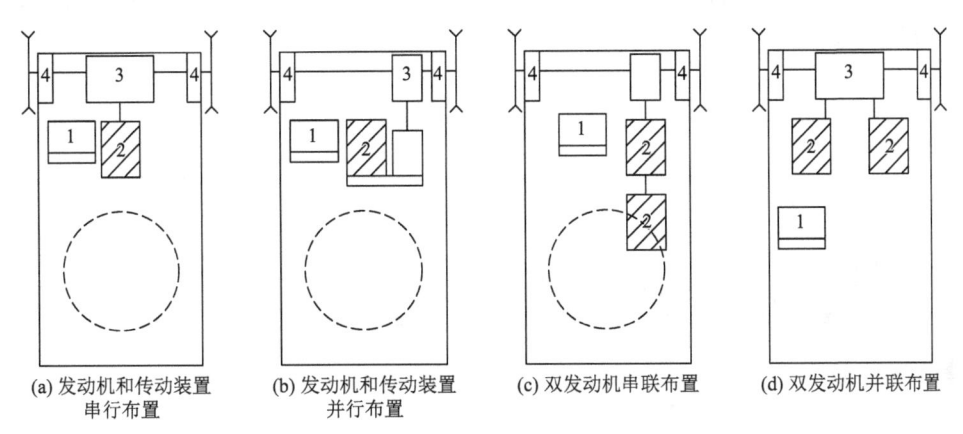

(a) 发动机和传动装置串行布置　(b) 发动机和传动装置并行布置　(c) 双发动机串联布置　(d) 双发动机并联布置

图 3.14　动力和传动前置

1-驾驶室；2-发动机；3-传动装置；4-侧传动

对于装甲输送车和步兵战车及指挥车、救护车等辅助车辆，需要在靠近前沿的阵地迅速而隐蔽地上、下车，即需要在车辆后部的装甲上开设出、入门。因此，人员或战斗空间只能在车体后部。这些坦克装甲车辆现在全都采用这种动力和传动前置方案。

对于为数众多的各类自行火炮，战斗室在后的布置适于人员活动和由弹药输送车不断地补充弹药；也有利于使大口径炮口伸出车体较少而便于通行；而轻型战斗车辆质量轻，在具有一定装甲防护的前提下只能争取车体尽量小，才能达到质量轻的目的。这样，采用动力和传动前置的方案比较有利。现代自行火炮和轻型坦克也大多采用这种方案。

4）动力前置和传动后置方案

这种方案用于一些非装甲的牵引车和越野车辆，如图3.15所示。

随着科学技术的发展，原来的一些要求也在发生变化，例如，系统可靠性提高到一定程度后，即可不要求在车内接近发动机和传动部件；灭火抑爆技术提高以后，油箱可以作为"补充装甲"来布置；复合装甲及主动防护技术应用后，就不一定追求布置小倾角的车体和炮塔。

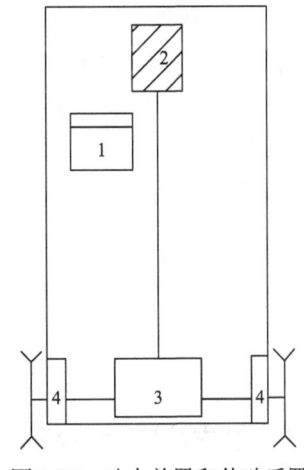

图 3.15　动力前置和传动后置

1-驾驶室；2-发动机；3-传动装置；4-侧传动

5）动力舱辅助系统布置

动力舱辅助系统就是保证动力舱在各种气候条件和地域情况下安全可靠工作的各个分系统的总称，主要包括动力传动装置安装支架、冷却系统、空气供给系统、排气系统、润滑系统、燃油供给系统、压缩空气系统、风扇传动系统、加热系统、传动装置冷却系统等。

3.4.5 行动系统布置

行动装置的总体布置与参数确定要满足车辆底盘总体设计和战术技术指标的要求，如图 3.16 所示。

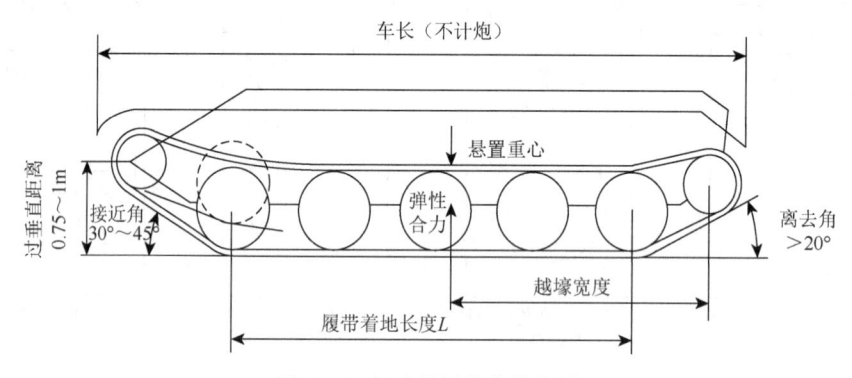

图 3.16 行动装置的总体布置

主动轮布置在车首还是车尾，主要依据车辆传动装置的布置位置确定。主动轮后置能减轻上支履带以及诱导轮和张紧装置的载荷，常被主战坦克所采用。为提高车辆通过垂直墙的能力，前轮（主动轮或诱导轮）中心距地面高度应大些，一般大于 0.75m。为增加越壕宽度和过障碍时不致触及车体，诱导轮和主动轮间的距离应大些，也就是两者尽可能往车体首尾两端布置，诱导轮和主动轮到车体重心的水平距离中的较小者一般应大于 2m。

负重轮的大小、数量及布置位置应满足平均最大压力小、运动阻力小、行程大、质量小及弹性悬置的车体基本上保持水平等多方面的要求。负重轮的数目随所选用的负重轮直径和车体长度而定。现代坦克倾向于采用小负重轮，当上面履带悬垂量过大时，应该考虑采用托带轮。根据履带着地长度确定第一和最后负重轮的位置，并保证负重轮向上运动时不与主动轮或诱导轮发生干涉。中间负重轮的位置不一定等距，应使弹性悬置的车体基本上保持水平。

平衡肘的布置应保证能完成战术技术要求的车底距地高和较大的负重轮行程，同时能可靠地连接减振器等部件，保证受力情况良好。

3.5 火炮主要性能建模与分析

3.5.1 射击稳定性分析

射击稳定性是指火炮在极限射击条件下，跳动量在允许范围内，并能在规定时间内恢复正常射击位置的能力。控制好射击稳定性，可以为提高发射速度创造条件，也是火炮具有良好射击精度水平的重要基础。因此，射击稳定性是火炮的主要性能之一，在火炮研制中必须进行严格的考核。一般通过设置专门的极限条件射击试验科目，对火炮射击过程中的上跳、下压、前冲、后移等跳动量进行测定，如果跳动量超过许可值，或火炮恢复到正常射击位置所经历的时间过长，则需要对火炮设计方案进行调整以达到射击稳定性规定的要求。为了在设计方案阶段能够有效地对射击稳定性进行分析，可以通过多体系统动力学方法建立火炮射击过程的动力学模型，对火炮的射击稳定性进行分析与评估，提出改进措施和修改方案。

1. 火炮射击过程的多体系统动力学模型

以 ADAMS 软件为平台，建立某榴弹炮发射过程的多体系统动力学模型。建模时，根据火炮实际射击的物理过程做如下假设：

（1）火炮反后坐装置连接了后坐部分和摇架，后坐部分相对摇架沿炮膛轴线做直线的后坐和复进的往返运动；

（2）高低机、方向机、平衡机、制退机和复进机等提供的力/力矩均是广义坐标、广义速率和结构参数的函数；

（3）土壤具有弹塑性，土壤反力是广义坐标和广义速率的函数。

为描述方便，将各部件间所有连接关系都看作铰，如约束铰、碰撞铰、弹簧阻尼铰等，用 h_i（$i = 1, 2, \cdots, 48$）表示，如图 3.17 所示。

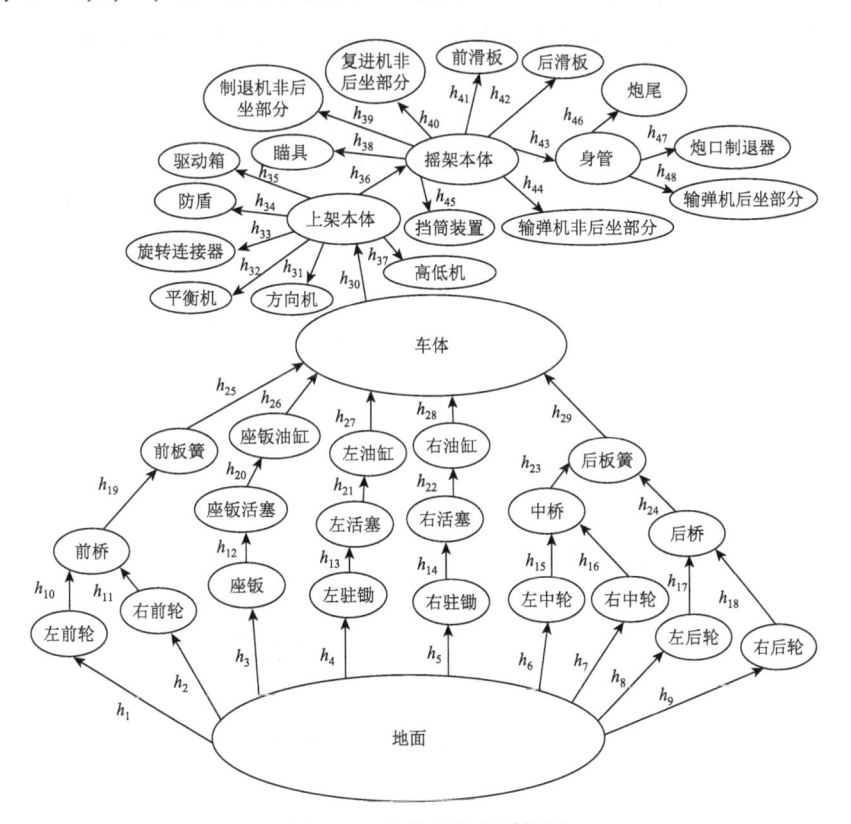

图 3.17 全炮拓扑关系简图

建立全局坐标系 $OXYZ$，O 点为 $(0, 0, 0)$，X 轴沿 $0°$ 射角时的炮膛轴线且指向车尾为正，Y 轴铅垂向上，Z 轴按右手定则确定。全炮系统的拓扑关系如下。

（1）后坐部分分为炮尾（含反后坐装置中参加后坐的部分）、身管、输弹机（参加后坐的部分）、炮口制退器 4 个物体，其中身管为弹性体，取前 52 阶模态坐标 η_i（$i = 1, 2, \cdots, 52$）为变形自由度，炮尾和炮口制退器与身管刚性连接。

（2）摇架部分简化为摇架本体、输弹机（非后坐部分）、挡筒装置、瞄具、复进机非后坐部分、制退机非后坐部分、前滑板、后滑板 8 个物体，摇架本体为弹性体，取前 53 阶模态坐标 π_i（$i = 1, 2, \cdots, 53$）为变形自由度，在左右耳轴处各定义一哑物体与摇架固连，它们相对上架绕坐标系 $O_y X_y Y_y Z_y$ 的 Z_y 轴转动，$O_y X_y Y_y Z_y$ 的原点为耳轴中心，Z_y 轴与耳轴中心线重合，输弹机、挡筒装置、瞄具、复进机非后坐部分、制退机非后坐部分 5 个物体与摇架本体刚性连接。

（3）上架部分简化成上架本体、防盾、高低机、方向机、驱动箱、旋转连接器、平衡机 7 个物体，上架本体为弹性体，取前 53 阶模态坐标 κ_i（$i = 1, 2, \cdots, 53$）为变形自由度，相对车体可绕回转轴转动，定义一个绕 $O_t Y_t$ 轴的扭转弹簧模拟方向机的作用，防盾、高低机、方向机、驱动箱、旋转连接器、平衡机等与上架本体刚性连接。

（4）前桥、中桥以及后桥与车体弹性连接。左前轮和右前轮分别与前桥固定连接；左中轮和右中轮分别与中桥固定连接；左后轮和右后轮分别与后桥固定连接。每一个车轮与地面间各定义一个接触副。

（5）左右液压驻锄及座钣与地面弹性接触，分别相对它们的缸体沿活塞轴线运动，座钣的缸体相对车体做上下运动，左右液压驻锄的缸体可以相对车体转动。

（6）左右摆杆相对车体可以转动，分别与左右液压驻锄的缸体连接。

综上所述，系统分为 37 个刚体和 3 个弹性体；5 个滑移铰、10 个旋转铰、19 个固结铰。因此，整个全炮共有 33 个运动自由度以及 158 个变形自由度。在炮尾炮闩上定义炮膛合力（火药气体力）载荷，在炮尾安装制退机连接孔与摇架相应节点之间定义制退机液压载荷，在炮尾安装复进机连接孔与摇架相应节点之间定义复进机力，在上架与摇架平衡机安装座相应的节点之间定义平衡机力。全炮多体系统动力学模型如图 3.18 所示。

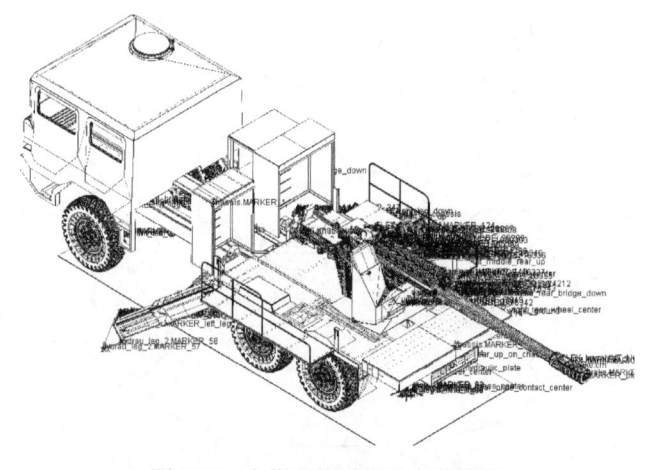

图 3.18 全炮多体系统动力学模型

2. 射击稳定性仿真结果及分析

为分析某榴弹炮的射击稳定性，对其最大发射载荷（底排弹、高温全装药）和多种射角条件下的全炮动力学进行数值仿真计算，计算工况如表 3.1 所示。

表 3.1 某榴弹炮计算工况表

工况	方向射角/(°)	高低射角/(°)	侧坡倾斜角/(°)	备注
1	0	0	0	
2	0	45	0	
3	0	70	0	
4	30	0	0	
5	30	45	0	
6	30	70	0	
7	0	0	6	
8	0	0	10	
9	0	0	15	
10	0	0	20	
11	0	0	25	
12	30	0	6	车体横向摆放
13	30	0	10	车体横向摆放
14	30	0	15	车体横向摆放
15	30	0	20	车体横向摆放
16	30	0	25	车体横向摆放

工况 1 是为了预测火炮平射时的射击稳定性；工况 2 是为了预测最远射程时的射击稳定性；工况 3 是为了预测最大高低射角时火炮的射击稳定性；工况 4 是为了预测火炮侧向平射时的射击稳定性；工况 5 是为了预测火炮侧向最远射程时的射击稳定性；工况 6 是为了预测火炮侧向最大射角时的射击稳定性；工况 7~工况 11 是为了预测在具有一定倾斜角侧坡上沿坡正向射击时的火炮射击稳定性（车体沿斜坡方向摆放，炮口沿坡度向上）；工况 12~工况 16 是为了预测在具有一定倾斜角侧坡上侧向射击时的火炮射击稳定性（车体在斜坡上横向摆放，火炮沿斜坡方向打 30°方向射角）。

各种仿真工况的部分运动和受力幅值如表 3.2 和表 3.3 所示，工况 1 的车体俯仰角 φ 曲线、上跳/下沉 S_y 曲线、后移/前冲 S_x 曲线分别如图 3.19~图 3.21 所示。

表 3.2 射击稳定性数据（幅值）

工况	车体角度/(°) 俯仰角	纵摇角	偏航角	车体位移/mm 后移/前冲	上跳/下沉	后坐长/mm
1	1.0849/−0.6144	0.0287	0.0193	22.46/11.18	70.42/20.09	882.1
2	0.3037/−0.5935	0.0892	0.0348	9.59/19.46	16.21/19.61	894.1
3	0.3988/−0.9421	0.0743	0.0139	27.11/25.96	29.52/65.81	896.5
4	0.9570/−0.6614	1.7779	0.3213	21.63/4.38	64.94/19.43	882.1
5	0.2546/−0.4964	1.3443	0.2239	7.56/11.10	13.85/23.79	894.4
6	0.2617/−0.3424	0.8937	0.1648	0.14/9.93	16.22/62.50	898.1
7	1.1750/−0.5542	0.0299	0.0083	24.77/8.22	77.15/23.15	883.7
8	1.2395/−0.5139	0.0330	0.0108	26.51/6.01	82.71/21.13	884.7
9	1.3317/−0.4632	0.0332	0.0090	29.06/2.65	91.53/18.17	886.2
10	1.4371/−0.3351	0.0269	0.0111	32.37/—	103.26/11.28	887.1
11	1.5188/−0.1883	0.0261	0.0107	35.29/—	116.17/−4.74	887.8
12	0.9553/−0.6813	1.5880	0.4196	21.66/4.37	64.56/18.67	881.4
13	0.9527/−0.6894	1.4779	0.4979	21.74/4.27	64.73/17.92	881.0
14	0.9482/−0.6951	1.5391	0.6294	21.94/4.02	65.45/16.70	880.4
15	0.9452/−0.6998	1.6156	0.7923	22.30/3.64	67.07/15.71	879.8
16	0.9458/−0.7047	1.7083	0.9637	22.91/3.20	69.83/15.33	879.3

表 3.3 液压驻锄及座钣受力（幅值）

工况	土壤对右驻锄力/N	土壤对左驻锄力/N	土壤对座钣力/N	座钣活塞受力/N
1	65965	66355	72862	71755
2	74120	75959	82516	81542
3	65778	65214	128740	127470
4	92773	67598	72835	71439
5	98105	56604	85235	84292
6	87329	53081	122650	121480
7	66914	67345	72166	71118
8	67279	67723	71943	70896
9	67521	67973	71258	70508
10	67382	67861	68473	67401
11	66569	67061	63799	62686
12	93465	67089	67465	66000
13	90823	68842	66458	64990
14	87360	71324	65221	63751
15	83715	74438	64194	62692
16	79953	78525	63802	62278

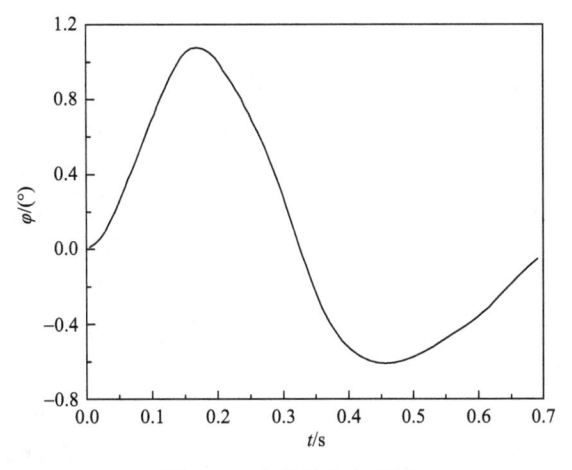

图 3.19 车体俯仰角曲线

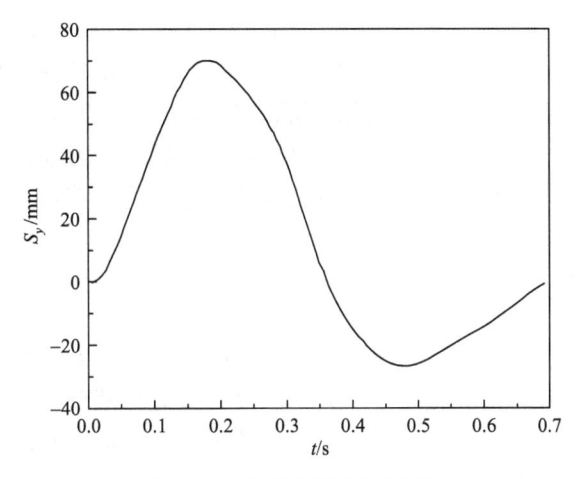

图 3.20 车体上跳/下沉曲线

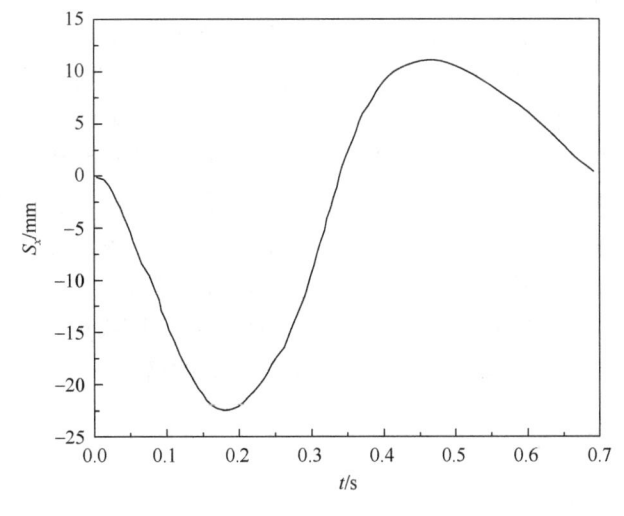

图 3.21 车体后移/前冲曲线

对计算结果进行分析，可以得出以下结论。

(1) 当火炮在正向射击时（水平地面，工况 1～工况 3），车体俯仰角上跳最大值为 1.0849°，下沉最大值为 0.9421°，这说明正向射击时火炮的射击稳定性较好；当火炮侧向射击时（水平地面，工况 4～工况 6），车体俯仰角上跳最大值为 0.9570°，与正向射击时的相当，但侧向射击时车体纵摇角比正向射击的大得多，纵摇角最大值达 1.7779°（工况 4），即火炮侧向射击时的纵摇角稍大，因此火炮侧向射击时的射击稳定性略差。

(2) 从侧向射击（水平地面，工况 4～工况 6）的纵摇角可以看出，高低射角越大，车体纵摇角越小，例如，0°高低射角时，车体纵摇角最大值为 1.7779°，而最大高低射角（70°）时，车体纵摇角最大值为 0.8937°。

(3) 当火炮在斜坡上沿坡正向射击时（工况 7～工况 11），随着侧坡倾斜角的增大，火炮的射击稳定性越来越差，尤其当倾斜角超过 15°时，车体上跳量超过 100mm，因此在实际训练和作战使用时，侧坡倾斜角需小于 15°。

(4) 当火炮在斜坡上沿坡侧向射击时（工况 12～工况 16，车体横向摆放），随着侧坡倾斜角的增大，车体三个方向的跳角幅度均有增大的趋势，当倾斜角超过 10°时，车体的偏航角增加到幅值后难以恢复到平衡位置，因此在实际训练和作战使用时，侧坡倾斜角需小于 10°。

(5) 最大射角射击时土壤对座钣的作用力和座钣活塞受力幅值最大，超过 13t；最大射程射角和最大方向角射击时，土壤对右驻锄的作用力幅值最大，约 10t。

3.5.2 刚强度分析

火炮强度是指射击载荷或其他外力作用下，火炮零部件及全炮抵抗破坏的能力；火炮刚度是指火炮结构抵抗变形的能力。火炮强度是火炮作战使用安全可靠的基本保障，因此设计时必须有足够的安全裕度，使火炮能够确实、可靠地承受射击载荷或其他冲击载荷。火炮刚度不足，射击时会产生过大的变形或振动，对射击精度产生不利影响。刚强度是火炮研发过程中非常关注的问题，也是火炮最重要的射击试验考核项目之一。传统的火炮设计基本上按照材料力学理论进行刚强度设计，但是由于火炮零部件的结构形式及连接关系一般比较复杂，利用材料力学理论进行分析计算时需要做很多的假设和简化，使得计算结果与实际情况差异很大，难以指导火炮的结构设计，一般依靠设计人员的经验或采用一定的符合系数进行设计，通过大量的实弹射击试验来考核火炮的刚强度，根据试验结果对设计方案进行修改设计，这种设计-试验-设计修改的过程是反复迭代的，必然导致研制周期长、投入经费多、设计效率低等。本节以某榴弹炮为例，根据火炮关重零部件的实际结构、连接关系和射击时的载荷情况，建立摇架、上架、车架等的精细有限元模型，通过对其刚强度进行仿真分析，找出刚强度较薄弱的环节，进行相应的结构修改设计，保证火炮射击时的刚强度有足够的储备。

1. 某榴弹炮结构分析

1) 摇架和上架结构分析

摇架和上架借鉴了某牵引火炮的成熟结构，为了给炮手在车上操作留出足够的空间，增加了上架耳轴孔的高度，这使得上架侧板的高度增加，进而使摇架的刚度和强度变差；同时为了降低火线高度，平衡机和高低机采用单侧布置，增加了机构的不对称性，使得上架的受力不在其对称面内，上架两侧板受扭矩作用。摇架后方布置输弹机，增加了摇架两臂的长度。

考虑两种设计方案：第一种方案是采用槽形摇架及相应的上架，第二种方案是采用筒形摇架及相应的上架。第一种方案的摇架槽为一层薄钢板，内部有加强筋增强其刚度，槽形摇架的两支臂也是薄钢板箱体结构，上架底板是箱体薄钢板结构，与回转支承的连接刚度较差；第二种方案的摇架体为筒形钢，两支臂是较厚钢板，并有加强筋增强其刚度，支臂与筒体的连接处是块状结构，上架回转支承上座圈、底板和侧板三者通过加强筋连为一体。

2) 主副车架结构分析

某榴弹炮发射载体主要包括主车架、副车架、左右液压驻锄、液压座钣、下座圈等。主车架和副车架主要是由槽钢通过焊接、铆接或螺栓连接而成的框架结构，左右液压驻锄主要是由薄钢板焊接而成的箱体结构。图 3.22 是副车架的局部结构，采用两根平行布置的横梁来加强座圈的刚强度，为第一种方案。第二种方案采用四根斜八字梁来加强座圈。

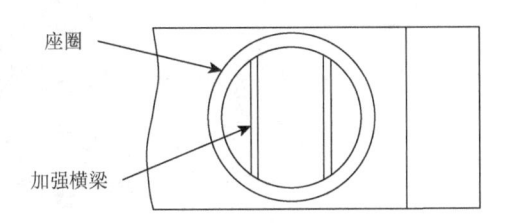

图 3.22　副车架与下座圈的结构示意图

2. 有限元建模

1) 摇架和上架有限元模型

建模时将摇架和上架视为一个整体，这样高低齿轮与齿弧之间的作用力、平衡机力、耳轴与耳轴孔之间的作用力都是内力，其余的外力包括复进机力 P_F、制退机液压阻力 ϕ_0、由紧塞装置产生的摩擦阻力（为建模方便将之合并到 P_F 和 ϕ_0 中）、炮身对摇架的支反力 N_1 与 N_2、导轨（槽形摇架）或衬套（筒形摇架）上的摩擦力 f_{N1} 和 f_{N2} 以及重力，如图 3.23 所示，图中 x 方向在水平面内沿身管向前为正，y 轴竖直向上为正，z 轴满足右手定则。

在单元选择上，对于薄钢板和槽形钢结构采用等参四边形壳单元，耳轴、上架的底部座圈、齿轮齿弧等处采用等参六面体单元，平衡机简化为弹性杆单元，定义接触关系模拟齿轮、齿弧的啮合。第一种方案对应的模型共有 42027 个单元、42042 个节点；第二种方案对应的模型共有 39370 个单元、40525 个节点，分别如图 3.24 和图 3.25 所示。

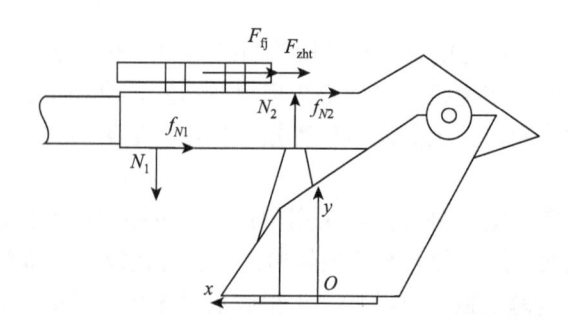

图 3.23　摇架和上架受力分析示意图

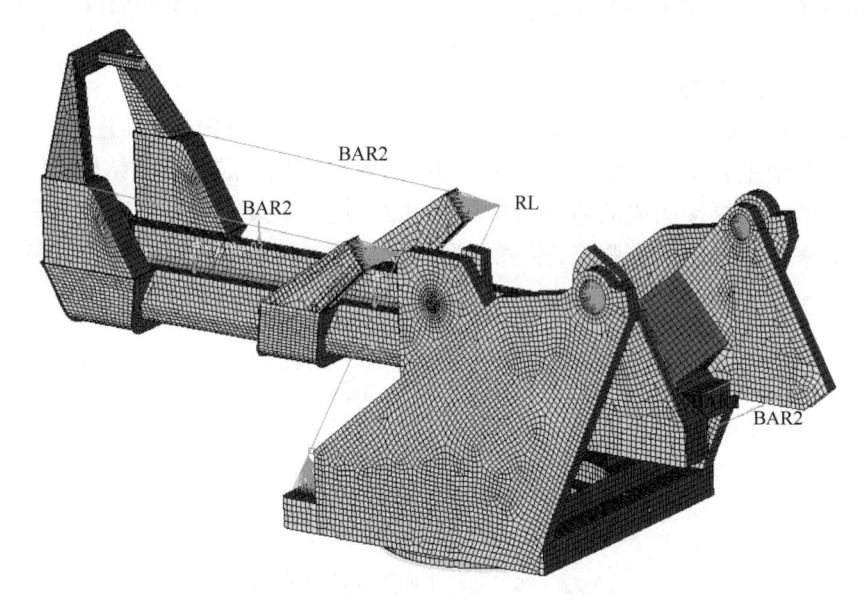

图 3.24　第一种方案的摇架和上架的有限元模型

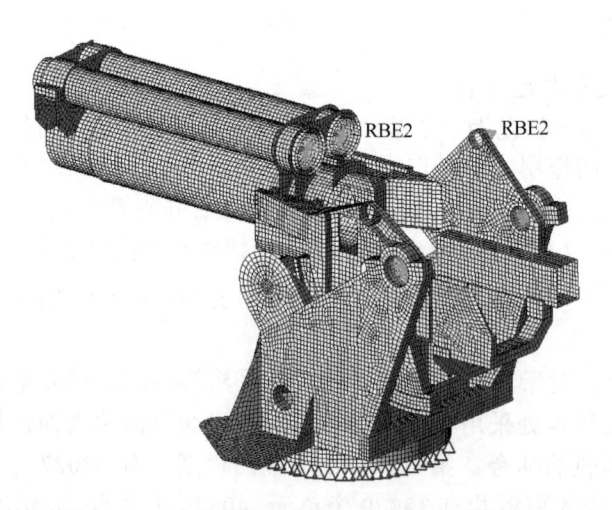

图 3.25　第二种方案的摇架和上架的有限元模型

2）主副车架有限元模型

主车架、副车架、左右液压驻锄、液压座钣和盖板采用等参四边形单元，土壤、液压缸和座圈采用八节点等参六面体单元，驾驶室和悬挂部分采用集中质量处理。各部件之间采用焊接单元、U 形螺栓连接、共用节点固结和刚性单元连接等，关键部位适当增加网格的密度。

第一种方案的有限元模型共有 92031 个单元、92286 个节点；第二种方案的有限元模型共有 91869 个单元、92069 个节点。在回转中心施加火炮发射时的最大载荷，回转中心所在的节点与下座圈各节点之间用刚性杆单元连接。固定土壤的下表面，轮胎与土壤的接触用弹簧单元模拟。图 3.26 为第一种方案的局部有限元模型。

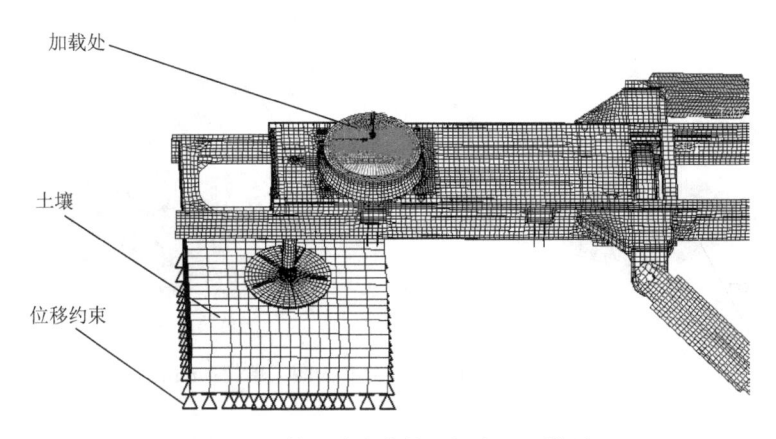

图 3.26 第一种方案的局部有限元模型

为了模拟火炮射击时的最恶劣工况，对最大高低射角 β_{max}、最大方向射角 α_{max} 以及高温全装药的工况进行了仿真，计算工况如表 3.4 所示。

表 3.4 计算工况

工况	方向射角/(°)	高低射角/(°)	工况	方向射角/(°)	高低射角/(°)
1	0	0	4	α_{max}	0
2	0	45	5	α_{max}	45
3	0	β_{max}	6	α_{max}	β_{max}

3. 仿真结果及分析

在计算分析时，将 P_F、ϕ_0、N_1、N_2、f_{N1}、f_{N2} 的最大值施加在摇架的相应节点上，定义重力加速度，约束上架的回转支承底部节点的三个平移自由度。本节分别计算了高低射角为 0°、45°和 70°三种典型工况，表 3.5 为 0°和 45°时两种方案的结果对比，图 3.27 和图 3.28 分别为 0°射角时两种方案的位移分布云图和应力分布云图。

表 3.5　两种方案的结果对比

高低射角/(°)	0		45	
设计方案	第一种方案	第二种方案	第一种方案	第二种方案
应力最大值/MPa	394.5	269.2	425.3	278.6
位移最大值/mm	6.56	2.56	10.60	3.42
左耳轴中心位移/mm	4.12	1.70	4.36	1.71
右耳轴中心位移/mm	2.75	1.38	2.91	1.66
左右耳轴中心位移差/mm	1.37	0.32	1.45	0.05

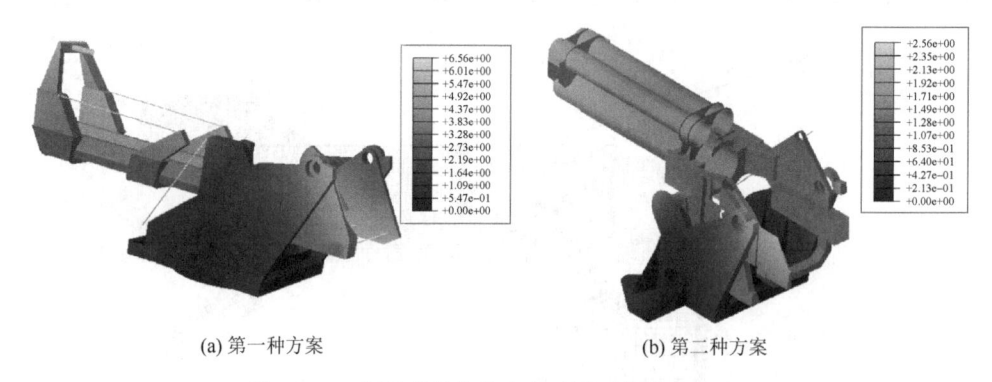

(a) 第一种方案　　(b) 第二种方案

图 3.27　0°射角时的位移分布云图（单位：mm）

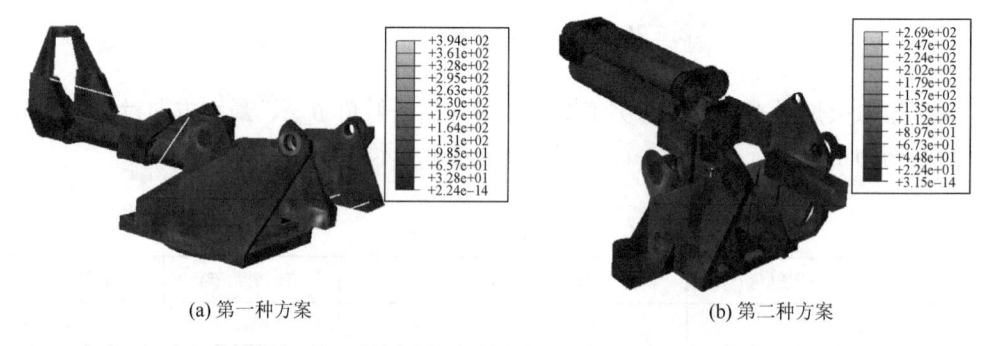

(a) 第一种方案　　(b) 第二种方案

图 3.28　0°射角时的应力分布云图（单位：MPa）

从图 3.27 和图 3.28 可以得出以下结论。

（1）第一种方案的最大应力分布在上架侧板和底板的交界处，以及摇架的两支臂与摇架体的连接处，0°时最大值为 394.5MPa，45°时的最大值为 425.3MPa，需选用屈服强度较大的材料才能满足其强度要求；而第二种方案的最大应力要比第一种方案的小得多。

（2）第一种方案在 45°时，上架的左耳轴中心位移为 4.36mm，右耳轴中心位移为 2.91mm，相差 1.45mm；第二种方案的左右耳轴中心位移及位移差都要比第一种方案的小得多。

（3）从位移云图上还可以看出第一种方案的摇架在竖直面内的弯曲变形比较大，最大位移出现在摇架槽前端面，45°时其值为 10.60mm；第二种方案的摇架最大变形仅为 3.42mm。

（4）从整体上看，第二种方案的刚强度要比第一种方案的好，在总体许可的情况下应选择第二种方案，这已在实际的试制中得到了证实。

主副车架刚强度分析的部分结果如表 3.6 所示，表中 s_1、s_2 分别表示第一种方案和第二种方案的下座圈下方部位的最大位移，σ_{11} 和 σ_{21} 分别表示第一种方案和第二种方案的副车架最大应力，σ_{12} 和 σ_{22} 分别表示第一种方案和第二种方案的左右液压驻锄最大应力，σ_{13} 和 σ_{23} 分别表示第一种方案和第二种方案的主车架最大应力。

表 3.6　两种方案的位移、应力最大值

工况	s_1/mm	σ_{11}/MPa	σ_{12}/MPa	σ_{13}/MPa	s_2/mm	σ_{21}/MPa	σ_{22}/MPa	σ_{23}/MPa
1	2.05	151	141	99.2	1.89	150	140	82.7
2	4.19	251	122	165	3.89	246	120	139
3	5.21	266	107	175	4.88	260	105	147
4	5.60	249	306	243	5.50	255	300	226
5	5.65	330	255	254	5.57	328	254	237
6	5.83	332	225	238	5.53	331	224	224

由表 3.6 可以看出，第二种方案下座圈最大位移比第一种方案小，第二种方案主车架最大应力比第一种方案略小，副车架、液压驻锄和座钣的最大应力相差不大。由于火炮下座圈的位移通过上座圈经上架-摇架-炮身传递到炮口，对炮口振动影响较大，因此需要有效地控制火炮下座圈的位移；另外，考虑到副车架与下座圈之间安装一些其他零部件，需要留有足够的空间。综上可知，第二种方案优于第一种方案。

图 3.29 是第二种方案工况 6 的局部应力云图，主要规律如下：正向射击时座圈附近靠近车头的部位位移较大，侧向时座圈附近靠近纵梁的部位位移较大；副车架的最大应力出现在座圈底部横梁和与左右液压驻锄连接处；驻锄连接座背板与上下盖板上有几个应力较大的危险点，并且侧向射击时的最大应力比正向射击时大很多；正向射击时主车架的最大应力分布在座圈下方部位，侧向射击时分布在驻锄连接座附近的纵横梁连接处。

图 3.29　第二种方案工况 6 的局部应力云图（单位：MPa）

图 3.30 是解除 U 形螺栓后主副车架的位移云图，可以看出主车架与副车架有分离的趋势；而采用 U 形螺栓、局部点焊和连接扣的方式，主车架与副车架没有分离的趋势。因此，利用 U 形螺栓加强连接是必要的。

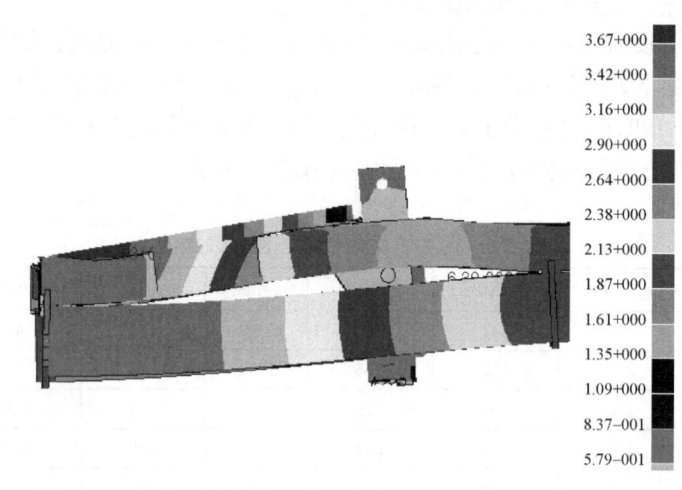

图 3.30　解除 U 形螺栓后的主副车架位移云图（单位：mm）

3.5.3　动态强度分析

3.5.2 节介绍的刚强度分析主要采用静力学方法，即施加的载荷为常数值，但实际上射击载荷是随时间变化的冲击载荷，且各部件间往往存在间隙和非线性，火炮各零部件变形和运动规律是非常复杂的，这就使得火炮结构的动态应力应变规律要比静止假设条件下的情况复杂得多。本节以某榴弹炮为例，应用非线性有限元建模理论对火炮发射过程中的典型非线性现象进行模拟，对火炮的动态强度进行仿真分析。考虑的非线性主要包括弹丸与身管的接触/碰撞、身管与摇架的接触/碰撞、高低机齿轮齿弧的接触/碰撞、上架与下架间的接触/碰撞、土壤与液压驻锄及座钣的接触/碰撞、反后坐装置载荷等。

1. 弹丸与身管的接触/碰撞建模

1）膛线身管三维建模与高精度有限元网格划分

借助 HyperMesh 的 SOLID MAP 功能，采取分段扫描映射方式生成网格，主要步骤如下。

（1）建立无膛线身管的几何实体模型，根据膛线展开线的曲线方程生成若干条空间曲线（空间曲线的条数等于膛线的条数）。根据身管的台阶数将其分段，图 3.31 是其中的一段。

（2）在身管的某一端面（此端面包含膛线的横截面）生成二维网格（图 3.32），用此二维网格沿膛线的空间曲线分段扫描，即可得到包含膛线的身管的有限元网格，如图 3.33 所示。

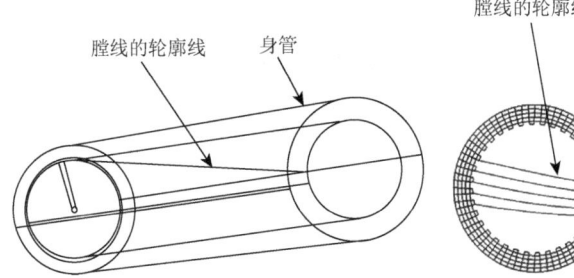

图 3.31 身管和其中的一条膛线 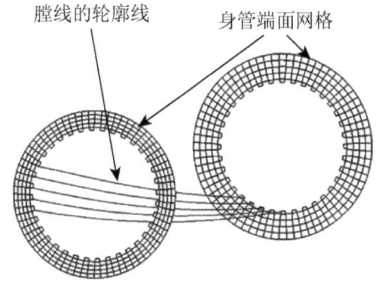　　图 3.32 身管端面的二维网格划分

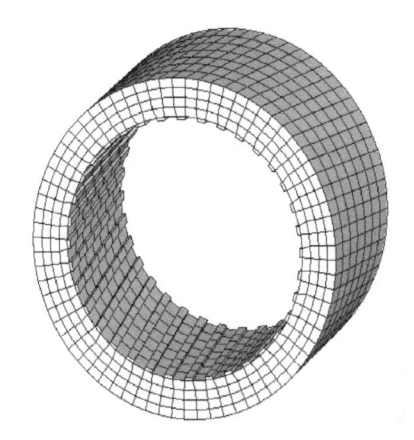

图 3.33 膛线身管的网格划分

用此方法操作简单，生成的网格全部为六面体，而且膛线的网格完全沿着空间曲线，保证了结构的造型精度，适当加密网格或采用高精度单元可以提高解的精度。

2）身管-弹丸的接触/碰撞有限元模型

弹丸弹带和前定心部与身管内壁的接触状态通过平衡主控-从属搜索算法进行判断，为了减少搜索的时间，指定接触可能发生的区域。在 ABAQUS 中，接触关系定义如下：

```
**Interaction: general_contact 定义通用接触
*Contact,op=NEW
**指定接触可能发生的区域,语句 SURFACE-TANGXIAN 定义膛线的表面,
**SURF ACE-DANWAN 定义弹丸的表面
*Contact Inclusions
SURFACE-TANGXIAN,SURFACE-DANWAN
**定义接触的属性
*Contact property assignment
,,INTPROP-FRICTION
**定义接触表面的切向摩擦行为及摩擦系数
*SURFACE INTERACTION,NAME=INTPROP-FRICTION
*FRICTION
```

膛线身管-弹丸耦合的接触有限元模型如图 3.34 所示，图 3.35 是炮身有限元模型。

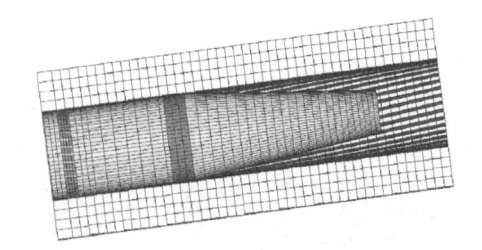

图 3.34　身管与弹丸耦合的接触有限元模型

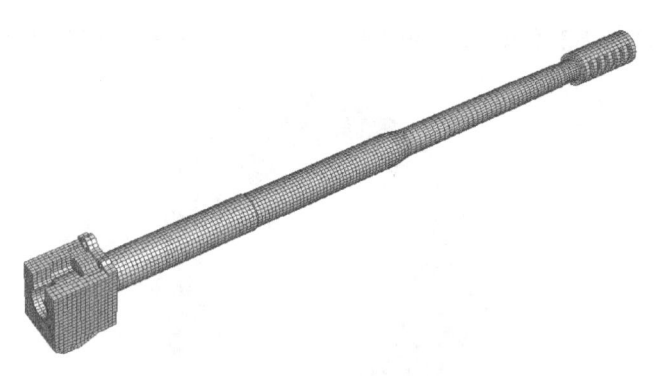

图 3.35　炮身有限元模型

2. 身管与摇架的接触/碰撞模型

以筒形摇架为例，摇架圆筒的前后两个衬套的内径不相同，分别与身管不同直径处的圆柱部配合，摇架与身管的接触/碰撞实际上就是前、后衬套与身管圆柱部的接触/碰撞问题。铜衬套和身管圆柱部之间留有间隙，以保证后坐-复进运动顺畅完成，可以通过控制接触部位的精确尺寸来定义配合部位的间隙。对于槽形摇架只需定义滑块与摇架滑轨之间的接触关系，定义方法与筒形摇架类似。

图 3.36 是身管与摇架前、后衬套的接触/碰撞有限元模型，衬套厚度方向上采用 4 层网格，单元类型使用等参六面体缩减积分单元。ABAQUS 语句定义的接触关系如下：

```
**Interaction:general_contact 定义通用接触
*Contact,op=NEW
**指定接触可能发生的区域
*Contact Inclusions
SURFACE-LINER,SURFACE-TUBE
**定义接触的属性
*Contact property assignment
,,FRICTION_2
定义接触表面的切向摩擦行为及摩擦系数
*SURFACE INTERACTION,NAME=FRICTION_2
*FRICTION_2
...
```

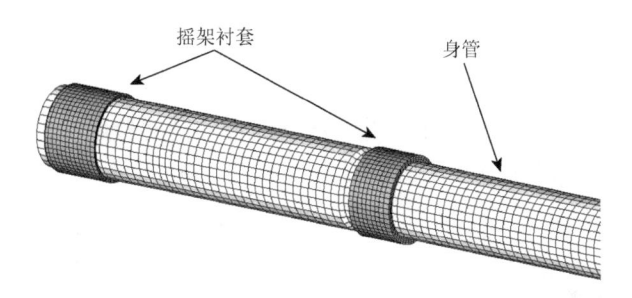

图 3.36　身管与摇架前、后衬套的接触/碰撞有限元模型

3. 高低机齿轮齿弧的接触/碰撞模型

虽然高低机的齿轮齿弧只有一对完整的齿相互啮合,但在冲击载荷的作用下,不仅相互啮合的一对齿之间发生接触/碰撞,而且和相邻的齿也会有接触/碰撞。因此,建模时除了考虑相互啮合的一对齿外还要考虑相邻的齿,如图 3.37 所示。

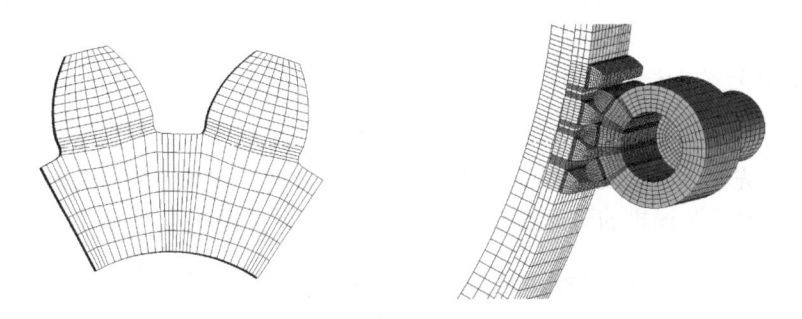

图 3.37　齿轮、齿弧的接触/碰撞有限元模型

4. 上架与下架间的接触/碰撞模型

上架和下架之间的连接可以采用连接单元实现,即在上、下连接部件中心各添加一节点,分别与上、下连接部件之间刚性连接,两节点建立连接单元,设置扭转刚度,模拟上架和下架的扭转作用。

也可定义接触模拟上架和下架的作用,这种方式不仅能考虑连接部件的弹性变形,也能计算连接部位的应力。图 3.38 是某车载火炮上、下座圈的接触/碰撞有限元模型。

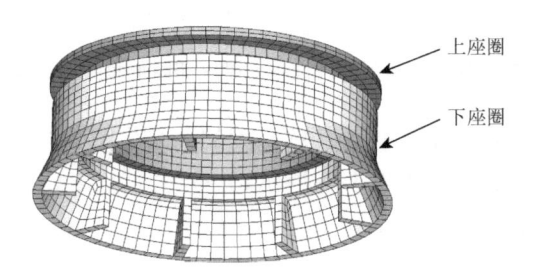

图 3.38　上、下座圈的接触/碰撞有限元模型

5. 土壤与液压驻锄及座钣的接触/碰撞模型

采用 Drucker-Prager 材料模拟土壤的材料非线性的动态接触特性，建立的土壤与液压驻锄、座钣之间的接触/碰撞模型分别如图 3.39 和图 3.40 所示。

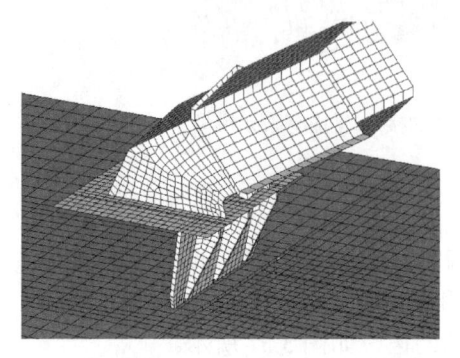

图 3.39　液压驻锄与土壤的接触/碰撞模型 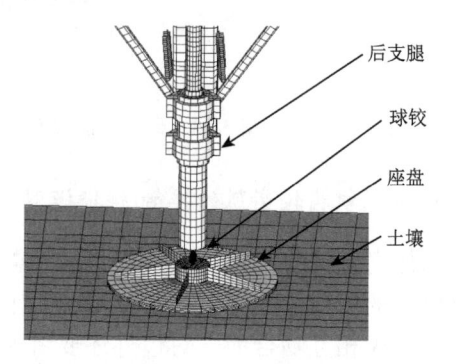　　图 3.40　座钣与土壤的接触/碰撞模型

6. 反后坐装置载荷的模拟

根据制退机力和复进机力的非线性特性，编制计算程序确定反后坐装置载荷。制退机力计算时首先读入流液孔面积随后坐位移变化的数据，并采用插值函数确定每一点的流液孔面积以确定制退机的阻尼系数。计算界面及框图如图 3.41 所示。

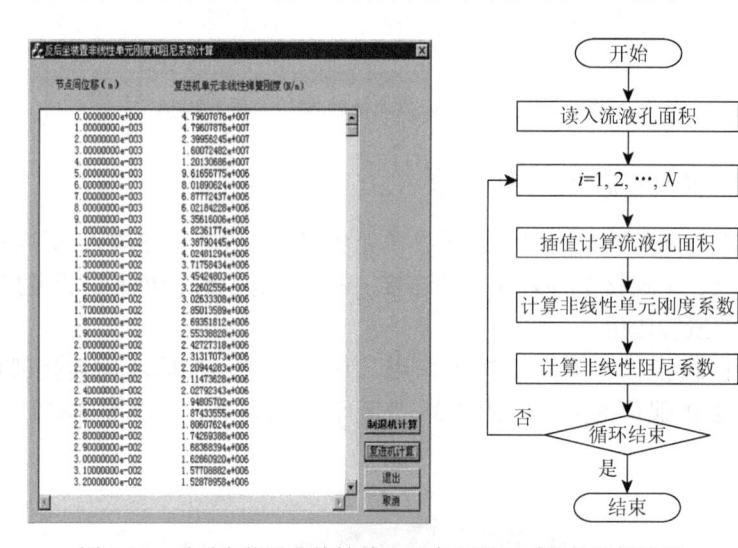

图 3.41　反后坐装置非线性单元刚度和阻尼系数的计算流程

模拟其后坐-复进运动的弹簧刚度-压缩长度的关系如图 3.42 所示，后坐-复进运动的平方阻尼系数-后坐位移的关系如图 3.43 所示。

7. 全炮非线性动力学有限元模型

全炮共有 268266 个节点、241146 个单元，全炮的非线性有限元模型如图 3.44 所示。

第 3 章　火炮系统设计和综合分析

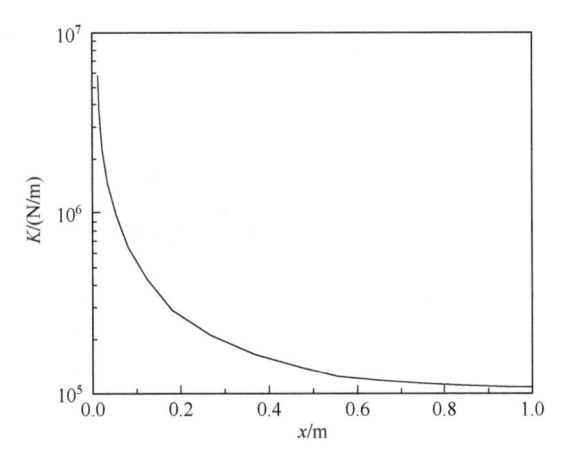

图 3.42　非线性单元刚度系数变化曲线

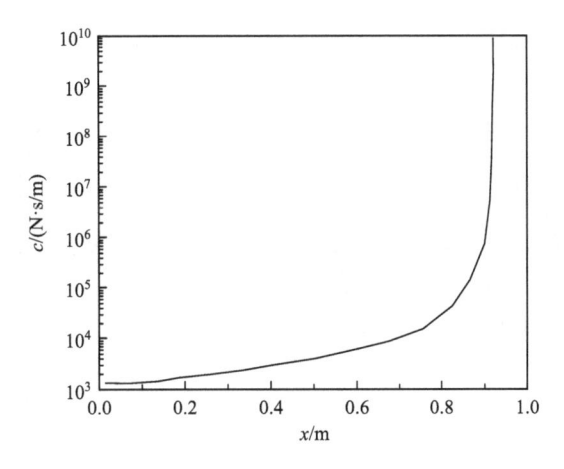

图 3.43　非线性阻尼系数变化曲线

8. 计算结果及分析

对某火炮发射全装药（高温）、底排弹的动态特性进行数值计算，考虑三种计算工况：①高低射角和方向射角为 0°；②高低射角为 0°，最大方向射角；③最大高低射角，最大方向射角。计算表明，三种工况的摇架最大应力位置均位于摇架主筒的下侧加强板与齿弧板连接处，图 3.45 为该位置应力随时间变化的规律，图 3.46 为工况一摇架最大应力时刻的应力云图。可以看出，工况一（高低射角和方向射角均为 0°）的摇架应力要比工况二和工况三（最大方向射角）的应力大，摇架应力最大值分别约为 419MPa、345MPa、288MPa，其主要原因是最大射角工况的后坐长度大于 0°射角的后坐长度，相对应的后坐阻力峰值小于 0°射角工况的后坐阻力峰值。

上架的最大应力点位于内侧板与上侧底板连接处附近，该位置的应力随时间变化的规律如图 3.47 所示，图 3.48 为工况二最大应力时刻的上架应力云图分布规律。可以看出，工况一的上架应力比工况二和工况三的均小些，三种工况的最大应力值分别约为 226MPa、286MPa、272MPa。

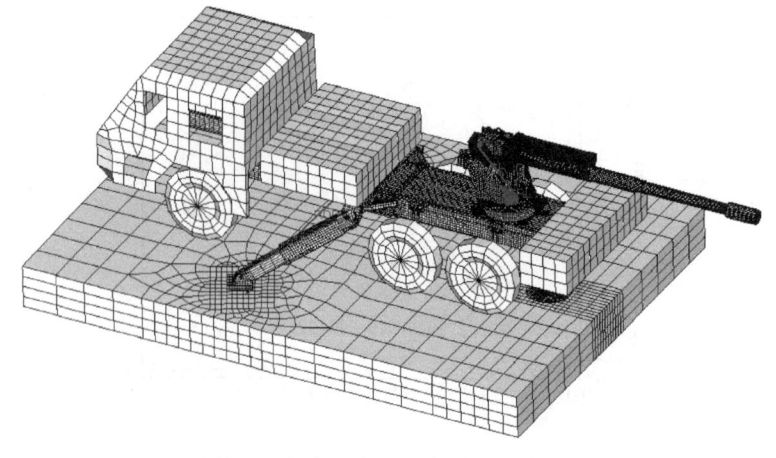

图 3.44　全炮的非线性有限元模型

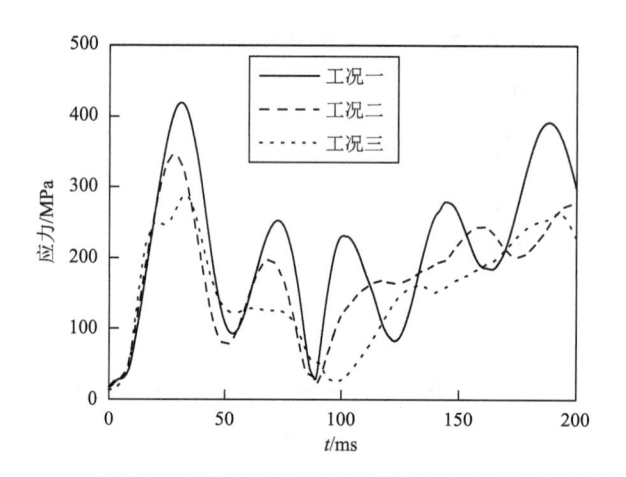

图 3.45　三种射击工况的摇架最大应力点的应力随时间的变化规律

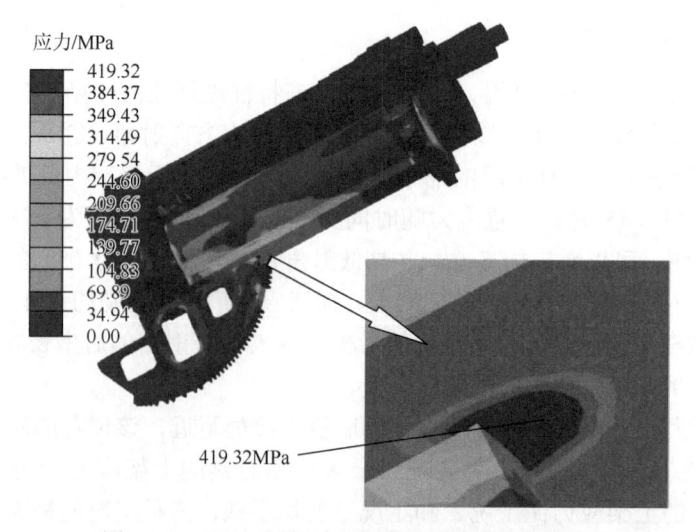

图 3.46　工况一摇架最大应力时刻的应力云图

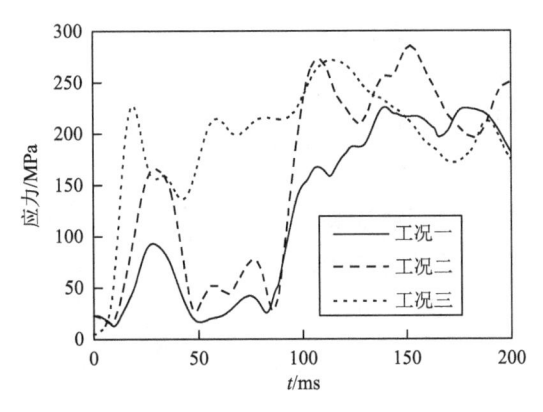

图 3.47 三种射击工况的上架最大应力点的应力随时间的变化规律

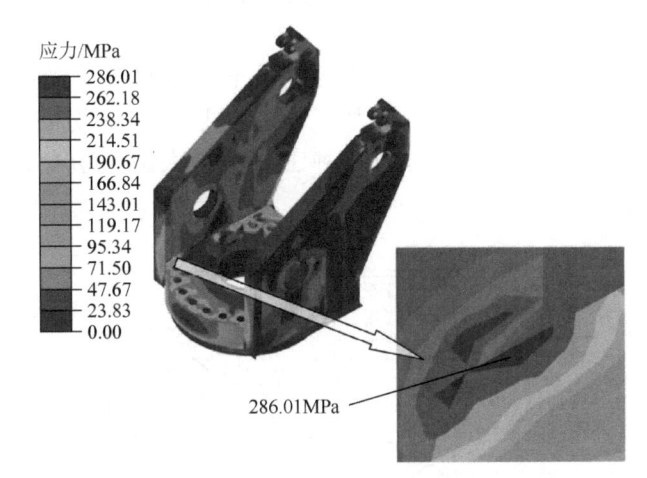

图 3.48 工况二上架最大应力时刻的应力云图

副车架的最大应力位于下座圈与副车架内侧连接处，该位置的应力随时间变化的规律如图 3.49 所示，图 3.50 为工况三最大应力时刻的副车架应力云图分布规律。可以看出，工况一的副车架应力比工况二和工况三的均小些，三种工况的最大应力值分别约为 185MPa、344MPa、378MPa。

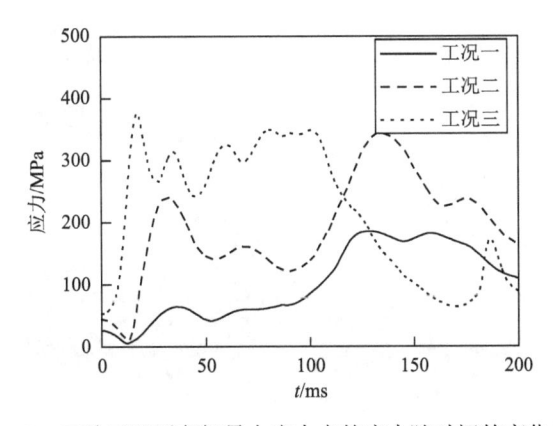

图 3.49 三种工况副车架最大应力点的应力随时间的变化规律

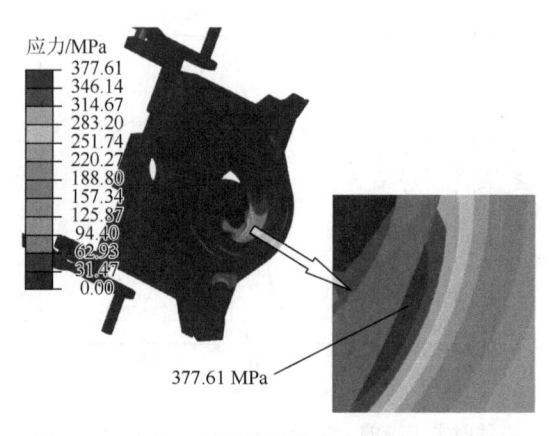

图 3.50 工况三副车架最大应力时刻的应力云图

支腿的最大应力位于支腿与车架连接支座，该位置的应力随时间变化的规律如图 3.51 所示，图 3.52 为工况三最大应力时刻的支腿应力云图分布规律。可以看出，工况一的支腿应力比工况二的小些，三种工况的最大应力值分别约为 282MPa、246MPa、383MPa。

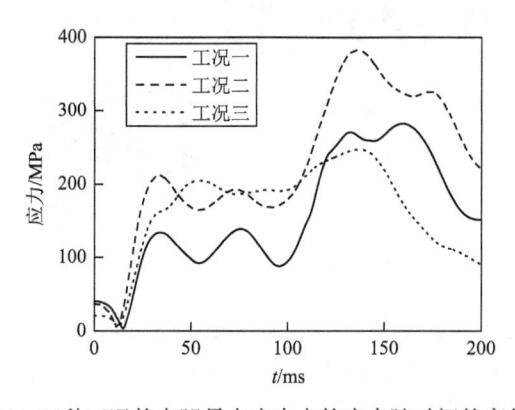

图 3.51 三种工况的支腿最大应力点的应力随时间的变化规律

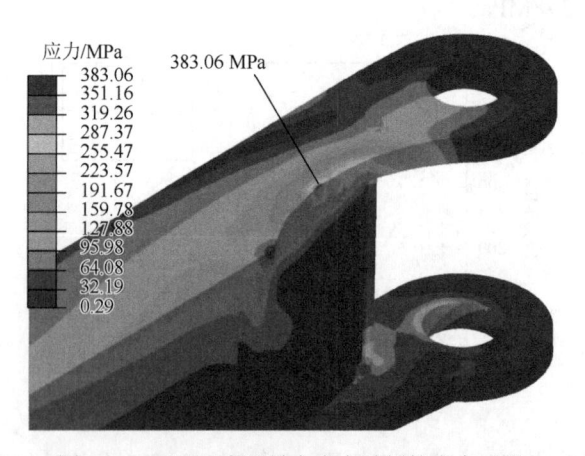

图 3.52 工况三支腿最大应力时刻的应力云图

3.5.4 射击密集度分析

利用随机数发生器模型模拟弹丸、装药、高低机及方向机空回、摇架与身管的配合间隙等随机因素，对 ADAMS 软件进行底层开发，使之适用于随机炮口扰动的数值仿真，再进行火炮射击密集度的仿真计算，并分析影响火炮射击密集度的主要因素。

1. 随机炮口扰动计算

在 ADAMS/View 中进行确定性的火炮多体系统动力学计算比较方便，如果把火炮输入参数的随机性考虑到火炮多体系统动力学分析中，则直接调用 ADAMS/View 进行计算就显得比较困难，因此需要对 ADAMS 的底层运行命令和数据结构进行深入的理解与开发，使其适用于火炮随机动力学分析，获得随机的炮口扰动，结合外弹道输入参数（含气象条件）的随机性，利用外弹道计算模块，就能获得随机的弹着点（或靶着点），利用中间偏差的统计方法就能获得火炮武器的射击密集度。

1) ADAMS 的数据结构

ADAMS 数据库包含几何对象、Joint 定义、函数和方程式、分析资料、动画规划和用户接口等。一个数据库可同时储存数个模型，以扩展名为 BIN 的二进制形式存储，但无法利用编辑器直接修改和阅读。此外，可以根据模型数据结构细分为多种不同资料文件格式，大部分都是 ASCII 格式，可直接编辑和阅读，适合与其他软件协作，表 3.7 就是各种文件格式的用途。

表 3.7 ADAMS 文件结构

扩展名	用途说明
CMD	ADAMS/View 命令资料文件，包含模型、边界条件定义、分析、流程以及量测图标设计
LOG	记录所有执行过程，包含各种输入的命令和接收到的错误信息
BIN	独立的数据库文件，存储了 ADAMS/View 模型数据库的全部信息
ACF	ADAMS/Solver 可以一次进行各种不同分析、不同边界条件的、不同求解器的设定
ADM	ADAMS/Solver 资料文件，包含标记、建构点以及简单的几何外形
FEM	包含对象的位置、速度及负载资料
GRA	包含仿真分析动画的分析结果
MSG	记录仿真分析过程中所有信息，包括警告和错误信息
OUT	包含模型的自由度、雅可比矩阵统计资料
REQ	包含时间历程资料，是被客户化的分析结果
RES	记录仿真分析结果
SAV	包含阶段性结果

2）ADAMS 的底层命令仿真

基于 ADAMS/View 图形界面的动力学仿真数据均存储在 BIN 文件中，对普通用户来说比较方便，而对于需要进行高级开发的用户来说则不太方便，一般使用 ADAMS 的底层命令进行开发，例如，语句"adams07 ru-user t122.dll ss_2.acf"就是典型的底层命令，其完成的功能是利用 ADAMS 的仿真器 Solver 执行 ss_2.acf 文件中定义的模型仿真，同时需要使用用户自定义的动态链接库 t122.dll。

一般 ACF 文件中定义调用哪个模型以及按照何种方式进行仿真，例如：

```
t_122.adm                              //定义模型文件名
t_122                                  //定义输出文件名前缀
INTEGRATOR/GSTIFF,ERROR=0.0001         //定义仿真策略
SIM/DYN,END=0.0095,STEPS=95            //定义数值积分步长等
```

ADM 文件定义机械系统动力学模型，下面是典型的机械系统动力学模型定义语句，分别定义系统采用的单位制、物体（每个物体的 id 号、质量、质心的 marker 号、惯性张量等）、接触/碰撞（发生接触的两个几何实体标号、碰撞模型、接触刚度等）以及约束铰等信息。

```
ADAMS/View model name: model_1
!-----------------------SYSTEM UNITS-----------------------
UNITS/FORCE=NEWTON,MASS=KILOGRAM,LENGTH=MILLIMETER,TIME=SECOND
!--------------------------Part----------------------------
!                 adams_view_name='cheti'
PART/2,MASS=14937.1,CM=341,IM=341,IP=1.77624E+010,7.32796E+010
,6.20461E+010,-2.3259E+008,-4.49428E+008,1.61078E+008
……
!------------------------CONTACTS--------------------------
!                 adams_view_name='CONTACT_45'
CONTACT/33,IGEOM=731,JGEOM=776,IMPACT,STIFFNESS=1.0E+005,
DAMPING=10,DMAX=0.01,EXPONENT=1.5
……
!-----------------------CONSTRAINTS------------------------
!           adams_view_name='JOINT_paota_cheti'
JOINT/56,REVOLUTE,I=335,J=336
……
END
```

通过对 ADAMS 软件的数据结构和底层命令运行过程进行分析，建立考虑随机因素的火炮多体系统动力学模型，估算流程如图 3.53 所示。

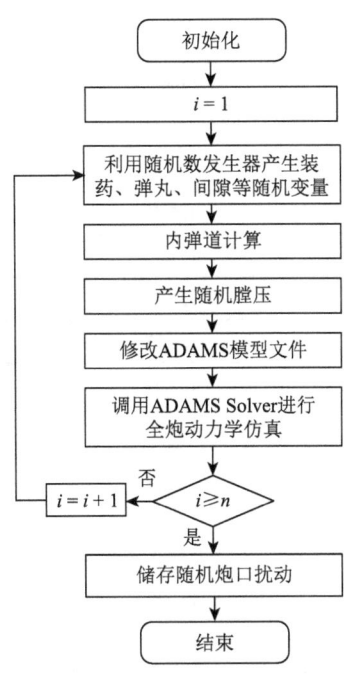

图 3.53 随机动力学仿真流程图

通过数值计算可获得火炮的随机炮口扰动，如表 3.8 所示。表中 S_y、V_y、φ_z、ω_z 分别为弹丸出炮口瞬间炮口中心的高低跳动位移、高低跳动速度、高低跳动角度及高低跳动角速度。

表 3.8 随机炮口扰动（高低方向）

弹序	S_y/mm	V_y/(mm/s)	φ_z/(°)	ω_z/[(°)/s]
1	−0.1497	−129.86	0.02235	−2.327
2	−0.1536	−133.61	0.02220	−2.671
3	−0.1513	−131.35	0.02228	−2.472
4	−0.1520	−132.22	0.02227	−2.545
5	−0.1518	−131.81	0.02224	−2.528
6	−0.1507	−130.51	0.02226	−2.410
7	−0.1506	−130.64	0.02229	−2.414
8	−0.1512	−131.27	0.02228	−2.470
9	−0.1489	−128.76	0.02235	−2.230
10	−0.1484	−128.49	0.02240	−2.196
11	−0.1485	−128.49	0.02238	−2.200
12	−0.1533	−133.34	0.02221	−2.651
13	−0.1504	−130.46	0.02232	−2.390
14	−0.1480	−127.85	0.02239	−2.142
15	−0.1487	−128.46	0.02235	−2.208
16	−0.1505	−130.52	0.02230	−2.401

续表

弹序	S_y/mm	V_y/(mm/s)	φ_z/(°)	ω_z/[(°)/s]
17	−0.1486	−128.41	0.02236	−2.199
18	−0.1520	−132.11	0.02226	−2.541
19	−0.1559	−135.72	0.02210	−2.857
20	−0.1520	−131.93	0.02224	−2.538
21	−0.1521	−132.27	0.02226	−2.551
22	−0.1472	−126.73	0.02239	−2.049
23	−0.1535	−133.54	0.02221	−2.667
24	−0.1504	−130.56	0.02232	−2.399
25	−0.1514	−131.61	0.02229	−2.493
26	−0.1514	−131.45	0.02227	−2.488
27	−0.1510	−131.16	0.02230	−2.451
28	−0.1510	−131.12	0.02230	−2.454
29	−0.1502	−130.15	0.02230	−2.369
30	−0.1529	−132.82	0.02220	−2.616
31	−0.1481	−127.96	0.02238	−2.149
32	−0.1521	−132.14	0.02225	−2.545
33	−0.1536	−133.71	0.02220	−2.680
34	−0.1490	−128.95	0.02236	−2.242
35	−0.1506	−130.84	0.02232	−2.417
36	−0.1519	−132.06	0.02226	−2.536
37	−0.1488	−128.82	0.02237	−2.230
38	−0.1524	−132.49	0.02224	−2.577
39	−0.1496	−129.61	0.02234	−2.310
40	−0.1520	−132.12	0.02226	−2.543
41	−0.1530	−133.08	0.02222	−2.626
42	−0.1496	−129.36	0.02232	−2.292
43	−0.1503	−130.30	0.02231	−2.379
44	−0.1514	−131.28	0.02225	−2.484
45	−0.1520	−132.10	0.02226	−2.540
46	−0.1526	−132.63	0.02222	−2.598
47	−0.1514	−131.59	0.02229	−2.489
48	−0.1494	−129.35	0.02235	−2.284
49	−0.1530	−133.11	0.02222	−2.632
50	−0.1521	−132.21	0.02224	−2.559
平均	−0.1510	−131.02	0.02229	−2.441

2. 射击密集度计算

利用中间偏差计算火炮立靶密集度的公式为

$$E_y = 0.6745\sqrt{\frac{\sum_{i=1}^{n}(\overline{y}-y_i)^2}{n-1}} \tag{3.2}$$

$$E_z = 0.6745\sqrt{\frac{\sum_{i=1}^{n}(\overline{z}-z_i)^2}{n-1}} \tag{3.3}$$

式中，$y_i, z_i (i=1,2,\cdots,n)$ 分别为第 i 发弹丸靶着点在高低和方向上的坐标；n 为某组发射弹丸的发数；$\overline{y} = \sum_{i=1}^{n} y_i / n$ 和 $\overline{z} = \sum_{i=1}^{n} z_i / n$ 分别为靶着点 y_i 和 z_i 坐标的平均值。

地面密集度的计算公式为

$$E_x = 0.6745\sqrt{\frac{\sum_{i=1}^{n}(\overline{x}-x_i)^2}{n-1}} \tag{3.4}$$

$$E_z = 0.6745\sqrt{\frac{\sum_{i=1}^{n}(\overline{z}-z_i)^2}{n-1}} \tag{3.5}$$

式中，$x_i, z_i (i=1,2,\cdots,n)$ 分别为第 i 发炮弹弹着点在距离和方向上的坐标；n 为某组发射弹丸的发数；$\overline{x} = \sum_{i=1}^{n} x_i / n$ 和 $\overline{z} = \sum_{i=1}^{n} z_i / n$ 分别为弹着点 x_i 和 z_i 坐标的平均值。

纵向密集度通常表示为

$$B_x = \frac{1}{[\overline{x}/E_x]} \tag{3.6}$$

式中，$[\cdot]$ 表示取整。

横向密集度通常用密位表示，即

$$B_x = \frac{3000}{\pi} \cdot \frac{E_z}{\overline{x}} \tag{3.7}$$

以某榴弹炮为研究对象，利用射击密集度模型预测该榴弹炮发射杀爆榴弹最大射程地面密集度和 1000m 立靶密集度，分别如表 3.9 和表 3.10 所示。

表 3.9 最大射程地面密集度预测结果

组序	平均距离/m	平均侧偏/m	距离中间偏差/m	方向中间偏差/m	相对距离散布	相对方向散布/mil
1	18084.34	178.536	43.95	11.31	—	—
2	18084.68	178.22	52.61	11.51	—	—
3	18083.95	179.32	50.61	11.03	—	—

续表

组序	平均距离/m	平均侧偏/m	距离中间偏差/m	方向中间偏差/m	相对距离散布	相对方向散布/mil
4	18079.04	177.89	51.65	11.71	—	—
5	18052.53	181.75	50.62	11.55	—	—
平均	18076.91	178.14	49.89	11.42	1/362	0.604

表 3.10　1000m 立靶密集度计算结果

组序	平均距离/m	平均侧偏/m	距离中间偏差/m	方向中间偏差/m
1	2.451	0.281	0.281	0.283
2	2.531	0.261	0.286	0.274
3	2.415	0.323	0.282	0.281
4	2.439	0.401	0.288	0.275
5	2.517	0.281	0.299	0.291
平均	2.470	0.309	0.287	0.281

由表 3.9 和表 3.10 可以看出，预测的火炮最大射程地面密集度（纵向）为 1/362，横向为 0.604mil；火炮 1000m 立靶密集度为 0.287m×0.281m。

3. 初速或然误差对射击密集度的影响分析

以某火炮最大射程地面密集度的影响因素为研究对象，分析不同初速或然误差对最大射程密集度的影响程度。表 3.11～表 3.16 分别为初速或然误差为 0.5m/s、0.8m/s、1.0m/s、1.3m/s、1.6m/s、1.8m/s 的杀爆榴弹最大射程密集度预测结果，每组样本量为 150 发。

表 3.11　最大射程地面密集度计算结果（初速或然误差为 0.5m/s）

组数	平均距离/m	平均侧偏/m	距离中间偏差/m	方向中间偏差/m	相对距离散布	相对方向散布/mil
1	18097.178	178.004	50.149	6.187	1/360	0.326
2	18100.435	178.652	49.547	5.767	1/365	0.304
3	18096.992	178.226	51.741	5.832	1/349	0.308
4	18096.567	178.039	52.879	5.724	1/342	0.302
5	18095.709	178.272	51.615	6.008	1/350	0.317

表 3.12　最大射程地面密集度计算结果（初速或然误差为 0.8m/s）

组数	平均距离/m	平均侧偏/m	距离中间偏差/m	方向中间偏差/m	相对距离散布	相对方向散布/mil
1	18092.803	178.109	53.745	6.129	1/336	0.324
2	18096.608	178.184	51.487	6.144	1/351	0.324
3	18098.404	178.013	55.276	6.213	1/327	0.328
4	18098.835	178.281	57.158	5.872	1/316	0.310
5	18097.792	178.765	54.196	5.728	1/333	0.302

表 3.13　最大射程地面密集度计算结果（初速或然误差为 1.0m/s）

组数	平均距离/m	平均侧偏/m	距离中间偏差/m	方向中间偏差/m	相对距离散布	相对方向散布/mil
1	18099.689	178.469	58.456	6.443	1/309	0.340
2	18096.910	178.423	57.232	6.349	1/316	0.335
3	18096.514	178.112	55.154	6.018	1/328	0.318
4	18094.431	178.212	52.202	6.054	1/346	0.319
5	18096.580	178.442	56.727	6.357	1/319	0.335

表 3.14　最大射程地面密集度计算结果（初速或然误差为 1.3m/s）

组数	平均距离/m	平均侧偏/m	距离中间偏差/m	方向中间偏差/m	相对距离散布	相对方向散布/mil
1	18091.841	178.219	54.302	6.427	1/333	0.339
2	18095.786	178.365	60.171	6.344	1/300	0.335
3	18097.888	178.072	58.086	5.993	1/311	0.316
4	18097.378	178.405	57.570	6.444	1/314	0.340
5	18098.690	178.554	59.366	6.053	1/304	0.319

表 3.15　最大射程地面密集度计算结果（初速或然误差为 1.6m/s）

组数	平均距离/m	平均侧偏/m	距离中间偏差/m	方向中间偏差/m	相对距离散布	相对方向散布/mil
1	18096.132	178.200	64.337	6.504	1/281	0.343
2	18094.855	178.998	66.300	6.063	1/272	0.320
3	18100.011	178.513	63.537	6.335	1/284	0.334
4	18094.633	178.931	64.819	5.885	1/279	0.311
5	18101.758	178.687	59.161	5.865	1/305	0.309

表 3.16　最大射程地面密集度计算结果（初速或然误差为 1.8m/s）

组数	平均距离/m	平均侧偏/m	距离中间偏差/m	方向中间偏差/m	相对距离散布	相对方向散布/mil
1	18097.179	178.223	65.835	6.283	1/274	0.332
2	18101.221	178.410	68.512	6.347	1/264	0.335
3	18097.280	178.073	64.078	6.174	1/282	0.326
4	18099.321	178.999	70.652	5.676	1/256	0.299
5	18100.919	178.196	71.575	6.143	1/252	0.324

由表 3.11~表 3.16 可以看出，初速或然误差对最大射程纵向密集度的影响较大，当初速或然误差大于 1.6m/s 时，初速因素影响的纵向密集度将大于 1/300，无法判定火炮结构性能对射击密集度的影响程度；在 1.3m/s 左右则是临界状态；当初速或然误差控制在 1.0m/s 以下时，火炮结构性能对最大射程纵向密集度的影响将占主导因素。

4. 高低机空回对射击密集度的影响分析

在实际射击中，操作是否正确会影响射击密集度，例如，因操作不当，未能正确地消除高低机或方向机的空回，会造成误差和增大射弹散布。这里仅讨论高低机空回的消除方法。

如图 3.54（a）所示，当动力偶臂为正时，炮膛合力引起的动力偶将使炮口呈上抬趋势，此时摇架齿弧齿的前切面与高低机主齿轮的后切面相接触（接触处记为 A）；而图 3.54（b）则相反，表示动力偶臂为负时，炮膛合力引起的动力偶将使炮口呈下压趋势，此时摇架齿弧齿的后切面与高低机主齿轮的前切面相接触（接触处记为 B）。

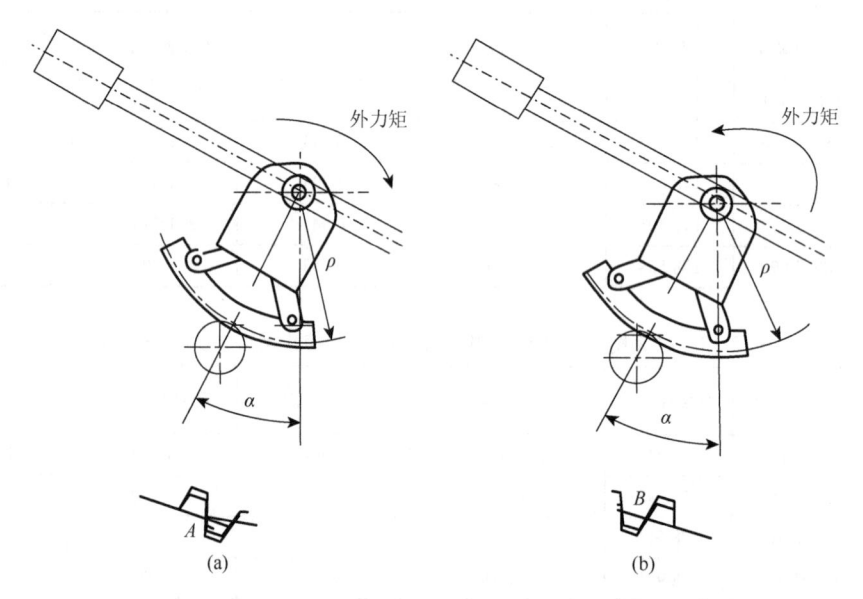

图 3.54 力矩作用下起落部分的受力示意图

将图 3.54（a）和（b）中的外力矩方向改成高低机主齿轮旋转方向，则当由上至下打低炮身时，摇架齿弧齿的前切面与高低机主齿轮的后切面相接触，即在 A 处接触，这种操作适用于动力偶臂为正的情况，因为射击时炮膛合力引起的动力偶会使炮身上抬（图 3.54（a）），一方面消除了间隙（空回），使 U 力在膛内时期不易换向；另一方面也减少了零件间的冲击程度，限制了炮口上跳的范围，即炮口扰动得到了控制。

当由下至上打高炮身时，摇架齿弧齿的后切面与高低机主齿轮的前切面相接触，即在 B 处接触，这种操作适用于动力偶臂为负的情况，因为射击时炮膛合力引起的动力偶会使炮身下压（图 3.54（b）），一方面消除了间隙（空回），使 U 力在膛内时期不易换向；另一方面也减少了零件间的冲击程度，限制了炮口下跳的范围，即炮口扰动得到了控制。

以某榴弹炮为例，其动力偶臂为负，在实际射击时需采取以下措施。

（1）平衡机的气体初压不能过大，否则不能有效地控制高低机的空回量，不利于火炮射击密集度的提高。

（2）由于动力偶臂为负，由上往下打炮身的操作没有消除高低机的空回，反而加大了空回量，引起机构间猛烈的撞击，炮口扰动得不到有效的控制，火炮射击密集度会明显下降；正确的操作应该由下往上打炮身，从而可有效地消除高低机的空回，提高火炮射击密集度。

5. 平衡机气压对射击密集度的影响分析

平衡机气体初压的选择不但影响平衡性能，也会对高低机的空回量以及 U 力是否换向有影响。为了正确分析平衡机气体初压的影响，建立起落部分、平衡机和高低机的力学模型，考虑耳轴滚动轴承、平衡机紧塞装置、平衡机上下铰链、防盾等的摩擦力矩。

表 3.17～表 3.21 分别列出了某火炮平衡机气体初压分别为 6.4MPa、6.5MPa、6.6MPa、6.7MPa、6.8MPa 时五种典型高低射角的平衡机性能。

表 3.17 平衡机性能（平衡机气体初压为 6.4MPa）

高低射角/(°)	平衡机力矩/(N·m)	重力矩/(N·m)	不平衡力矩/(N·m)	摩擦力矩/(N·m)	U 力换向时间/ms
0	21549.7	22788.4	−1238.6	125.1	不换向
45	15360.6	16113.8	−753.2	100.4	不换向
70	8587.6	7794.1	793.6	72.8	不换向

表 3.18 平衡机性能（平衡机气体初压为 6.5MPa）

高低射角/(°)	平衡机力矩/(N·m)	重力矩/(N·m)	不平衡力矩/(N·m)	摩擦力矩/(N·m)	U 力换向时间/ms
0	21886.5	22788.4	−901.9	126.5	不换向
45	15600.6	16113.8	−513.2	101.4	不换向
70	8752.8	7794.1	958.7	72.1	不换向

表 3.19 平衡机性能（平衡机气体初压为 6.6MPa）

高低射角/(°)	平衡机力矩/(N·m)	重力矩/(N·m)	不平衡力矩/(N·m)	摩擦力矩/(N·m)	U 力换向时间/ms
0	22223.2	22788.4	−565.2	127.9	不换向
45	15840.6	16113.8	−273.2	102.3	不换向
70	8918.0	7794.1	1123.9	74.1	1.9，6.1

表 3.20 平衡机性能（平衡机气体初压为 6.7MPa）

高低射角/(°)	平衡机力矩/(N·m)	重力矩/(N·m)	不平衡力矩/(N·m)	摩擦力矩/(N·m)	U 力换向时间/ms
0	22559.9	22788.4	−228.5	129.2	9.3
45	16080.6	16113.8	−33.2	103.3	9.4
70	9083.1	7794.1	1289.0	74.8	2.2，5.5

表 3.21 平衡机性能（平衡机气体初压为 6.8MPa）

高低射角/(°)	平衡机力矩/(N·m)	重力矩/(N·m)	不平衡力矩/(N·m)	摩擦力矩/(N·m)	U 力换向时间/ms
0	22896.6	22788.4	108.3	130.6	8.3
45	16320.6	16113.8	206.8	104.3	8.5
70	9248.3	7794.1	1454.2	75.5	2.7，5.0

由表 3.17 可知，当平衡机气体初压为 6.4MPa 时，U 力在膛内时期不换向，但高低机手轮力偏大。

由表 3.18 可知，当平衡机气体初压为 6.5MPa 时，由下往上打炮身时，高低机手轮力在 0°附近约 82N，在 45°附近约 49N，因此高低机手轮力适中。当高低射角小于 45°时，起落部分的重力矩大于平衡机力矩，根据本炮的动力偶臂为负的情况，炮身采取由下往上打的方式有利于火炮射击密集度的提高，计算也表明了 U 力在膛内时期不换向。

由表 3.19 可知，当平衡机气体初压为 6.6MPa 时，由下往上打炮身时，高低机手轮力在 0°附近约 55N，在 45°附近约 30N，因此高低机手轮力很小。当高低射角小于 45°时，起落部分的重力矩大于平衡机力矩，根据本炮的动力偶臂为负的情况，炮身采取由下往上打的方式有利于火炮射击密集度的提高，计算也表明了 U 力在膛内时期不换向。

由表 3.20 可知，尽管高低射角小于 45°时，起落部分的重力矩略大于平衡机力矩，但是 U 力在膛内时期已换向，因此平衡机气体初压为 6.7MPa 不利于火炮射击密集度的提高。

由表 3.21 可知，无论何种射角（不含 0°），起落部分的重力矩均小于平衡机力矩，且它们差的绝对值大于摩擦力矩，因此即使炮身采取由下往上打的方式，起落部分也会偏离平衡位置，造成与武器射击时下压炮身相反的空回量，这样火炮射击时会引起剧烈的碰撞，导致较大的炮口扰动量，影响武器的射击密集度，计算结果也验证了 U 力在膛内时期已换向，因此不宜使用。

从表 3.18 和表 3.19 可知，当大射角（70°）射击时，平衡机力矩偏大，需要对补偿弹簧刚度进行修改设计，经试算，弹簧刚度应加大到 120.87kg/cm 左右为宜，表 3.22 列出了平衡机气体初压为 6.5MPa、6.6MPa 时，高低射角为 70°的平衡机力矩、重力矩、不平衡力矩及摩擦力矩。

表 3.22 平衡机性能（弹簧刚度为 120.87kg/cm，高低射角为 70°）

平衡机气体初压/MPa	平衡机力矩/(N·m)	重力矩/(N·m)	不平衡力矩/(N·m)	摩擦力矩/(N·m)
6.5	7583.5	7794.1	−210.6	73.5
6.6	7748.7	7794.1	−45.4	74.1

由表 3.22 可知，当加大补偿弹簧刚度后，平衡机气体初压为 6.5MPa 和 6.6MPa 时，起落部分的重力矩大于平衡机力矩，与小射角的状态一致。

6. 连接刚度对射击密集度的影响分析

以某榴弹炮的连接座圈和活动座圈之间的连接刚度为例，研究连接刚度对火炮射击密集度的影响。建立上架本体、连接座圈和活动座圈的有限元模型，连接座圈和活动座圈根据实际的连接关系，利用 18 个螺栓连接单元模拟。

当螺栓松动时释放对应的螺栓连接单元，螺栓紧固和左侧 6 个螺栓松动时的上架固有振动频率如表 3.23 所示。

表 3.23　螺栓连接紧固与松动时的上架固有振动频率比较

模态阶数	螺栓紧固时的振动频率/Hz	左侧螺栓松动时的振动频率/Hz	下降百分比
1	96.9363	83.9422	13.4%
2	138.1487	123.2978	10.8%
3	199.4231	156.6326	21.5%
4	326.2448	199.9330	38.7%
5	415.0390	330.5865	20.3%
6	495.0387	466.1948	5.8%

由表 3.23 可以看出，螺栓松动后，上架的固有振动频率将减小，其中第 1 阶频率下降约 13.4%，第 2 阶频率下降约 10.8%，从而使上架整体刚度下降，这已是使炮口扰动增加的必然因素，同时考虑到螺栓松动存在的间隙在火炮发射时会引起剧烈冲击，使炮口扰动加剧，加之松动间隙量在每次发射时是随机的，因此炮口扰动很大，且一致性较差，这必然导致较差的射击密集度水平。

为了反映螺栓松动时引起的冲击碰撞，将连接座圈松动螺栓处对应的节点定义成界面节点，在活动座圈上平面定义一平面，该平面与活动座圈固结，定义螺栓界面节点与该平面的接触关系。考虑装药和间隙的随机性，本节模拟了 50 发弹丸发射时的炮口扰动，如表 3.24 所示。

表 3.24　左侧螺栓松动时的高低方向炮口扰动（弹丸出炮口瞬间）

弹序	S_y/mm	V_y/(mm/s)	φ_z/(°)	ω_z/[(°)/s]
1	−0.2779	−158.29	0.00982	−6.111
2	−0.2796	−159.77	0.00975	−6.236
3	−0.2804	−160.43	0.00970	−6.302
4	−0.2793	−159.61	0.00977	−6.218
5	−0.2779	−158.35	0.00983	−6.116
6	−0.2781	−158.56	0.00983	−6.128
7	−0.2768	−157.50	0.00990	−6.028
8	−0.2771	−157.71	0.00988	−6.048
9	−0.2765	−157.30	0.00992	−6.005
10	−0.2819	−161.64	0.00961	−6.415
11	−0.2782	−158.70	0.00984	−6.135
12	−0.2783	−158.70	0.00982	−6.141
13	−0.2752	−156.06	0.00998	−5.902
14	−0.2806	−160.53	0.00969	−6.312
15	−0.2743	−155.13	0.01001	−5.828
16	−0.2798	−159.97	0.00973	−6.256

续表

弹序	S_y/mm	V_y/(mm/s)	φ_z/(°)	ω_z/[(°)/s]
17	−0.2788	−159.15	0.00980	−6.177
18	−0.2785	−159.05	0.00983	−6.158
19	−0.2782	−158.58	0.00982	−6.135
20	−0.2786	−158.75	0.00977	−6.164
21	−0.2777	−158.37	0.00986	−6.103
22	−0.2739	−155.16	0.01007	−5.811
23	−0.2791	−159.51	0.00979	−6.201
24	−0.2801	−160.24	0.00973	−6.272
25	−0.2772	−157.95	0.00989	−6.066
26	−0.2769	−157.82	0.00992	−6.043
27	−0.2757	−156.59	0.00996	−5.941
28	−0.2792	−159.52	0.00978	−6.211
29	−0.2813	−161.21	0.00965	−6.370
30	−0.2796	−159.83	0.00975	−6.239
31	−0.2756	−156.39	0.00996	−5.931
32	−0.2771	−157.52	0.00986	−6.043
33	−0.2834	−162.94	0.00953	−6.533
34	−0.2833	−162.82	0.00952	−6.530
35	−0.2779	−158.47	0.00984	−6.118
36	−0.2791	−159.50	0.00979	−6.201
37	−0.2791	−159.42	0.00977	−6.204
38	−0.2757	−156.61	0.00997	−5.939
39	−0.2785	−159.14	0.00984	−6.162
40	−0.2770	−157.60	0.00989	−6.040
41	−0.2762	−157.00	0.00994	−5.977
42	−0.2799	−160.00	0.00973	−6.255
43	−0.2804	−160.54	0.00971	−6.303
44	−0.2779	−158.46	0.00985	−6.115
45	−0.2799	−160.12	0.00974	−6.261
46	−0.2776	−157.86	0.00983	−6.079
47	−0.2758	−156.57	0.00995	−5.942
48	−0.2784	−158.78	0.00981	−6.150
49	−0.2785	−158.85	0.00980	−6.159
50	−0.2749	−155.94	0.01001	−5.881
平均	−0.2783	−158.69	0.00982	−6.138

螺栓松动和紧固时的部分炮口扰动比较曲线如图 3.55～图 3.58 所示，其中实线和虚线分别表示螺栓松开和紧固状态。

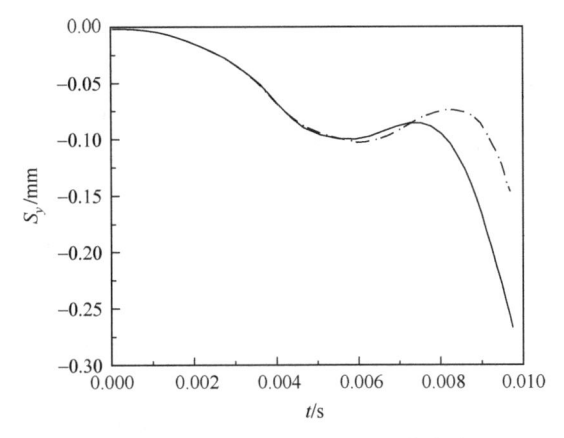

图 3.55　炮口高低跳动位移比较曲线

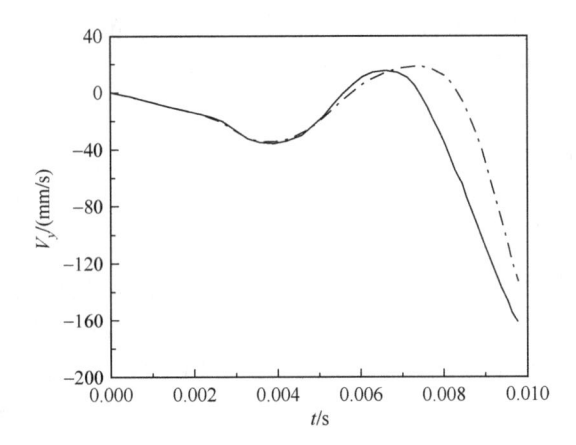

图 3.56　炮口高低跳动速度比较曲线

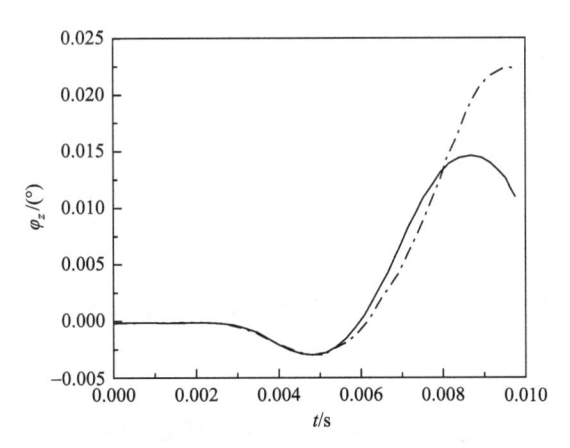

图 3.57　炮口高低跳动角度比较曲线

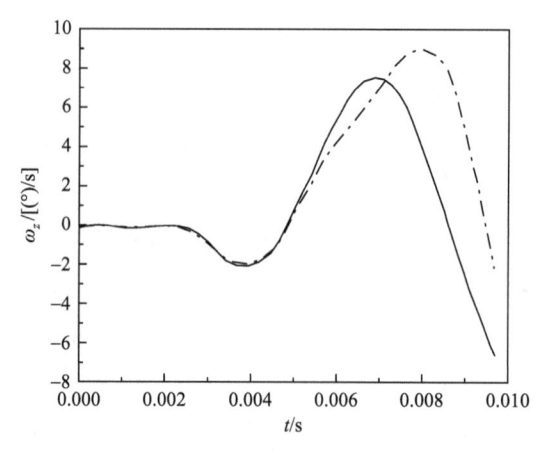

图 3.58 炮口高低跳动角速度比较曲线

可以看出，上架左侧螺栓松动后，高低方向的炮口扰动除炮口高低跳动角度减小外，炮口的高低跳动位移、跳动速度和高低跳动角速度都比紧固时的大得多，尤其是炮口高低跳动角速度，由紧固时的 $-2.441(°)/s$（平均值）增大到 $-6.138(°)/s$，因此螺栓松动后将会引起炮口扰动的急剧增大，使火炮射击密集度变差。

3.5.5 可靠性分析

1. 系统可靠性的含义

系统的可靠性是指系统在规定条件下和规定时间内完成规定功能的能力。

从狭义上讲，"可靠"的反义就是"容易发生故障"。设计与制造尽可能不发生故障的系统，这是可靠性工作的目的，而与此有关的一切工程方法就是可靠性技术。产品和系统在使用过程中需要维护修理，以保持其可靠性。"维修性"是同狭义的可靠性共生的概念，它表示对于可修复系统进行维修的难易程度或性质。一般来说，系统在维修时是要停止工作的，因此希望维修时间要短，维修工作要简易。

从广义上讲，可靠性工程已经扩展出维修性工程、保障性工程和测试性工程，简称 RMST，即"广义可靠性"的概念。

1994 年版的 ISO 9000 把 RMST 改称 Depend Ability（可信性）。可信性是用于表述可用性及其影响因素（可靠性、维修性和保障性）的集合术语，可信性仅用于非定量的总体描述。这个概念是随着科学技术的发展，尤其是军事技术的发展而发展起来的。可信性的概念体现了系统可靠性的思想，其目标是提高产品的可用性和任务成功性、减少维修人力和保障费用等，即从产品的研制、生产、试验、使用、维修及保障都要与其他各项工作协调，以取得产品最佳的效能与最低的全寿命周期费用（life cycle cost，LCC）。

研究可靠性的目的之一是要考虑经济性，即全寿命周期费用，如图 3.59 所示。其中，曲线 I 为系统研制和购置费用，曲线 II 为系统的使用、维护费用，曲线 I + II 之和为全寿命周期费用[7]。

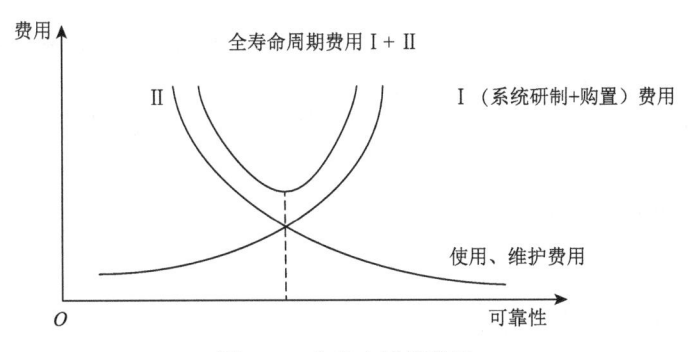

图 3.59 全寿命周期费用

产品的"寿命周期"是从产品开始构思到最终将产品报废处理之间的时间区间。寿命周期分为 6 个阶段：概念与定义阶段；设计与开发阶段；生产阶段；安装阶段；运行与维修阶段；处理阶段。

根据 GJB 451—1990，可按时间将寿命周期进行分解，如图 3.60 所示。

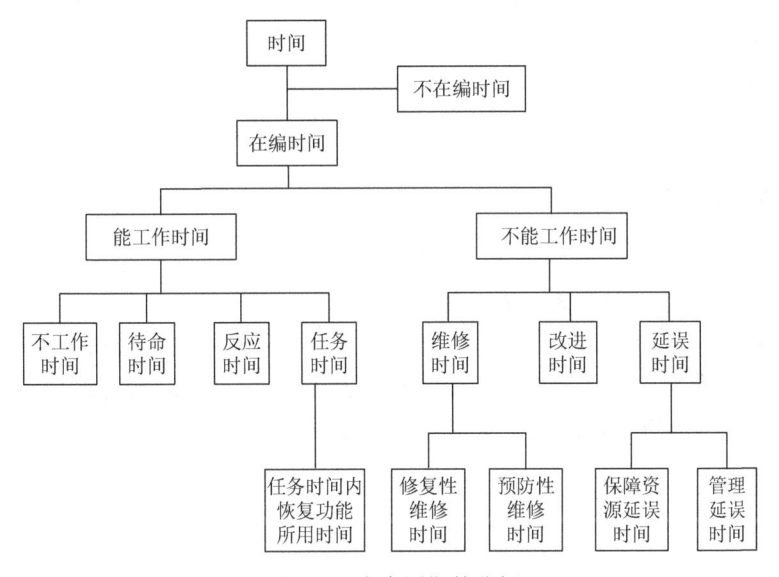

图 3.60 寿命周期的分解

2. 可靠性指标的特征量

1）可靠度

系统的可靠度是指系统在规定条件下和规定时间内完成规定功能的概率。它是时间的函数，记为 $R(t)$，$0 \leqslant R(t) \leqslant 1$。

2）故障率或失效度

故障率与失效度属于同一性质的概念。在我国，对于整机、部件等系统用"故障率"，对于元器件则用"失效度"，两者的总称仍用"故障率"一词。故障率与失效度均用 $\lambda(t)$ 表示。

故障率是指系统工作到某一时刻 t，在单位时间内发生故障的概率。故障率一般用时间单位表示，如%（10^3h）。

对于可靠性高、失效度很小的元件，所采用的时间单位为 fit（菲特），1fit = 10^{-9}h。例如，目前在国内，阻容元件为 10fit，固体组件为 100fit，硅晶体管为 10～50fit。

设可靠度为 $R(t)$，不可靠度为 $F(t)$，则

$$R(t) + F(t) = 1 \tag{3.8}$$

由 $F(t)$ 对时间 t 求导：

$$f(t) = \frac{\mathrm{d}F(t)}{\mathrm{d}t} = -\frac{\mathrm{d}R(t)}{\mathrm{d}t} \tag{3.9}$$

$f(t)$ 称为故障密度函数。而故障率 $\lambda(t)$ 用式（3.10）定义：

$$\lambda(t) = \frac{f(t)}{R(t)} = -\frac{\mathrm{d}R(t)}{\mathrm{d}t} / R(t) \tag{3.10}$$

所以，$\lambda(t)$ 为系统在时刻 t 尚未发生故障，而在随后的 $\mathrm{d}t$ 时间里可能发生故障的条件概率密度函数。

如果 $\lambda(t)$ 已知，则有

$$R(t) = \mathrm{e}^{-\int_0^t \lambda(t)\mathrm{d}t} \tag{3.11}$$

当 $\lambda(t)$ 为常数 λ 时，有

$$R(t) = \mathrm{e}^{-\lambda t} \tag{3.12}$$

也就是说，当 $\lambda(t)$ 为常数时，$R(t)$ 服从指数分布。

故障率分为瞬时故障率和平均故障率，单讲故障率时一般是指瞬时故障率。

图 3.61 为可维修产品的典型故障率曲线（称为"浴盆曲线"），按其时间阶段，分为早期故障期、偶然故障期和损耗故障期三个阶段。

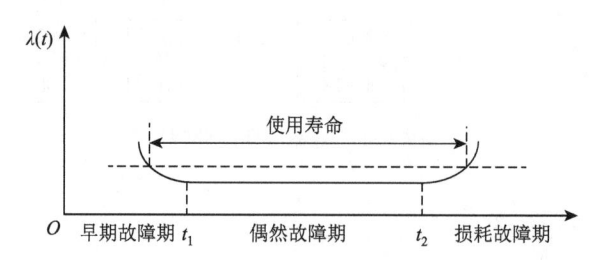

图 3.61 可维修产品的典型故障率曲线（浴盆曲线）

（1）早期故障期：$0 \leqslant t < t_1$，这一时期的特点是故障率由高到低，原因是隐藏在制造中的缺陷大量暴露出来。

（2）偶然故障期：$t_1 \leqslant t < t_2$，这一时期的特点是故障率大体保持不变，其可靠度是指数分布。

（3）损耗故障期：$t_2 \leqslant t < T$，T 为寿命周期，这一时期由于产品老化、磨损而使故障率升高。

产品的使用寿命可以略大于偶然故障期。早期故障期可作为产品的"老炼期",以提高其可靠性。老炼,就是产品在投入使用之前,先让它工作一段时间,在此期间,部分产品由于隐藏的缺陷而损坏了,留下的产品则具有较小的故障率,因而其可靠性较高。

3) 故障时间

(1) 平均故障前时间 (mean time to failure,MTTF),是不可修复的产品在发生故障前时间的均值。它是在规定的条件下和规定的时间内,产品的寿命单位总数与故障产品总数之比。

(2) 平均故障间隔时间 (mean time between failures,MTBF),是可修复产品在相邻两次故障之间的平均工作时间。设相隔两次故障之间的工作时间为 Δt_i,$i=1, 2, \cdots, n$,则故障间平均工作时间为

$$\mathrm{MTBF} = \frac{\sum_{i=1}^{n}\Delta t}{n} \tag{3.13}$$

下面将 MTBF 简记为 θ,其单位为 h。θ 又称"平均无故障工作时间",理解为:设有 n 件产品,工作到时刻 t_i 有 n_i 件发生故障,则

$$\theta = \frac{\sum_{i=1}^{m} t_i n_i}{n} \tag{3.14}$$

(注意:$\sum n_i = n$)在极限情况下,即当 $n \to +\infty$ 时,求和过程变为积分过程,式(3.14)变为

$$\theta = \int_0^\infty t f(t) \mathrm{d}t$$

将式(3.9)代入上式得

$$\theta = \int_0^\infty t\left(-\frac{\mathrm{d}R}{\mathrm{d}t}\right)\mathrm{d}t = \int_0^\infty -t\mathrm{d}R$$

利用分部积分法,得

$$\theta = -t R\big|_0^\infty + \int_0^\infty R\mathrm{d}t$$

其中第一项为 0,则

$$\theta = \int_0^\infty R\mathrm{d}t \tag{3.15}$$

当 $R = \mathrm{e}^{-\lambda t}$ 时,有

$$\theta = \frac{1}{\lambda} \tag{3.16}$$

也就是说，此时平均无故障工作时间 θ 是系统故障率的倒数。对于不可修复产品，平均无故障工作时间又称产品寿命。

由式（3.16），可将式（3.12）改写成

$$R(t) = e^{-t/\theta} \tag{3.17}$$

4）维修度 $M(t)$ 与修复率 $\mu(t)$

维修度，是指可修复产品在规定条件下维修时，在规定时间内完成维修工作的概率，它是时间的函数，记为 $M(t)$。

维修度对于时间的导数，称为维修密度函数，记为 $m(t)$：

$$m(t) = \frac{dM(t)}{dt} \tag{3.18}$$

进一步，可以定义"修复率"$\mu(t)$。修复率，是指到某时刻还在进行维修的产品，它在单位时间内修复的概率，其表达式为

$$\mu(t) = \frac{m(t)}{1-M(t)} = \frac{dM(t)}{dt} \cdot \frac{1}{1-M(t)} \tag{3.19}$$

若 $\mu(t) = $ 常数 μ，则

$$M(t) = 1 - e^{-\mu \cdot t} \tag{3.20}$$

也就是说，此时 $M(t)$ 也服从指数分布。

式（3.20）所说的是瞬时修复率。此外，还有平均修复率，它定义为后面所说的"平均维修时间"$\bar{M}$ 的倒数：

$$\mu = \frac{1}{\bar{M}} \tag{3.21}$$

5）维修时间

维修工作分为预防性检修与事后维修。预防性检修是指，按照规定的程序，有计划地进行定点检查、试验和重新调试等工作，其目的在于使故障尽可能不在使用中发生，即防患于未然；事后维修，是指在故障发生后进行的维修。

维修时间分为以下几种。

（1）平均修复时间 $\bar{M}_{ct}$：事后维修所需时间的平均值，又称"平均事后维修时间"。

（2）平均维修时间 $\bar{M}$：维修所需时间的平均值。对于进行预防性检修的产品，有

$$\bar{M} = \bar{M}_{pt} + \bar{M}_{ct} \tag{3.22}$$

式中，$\bar{M}_{pt}$ 为平均预防性检修时间。

（3）中值维修时间 $\tilde{M}$：当维修度函数 $M(t) = 0.50$ 时的维修时间，即当 $t = \tilde{M}$ 时，$M(t) = 0.50$。一般情况下，中值维修时间 $\tilde{M}$ 与平均维修时间 $\bar{M}$ 是不一样的。

（4）最大维修时间 M_{max}：取 $\alpha = 5\% \sim 10\%$，当维修度函数 $M(t) = 1-\alpha$ 时的维修时间。也就是说，当 $t = M_{max}$ 时，$M(t) = 1-\alpha$。

维修度函数 $M(t)$ 与几种维修性时间指数的关系如图 3.62 所示。

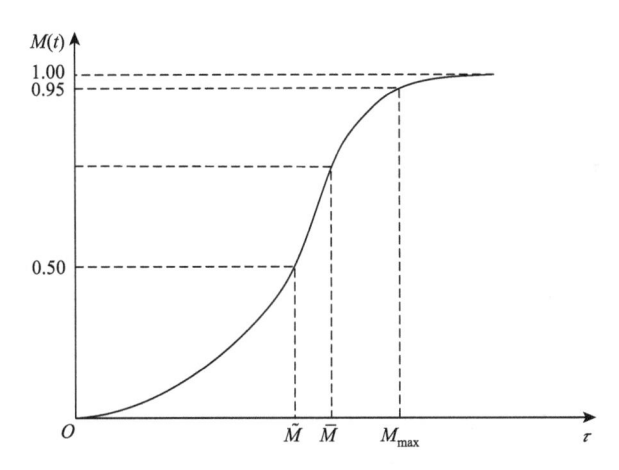

图 3.62 维修度函数与几种维修性时间指数的关系

3. 系统可靠性模型

由多个元器件组成的系统，从可靠性技术角度，可以分为不可修复系统与可修复系统；或者，分为无储备系统与有储备系统；或者，分为串联系统、并联系统、串并联复合系统与桥路系统等。

1）串联系统

如果组成系统的任一个元件失效，都会导致整个系统发生故障，这种系统就称为串联系统。这里所谓串联，是指功能关系而不是指元件连接的物理关系。需要注意的是，这里所讲的模型是可靠性结构模型，不能混同于电器连接的物理模型。图 3.63 所示是一个 LC 并联振荡回路，无论 L 或 C，任何一个失效，都导致回路失效，因此虽然在电器连接上两者是并联，但就可靠性结构模型而言，它是串联系统。

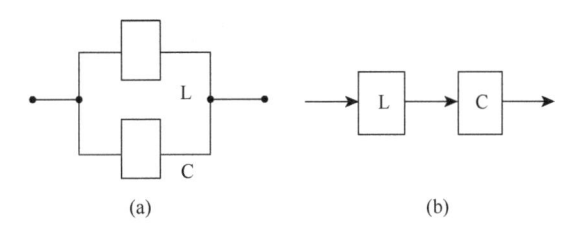

图 3.63 串联系统

设系统由 n 个元件组成，则系统的可靠度为

$$R = R_1 \cdot R_2 \cdot \cdots \cdot R_n = \prod_{i=1}^{n} R_i \tag{3.23}$$

当各元件的可靠度都符合指数规律 $R_i = e^{-\lambda_i t}$ 时，可得

$$R = e^{-\lambda_1 t} \cdot e^{-\lambda_2 t} \cdot \cdots \cdot e^{-\lambda_n t} = e^{-\sum_{i=1}^{n} \lambda_i t} \tag{3.24}$$

系统的故障率为

$$\lambda = \lambda_1 + \lambda_2 + \cdots + \lambda_n = \sum_{i=1}^{n} \lambda_i \tag{3.25}$$

2）并联系统

如果仅当组成系统的全部元件都失效时，整个系统才发生故障，这种系统就称为并联系统。

设并联系统由 n 个元件组成，如图 3.64 所示，第 i 个元件的可靠度为 R_i，不可靠度为 F_i，其系统的不可靠度为

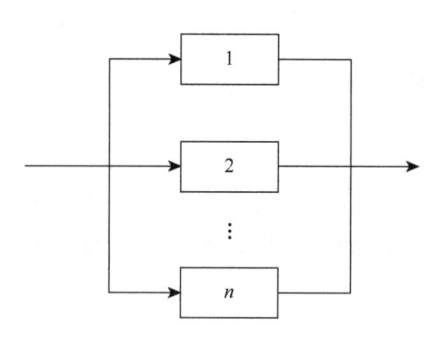

$$F = F_1 \cdot F_2 \cdot \cdots \cdot F_n = \prod_{i=1}^{n} F_i$$

图 3.64 并联系统

若 R_i 服从指数分布：

$$R_i = e^{-\lambda_i t}$$
$$F_i = 1 - R_i = 1 - e^{-\lambda_i t}$$

则系统的不可靠度为

$$F = \prod_{i=1}^{n} F_i = \prod_{i=1}^{n}(1 - R_i) \tag{3.26}$$

或

$$F = \prod_{i=1}^{n}(1 - e^{-\lambda_i t}) \tag{3.27}$$

系统的可靠度为

$$R = 1 - F = 1 - \prod_{i=1}^{n}(1 - R_i) \tag{3.28}$$

或

$$R = 1 - \prod_{i=1}^{n}(1 - e^{-\lambda_i t}) \tag{3.29}$$

以上式（3.26）、式（3.28）是适合任何并联系统的一般公式，而式（3.27）、式（3.29）仅适合 $R_i = e^{-\lambda_i t}$ 的情况。当 $n = 2$ 时，由式（3.29），得

$$R = e^{-\lambda_1 t} + e^{-\lambda_2 t} - e^{-(\lambda_1 + \lambda_2)t} \tag{3.30}$$

又因

$$\theta = \int_0^\infty R\mathrm{d}t = \frac{1}{\lambda_1} + \frac{1}{\lambda_2} - \frac{1}{\lambda_1 + \lambda_2} \tag{3.31}$$

如果是 n 个元件组成并联系统，$\lambda_1 = \lambda_2 = \cdots = \lambda_n = \lambda$，则

$$R = 1 - (1 - \mathrm{e}^{-\lambda t})^n \tag{3.32}$$

$$\theta = \frac{1}{\lambda} + \frac{1}{2\lambda} + \cdots + \frac{1}{n\lambda} \tag{3.33}$$

3）串并联复合系统

（1）基本形式之一。

如图 3.65（a）所示，系统由 m 个子系统并联构成，第 i 个子系统由 n_i 个元件串联组成，元件 (i,j) 的可靠度为 R_{ij}，子系统 i 的可靠度为

$$R_i = \prod_{j=i}^{n_i} R_{ij}$$

整个系统的可靠度为

$$R = 1 - \prod_{i=1}^{m}(1 - R_i) = 1 - \prod_{j=1}^{m}\left(1 - \prod_{j=1}^{n_i} R_{ij}\right) \tag{3.34}$$

当所有元件的可靠度都相同且各个子系统中元件个数都相等，即 $R_{ij} = R_\mathrm{e}$ 且 $n_i = n$ 时，有

$$R = 1 - (1 - R_\mathrm{e}^n)^m \tag{3.35}$$

（2）基本形式之二。

如图 3.65（b）所示，系统由 n 个子系统串联构成，第 j 个子系统由 m_j 个元件并联组成，元件 (i,j) 的可靠度为 R_{ij}，则子系统 j 的可靠度为

$$R_j = 1 - \prod_{i=1}^{m_j}(1 - R_{ij})$$

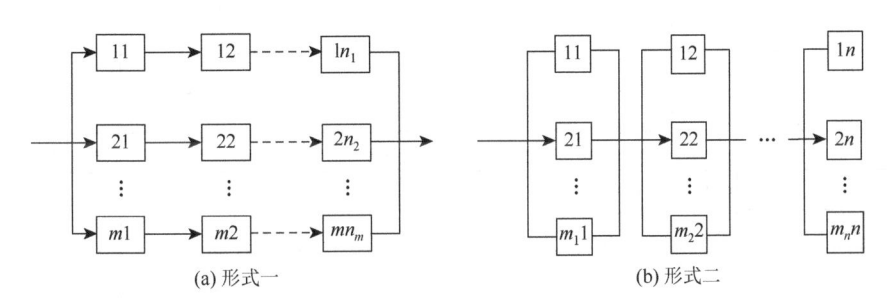

(a) 形式一　　　　　　　　　(b) 形式二

图 3.65　串并联复合系统

整个系统的可靠度为

$$R = \prod_{j=1}^{n} R_j = \prod_{j=1}^{n}\left[1 - \prod_{i=1}^{m_j}(1 - R_{ij})\right] \tag{3.36}$$

当所有元件的可靠度都相同且各子系统的元件个数都相等，即 $R_{ij} = R_\mathrm{e}$ 且 $m_j = m$ 时，有

$$R = [1 - (1 - R_\mathrm{e})^m]^n \tag{3.37}$$

4）桥路系统

桥路系统如图 3.66 所示，它不能分解为串联-并联子系统来进行可靠度计算。考虑图 3.67 所示的桥式开关网络，各个开关闭合的概率等于图 3.66 中对应元件的可靠度，那么，在图 3.67 中从端点 I 到端点 O 形成通路的概率之和就等于图 3.66 的系统可靠度。计算过程如表 3.25 所示。其中，设每个元件的可靠度均为 0.9；1 表示开关闭合，0 表示开关断开；在端点 I 与 O 之间形成通路就意味着系统处于工作状态，不形成通路则意味着系统处于故障状态，分别记为 S 与 F。

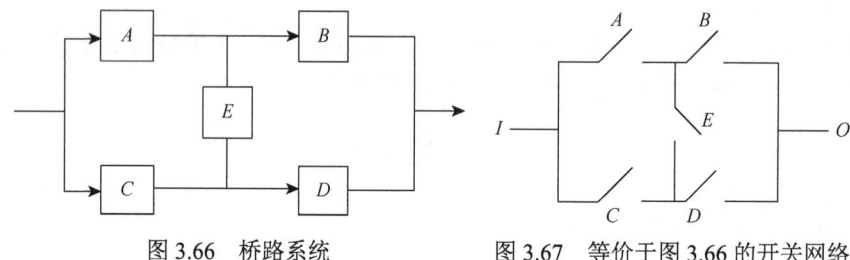

图 3.66　桥路系统　　　　　　图 3.67　等价于图 3.66 的开关网络

例如，表 3.25 序号 7 说明：开关 C 与 D 闭合，其余断开，此时由端点 I 到 O 形成通路，其概率为

$$p_7 = \bar{p}_A \cdot \bar{p}_B \cdot p_C \cdot p_D \cdot \bar{p}_E = (1-0.9) \cdot (1-0.9) \cdot 0.9 \times 0.9 \cdot (1-0.9) = 0.00081$$

表 3.25　桥路系统的计算

状态序号	A	B	C	D	E	工作或故障	R_i
1	0	0	0	0	0	F	
2	0	0	0	0	1	F	
3	0	0	0	1	0	F	
4	0	0	0	1	1	F	
5	0	0	1	0	0	F	
6	0	0	1	0	1	F	
7	0	0	1	1	0	S	0.00081
8	0	0	1	1	1	S	0.00729
9	0	1	0	0	0	F	
10	0	1	0	0	1	F	
11	0	1	0	1	0	F	
12	0	1	0	1	1	F	
13	0	1	1	0	0	F	
14	0	1	1	0	1	S	0.00729
15	0	1	1	1	0	S	0.00729
16	0	1	1	1	1	S	0.06561
17	1	0	0	0	0	F	
18	1	0	0	0	1	F	
19	1	0	0	1	0	F	

续表

状态序号	A	B	C	D	E	工作或故障	R_i
20	1	0	0	1	1	S	0.00729
21	1	0	1	0	0	F	
22	1	0	1	0	1	F	
23	1	0	1	1	0	S	0.00729
24	1	0	1	1	1	S	0.06561
25	1	1	0	0	0	S	0.00081
26	1	1	0	0	1	S	0.00729
27	1	1	0	1	0	S	0.00729
28	1	1	0	1	1	S	0.06561
29	1	1	1	0	0	S	0.00729
30	1	1	1	0	1	S	0.06561
31	1	1	1	1	0	S	0.06561
32	1	1	1	1	1	S	0.59049
Σ			—			—	0.97848

又如，序号 14 说明：开关 B、C、E 闭合，开关 A 与 D 断开，此时由端点 I 到 O 也形成通路，其概率为

$$p_{14} = \bar{p}_A \cdot p_B \cdot p_C \cdot \bar{p}_D \cdot p_E = (1-0.9) \cdot 0.9 \cdot 0.9 \cdot (1-0.9) \cdot 0.9 = 0.00729$$

共有 $2^5 = 32$ 种情况，其中有 16 种情况是形成通路的，它们的概率之和为 0.97848，即图 3.66 所示系统的可靠度 $R = 0.97848$。这种列表计算法称为布尔真值表法，又称状态枚举法。

分析系统可靠性问题还有上下限法、故障树法等。

3.6 武器系统效能分析

装备效能分析是装备费效分析的重要内容。GJB 1364—92 中规定：应根据装备的特点和分析目的，分析效能的主要因素，确定合理的效能度量，选用或建立合理的效能模型，并用模型计算各备选方案的效能。本节重点介绍武器装备效能及其度量，以及效能分析的步骤、方法和模型。

3.6.1 武器装备效能的基本概念

1. 效能的定义

效能的一般定义是：一个系统满足一组特定任务要求程度的能力（度量）；或者说是系统在规定条件下达到规定使用目标的能力。"规定条件"指的是环境条件、时间、人员、使用方法等因素；"规定使用目标"指的是所要达到的目的；"能力"则是指达到目标的

定量或定性程度。效能的概率定义是：系统在规定的工作条件下和规定的时间内，能够满足作战要求的概率。

武器装备效能是指在特定条件下，武器装备被用来执行规定任务时，所能达到预期可能目的的程度。武器装备效能是对装备能力的多元度量，并随着研究角度的不同而具有不同的具体内涵[11]。

2. 效能的度量

装备的效能度量一般有如下三类。

1）指标效能

对影响效能的各因素的度量，如对功率的度量——kW、对可靠性的度量——MTBF等均是一种效能度量，即指标效能。根据研究的角度和重点不同，可取影响效能的因素中的一个或多个，也可对多个因素进行一定程度的综合作为效能度量。

单独取某个影响效能的因素作为度量就是采用指标效能方式的效能度量，一般是以性能表示指标效能。对这些因素的一定程度的综合度量有时也作为指标效能。固有能力指数、可用性、任务成功概率等就是综合的指标效能。在进行类似装备的效能比较时，这种度量方式非常有效。这是因为类似装备的某些性能指标往往相同，仅对不同点进行对比就可能达到分析的目的。同时，指标效能也是某些综合效能的计算基础。

（1）以性能表示的指标效能。

①固有能力。固有能力是装备在给定的内在条件下，满足给定的定量特性要求的自身能力。各种装备的固有能力随其用途不同而异。对于简单装备，如枪支、火炮、通信器材等，其用途单一，固有能力可以用一个或几个相互关联的指标作为其度量。例如，枪支和火炮可用射程和杀伤力度量；通信器材可用有效通信距离和通信速率及信道数等度量。对于复杂的装备，如舰船、飞机等，其使用目标多样，达到每一目标都有其相应的固有能力。例如，对于舰船，当用于对岸作战时，可用火炮射程、机动能力、杀伤力及打击范围等度量；当用于对空作战时，可用火炮射程、火炮击毁概率、导弹射程、导弹击毁概率、指挥雷达精度和机动性等度量。这些对固有能力的度量均可认为是以固有能力指标作为度量的指标效能。

②可靠性。可靠性是产品在规定条件下和规定时间内完成规定功能的能力。它是装备指标效能之一，能反映固有能力指标效能的时间持续性。度量装备可靠性的常用参数有平均故障间隔时间（MTBF）、规定时间内的可靠度 $R(t)$、成功概率 $P(t)$ 和故障率 λ。这些参数就是以可靠性为效能的度量参数，可称为可靠性指标效能。

（2）综合的指标效能。

综合的指标效能一般可分为两类：一类是体现在时刻 $t=0$ 时装备静态的综合固有能力指数，如固有杀伤指数、固有对空作战指数等；另一类是体现装备固有能力随时间的变化情况，如系统可靠性与维修性参数等。

①综合固有能力指数。由于固有能力指标往往由多个参数来度量，为相互比较和权衡一般可将这些参数通过一定的综合技术，综合为单一的固有能力指数，用以度量装备固有能力的大小。对于单一使用目标的简单装备，其效能用一个固有能力指数即可度量，

如枪炮的固有杀伤指数、通信设备的综合通信能力等；对于多目标的复杂装备，每一个对应目标都有一个固有能力指数，这些指数可能还需要根据各目标的重要程度、使用频率等进一步综合，从而获得对所有目标的平均固有能力指数。

②系统可靠性与维修性参数。系统可靠性与维修性参数是综合度量装备可靠性、维修性及保障性等的综合参数，反映装备能否随时可用和持续好用的特性，典型的系统可靠性与维修性参数有可用性、战备完好性、任务可靠性、可信性等。用系统可靠性与维修性参数作为综合度量往往比用单一的可靠性、维修性或保障性参数更接近于使用者的要求，因此也就更为直接和有效。

应根据装备及其任务选择合适的系统可靠性与维修性参数。例如，可用度和战备完好率往往用于度量可修复装备随时可用的特性，若可修复装备在任务期内允许维修，或当该类装备故障后，经及时修复能不影响任务的完成时，这两类参数还可度量其持续好用的特性。任务可靠度则一般用于度量装备能否持续好用这一特性，尤其是在任务期内不允许修复的装备，可信度则更适用于度量多状态装备或任务期内不能完全修复的装备的持续好用的程度。同一可修复装备，在不同的任务期内，所允许维修的程度不尽相同，例如，对于舰艇装备，战斗时不允许维修，而一般航行时又允许一定程度的维修，因此，在参数的选择、建立分析模型时要仔细分析和明确区别。

2）系统效能

装备完成规定的任务剖面能力的大小称为系统效能。它从综合角度度量一个系统或装备的效能，是效能度量的一种。在装备寿命周期内的各决策点上，为了分析其完成任务的能力，必须首先规定其要完成任务剖面的各要素，而在规定的任务剖面下，系统完成任务能力的大小就具有了一确定值，这个值就是系统效能，就是说系统效能是用于度量一个系统完成其任务的整个能力。

在系统效能概念出现以前，人们往往认为系统的性能指标如功率、精度、射程、作用范围等是系统完成其任务目标能力的度量，但是，随着可靠性概念的出现，人们已认识到用系统的性能指标来度量系统完成其规定任务目标的能力是有条件的，这个条件是：系统在工作开始时以及在工作期间内应能可靠正常地工作。因此，可靠性成为度量系统完成其任务目标能力的度量之一。同时，由于人们也认识到在许多情况下，系统可以由不能工作的故障状态经修复后恢复到可工作的正常状态，此时系统仍有可能照常完成其任务目标的要求，即系统的维修性可以弥补系统可靠性的不足。因此，使得维修性与可靠性一起成为度量系统完成其任务目标能力的参数。必须指出，系统效能是一个特定的术语，不是系统的效能，而是效能的一种度量方式。

系统效能作为系统完成其任务剖面能力的度量，适用于各种不同的系统，因此人们就用各种不同的方法来描述系统效能。下面列举几个常见和较为成熟的对系统效能的表述，它们基本上包含了目前系统效能研究的成果。这些表述均是从研究对象的特点出发，根据所要研究的目的、可能的条件等确定的，因此有所差别，并分别适用于不同的场合。但是，它们有一个共同的特点，即都把影响系统效能的诸因素同系统效能的关系确定了下来，认为系统效能是系统完成其任务目标能力的度量，所以在各自的领域中是适用的。这就要求分析者在以系统效能为度量进行效能分析时，必须正确地理解和掌握装备、任务、约束等分析条件，在此基础上，对下述几个系统效能进行适用性分析，从而确定系统效能的内涵。但是，无论采用哪种表述，都必须能够反映系统效能的本质。

美国工业界武器系统效能咨询委员会（The Weapon System Effectiveness Industry Advisory Committee，WSEIAC）认为："系统效能是预期一个系统满足一组特定任务要求的程度的度量，是系统的可用性、可信性和固有能力的函数。"这是一个应用最广泛的系统效能的表述，它将可靠性、维修性和固有能力等指标效能综合为可用性、可信性、能力三个综合指标效能，并认为系统效能是这三个指标效能的进一步综合。

（1）美国海军的系统效能。美国海军提出的系统效能的概念认为系统效能由系统的性能、可用性、适用性三个主要特性组成，是"在规定的环境条件下和确定的时间幅度范围内，系统预期能够完成其指定任务的程度的度量。"其中，性能表示系统能可靠正常地工作且在设计中所依据的环境下工作时完成任务目标的能力；可用性表示系统准备好并能充分完成其指定任务的程度；适用性表示在执行任务中该系统所具有的诸性能的适用程度。其数学上的描述为"在规定的条件下工作时，系统在给定的一段时间过程中能够成功地满足工作要求的概率。"

（2）美国航空无线电公司的系统效能。美国航空无线电公司提出的系统效能的概念认为系统效能由战备完好率、执行任务的可靠性和设计恰当性三部分组成，并认为："系统效能是系统在给定的时间内和在规定的条件下工作时，能成功地满足某项工作要求的概率。"其中，战备完好率表示系统正在良好工作或已准备好，一旦需要即可投入工作的概率；任务可靠性表示系统将在任务要求的一段时间内持续地良好工作的概率；设计恰当性表示系统在给定的设计限度内工作时成功地完成规定任务的概率。

（3）GJB 451—1990 中的系统效能。在 GJB 451—1990 中，系统效能是"系统在规定的条件下满足给定定量特征和服务要求的能力。它是系统可用性、可信性及固有能力的综合反映。"可见，它认为系统效能是可用性、可信性及固有能力这三个综合指标效能的进一步综合。

（4）MIL-STD-721B 中的系统效能。在美国军用标准 MIL-STD-721B 中，系统效能是"产品能够预期完成一系列专门任务要求的程度的度量，它可以理解为可用性、可信性和能力的函数。"其中，可用性表示当任务要求在某一未知（随机）的时候开始时，对产品在任务开始即处于可工作状态和可使用状态的程度的度量；可信性表示从一个方面或几个方面对产品在执行任务过程中的工作状态的一种度量，这种度量包括可靠性、维修性及可用性对产品任务开始状态的影响；能力表示对产品在一定条件下达到任务要求的本领的一种度量。

系统效能是效能的度量，本身应有其单位，这必须在进行分析之前明确。系统效能一般以完成任务剖面的概率和完成任务的程度（物理量）为单位。

①概率。当进行系统效能分析的目的是确定与下述类似的问题时，可用完成任务的概率作为单位。

案例 1：一套由两台主机组成的舰艇动力装置，其可靠性、维修性及属于固有能力的性能参数（如功率等）已知，求其在时间 T 内到达距出发点为 L 的海域的概率。

案例 2：一套导弹系统，其可靠性、维修性及精度等参数已知，求其在任一时刻发射并击中距离为 L 的目标的概率。

从上面的两个例子中可以看出,以概率作为系统效能的单位,必须规定任务剖面,然后分析当系统正常工作时能完成任务的概率,并考虑可靠性、维修性的影响,便可得出以概率为单位的系统效能值。

②物理量。若进行系统效能分析的目的是确定与下述类似的问题,则需用完成任务的期望值作为单位。

案例 1:一套由两台主机组成的舰艇动力装置,其可靠性、维修性及实体性能参数(如功率等)已知,求其在 N 天内发出的最大能量的期望值,或求其在 N 天内使舰艇所能达到的最大平均速度。

案例 2:一套导弹系统,其可靠性、维修性及精度等参数已知,求其在任一时刻发射时以规定的概率击中目标的距离值,或能击中什么样的目标。

从上面的两个例子可以看出,以物理量表示系统效能,可使人们知道在什么情况下系统能干些什么,以便正确使用系统,使其发挥出最大的效能。当以物理量表示系统效能时,只要规定了系统的使用条件即可,不一定需要给出完整的任务剖面,所缺少的任务剖面参数可以作为系统效能的物理量单位。由于系统的物理参数很多,因此有可能需要很多物理量才能充分表示系统效能,较为复杂。

3)效能指数

效能指数一般是一个无量纲的数值,用来度量装备的效能。该数值越大,说明装备效能越高。从广泛意义上讲,指标效能、系统效能等均可转化为一指数,该指数的计算是相对的,即装备相对于典型任务或其使命所能令人满意的程度,这就是效能指数。

指数原本是统计中反映各个时期某一社会现象变动的指标,指某一社会现象的比较群体的报告值与基准值之比。例如,生活指数代表居民生活中的几百种日用品平均价格数相对于某一个平均价格数的比值。指数是以某一特定的分析对象为基础,把其他各类分析对象按照相同的条件与其相比较而求得的值。指数方法是用相对数值简明地反映分析对象特性的一种量化方法。

采用效能指数作为装备效能的度量,源于 20 世纪 50 年代末期美国从事军事系统分析的专家,他们创造性地把国民经济统计中的指数概念移植于装备作战能力评估,从而提出了进行装备效能分析的指数方法。效能指数分析法的综合程度高、适用面广,分析得到的结果是一数值,可直观地看出装备的好与差,便于据此做出决策,分析的对象可从小至一台机器设备、一套雷达装置,大至一艘舰船甚至舰船编队或战役。在军事问题研究中常用于描述武器装备、作战人员在各种不同战斗环境下的综合战斗潜力和作战效能,为作战模拟、兵力对比评估及军事宏观决策论证提供基础数据。

军事上常用的指数种类很多,如武器火力指数、武器指数和综合战斗力指数等。

某一单件武器的火力指数是指该武器在特定条件下发射弹药所产生的毁伤效果与指定的基本武器在同样条件下发射弹药所产生的毁伤效果的比值。以 RAND 公司的陆军武器火力指数来说明这一概念。武器指数除考虑武器本身的火力毁伤外,还应考虑使用时的机动能力和生存能力对毁伤的影响;综合战斗力指数除了考虑武器的战斗效能外,还要考虑作战对象、作战样式、使用武器的战斗人员与指挥人员的素质、作战环境及战略战术等诸多因素的影响。综合战斗力指数通常以火力指数或武器指数为基础，乘以各种反映自然或人力因素的一系列修正系数来求得。这些修正系数一般来自理论分析、战争经验、实兵演习或靶场试验三个方面。

对于多任务的复杂系统，若以指标效能或以每一任务条件下的系统效能作为其效能度量，则分析结果的数据量往往非常多，以这么多的数据作为决策依据，必然会受彼长此短所影响，从而难以做出正确决策。当系统变得更为复杂时，如对一舰船编队分析其效能，则上述两种方法可能不尽适用，在这种情况下，采用效能指数分析法非常有效。

4）作战效能

当装备在对抗的作战环境中执行任务时，由于敌方装备具有打击、反击、破坏、干扰和机动等能力以及其他不利的环境影响，本装备的固有能力等不能完全得以产生和发挥，从而使装备真正达到的效能比"固有"效能要低。不同的敌方装备及环境，对装备效能下降的影响程度和方式也不相同，即在对抗条件下，装备的效能不仅依赖装备的"固有"效能，同时也与敌方的威胁和对抗有关。作战效能正是针对这种情况而提出的，因此它是在"真实"条件下的效能度量。它是"指在预定或规定的作战使用环境以及所考虑的组织、战术、生存能力和威胁等条件下，由代表性的人员使用该装备完成规定任务的能力。"

对抗分析是研究作战效能的有效方法。装备的作战效能是对装备在与敌方对抗作战时能战胜敌人、完成任务的程度的度量，因此，在进行作战效能的分析计算时，一般应从分析对抗过程开始，首先应明确或规定对抗过程或对抗规则，并用相对成熟的数学模型描述，然后根据对抗规则，随着对抗过程的进行，分析对抗双方装备作战能力的变化情况，在对抗的结束点上装备所具有的作战能力通常被认为是装备对应于该作战任务所具有的作战效能。

3.6.2 效能分析

效能分析就是根据影响装备效能的主要因素，运用一般系统分析的方法，在收集信息的基础上，确定分析目标，建立综合反映装备达到规定目标的能力测度算法，最终给出衡量装备效能的测度与评估。其中，影响装备效能的主要因素有装备的可靠性、维修性、保障性、测试性、安全性、生存性、耐久性、人的因素和固有能力等。

1. 效能分析的基本步骤

装备效能分析是一个迭代过程，在系统寿命周期的各个阶段都要运用系统效能模型反复进行系统效能分析，在初步设计阶段要预测各个方案的系统效能。在用试验模型进行的初步试验中，得到关于系统性能、可靠性、维修性等的最初的实际值。此时，要把这些数值输入系统效能模型中，根据模型的输出，修改原来得到的预测值，改进初步设计。这样通过模型试验→改进设计→再模型试验→再改进设计，直至装备投产，切实保证在全面研制、定型生产或列装部队之前，尽量找出装备需要改进的各个环节。装备在列装部队之后，将受到使用环境的影响，其中包括在野外进行的后勤保障和维修工作的影响。与此同时,将源源不断地得到现场使用数据。此时,还要运行系统效能模型来确定受使用环境影响的系统效能,以便揭示需要改进的地方。

装备效能分析过程如图 3.68 所示。

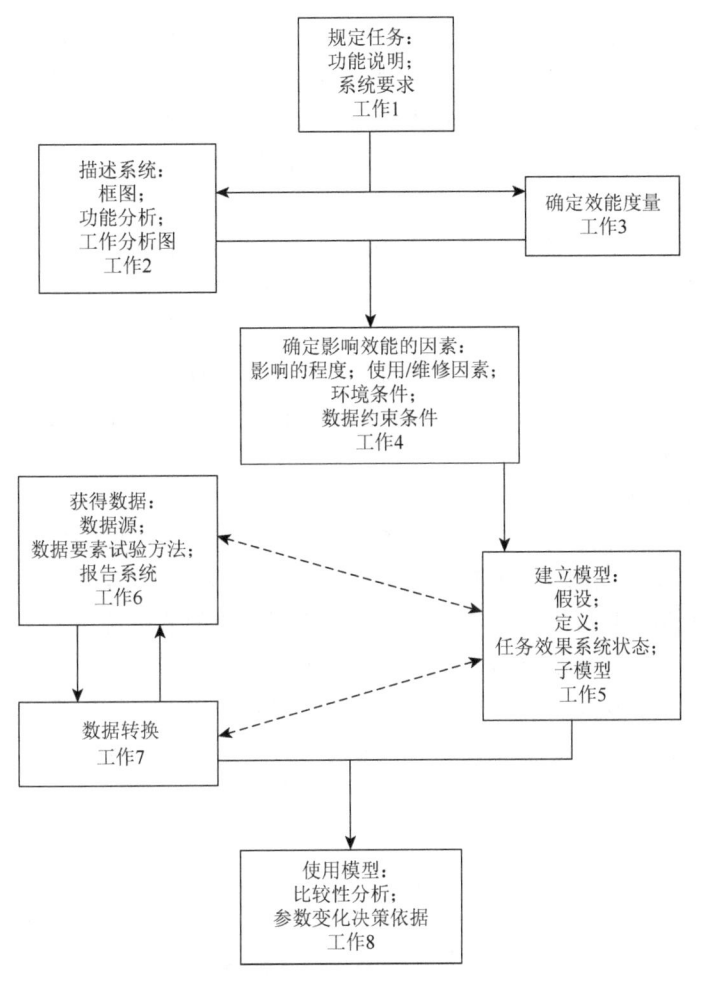

图 3.68 装备效能分析过程

2. 效能分析的基本方法

效能分析的方法多种多样,基本上可归为解析法、统计法、作战模拟法和多指标综合评价法,选择哪种方法取决于效能参数特性、给定条件及分析目的和精度要求。

1) 解析法

解析法是根据描述效能指标与给定条件之间的函数关系的解析表达式来计算效能指标值。在这里给定条件常常是低层次系统的效能指标及作战环境条件。解析表达式的建立方法多样,可以根据现成的军事运筹理论建立,也可以用数学方法求解所建立的效能方程而得到。例如,用兰彻斯特方程可以建立在对抗条件下的射击效能评估公式。解析法的优点是:公式透明度好,易于了解和计算,且能够进行变量间关系的分析,便于应用。缺点是：考虑因素少，且有严格的条件限制，因此比较适用于不考虑对抗条件下的装备效能分析和简化情况下的宏观作战效能分析。

2）统计法

统计法是应用数理统计方法，依据实战、演习、试验获得的大量统计资料来评估作战效能。常用的统计评估方法有抽样调查、参数估计、假设检验、回归分析与相关分析等。统计法不但能给出效能指标的评估值，还能显示装备性能、作战规则等因素的变化对效能指标的影响，从而为改进装备性能和作战使用规则提供定量分析基础。对许多装备来说，统计法是分析其效能参数特别是射击效能的基本方法。

3）作战模拟法

作战模拟法是以计算机模拟为试验手段，通过在给定数值条件下运行模型来进行作战仿真试验，由试验得到的结果数据直接或经过统计处理后给出效能指标估计值。装备的作战效能评价要求全面考虑对抗条件和交战对象，考虑各种武器装备的协同作用、装备的作战效能诸因素在作战过程中的体现以及在不同规模作战中效能的差别，而作战模拟法能较为详细地考虑影响实际作战过程的诸多因素，因此特别适用于进行装备作战效能指标的预测分析。

4）多指标综合评价法

对于一般装备，采用前面三类效能指标评估方法就已经可以分析其效能了。但是对于某些复杂的装备（如战略导弹等），其效能呈现出较为复杂的层次结构，有些较高层次的效能指标与其下层指标之间只有相互影响，而无确定的函数关系，这时只有通过对其下层指标进行综合才能分析其效能指标。常用的综合分析方法有线性加权和法、概率综合法、模糊评判法、层次分析法以及多属性效用分析法等。多指标综合评价法的优点是使用简单，评价范围广，适用性强；缺点是受人的主观因素影响较大。

3. 效能模型

在分析效能过程中，确定效能度量后，便可计算效能的量值。效能的计算一般需借助效能模型，通过输入全部或部分只与系统及其使用有关的参数得到代表效能的单个或多个参数量值。效能模型一般取数学方程形式，或者用计算机程序模拟系统的运行情况，或者同时取上述两种形式。

在进行系统效能评价中，最重要的是建立系统的效能模型。在装备样机研制之前，系统效能模型的主要用途如下。

（1）计算各个方案的系统效能值，帮助决策者选择最能满足规定要求的方案。

（2）在系统的性能、可靠性、可维修性等参数之间进行权衡，保证在这些参数之间得到最理想的平衡，从而得到最大的系统效能。

（3）依次改变每一个参数值，进行参数灵敏度分析，确定参数值的变化对模型数值输出的影响。对模型输出没有或几乎没有影响的参数可以略去，从而使模型得以简化。对模型输出影响较大的参数，要认真研究，这一类参数称为高灵敏度参数。对此类参数，只需增加有限的费用，使参数值得到有限的变化，就能使系统效能得到相当大的提高。

（4）在设计过程中发现严重限制设计能力、妨碍达到所规定的系统效能的问题。

3.6.3 指标效能模型

指标效能分为以单一指标表示的指标效能和综合指标效能。因此，指标效能模型也有单一与综合之分。若利用装备的某一战术技术指标作为效能度量，则该效能度量可称为以性能指标表示的指标效能。相应地，计算这些指标效能的模型则称为以性能指标表示的指标效能模型。在确定装备的某一指标（也为指标效能）时，通常采用"预计"和"测量"两种方式或其组合。例如，对"杀伤半径"这一效能度量，其"预计"方式是"由战斗部的装药或按一定的数学公式计算"，其"测量"方式是"根据实际的杀伤范围利用统计方式计算"。通常情况下，这两种方式并不需要明确地绝对分开，"预计"可能是为了更好地"测量"，而"测量"又往往是为了进一步地"预计"。显然，这两种方式有其各自的优、缺点和适应性。采用"预计"方式可在装备尚未形成之前获得装备的指标效能，但往往与实际有误差，因此适用于装备的早期阶段；采用"测量"方式必须在装备形成之后，其结果准确可靠。

分析效能时着眼于尽可能寻求综合的效能度量，而综合的效能指标仅仅是初步的综合，但对进一步的综合起着基础性的作用，同时，决策者也可由这一初步的综合中得到某些决策依据，因此也是很重要的。

1. 射击效能模型

射击效能指标是衡量装备在一定情况下完成射击任务程度的数量指标。若明确规定出完成射击任务所消耗的资源如射击发数，则此效能指标也可称为射击效率指标。装备的射击效能取决于装备本身的精度、可靠性、战斗部的毁伤能力和目标的类型、运动状态、生存能力、目标是否采取对抗措施、射击时气象地理环境及人员训练水平等因素。

完成射击任务基本上可看作由两个事件组成，即使战斗部作用于目标的命中事件和在战斗部作用于目标条件下使目标毁伤的毁伤事件。系统能力足够实现前一事件的概率称为命中概率 P_H，系统能力足够实现后一事件的概率称为装备对目标的条件毁伤概率或毁伤率 G。

1) 命中概率

命中概率 P_H 是衡量在给定射击条件下，战斗部击中目标或达到目标可杀伤区可能性大小的度量，它反映装备的射击精确度。

射击精确度取决于战斗部炸点或弹着点相对目标中心的偏差。这个偏差是随机变量，一般认为它服从正态分布。在平面目标情形下，设坐标原点为目标中心。弹着点偏差用侧向偏差坐标 X 与射向偏差坐标 Y 表示。随机变量 X、Y 的联合概率密度函数为

$$f(x,y) = \frac{1}{2\pi\sigma_x\sigma_y\sqrt{1-r^2}}\exp\left\{-\frac{1}{2(1-r^2)}\left[\frac{(x-m_x)^2}{\sigma_x^2} - \frac{2r(x-m_x)(y-m_y)}{\sigma_x\sigma_y} + \frac{(y-m_y)^2}{\sigma_y^2}\right]\right\}$$

式中，m_x、m_y 为弹着点偏差坐标 X、Y 的数学期望，即

$$m_x = E[x], \quad m_y = E[y]$$

σ_x、σ_y 为弹着点偏差坐标的标准偏差或均方根偏差，即

$$\sigma_x^2 = E\{x - E[x]\}^2, \quad \sigma_y^2 = E\{y - E[y]\}^2$$

r 为 x 与 y 的相关系数。

$f(x,y)$ 的图形为一曲面，曲面顶峰的投影点坐标为 (m_x, m_y)，平行于 XOY 平面的平面与分布曲面的交线将是一个椭圆，这条椭圆曲线在 XOY 平面上的投影曲线代表在一定概率下落点的散布范围，且曲线上各点的概率密度相同，一般称此投影椭圆为等概率密度椭圆或散布椭圆。

为使用方便，一般常用概率密度函数的参数 m_x、m_y、σ_x、σ_y 及由它们派生的有关参数作为装备的精确度指标。这些参数有明显的物理意义，而且由这些参数可唯一确定概率密度函数，进而求出命中概率。命中概率为

$$P_H = P(M \in D) = \iint_D f(x,y)\,\mathrm{d}x\mathrm{d}y$$

2）条件毁伤概率

条件毁伤概率又称毁伤率，是装备在作用于目标的条件下对目标的条件毁伤概率，它取决于目标易损性和武器战斗部威力。根据战斗部对目标的毁伤机制，毁伤率可分为两大类：当战斗部必须直接命中目标才能予以毁伤时，毁伤概率是命中目标的战斗部数量的函数，这时的毁伤率称为命中毁伤率；当战斗部达到目标附近（目标可毁伤区）也能毁伤目标时，毁伤概率是战斗部炸点坐标的函数，这时的毁伤率称为坐标毁伤率。

（1）坐标毁伤率。

坐标毁伤率描述战斗部到达目标附近而毁伤目标的条件毁伤概率。设第 i 发战斗部在 (x_i, y_i) 点爆炸时的目标毁伤概率为 $G_1(x_i, y_i)$，向目标发射 n 发战斗部，各发对目标的毁伤作用互相独立，即无毁伤积累，则目标被在 n 个点 $(x_1, y_1), (x_2, y_2), \cdots, (x_n, y_n)$ 爆炸的 n 发战斗部毁伤的条件概率，即 n 发平面坐标毁伤率为

$$G_n[(x_1, y_1), (x_2, y_2), \cdots, (x_n, y_n)] = 1 - [1 - G_1(x_1, y_1)] \times [1 - G_1(x_2, y_2)] \times \cdots \\ \times [1 - G_1(x_n, y_n)] \tag{3.38}$$

若所有 n 发战斗部都在同一点 (x, y) 邻近爆炸，则 $G_1(x_n, y_n)$ 近似相等，按式（3.38）可得

$$G_n[(x_1, y_1), (x_2, y_2), \cdots, (x_n, y_n)] \approx 1 - [1 - G_1(x_i, y_i)]^n \approx 1 - \exp[-nG_1(x, y)] \tag{3.39}$$

式（3.39）也可用来计算杀伤弹射击目标的毁伤率，此时，n 是爆炸时击中目标的弹片数，而 $G_1(x, y)$ 是弹在 (x, y) 爆炸时，一块弹片毁伤目标的概率。与上述平面情况类似，可得到空间坐标毁伤率 $G_n[(x_1, y_1, z_1), (x_2, y_2, z_2), \cdots, (x_n, y_n, z_n)]$ 的公式。

坐标毁伤率随远距毁伤机制的不同而有不同特征，当远距毁伤是由战斗部爆炸的直接作用（如冲击波）造成时，在目标周围可确定一肯定毁伤区。爆炸点在此区域内的毁伤率 $G_1(x, y, z) = 1$；在此区域外的毁伤率 $G_1(x, y, z) = 0$。当远距毁伤是由战斗部的破片造成时，在目标的肯定毁伤区外还存在一个危险区，爆炸点在此区域内的毁伤率 $G_1(x, y, z)$ 将随炸点远离目标而逐渐减小到零。

(2) 命中毁伤率。

命中毁伤率描述战斗部直接命中目标才可能毁伤目标时的条件毁伤概率。如果用 m 表示命中目标的战斗部发数，那么这个概率可以表示为命中数 m 的函数 $G(m)$。

假设在垂直于相对弹道的平面上，目标的投影面积为 S，目标致命部位的投影面积为 S_i，若弹着点在面积 S 内呈均匀分布，目标尺寸比战斗部的散布小，则单发命中目标时击毁目标概率为

$$G(1) \approx S_i / S = r \tag{3.40}$$

若各发弹击中目标是互相独立的事件且没有损伤积累（目标各个部位易损性差别很大，对某些部位只需击中一发目标就能击毁），则 m 发命中目标的击毁概率为

$$G(m) \approx 1 - (1-r)^m \tag{3.41}$$

式（3.41）称为指数毁伤率。

为方便起见，实用中常用平均必须命中数 ω 代替毁伤率描述目标易损性，即

$$\omega = E[X] \tag{3.42}$$

式中，X 为击毁目标所需的战斗部命中数；ω 为击毁目标平均必须命中的发数。

2. 搜索效能模型

搜索活动的实践表明，搜索效率总是不确定的、随机的，不能根据某一次搜索的偶然结果来判定某种搜索方式的优劣，只有根据某种搜索方式在相同条件下多次搜索的效率的统计规律性，才能得出该搜索方式效果好坏的科学尺度。把表示搜索效率的随机事件或随机变量的数字特征如概率、数学期望等称为搜索效率（效果）指标，这是搜索效率统计规律的数量表述，是隐藏在搜索效率随机性中的规律性。在军事应用中，常用的搜索效率指标有发现概率、发现目标平均数、发现目标平均时间与发现目标平均距离等。

1) 发现概率

(1) 搜索静止目标时的发现概率。

观察者总是以各种手段和采取各种方式对目标进行搜索，以期达到发现目标的目的。搜索的基本方式有离散型和连续型两种。

离散型每次观察持续时间短，观察与观察之间有一定的空隙。例如，雷达的慢速扫描相当于对目标的离散观察，每扫描一次相当于对目标的一次观察。设单独第 i 次观察发现目标的概率为 g_i（g_i 又称发现率或瞬时发现概率），且各次观察相互独立，则总共 n 次观察的发现概率为

$$P_n = 1 - (1-g_1)(1-g_2)\cdots(1-g_n) = 1 - \prod_{i=1}^{n}(1-g_i)$$

第 n 次观察首次发现目标的概率为

$$p_n = g_n \prod_{i=1}^{n-1}(1-g_i)$$

$$p_n = P(N > n-1)P(N = n | N > n-1)$$

式中，N 为首次发现目标所需的观察次数；$P(N>n-1)$ 为总共 $n-1$ 次观察未发现的概率；$P(N=n|N>n-1)$ 为前 $n-1$ 次观察未发现目标而第 n 次观察发现目标的概率，即单独第 n 次观察发现目标的概率。

每次观察持续时间长，观察与观察间空隙极小，可以认为观察是连续进行的，是对目标所在区域进行长时间的凝视，如雷达的快速扫描，它在荧光屏上形成一个持久的影像，这就可以认为是连续观察。

现在 $[0, t+\Delta t]$ 时段内对目标进行连续观察，若在 $[0, t]$ 内没有发现目标，而在 $[t, t+\Delta t]$ 内发现目标的概率可近似地表示为 $\gamma(t)\Delta t$。若用 $Q(t)$ 表示在 $[0, t)$ 时段内未发现目标的概率，则

$$Q(t) = P(X>t) = e^{-\int_0^t \gamma(t)dt}$$

用 $F(t)$ 表示随机变量 X 的分布函数，则

$$F(t) = P(X \leqslant t) = 1 - Q(t) = 1 - e^{-\int_0^t \gamma(t)dt}, \quad t \geqslant 0$$

随机变量 X 的概率密度为

$$f(t) = F'(t) = \gamma(t) e^{-\int_0^t \gamma(t)dt}, \quad t \geqslant 0$$

首次发现目标所需的平均时间为

$$E(X) = \int_0^{+\infty} tf(t)dt = \int_0^{+\infty} t\gamma(t) e^{-\int_0^t \gamma(t)dt} dt$$

随机变量 X 的方差为

$$\sigma_x^2 = D(X) = \int_0^{+\infty} t^2 \gamma(t) e^{-\int_0^t \gamma(t)dt} dt - [E(X)]^2$$

如果对任何 $t \geqslant 0$，都有 $\gamma(t) = \gamma$，则有

$$F(t) = 1 - e^{-\gamma t}, \quad t \geqslant 0, \quad f(t) = \gamma e^{-\gamma t}, \quad t \geqslant 0$$

$$E(X) = \int_0^{+\infty} \gamma t e^{-\gamma t} dt = \frac{1}{\gamma} \int_0^{+\infty} x e^{-x} dx = \frac{1}{\gamma} \Gamma(2) = \frac{1}{\gamma}$$

$$D(X) = \int_0^{+\infty} \gamma t^2 e^{-\gamma t} dt - \frac{1}{\gamma^2} = \frac{1}{\gamma^2} \Gamma(3) - \frac{1}{\gamma^2} = \frac{1}{\gamma^2}$$

$$\sigma_x = \sqrt{D(X)} = \frac{1}{\gamma}$$

由此可看出，当 $\gamma(t) = \gamma$ 时，首次发现目标的时间服从指数分布，计算连续观察时对目标的条件发现概率，只需对 $F(x)$ 计算函数值或对函数 $f(x)$ 计算积分即可。例如，在 $[0, t]$ 时间段内观察发现目标的条件概率为

$$P_0 = \int_0^t f(x)dx = F(x)\big|_0^t = F(t)$$

(2）搜索运动目标时的发现概率。

假定搜索工具在坐标原点，目标的相对运动轨迹（图3.69）为曲线Γ。简单起见，设目标的运动轨迹为平面曲线，Γ上点的坐标为$(\xi(t),\eta(t))$，于是目标与搜索工具的距离为

$$R(t)=\sqrt{\xi^2(t)+\eta^2(t)}$$

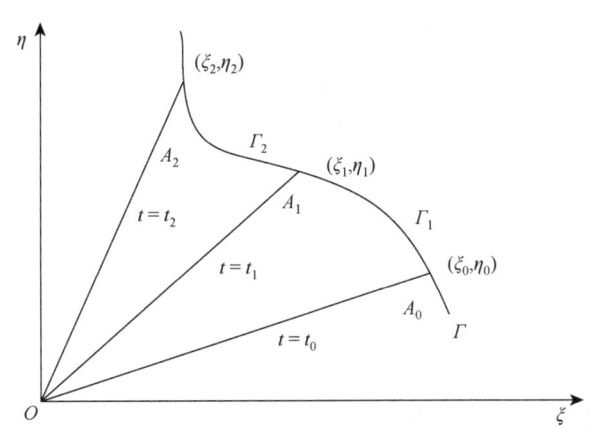

图 3.69　目标的相对运动轨迹

下面分析发现势与发现概率。由于条件发现概率$\gamma(t)$是距离的函数，对运动目标而言，$\gamma(t)$不是常数。从$t=0$时刻起，目标从起点$A_0(\xi(0),\eta(0))$出发沿Γ运动，则t时刻可能被发现的概率按前面的结果为

$$P(t)=1-\mathrm{e}^{-\int_0^t \gamma(t)\mathrm{d}t}$$

令

$$G(t)=\int_0^t \gamma(t)\mathrm{d}t$$

则$G(t)$称为目标的发现势，于是有

$$P(t)=1-\mathrm{e}^{-G(t)}$$

设目标的相对运动曲线Γ由$\Gamma_1(A_0,A_1)$和$\Gamma_2(A_1,A_2)$组成，对$\Gamma_1(A_0,A_1)$而言，目标的发现势为

$$G(t)=\int_0^{t_1} \gamma(t)\mathrm{d}t$$

对$\Gamma_2(A_1,A_2)$而言，目标的发现势为

$$G(t)=\int_0^{t_2} \gamma(t)\mathrm{d}t$$

而对$\Gamma=\Gamma_1+\Gamma_2$而言，其发现势为

$$G=\int_0^{t_1}\gamma(t)\mathrm{d}t+\int_0^{t_2}\gamma(t)\mathrm{d}t=G_1+G_2$$

因此，用发现势求由折线构成的相对运动路线的发现概率是很方便的。

现有两个搜索工具对同一目标同时进行搜索，搜索工具Ⅰ对目标的发现势为G_1；搜索工具Ⅱ对目标的发现势为G_2。两个搜索工具独立工作，于是搜索工具Ⅰ、Ⅱ对目标的

发现概率分别为
$$P_1 = 1 - e^{-G_1}, \quad P_2 = 1 - e^{-G_2}$$

它们不发现目标的概率分别为
$$1 - P_1 = e^{-G_1}, \quad 1 - P_2 = e^{-G_2}$$

故搜索工具都不发现目标的概率为
$$(1-P_1)(1-P_2) = e^{-G_1} \cdot e^{-G_2} = e^{-(G_1+G_2)}$$

从而搜索工具至少有一个发现目标的概率为
$$1 - (1-P_1)(1-P_2) = 1 - e^{-(G_1+G_2)}$$

相当于有综合发现势：
$$G = G_1 + G_2$$

因此，用发现势求若干搜索同时搜索目标时的综合发现概率是很方便的。

在特殊情况下，目标相对于搜索工具做直线运动，或目标不动，搜索工具直线前进，其发现势和发现概率都仅是目标与搜索工具初始距离和时间 t 的函数。

2）发现目标平均数

以某种方式搜索给定区域中的集群目标，发现目标数为一随机变量，其数学期望称为发现目标平均数。发现目标数为一离散型随机变量，在目标很多的情况下，常取作服从泊松分布。设发现目标数为 N，则恰好发现 k 个目标的概率为
$$P(N=k) = \frac{\lambda^k}{k!} e^{-\lambda}$$

式中，λ 为发现目标平均数。

某侦察单位对集群目标进行搜索，共有 m 个目标，该侦察单位发现第 i 个目标的概率为 P_i，则发现目标平均数为
$$\bar{m} = \sum_{i=1}^{m} P_i$$

特别地，当 $P_1 = P_2 = \cdots = P_m$ 时更有 $\bar{m} = mP_1$。

3）发现目标平均时间

以某种方式搜索给定区域中的单个目标，发现目标所需时间为一随机变量，其数学期望为发现目标平均时间。

发现目标所需时间 t 通常取作服从指数分布，其密度函数为
$$f(t) = \begin{cases} \exp(-t/T_0)/T_0, & t \geq 0 \\ 0, & t < 0 \end{cases}$$

式中，T_0 为发现目标平均时间。

在时间 t 内发现目标的概率为
$$P_D = P(T \leq t) = \int_0^t f(x) \, dx = 1 - \exp(-t/T_0)$$

而在平均时间 T_0 内发现目标概率为
$$P_D = 1 - e^{-1}$$

4）发现目标平均距离

以某种方式搜索运动中的目标，发现目标的距离为一随机变量，其数学期望是发现目标的平均距离。

发现目标距离 R 的分布类型主要有负指数分布与正态分布，当 R 的分布取作负指数分布时，其密度函数为

$$P(x) = \begin{cases} \dfrac{1}{R_0} e^{-x/R_0}, & x \geq 0 \\ 0, & x < 0 \end{cases}$$

于是，在距离 r 上发现目标的概率为

$$P_D = P(R \geq r) = \int_r^\infty P(x) dx = e^{-r/R_0}$$

而在平均距离 R_0 上的发现概率 $P_D = e^{-1}$。

R 的分布为正态分布时，其密度函数为

$$P(x) = \frac{1}{\sqrt{2\pi}\sigma_R} \exp\left[-\frac{(x-m_R)^2}{2\sigma_R^2}\right]$$

式中，m_R 为平均发现距离；σ_R 为均方差。

由于发现目标距离 $R>0$，故一般应有 $m_R > 3\sigma_R$。在距离 r 上发现目标概率为

$$P_D = \int_r^\infty P(x) dx = 1 - \Phi\left(\frac{r - m_R}{\sigma_R}\right)$$

式中，$\Phi(\cdot)$ 为标准正态分布函数。

3. 可用性模型

1）可用性定义

可用性是产品在任一随机时刻需要和开始执行任务时，处于可工作或可使用状态的程度。可用性的概率度量称为可用度，记为 A。若 t 时刻

$$X(t) = \begin{cases} 0, & \text{若可使用} \\ 1, & \text{若不可使用} \end{cases}$$

则产品在时刻 t 的可用度为

$$A(t) = P[X(t) = 0]$$

$A(t)$ 为瞬时可用度，它只涉及 t 时刻产品是否可用，而与 t 时刻以前产品是否发生故障或是否经过修复无关。产品在时刻 t 的可靠性、维修性高，即少出故障，出了故障后用很少的保障资源很快就能修复，则可用度就高。因此，可用度是可靠性、维修性的综合反映，是保障性的综合参数。

对于长期连续工作的产品，瞬时可用度不便于反映其可用特性，需要用平均可用度或稳态可用度来加以衡量。产品在一段确定时间 $[0, t]$ 内的可用度平均值称为平均可用度，即

$$\bar{A}(t) = \frac{1}{t} \int_0^t A(\tau) d\tau$$

若极限 $A = \lim\limits_{t \to \infty} A(t)$ 存在，则称其为稳态可用度。$0 \leqslant A \leqslant 1$，表示在长期运行过程中产品处于可用状态的时间比例。

统计 N 次故障前可用（能工作）时间 t_{Ui} 和故障后因处于修理等原因而不可用（不能工作）时间 t_{Di}，当 $N \to \infty$ 时，也可求得稳态可用度为

$$A = \lim_{N \to \infty} \sum_{i=1}^{N} t_{Ui} \bigg/ \left(\sum_{i=1}^{N} t_{Ui} + \sum_{i=1}^{N} t_{Di} \right)$$

在实际使用中稳态可用度应为某一给定时间区段内可用时间 T_U 与可用时间 T_U 加不可用时间 T_D 的总和之比，即

$$A = \frac{T_U}{T_U + T_D}$$

连续工作的可修系统的平均可用时间 $\overline{T}_U$ 和平均不可用时间 $\overline{T}_D$，分别是可工作时间和不可工作时间的数学期望。当系统可工作时间密度函数 $u(t)$ 和不可工作时间密度函数 $d(t)$ 已知时，可得

$$\overline{T}_U = \int_0^\infty u(t) \mathrm{d}t$$

$$\overline{T}_D = \int_0^\infty d(t) \mathrm{d}t$$

用平均时间表示的可用度则为

$$A = \frac{\overline{T}_U}{\overline{T}_U + \overline{T}_D}$$

2）稳态可用度模型

由于实际上很难求得产品的可工作时间密度函数 $u(t)$ 和不可工作时间密度函数 $d(t)$，因此在工程实践中，常用下列三种不同的稳态可用度。

（1）固有可用度。

固有可用度用 A_i 表示。它是仅与工作时间和修复性维修时间有关的一种可用性参数，此时，系统的平均不可用时间只取决于修复性时间，其可（能）工作时间密度函数即失效（故障）密度函数 $f(t)$，不可（能）工作时间密度函数即维修密度函数 $m(t)$，可得

$$\overline{T}_U = \int_0^\infty t_f(t) \mathrm{d}t = T_{BF}$$

$$\overline{T}_D = \int_0^\infty t_m(t) \mathrm{d}t = \overline{M}_{ct}$$

则固有可用度为

$$A_i = \frac{T_{BF}}{T_{BF} + \overline{M}_{ct}}$$

式中，T_{BF} 为平均故障间隔时间（MTBF）；$\overline{M}_{ct}$ 为平均修复时间（MTTR）。

固有可用度没有考虑预防性维修和管理及保障延误对可用性的影响，而仅取决于产品的固有可靠性与维修性，它易于测量、评估，在设计初期或签订合同时采用。

（2）可达可用度。

可达可用度用 A_n 表示。它是仅与工作时间、修复性维修时间和预防性维修时间有关的一种可用性参数，其表达式为

$$A_\mathrm{n} = \frac{T_\mathrm{BM}}{T_\mathrm{BM} + \overline{M}}$$

式中，T_BM 为平均维修间隔时间（MTBM）；$\overline{M}$ 为平均维修时间。

可达可用度不仅与产品的固有可靠性和维修性有关，还与预防性维修有关，仅仅没有考虑管理及保障延误的影响，是装备所能够达到的最高可用度。由此可见，它主要反映装备硬件、软件的属性，要比固有可用度更接近实际，在研制早期时采用。在保障性管理中，进行以可靠性为中心的维修分析，运用逻辑判断方法，制定出合适的预防性维修性大纲，合理地确定预防性维修的工作类型和频率，可以使可达可用度得到提高。

（3）使用可用度。

使用可用度用 A_o 表示。它是与能工作时间和不能工作时间有关的一种可用性参数。根据上述定义，考虑预期总工作时间中所有的时间区段因素，使用可用度的通用表达式为

$$A_\mathrm{o} = \frac{T_\mathrm{o} + T_\mathrm{s}}{T_\mathrm{o} + T_\mathrm{s} + T_\mathrm{PM} + T_\mathrm{CM} + T_\mathrm{ALD}}$$

式中，T_o 为工作时间；T_s 为待命时间（能工作而未工作时间）；T_PM 为预防性（计划性）维修总时间；T_CM 为修复性（非计划性）维修总时间；T_ALD 为因等待备件、维修人员及运输等平均管理和保障延误时间。

除上述 A_o 的通用表达式外，还有下列常用表达式：

$$A_\mathrm{o} = \frac{T_\mathrm{BM}}{T_\mathrm{BM} + T_\mathrm{MDT}}$$

或

$$A_\mathrm{o} = \frac{T_\mathrm{BM}}{T_\mathrm{BM} + \overline{M} + T_\mathrm{ALD}}$$

式中，T_BM 为平均维修间隔时间；T_MDT 为平均维修停机时间；$\overline{M}$ 为平均维修时间。

与可达可用度相比，使用可用度增加了管理及保障延误对可用性的影响因素，反映了装备的硬件、软件、技术保障及环境条件的综合结果，描述装备在实际使用环境中的可用性。因此，它常作为可用性函数的输入，用于评估系统效能。

3）多部件系统的可用度模型

设系统由 m 个相互连接的部件组成，当要求评估的系统可用度是整个系统的固有可用度时，每一部件只有两个状态：工作状态 a_i（用二进制 0 表示）和不工作状态 $\overline{a}_i$（用二进制 1 表示），$i = 1, 2, \cdots, m$。显然，可能的系统状态数是 $2m$，每一系统状态可用一个 m 位的二进制数表示。第 i 个部件的固有可用度为

$$A(a_i) = \frac{\mathrm{MTBF}}{\mathrm{MTBF} + \mathrm{MTTR}}$$

若令 s_1 表示 m 部件都工作的系统状态；s_2 表示除第 1 个部件外其余部件都工作的状态，则系统处于状态 s_1 和 s_2 的概率分别为

$$A(s_1) = \prod_{i=1}^{m} A(a_i)$$

$$A(s_2) = [1 - A(a_1)] A(a_2) \cdots A(a_m)$$

该过程可一直继续下去，直至考虑所有情况。显然，有

$$\sum_{i=1}^{m} A(s_i) = 1.0$$

4. 可信性模型

度量系统可信性的常用指标为故障率（故障密度函数）、可信性函数和平均故障间隔时间与平均工作时间。

1）故障率

设在时间 $t=0$ 时有 m 个元件投入运行，在任意时间 t 的剩余元件数为 $s(f)$，则故障率 $Z_d(t)$ 表示时间区间 $t_i < t \leqslant t_i + h_i$ 内故障元件数与该时间区间开始时剩余元件数的比除以区间时长 h_i，即

$$Z_d(t) = \frac{s(t_i) - s(t_i + h_i)}{s(t_i) h_i}, \quad t_i < t \leqslant t_i + h_i$$

类似地，故障密度函数 $f_d(t)$ 为时间区间 $t_i < t \leqslant t_i + h_i$ 内故障元件数与原有元件数的比除以区间时长 h_i，即

$$f_d(t) = \frac{s(t_i) - s(t_i + h_i)}{m h_i}, \quad t_i < t \leqslant t_i + h_i$$

由系统总体的寿命试验或修理报告可获得求 $f_d(t)$ 或 $Z_d(t)$ 所需原元件故障数据。由于故障数据是离散的失效时间序列，所以由试验数据获得的 $f_d(t)$ 和 $Z_d(t)$ 是分段连续函数。为便于分析处理，一般需选择连续拟合分段连续函数。当元件数增大，两次故障之间的时间区间趋于零时，分段连续函数就接近连续函数，即有

$$Z(t) = \lim_{k \to 0} \frac{s(t) - s(t + h)}{h s(t)} = -\frac{1}{s(t)} \frac{\mathrm{d}s(t)}{\mathrm{d}t}$$

$$f(t) = \lim_{k \to 0} \frac{s(t) - s(t + h)}{m h} = -\frac{1}{m} \frac{\mathrm{d}s(t)}{\mathrm{d}t}$$

2）可信性函数

可信性函数 $R(t)$ 是元件或系统在给定条件下和规定工作时间 t 内良好工作的概率。若 T 表示某类元件或系统能良好工作的持续时间，则 $R(t)$ 可表示为

$$R(t) = P(T > t)$$

从装备研究的角度，希望建立用可测数据估计 $R(t)$ 的表达式。基于事件概率可用事件频率来估计的思想，设 $t=0$ 时有 m 个元件投入运行，任意时间 t 的剩余元件数是 $s(t)$，则当 m 足够大时，可信性函数可近似表示为

$$R(t) \approx \frac{s(t)}{m}$$

上式说明，可信性函数 $R(t)$ 是运行 t 时间后的剩余元件数与总元件数的比。

可信性函数 $R(t)$ 与故障率 $Z(t)$ 的关系为

$$Z(t) = \frac{f(t)}{R(t)}$$

式中，$f(t)$ 为故障密度函数，且与故障率 $Z(t)$ 的关系为

$$f(t) = Z(t)\exp\left(-\int_0^t Z(x)\mathrm{d}x\right)$$

当故障率 $Z(t) = \lambda = \mathrm{const}$ 时，有

$$R(t) = \exp(-\lambda t)$$

3）平均故障间隔时间（MTBF）与平均工作时间（MTTF）

平均故障间隔时间和平均工作时间这两个指标分别度量可修复系统与不可修复系统的平均元件寿命。对于可修复系统，平均寿命指的是平均无故障工作时间，即平均故障间隔时间；对于不可修复系统，平均寿命是系统失效或报废前的平均工作时间。

当故障率为常数 λ 时，$R(t) = \exp(-\lambda t)$。因此，有

$$\mathrm{MTTF} = \int_0^\infty \exp(-\lambda t)\mathrm{d}t = \frac{1}{\lambda}$$

该公式说明指数分布的平均工作时间是故障率 λ 的倒数。

上述可信性函数、故障率与故障密度函数和平均故障间隔时间是三类不同聚合程度的指标。可信性是故障密度函数的积分表示，而平均故障间隔时间是可信性函数的积分表示。

在实际分析中，为了方便起见，有时把可用性和可信性综合起来，用一个可靠性综合指标 P_R 描述。P_R 表示武器装备系统在使用前处于规定战斗状态，且在遂行战斗任务中无故障地执行职能的概率，即

$$P_\mathrm{R} = P_\mathrm{a} P_\mathrm{r}(t_\mathrm{r}) P_\mathrm{r}(t_\mathrm{a})$$

式中，P_a 为武器的可用性指标，即接到使用命令时刻，该武器能处于规定战斗状态的概率，即

$$P_\mathrm{a} = 1 - t_\mathrm{p}/t_\mathrm{m}$$

式中，t_m 为武器整个使用寿命周期的时间；t_p 为在使用寿命周期中武器处于非战斗准备状态的总时间。

$P_\mathrm{r}(t_\mathrm{r})$ 是使用前武器的可靠性指标，即接到使用命令时，正处于某种规定战斗准备状态的武器能在不超过 t_r 时间内充分做好使用准备的概率，其表达式为

$$P_\mathrm{r}(t_\mathrm{r}) = P_\mathrm{r}'(t_\mathrm{r}) + [1 - P_\mathrm{r}'(t_\mathrm{r})]P_\mathrm{b}(t_\mathrm{r})$$

式中，$P_\mathrm{r}(t_\mathrm{r})$ 为在准备使用过程中武器无故障概率；$P_\mathrm{b}(t_\mathrm{r})$ 为准备过程中的故障可在 t_r 时间内排除并完成准备工作的概率；$P_\mathrm{r}'(t_\mathrm{r})$ 为武器使用过程中无故障工作的概率。

例如，某武器装备系统 1 年中处于非战斗准备时间为 8 天，使用准备过程中无故障概率 $P_\mathrm{r}'(t_\mathrm{r}) = 0.9$，要排除故障概率 $P_\mathrm{b}(t_\mathrm{a}) = 0.9$，使用可靠性 $P_\mathrm{r}(t_\mathrm{a}) = 0.89$。则综合可靠性指标为

$$P_\mathrm{r} = (1 - 8/365)[0.9 + (1 - 0.9)\times 0.9]\times 0.89 = 0.98\times 0.99\times 0.89 = 0.86$$

$P_\mathrm{r} = 0.86$ 意味着在本例条件下，当接到使用武器的命令时，有 86% 的武器可及时投入使用。

3.6.4 系统效能模型

下面介绍的是经过简化的效能模型,这些模型已经针对某些特殊的任务剖面进行了输入参数的综合与选择。

1. 美国工业界武器系统效能咨询委员会的模型

由 WSEIAC 定义的系统效能定义可知,系统效能是预计系统满足一组特定任务要求的程度的度量,是可用性、可信性和能力的函数,其模型为

$$E = A \cdot D \cdot C$$

1)可用性

可用性是在开始执行任务时系统状态的量度,是装备、人员、程序三者之间的函数,与装备系统的可靠性、维修性、维修管理水平、维修人员数量及其水平、器材供应水平等因素有关,表示为

$$A = (a_1, a_2, \cdots, a_i, \cdots, a_n)$$

式中,a_i 为开始执行任务时系统处于状态 i 的概率,$\sum a_i = 1$。

系统可用性计算实际上是评估装备系统的备用程度,因此是装备系统效能评估的必要组成部分。使用可用性这个概念,不仅需要清楚地规定系统的构成要素,还需要清楚地规定系统的任务。由于可用性是一个特定的量度,一般需要规定一个以上的系统任务,并规定在每一种情况下的可用性。

在估计系统的可用性时,必须研究对"系统"是如何定义的,系统边界是如何规定的。例如,以 25 辆坦克作为一个作战小组为例,论证人员可能同样关心一辆坦克、几辆坦克和这一组坦克的可用性。而且,对于这 25 辆坦克,可以规定几个系统和几项相应的任务。在每一种情况下,可用性的量度都是不相同的。假定把系统定义为 25 辆坦克中的某一组坦克,并假定任务是用这一组坦克实施攻击作战。如果在开始执行任务时发现有一辆坦克不能投入战斗,那么就应该把这个系统看作处于非有效状态。但是,这一组坦克的任务不一定中断,因为还可能从另一组中再调一辆坦克来代替。在这种情况下,可以把可用性当作零,但并不需要放弃这项任务。另外,如果系统是由所有的 25 辆坦克共同组成的,目的是用这些坦克去执行某项特定的任务,那么可用性是在任何时候能够投入战斗的坦克数量的量度。在这种情况下,可用性并不是参加战斗坦克数的量度,因为可用性可能是零。例如,如果有 80%的坦克去执行特定的任务,有 20%的坦克不能用,可用性就是零。在这种情况下,即便一组中的全部坦克都参加战斗,并完成赋予它们的任务,也可能把可用性当作零来考虑。

在另一种情况下,所使用的量度可能是在任何时候参加战斗的坦克数。系统是整组坦克,系统的任务是把所有的坦克保持在战备状态中。在这种情况下,有效性可能是100%。但是,由于所有的坦克都在执行这项特定的战备任务,而在同一时刻分派给这组坦克的其他特定任务就将被放弃。

2）可信性

可信性是在已知开始执行任务时系统状态的情况下，在执行任务过程中的某一个或某几个时刻系统状态的量度，可以表示为系统在完成某项特定任务时将进入和（或）处于它的任一有效状态，且完成与这些状态有关的各项任务的概率，也可以表示为其他适当的任务量度。

可信性直接取决于装备系统的可靠性和使用过程中的修复性，也与人员素质、指挥因素有关，即

$$\bar{D} = (d_{ij})_{nn}, \quad \sum_j d_{ij} = 1$$

式中，d_{ij} 为已知在开始执行任务时系统处于状态 i，则在执行任务过程中系统处于状态 j 的概率。

当完成任务的时间相当短，即瞬间发生，则可以证明可信赖矩阵为单位矩阵，系统效能公式简化为

$$E = A \cdot C$$

与应用可用性概念一样，在应用可信性概念时，需要准确地说明系统的组成和系统的任务。

对于所研究的系统，只知道其可信性的估计值，还不能对这个系统和有关的系统有应有的了解。例如，某种强击直升机上的武器命中概率为 0.90，这意味着取得良好结果的概率是 0.90。这种说法还表明，不命中的概率是 0.10，但是没有给出未命中的原因或结果的任何信息。

直升机是否在接近目标之前就坠毁了，武器是否把弹药误投到己方的阵地上，是否因武器发生故障而没有把弹药从直升机上投射出去，直升机是否因天气不好而中途着陆？为了正确地评价直升机这个系统，需要围绕着"失败"去研究上述事件。

可信性是系统效能的重要属性，它反映由于物理故障而引起的系统性能退化的频度，这一点隐含于可信性的定义中。所以，应用可信性的先决条件之一是清楚地定义"故障"这个术语。原因在于，要说明何谓在既定条件下满意地工作，就需要准确地说明何谓在同样条件下不正确地工作，也就是要说明何谓物理故障。物理故障一般有两类：一类是突然故障，如电容断路或短路；另一类是渐变故障，如电阻值改变或放大器增益变化。需要注意的是，突然故障不一定对系统性能有突然灾难性影响，而某些渐变故障也可能对系统性能产生灾难性影响。

在有许多系统和任务存在的情况下问题就会变得更复杂，为此可以把注意力集中在单个通信系统、系统中的一件设备或一组系统的可信性上。也许每一个系统都能完成许多不同的任务，但其中有些重要，有些不重要。把所有系统和任务的可信性数字加在一起，往往会使单个系统或任务的有利特性或不利特性变得模糊不清。另外，如果把注意力集中在某一个系统或任务上，就有可能忽视有关系统和任务的有利特性或不利特性。因此，在度量可信性时，不仅要求确定每一个关键的系统和任务，而且要确定在每一种情况下取得成功或发生故障的含义，然后用向量形式把可信性的几个估计值表示出来。

可信性的指标依用户的观点而有多种。对系统可信性而言，最基本的指标是系统在运用期间在给定条件下不出现故障而良好工作的概率。若系统在运用期间不可修复，且不能带故障工作，则系统可信性指标就是可信性指标。如果运用期间系统可以修复，则当系统有 k 个故障状态时，可信性指标是 k 阶方阵，而可信性指标是可信性方阵的对角元素。

3）能力

能力是在已知执行任务期间的系统状态的情况下，系统完成任务能力的量度。更确切地说，能力是系统各种性能的集中表现。能力向量为

$$C = [c_{ij}]_{nm}$$

式中，c_{ij} 为在系统的有效状态 i 条件下，第 j 个品质因数之值。

能力计算具体可分为以下两种情况。

（1）对于要求系统在任务期间必须连续工作，C_j 根据任务结束时系统所处的状态能完成任务的概率（或物理量）计算。

（2）对于允许系统不必在整个任务期间内连续工作，C_j 的计算应先计算 $[c_{ij}]$，其中元素 c_{ij} 为由状态 i 转移到状态 j 所完成任务的概率（或物理量），再求：

$$C_j = \boldsymbol{D} \cdot \boldsymbol{C} = \sum_{i=1}^{n} d_{ij} c_{ij}$$

测定和预测系统能力，其本身就是一个相当复杂的问题。在应用可用性和可信性两个概念中，由多种工作方式的系统和多项任务的系统所带来的困难在应用能力这个概念中也是存在的，而且能力这个概念还没有发展到能够用标准技术定量地加以描述的高度。

效能分析人员必须特别注意能力与可信性之间的严格区别。如前所述，在应用可信性概念之前，必须清楚地定义故障以及与故障有关的情况。在应用能力概念之前，同样也必须这样做。例如，车辆轮胎发生爆炸的情况是：行驶速度为 96.5km/h，气温为 43℃，并行驶在"搓板"路上。这次故障究竟是由可信性不高引起的，还是由能力不够引起的呢？若这种轮胎是根据高速和高温使用环境设计的，并且能够承受大的冲击负载，那么这次爆炸故障就是由可信性（可靠性）不高引起的，因为在正常工作条件中已经包括了这些恶劣的使用环境。另外，如果发生爆炸的轮胎本来是为在较好的环境中使用而设计的，例如，行驶速度约 64km/h，气温约 27℃，那么，这次故障就是由能力不够引起的。在第一种情况下，轮胎（系统）有足够的能力，但其可信性比较低。在第二种情况下，轮胎的可信性也许比较高，但对于特定的任务来说，其能力是欠缺的。无论在哪一种情况下，首先要了解的是，轮胎的系统效能低于可接受的水平。

计算固有能力矩阵 $\boldsymbol{C}$，在很大程度上取决于所评价的装备系统的任务，例如，可采用品质效用函数的方法。

武器装备常具备多个品质因数，有的品质因数要求越大越好，有的要求越小越好，还有的要求在一定范围之内，而且不同的品质因数在装备中所发挥的作用也有差异。为

了统一品质因数的量纲而采用效用函数。对每一个品质因数建立一个适当的效用函数，然后计算不同品质因数的效用函数值。效用函数值是[0, 1]范围内的一个实数。

若武器装备有 m 个品质因数，$\boldsymbol{P}=[p_1,p_2,\cdots,p_m]$，性能数值 $\boldsymbol{d}=[d_1,d_2,\cdots,d_m]$，品质因数的权重 $\boldsymbol{W}=[w_1,w_2,\cdots,w_m]$，性能指标的最大值点 $\boldsymbol{d}_{\max}=[r_{\max}^1,r_{\max}^2,\cdots,r_{\max}^m]$，最小值点 $\boldsymbol{d}_{\min}=[r_{\min}^1,r_{\min}^2,\cdots,r_{\min}^m]$。

若品质因数 p_k 要求越大越好，则采用如下形式的效用函数：

$$\mu_k(d_k)=d_k/r_{\max}^k,\quad d_k\in[r_{\min}^k,r_{\max}^k]$$

若品质因数 p_k 要求越小越好，则采用如下形式的效用函数：

$$\mu_k(d_k)=1+\frac{r_{\min}^k-d_k}{r_{\max}^k}$$

若品质因数 p_k 要求在$[r_1,r_2]$范围为宜，则采用如下形式的效用函数：

$$\mu_k=\begin{cases}\dfrac{d_k}{r_1}, & d_k\in[r_{\min}^k,r_1)\\ 1, & d_k\in[r_1,r_2)\\ 1+\dfrac{r_2-d_k}{r_{\max}^k}, & d_k\in[r_2,r_{\max}^k]\end{cases}$$

因此，品质因数效用函数值的计算结果为 $\boldsymbol{\mu}=[\mu_1,\mu_2,\cdots,\mu_m]$。应用线性加权法计算系统能力量化值为

$$C_k=\sum_{k=1}^m w_k\mu_k$$

系统效能 E 可根据 C_j 的两种情况分别计算。

对于第一种情况，有

$$\boldsymbol{E}=[a_1,a_2,\cdots,a_n]\begin{bmatrix}d_{11}&d_{12}&\cdots&d_{1n}\\d_{21}&d_{22}&\cdots&d_{2n}\\\vdots&\vdots&&\vdots\\d_{n1}&d_{n2}&\cdots&d_{nn}\end{bmatrix}\begin{bmatrix}c_1\\c_2\\\vdots\\c_n\end{bmatrix}$$

对于第二种情况，有

$$\boldsymbol{E}=[a_1,a_2,\cdots,a_n]\begin{bmatrix}d_{11}c_{11}+d_{12}c_{12}+\cdots d_{1n}c_{1n}\\d_{21}c_{21}+d_{22}c_{22}+\cdots d_{2n}c_{2n}\\\vdots\\d_{n1}c_{n1}+d_{n2}c_{n2}+\cdots+d_{nn}c_{nn}\end{bmatrix}$$

已知对任务所下的定义和对系统所做的描述，要应用系统效能模型，就需要推断在执行任务之中和之后可能产生的结果，以及系统所处的三个基本状态；然后，把可用性和可信性的量度同系统的可能状态联系起来，并用能力的量度把系统的可能状态与执行任务可能产生的结果联系起来。

最简单的情况，即一个系统不是处于工作状态中就是处于故障状态中，在这种情况下，

可用性、可信性和能力的量度能回答下述三个基本问题：一个系统在开始执行任务时是正在工作吗？若一个系统在开始执行任务时是在工作的，那么在执行任务的整个过程中它是否能继续工作？若一个系统在执行任务的过程中一直工作，那么它是否能成功地完成任务？

WSEIAC 所定义的系统效能是一种客观效能，即一旦武器装备系统及其使用环境已经确定，其系统效能也就相应地确定了。所以，按该定义及其相应的模型所计算出来的结果，通常最能反映武器装备的系统效能。

然而，尽管上述系统效能模型能够客观地反映武器装备的系统效能，当所研究的武器装备系统较为复杂时，上述三个基本问题就会变得很难解决，以致不能用简单的模型来回答这些问题。例如，当有两种可能的系统状态时，当执行任务中的维修、降级工作方式、多任务要求、敌人的干扰以及自然环境等因素都是模型的定量因素时，这三个问题就会变得异常复杂。尤其是在武器装备发展型号论证阶段，型号系统样机尚未研制出来，不可能对其性能进行试验和测试，以致很难获得系统在可用性、可信性及能力方面涉及系统效能要素的准确而详细的数据资料。因此，往往只能在上述系统效能概念的指导下，用有关专家的主观判断及较为粗略的方法评价所提出的型号系统方案的系统效能水平。在这种情况下所获得的系统效能往往是一种所谓的"主观效能"。

例 3-1 试按系统效能模型求某装甲车辆作战 10h 时的系统效能。系统 MTBF = 160h，MTTR = 4h，其性能指标的效用值数据见表 3.26。指标因素权重向量 $\boldsymbol{W}$ = (0.3, 0.2, 0.2, 0.1, 0.1, 0.1)^{T}。

表 3.26 某装甲车辆性能指标的效用值数据

火力性能	机动性能	防护性能	通信性能	电气性能	工效性
0.2	0.4	0.8	0.6	0.7	0.6

可用度为

$$a_1 = \frac{\mathrm{MTBF}}{\mathrm{MTBF} + \mathrm{MTTR}} = \frac{160}{160 + 4} = 0.975$$
$$a_2 = 1 - a_1 = 0.025$$

故 $\boldsymbol{A}$ = [0.975, 0.025]。

设执行任务时间 t = 10h，则可信度为

$$d_{11} = \exp(-t/\mathrm{MTBF}) = \exp(-10/160) = 0.94$$
$$d_{12} = 1 - d_{11} = 1 - 0.94 = 0.06$$

由于系统在执行任务过程中，对发生的故障不能修复，故障状态不能向工作状态转移，所以 $d_{22} = 1$, $d_{21} = 0$，故

$$\boldsymbol{D} = \begin{bmatrix} 0.94 & 0.06 \\ 0 & 1 \end{bmatrix}$$

由于装甲车辆系统在作战过程中只有工作状态和故障状态两种，因此，固有能力向量为

$$C = \begin{bmatrix} c_1 \\ c_2 \end{bmatrix}$$

假定装甲车辆在故障状态下不能执行任务，因此，有

$$c_1 = \sum_{k=1}^{6} w_k \mu_k = 0.3 \times 0.2 + 0.2 \times 0.8 + 0.2 \times 0.4 + 0.1 \times 0.6 + 0.1 \times 0.7 + 0.1 \times 0.6 = 0.49$$

$$c_2 = 0$$

故

$$C = \begin{bmatrix} 0.49 \\ 0 \end{bmatrix}$$

某装甲车辆作战时的系统效能为

$$E = A \cdot D \cdot C = [0.975 \quad 0.025] \begin{bmatrix} 0.94 & 0.06 \\ 0 & 1 \end{bmatrix} \begin{bmatrix} 0.49 \\ 0 \end{bmatrix} = 0.45$$

例 3-2 一个光学跟踪的高炮系统，其测距雷达由两部发射机（为保证有足够的可靠性）、一个天线、一个接收机、一个显示器和操作同步机组成。设每部发射机的平均故障间隔时间为10h，平均修理时间为1h。其他4个部件的组合体的平均故障间隔时间为50h，平均修理时间为30min。目标被捕捉后，执行任务时间为15min，在这期间雷达不能修理。

（1）假设高炮系统的有效性仅取决于雷达，它能探测与捕捉空中目标，并给出连续距离数据。试求该系统在开始执行任务时的有效性向量。

（2）假设雷达部件的故障时间服从指数分布 $P = \exp(-\lambda T)$，λ 为系统的故障率，计算该任务的可信性矩阵。

（3）假设能力品质因数包括雷达在最大距离上发现目标的能力，以及在整个执行任务期间捕捉与跟踪目标给出连续精确的距离数据的能力。已知在最大发现目标距离上，两部发射机同时工作，发现目标的概率为0.90，一部发射机工作，发现目标的概率为0.683；在两部发射机同时工作时，雷达正确跟踪的概率为0.97，当只有一部发射机正常工作时，雷达正确跟踪的概率为0.88，两部发射机都不能工作时，概率为0。计算高炮系统中雷达子系统的总效能指标。

（4）假定两部发射机同时工作，则有15发弹丸以0.85的命中概率射向目标，如果只有一部发射机正常工作，则仅有10发弹丸以0.65的毁伤概率射向目标。计算整个高炮系统对飞机目标的毁伤概率。

解：

① 求有效性向量 A。

在开始执行任务时雷达的系统状态有以下几种。

（a）所有部件都能正常工作。

（b）一部发射机有故障，其他部件能正常工作。

（c）两部发射机同时发生故障，或雷达其他部件之一发生故障。

令 a_t 为每部发射机的有效性，即一部发射机正常工作的概率，a_r 为其他部件的有效性：

$$a_t = \frac{\text{MTBF}}{\text{MTBF}+\text{MTTR}} = \frac{10}{10+1} = 0.909$$

$$a_r = \frac{\text{MTBF}}{\text{MTBF}+\text{MTTR}} = \frac{50}{50+0.5} = 0.990$$

则

$$a_1 = a_t^2 a_r = 0.909^2 \times 0.990 = 0.818$$

$$a_2 = C_2^1 a_t(1-a_t)a_r = 2 \times 0.909 \times 0.091 \times 0.990 = 0.164$$

$$a_3 = 1 - a_1 - a_2 = 0.018$$

因此，有效性向量为

$$\boldsymbol{A} = (a_1\ a_2\ a_3) = (0.818\ 0.164\ 0.018)$$

② 求可信性 $\boldsymbol{D} = (d_{ij})_{n \times n}$ 矩阵。

假定系统在最大距离上发现与捕获目标的任务都是瞬时出现的，即执行任务时间为 0s，在此情况下，可信性矩阵退化为单位矩阵，即

$$\boldsymbol{D}_1 = \begin{bmatrix} 1 & 0 & 0 \\ 0 & 1 & 0 \\ 0 & 0 & 1 \end{bmatrix}$$

在 15min 跟踪目标，并给出连续精确的距离数据的执行任务期间，系统的可信性矩阵计算如下。

由于每部发射机的平均故障间隔时间为 10h，故其故障率为

$$\lambda_t = \frac{1}{10} = 0.1$$

同理，其他部件组合体的故障率为

$$\lambda_r = \frac{1}{50} = 0.02$$

因为雷达发射机的故障时间服从指数分布，所以每部发射机在执行任务中的可靠性为

$$R_t = \exp(-\lambda_t T) = \exp(-0.1 \times 0.25) = 0.975$$

其他部件的可靠性为

$$R_r = \exp(-\lambda_r T) = \exp(-0.02 \times 0.25) = 0.995$$

则

$$d_{11} = R_t^2 R_r = 0.946$$
$$d_{12} = C_2^1 R_t(1-R_t)R_r = 0.048$$
$$d_{13} = 1 - d_{11} - d_{12} = 0.006$$
$$d_{21} = 0$$
$$d_{22} = R_t R_r = 0.970$$
$$d_{23} = 1 - d_{21} - d_{22} = 0.030$$
$$d_{31} = 0$$
$$d_{32} = 0$$

$$d_{33} = 1$$

$$\boldsymbol{D}_2 = \begin{bmatrix} 0.946 & 0.048 & 0.006 \\ 0 & 0.970 & 0.030 \\ 0 & 0 & 1 \end{bmatrix}$$

③求雷达子系统的效能。

由已知条件可知，在最大距离上发现并捕捉目标的能力向量为

$$\boldsymbol{C}_1 = [0.9 \quad 0.683 \quad 0]^T$$

在执行任务时，雷达正确跟踪的能力向量为

$$\boldsymbol{C}_2 = [0.97 \quad 0.88 \quad 0]^T$$

雷达子系统的效能量度值为

$$\boldsymbol{E} = \boldsymbol{A} \cdot \boldsymbol{D}_1 \cdot \boldsymbol{C}_1 \cdot \boldsymbol{D}_2 \cdot \boldsymbol{C}_2 = (0.818 \quad 0.164 \quad 0.018) \begin{bmatrix} 0.9 & 0 & 0 \\ 0 & 0.683 & 0 \\ 0 & 0 & 0 \end{bmatrix}$$

$$\begin{bmatrix} 0.946 & 0.048 & 0.006 \\ 0 & 0.970 & 0.030 \\ 0 & 0 & 1 \end{bmatrix} \begin{bmatrix} 0.97 \\ 0.88 \\ 0 \end{bmatrix} = 0.803$$

④求整个高炮系统对飞行目标的毁伤概率。

高炮发射弹丸是瞬间行为，因此 $\boldsymbol{D}_3$ 为单位矩阵。

高炮光学跟踪与瞄准的毁伤能力在雷达测距能力条件下，毁伤目标的能力（概率）向量为

$$\boldsymbol{C}_3 = [0.85 \quad 0.65 \quad 0]^T$$

因此，整个高炮系统对敌机的战斗毁伤概率，或者说系统的效能量度值为

$$\boldsymbol{E} = \boldsymbol{A} \cdot \boldsymbol{D}_1 \cdot \boldsymbol{C}_1 \cdot \boldsymbol{D}_2 \cdot \boldsymbol{C}_2 \cdot \boldsymbol{D}_3 \cdot \boldsymbol{C}_3$$

$$= (0.818 \quad 0.164 \quad 0.018) \begin{bmatrix} 0.9 & 0 & 0 \\ 0 & 0.683 & 0 \\ 0 & 0 & 0 \end{bmatrix} \begin{bmatrix} 0.946 & 0.048 & 0.006 \\ 0 & 0.970 & 0.030 \\ 0 & 0 & 1 \end{bmatrix} \begin{bmatrix} 0.97 & 0 & 0 \\ 0 & 0.88 & 0 \\ 0 & 0 & 0 \end{bmatrix} \begin{bmatrix} 0.85 \\ 0.65 \\ 0 \end{bmatrix}$$

$$= 0.64$$

2. 美国海军的系统效能模型

该模型将可靠性、维修性及系统构形综合为性能指数（P）、可用性指数（A）及适用性指数（U），系统效能 $E = P \times A \times U$。

$P = f$（系统技术状态）；

$A = f$（可靠性、维修性、保障性）；

$U = f$（系统技术状态、战术、环境、保障……）。

所以，在确定了系统及任务剖面后，根据系统在理想情况下工作时的性能可确定性能指数 P，根据可靠性、维修性及保障性可确定可用性指数 A，根据使用情况可确定环境等的适应性指数 U。

3. 由子模型联合的复合模型

除了简单情况，要想建立一个包罗一切的单一的数学模型是不可能的。在大多数情况下要使用复合模型，例如，美国为某歼击机设计决策而建立的复合模型，由四大子模型组成：维修分析与评审技术模型、后勤资源要求模型、有关的效能（效果）模型及费用和费用-效能模型。前三个模型组成了系统的效能。

1）系统子模型

（1）维修分析与评审技术模型。该模型由子系统模拟模型、网络分析模型、基地维修与作业模型组成。

（2）后勤资源要求模型。该模型由车间维修模型、储备策略模型、备件供应与要求模型组成。

（3）有关的效能（效果）模型。该模型由战术的空对地效能模型、武器交付模型、效能模拟模型、海军航空效能模型、空战模型组成。

2）子模型的综合

系统效能模型由前述的三个子模型综合而成，如图 3.70 所示。

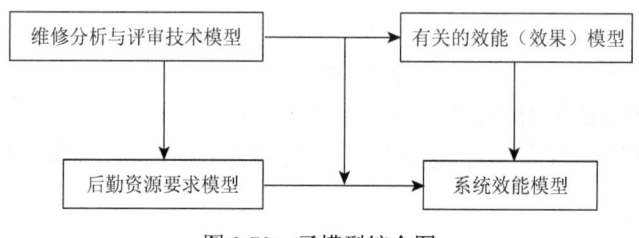

图 3.70　子模型综合图

复合模型分析法也是将影响系统效能的诸因素进行预先处理，如将可靠性、维修性综合为维修分析与评审、后勤资源要求等；将可靠性与系统固有能力综合为有关的效能模型等。

3.6.5　作战效能模型

1. 指数模型

目前，武器装备作战效能分析中用到的指数方法主要有计分法、火力指数法、武器指数法、新火力指数法等。

武器指数为

$$W_i = F + M + S$$

式中，F 为火力指数；M 为机动指数；S 为生存指数。

以主战坦克为例，武器的火力指数包括装甲防护能力、标准火炮因子、任务、时间、可见性限度等；机动性由地形特征、爬升斜坡、横越垂直障碍等各项组成；生存力由装甲警戒、所在区域、储存弹药用料、灭火系统等组成。

1)武器指数法

武器指数法是美军于 20 世纪 60 年代研究出来的一种作战效能计算方法,至今仍在应用。后来在理论上又做了进一步的发展:考虑了不同的距离、不同的目标、不同的载弹能力、不同的运动特征等。该方法主要指武器装备在一定交战时间内对一个目标的平均杀伤数,其计算公式为

$$F_p = A \cdot P \cdot W$$

式中,F_p 为武器火力潜力指数;A 为发射弹药数;P 为距离因子,是指对一个目标的杀伤概率。

2)致命指数法

致命指数法是指一种武器在 1h 内对人员的最大杀伤数。致命指数法是由美国历史评估研究机构的 Duppy 等长期研究历次战争经验数据的结果,并被一些装备系统分析机构所采用。

在通常情况下武器指数是一个平均值,在一定距离下是一个常数,随着距离的变化而变化。另外,在实际战斗中,由于各种因素的作用(包括地形、气候、兵器操作熟练程度等),战斗指数的发挥程度不同,原来相同指数的战斗单位可以反映出不同的差别性,为此,可以采用战斗系数的方法来处理这些因素。其表达式为

$$N = K \cdot F$$

式中,N 为以指数表示的战斗力值;F 为火力指数;K 为战斗系数。

陆军方程为

$$N_g = \sum_{i=1}^{l} K_{gi} S_{gi}$$

空军方程为

$$N_a = \sum_{i=1}^{n} K_{ai} S_{ai}$$

海军方程为

$$N_{art} = \sum_{i=1}^{m} K_{arti} S_{arti}$$

综合评价双方力量对比方程为

$$E = \frac{\sum_{i=1}^{3} K_i^f S_i^f}{\sum_{i=1}^{3} K_i^e S_i^e}$$

上述指数法反映了在红、蓝双方对抗中对各方作战效能指数进行评估的思想。

根据以上思路建立仿真模型,经过模型的运行分析,得出 E 值,根据其大小进行判断。当战斗力指数比 $E>1$ 时,蓝方胜利;当 $E<1$ 时,红方胜利。根据双方随时间的消耗情况,得出进攻一方的推进距离,同时计算出防御一方对增援力量的需求程度,供决策人员参考。

需要指出的是，指数法是一种定性与定量相结合的分析方法，对于分析红蓝双方的实力，以及双方的打击能力、生存能力、机动能力等，是一个有效的工具。

2. 兰彻斯特战斗模型

在简单的情况下，无论是战斗效能还是损失比，都可以根据兰彻斯特战斗理论求出。兰彻斯特战斗理论是1914年英国工程师兰彻斯特在英国工程杂志上发表的一系列描述交战过程中双方兵力变化数量关系的微分方程组，以及由此得到的关于兵力运用的一些原则。第二次世界大战后，人们根据现代作战的实际情况，从不同角度对兰彻斯特方程进行了改进和扩展。目前，兰彻斯特方程与计算机作战模拟相结合所构成的各种陆战模型，在武器装备的论证领域得到了广泛应用。

需要注意的是，尽管兰彻斯特战斗理论是在高技术武器系统出现以前提出的，但它对常规武器作战效能的分析具有坚实的理论指导意义。兰彻斯特战斗理论基于以下假定条件。

（1）双方兵力相互暴露，瞄准目标不成问题。

（2）双方兵力都可完全利用它们的数量优势。

（3）只考虑可量化的因素，如单个战斗成员的平均效能和战斗成员数。忽略不可量化的士气因素，如心理素质、战斗意志、对领导的信任、坚决性、突然性、坚持性及健康情况等的影响。

建立兰彻斯特方程的基本概念是关于两支兵力实力相等的含义。兰彻斯特认为，如果两支兵力经战斗损失后仍保持它们初始的战斗成员数量比例，那么这两支兵力的实力就相等。

（1）兰彻斯特第一线性律。兰彻斯特第一线性律是以古代的作战模型为基础得出来的。其假定条件有两个：一是作战兵力相互暴露；二是战斗由单个战斗成员之间一对一的格斗组成。

（2）兰彻斯特第二线性律。兰彻斯特第二线性律是根据远距离战斗如炮兵格斗的模型得出的。其假定条件有两个：一是战斗双方兵力相互隐蔽；二是每一方火力集中在对方战斗成员的集结地区。由该线性律可以得出结论：在间接瞄准并向面目标射击的条件下，每一方的实力等于其战斗成员数与战斗成员平均面积杀伤效能的乘积。

（3）兰彻斯特平方律。兰彻斯特平方律建立在近代战斗模型基础上，其基本假定条件有三个：一是双方兵力相互暴露；二是每一方可运用它们的全部兵力并集中火力射击对方兵力；三是双方的战术和指挥控制通信均处于最佳状态。此时，因为每一参战者在格斗期间可射击对方每一个目标，一次交战不能再分为多个一对一格斗。由该线性律可以得出结论：在直接瞄准射击的条件下，若交战双方每一方战斗成员数的平方与其战斗成员平均效能的乘积彼此相等，则双方兵力的作战实力相等。在平方律条件下，若红方数量为蓝方的3倍，则为了保持实力相当，蓝方战斗成员平均效能必须是红方的9倍。

（4）混合交战律。混合交战律（又称游击战律）把兰彻斯特第二线性律和兰彻斯特平方律组合起来考察正规军与游击队作战所要求的兵力比。混合交战模型的基本假定是游击兵力在隐蔽条件下瞄准目标，而反游击队兵力处于暴露地位，其每一成员是处于隐蔽地位的游击队兵力的任意成员的可能目标。

作战效能指标是关于敌对双方相互作用结果的定量描述，它不仅可以用来说明装备系统效能和战斗结果之间的关系，进而评估装备系统的作战效能，而且可以确定一种兵力相对另一种兵力而言的作战效能，从而解决军事运筹研究中的一系列重要问题，如确定各种类型装备系统的战斗运用方法，对比红蓝方双方作战兵力，计算作战所需装备系统的型号和数量，以及研究各种作战行动方案等。

作战效能指标可以按兵力对抗方式分为单方射击、一对一格斗和多对多格斗的效能指标。

（1）单方射击是一方对另一方目标施以主动的火力攻击，而另一方没有还击的作战行动。从这个意义上讲，轻武器射击、火炮射击、导弹发射、炸弹投掷、鱼雷攻击等都是单方射击。

（2）一对一格斗是敌对双方战斗人员运用数量为一对一的装备系统进行相互攻击的过程。这一过程由一系列顺序事件的成功或失败组成。

（3）多对多格斗是最紧张、激烈的作战行动，对武器装备系统性能的依赖最为直接。因此，格斗分析适用于对比不同武器装备系统的效能。

多对多格斗一般称为战斗，是最高层次和最复杂的格斗。其结果在很大程度上依赖于双方所用的战术和指挥、控制、通信系统的效能。

在多对多格斗中，战斗的效能指标有以下两种。

（1）战斗效能比 R，即

$$R = \frac{\Delta r(b_0 - \Delta b)}{\Delta b(r_0 - \Delta r)}$$

式中，r_0、b_0 为战斗开始时红、蓝双方的战斗单元数；Δr、Δb 为战斗中红、蓝双方毁伤的战斗单元数。

（2）交换（损失或存活）比 R_L，即

$$R_L = \frac{\Delta r}{\Delta b}$$

式中，Δr、Δb 为战斗中红、蓝双方毁伤的战斗单元数。

利用 R_L 作为战斗效能指标的缺点是不能反映战斗结果对双方战斗实力的影响。

上述两种指标中的 Δr 和 Δb 可用解析法计算，也可通过分布交互仿真得到的红、蓝双方毁伤的战斗单元数计算。

基于以上所有战斗力的战斗效能指标计算取决于多个效能参数，其中主要是战斗成员的数量、平均数量利用效能和每个战斗成员的平均效能。

第4章 火炮多学科设计优化

多学科设计优化是火炮系统分析与总体设计的关键技术之一，主要研究火炮系统各学科之间的协调匹配问题和优化设计技术。本章首先在阐述多学科设计优化研究背景和基本内涵的基础上，给出多学科设计优化的主要研究内容，然后对多学科设计优化算法、灵敏度分析方法、近似建模技术等基本理论进行介绍，最后对火炮膛内射击性能多学科设计优化进行应用研究。

4.1 多学科设计优化的重要意义

4.1.1 多学科设计优化的研究背景

武器、航天、航空、车辆、船舶等复杂产品在不断追求高性能、高精度和高效率的发展过程中，产生了一系列系统庞大、结构复杂和性能多样的复杂机电系统，使得现代工程设计问题日趋复杂，设计变量众多，约束条件复杂，学科之间相互依赖，需要不同的专业学科分工协作，而且学科分析往往是计算耗时的仿真模型，完成一次多学科系统分析需要迭代调用学科模型，直到满足学科之间输出-输入的耦合关系平衡。采用传统的方法对这类复杂的耦合系统进行仿真或优化将会非常耗时，甚至因求解困难而无法实现。作为解决这类设计难题的有效途径，多学科设计优化（multidisciplinary design optimization，MDO）方法应运而生。

从系统工程论的角度来看，由于复杂工程优化设计问题的设计空间极度复杂，设计人员难以有效对武器、航天、航空、车辆、船舶等大型工程复杂系统进行优化设计。尽管理论上优化算法能够求解有限维问题，但由于不同类型问题的综合复杂性，许多算法难以适应或效率低下。因此，除了发展可靠的优化算法外，还需要明晰复杂工程系统所包含的不同因素及这些因素之间的相互关系，寻求解决问题的有效途径。而不同因素之间关系的处理往往是能否得到系统整体解的关键，这也是难以采用传统优化技术的重要原因之一，所以迫切需要发展新的优化理论与方法，包括更稳健的产品优化建模及规划技术、寻优搜索策略等。

从现代设计方法学的角度来看，研究人员在不断改进设计方法与制造技术的过程中，不再采用传统的串行开发模式，而是使用集成的具有并行特点的开发策略，如计算机集成制造系统（computer integrated manufacturing systems，CIMS）、并行工程（Concurrent Engineering，CE）和虚拟设计（virtual design，VD）等。随着新的设计策略和技术途径不断涌现，以及计算机网络技术的日益发展，迫切需要对优化技术进行开拓创新，才能满足复杂的工程设计需求，并能提高设计的柔性、灵活度和自动化水平[4]。

MDO是借鉴并行协同设计学和集成制造技术的思想而提出的，它将单个学科的分析与优化同整个系统中相互耦合的其他学科的分析与优化进行有机融合,将 CE 的基本原理贯穿到整个设计阶段。MDO 的主要设计原理是在复杂产品设计的整个过程中,利用分布式计算机网络技术来集成各个学科的知识以及分析和求解工具,应用有效的优化设计策略,组织和管理整个优化设计过程。其目的是通过充分利用各个学科之间相互作用所产生的协同效应,获得系统的整体最优解,并通过实现并行设计以缩短设计周期,从而使研制出的产品更具有竞争力。实际上,MDO 就是一种通过充分探索和利用工程系统中相互作用的协同机制,来设计复杂产品及其子系统的方法论。其宗旨与 CE 的思想不谋而合,它是用优化原理为产品的全寿命周期设计提供一个理论基础和应用途径。

4.1.2 多学科设计优化的基本内涵

1993 年,国际结构与多学科设计优化协会(International Society for Structural and Multidisciplinary Optimization,ISSMO)正式成立,该协会的成立是优化领域非常重大的事件,标志着多学科设计优化思想已开始渗透到现代设计的各个环节和阶段。经过近 30 年的发展,MDO 技术已经取得了很多重要进展,在武器、航天、航空、车辆、船舶等领域得到了广泛应用。

ISSMO 针对 MDO 给出了以下三种定义。

(1)MDO 是一种通过充分探索和利用系统中相互作用的协同机制来设计复杂系统与子系统的方法论。

(2)MDO 是指在复杂工程系统的设计过程中,必须对学科或子系统之间的相互作用进行分析,并且充分利用这些相互作用进行系统优化合成的优化设计方法。

(3)当设计中每个因素都影响其他的所有因素时,确定改变哪个因素以及改变到什么程度的一种设计方法。

概要地说,MDO 是一种基于系统工程思想的创新设计优化方法,它以系统分解为基础,以处理学科间的耦合效应为核心,通过分解和协同来解决复杂耦合系统的设计优化问题。其主要设计原理是将复杂系统按照学科或者功能分解为更易求解的子学科或子系统,并通过分析各学科或子系统间的耦合作用,利用多学科设计优化求解算法对整个设计过程进行组织和管理,实现各个子学科或子系统分布式并行设计优化。多学科设计优化的主要优点在于可以通过实现各学科的分布式并行设计来缩短系统的设计周期,通过协调各学科间复杂的耦合关系来提高系统的总体性能,通过集成各学科的计算程序来实现复杂系统的自动设计等。

4.1.3 多学科设计优化的主要研究内容

多学科设计优化的研究内容随着各种 MDO 技术的逐渐深入而不断得到扩展和充实,已形成比较完善的理论体系。多学科设计优化所涵盖的研究内容广泛而深入,近年来主要研究热点包括复杂系统的分解与协调、多学科设计优化方法、复杂系统建模、灵敏度分析、近似建模技术、优化算法、集成设计系统等。

1. 复杂系统的分解与协调

由于工程系统过于复杂而难以进行整体建模和求解，因此多学科设计优化采用分解策略，将整个系统分解成多个具有一定自由度的学科子系统，从而改变多学科设计优化问题的结构，使其在改进性能的同时减少复杂性，以此来缩短设计周期。复杂系统工程往往存在较高的维数和较强的非线性，而且学科之间也存在着较强的相互作用，直接对系统进行分析和设计相当困难，较为有效的方法是将系统按部件，或按学科，或者按其他原则分解成若干子系统。

在多学科系统进行分解后，各学科子系统可在各自学科范围内独立地进行优化，能够采用并行的方式进行处理，提高并行计算能力和整体的计算效率，易于各学科领域的专家采用已有的学科分析技术和相应的工具进行分析设计，既有利于改善子系统的设计水平，又可提高多学科设计优化的精确度，从而可有效提升整体设计效果。

多学科系统分解除了要适应工程系统原有的组织管理体系，更重要的是建立一套科学合理、高效严谨的协调机制，使得各学科设计能够自动化地协同进行。因此，分解协调成为复杂工程问题求解的关键，分解是基础，协调对应于分解。分解是将一个复杂系统分割成较小的子系统，并且确定它们之间的相互作用。按照子系统之间的相互作用关系可将分解模式分为层次型、非层次型、混合型等（图4.1），子系统之间一般通过少量的耦合变量相互联系，通过系统协调以确保所有的耦合变量收敛。对于非层次系统，所有的子系统在同一层级通过耦合变量互相联系。对于层次系统，上一级层次的每个子系统可能分解成下一级层次的若干子系统，相同层级的子系统可能共享一些共同变量，协调通常不是通过相同层相互交换数据，而是通过与它们上一级层次的系统交换数据实现。

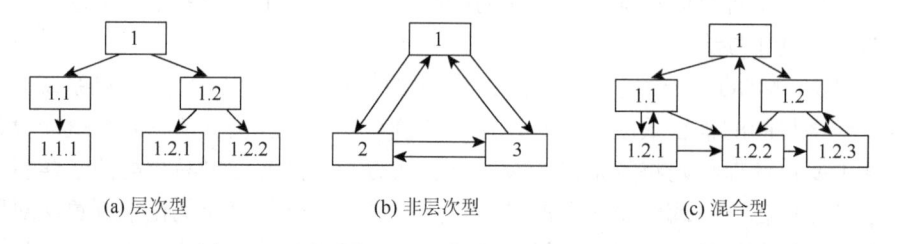

(a) 层次型　　　　　(b) 非层次型　　　　　(c) 混合型

图 4.1　层次系统、非层次系统、混合系统示意图

复杂系统的分解与协调是多学科设计优化的精华，也是一项非常复杂和困难的研究工作，主要研究内容包括：①针对系统分析过程中的信息传递，如何采用简便的方法对设计信息流进行表述；②针对系统分析的效率问题，研究系统分析过程的优化技术；③针对复杂系统的分解，如何选择合适的系统分解方法；④为了获得整个系统的最优解，如何对各自独立的子问题进行协调。

2. 多学科设计优化方法

多学科设计优化方法（MDO architecture）是指 MDO 问题所涉及的求解策略和所搭建的求解流程框架。其最终目的是将存在的耦合关系进行解耦，并在解耦过程中最大限度地挖掘系统的设计潜力；其作用是将与 MDO 相关的技术联系在一起，组合成一个紧密相关的整体，从而为多学科设计优化技术的实施提供理论与应用基础。

多学科设计优化方法也称多学科设计优化策略，或多学科设计优化过程，是对系统进行分解、优化、协调，以实现多学科并行优化设计，搜索系统最优解的过程，它将设计对象各学科的知识与这些具体的寻优算法结合起来，形成一套有效地解决复杂对象的优化求解方法，实现多学科复杂系统的设计和优化。它是 MDO 的理论基础和核心，决定了 MDO 框架的组织形式，也是 MDO 领域内最为重要、最有活力的研究内容。

3. 复杂系统建模

针对具体的复杂工程问题，建立与实际情况相符合的模型是多学科设计优化的前提。对于复杂的设计系统，建立合理的模型更为重要，模型的规模、复杂度和精确度会直接影响设计过程的优化效果。复杂系统建模是在系统分解的基础上，遵循多学科设计优化方法要求，如何建立与实际工程问题优化设计需求相符合的模型。对于复杂工程问题，其系统建模需要综合考虑准确性、求解效率、模型可扩展性和继承性等要求，并遵循以下三个原则。

（1）采用模块化的方法进行系统建模，每个模块可描述某个零部件、某个性能或系统的其他方面，模块间的数据传递与系统的内部耦合相对应。

（2）对于复杂的学科分析，为了在计算精度和计算时间之间找到平衡，一方面多学科设计优化所采用的分析模型一般比单学科优化所采用的模型简单；另一方面在同一学科中同时使用不同复杂程度的模型，其中复杂模型用于计算该学科的响应，相对简单的模型用于表征该学科与其他学科的耦合。

（3）尽量减少多学科设计优化模型的数据量，尤其要尽可能减少学科间的数据传输量。可以利用缩聚技术对数据进行压缩，如果无法压缩，则运用模块合并法将两个同层级的模块合并成一个，从而有效减少数据传输量和计算成本。

4. 灵敏度分析

灵敏度分析理论最早出现在控制系统的设计过程中，用于分析控制系统中参数的变化对系统性能的影响。在系统优化设计问题中，灵敏度用于表示设计变量或固定参数的微小变化对目标函数、约束和系统状态的影响，以便确定各设计变量和参数对系统性能的影响程度，从而指导优化的设计过程或优化算法的搜索方向。灵敏度分析包括全局灵敏度分析和最优灵敏度分析两方面，全局灵敏度分析研究设计变量的变化对目标函数和约束的影响，最优灵敏度分析主要关心固定参数的变化对设计变量和目标函数的影响。

在 MDO 问题中，由于各学科间存在耦合关系，一个学科的输入变量可能为其他学科的输出变量，因此在计算一个学科的灵敏度时，会涉及与之相关的其他学科的分析计算，故单学科优化中的灵敏度计算方法不能有效解决 MDO 问题中的灵敏度分析问题。在计算多学科耦合系统的灵敏度分析问题时，可以采用波兰学者 Sobieszczanski-Sobieski 提出的全局灵敏度方程（global sensitivity equation，GSE）方法。

由于 MDO 系统的灵敏度分析既考虑了不同学科之间的相互作用，又通过并行策略减少了计算时间，并且与系统分解技术紧密结合，因而更适合于处理高耦合度、高复杂性的复杂工程设计问题，为多学科设计优化技术的实施提供了有效途径。

5. 近似建模技术

对于复杂工程系统的多学科优化，由于在优化过程中需要进行多次的迭代运算，而每迭代一次，就要完成一次学科分析，这对使用经验公式或简单计算程序是可行的。然而，在复杂工程系统设计中，更多的是使用高精度的数值仿真软件，需要对多种系统的性能或各种物理场进行复杂的数值计算。如果在优化过程的每一次迭代，都需要调用相应的学科分析程序进行一次数值计算，那么计算成本是巨大的。对于大型复杂问题，这些学科分析软件目前又很难与现有的商用 MDO 软件直接结合，因此，就必须引入近似模型来取代各子系统中原有的分析模块。此外，由于学科间耦合关系的存在，若直接采用复杂的学科分析模型，各学科间的反复迭代运算会增加各学科分析模型间数据交换和融合的困难。

近似建模技术的研究主要集中在两个方面：一是样本点的合理选取；二是构建满足精度要求的近似模型。前者主要是应用试验设计（design of experiment，DOE）方法，由于在设计空间进行全因子试验的成本巨大，试验设计可以通过选择一些"有代表性"的样本点来描述整个设计空间的特性。常用的试验设计方法有完全因子设计（full factorial design）、拉丁超立方试验设计（Latin hypercube design）、正交试验设计（orthogonal arrays）、均匀试验设计（uniform design）和中心复合试验设计（central composite design）等。

在 MDO 中应用近似模型，可以用相对简单的函数形式来代替复杂的学科分析与计算过程，能够大大减少计算量；由于不把学科分析软件直接结合进优化过程，这就避免了由于软件的数值噪声和物理试验中的试验误差，给优化收敛带来的不确定性；同时，将分析过程与优化过程分离开，使各研究领域的专家能专注本学科的分析，各研究领域可同步分析。常用的近似模型有响应面模型、Kriging 模型、神经网络等。

6. 优化算法

优化算法也称搜索策略，或设计空间搜索策略。在传统的单学科优化问题中，针对具体优化问题选择合适的优化算法是比较成熟的技术，但在 MDO 问题中，由于计算复杂性、信息交换复杂性和组织复杂性等，直接应用传统的优化算法不太合适，一般采取与试验设计、近似建模等结合在一起的方式进行 MDO 问题的求解。MDO 常用的几类优化算法包括确定性搜索算法、随机性搜索算法和混合搜索算法。确定性搜索算法包括以微分算法为基础的间接法（如序列二次规划、广义约化梯度法、最速下降法、Newton 法等）和不使用梯度信息的直接法（如 Powell 法、模式搜索法等）。随机性搜索算法包括进化算法、模拟退火算法、免疫算法等。在求解复杂系统多学科设计优化问题时，许多确定性算法易陷入局部极值，而随机性搜索算法虽然有较强的全局搜索能力，但是对同一优化问题比确定性搜索算法所使用的时间要多得多。研究表明，任何一种单一功能的算法都不可能适应求解千差万别的模型，因此出现了混合搜索算法，其基本原理是利用不同搜索算法的不同优化特性之间的互补，达到提高优化效率的效果。混合搜索算法无论是从优化求解可靠性、计算稳定性还是从优化效率来说都是具有很好的优势，因此混合搜索算法成为目前多学科优化算法研究中最为活跃的部分。

多学科设计优化算法进一步研究的重点在于开发出一些能解决设计全过程中出现的难解、完全非线性规划、不可微非光滑等问题的高效的、对数学性态没有特殊要求的、具有并行处理特点的优化算法，以适应 MDO 问题发展的需要。

7. 集成设计系统

通过系统集成图形用户界面层、MDO 功能模块管理层、数据传输层以及学科管理层，为复杂系统工程设计提供精确、高效、鲁棒的多学科集成设计平台，可有效减少设计周期和设计成本，同时改善产品的设计质量。多学科集成设计平台应满足以下需求：①可伸缩性，用户能够根据现有的计算资源构建优化设计应用；②灵活性，用户能够针对优化问题、优化策略选择不同的优化算法、解算器等设计工具；③可扩充性，系统能够方便、灵活地进行功能扩充。

多学科集成设计系统是针对复杂工程系统进行多学科设计优化的集成平台，通过集成平台所提供的网络应用服务、数据服务、设计过程服务、工具服务和用户服务，配置和集成建模工具、优化算法工具、CAD、CAE、PDM 以及学科仿真分析软件，为复杂工程系统设计提供应用服务，一方面有助于设计者实现对设计过程的控制，帮助设计者与设计平台之间通过高效的人机交互，将设计者的洞察力和创造性同时注入设计过程；另一方面设计平台也可以更好地实现对设计者之间的数据通信工作协同，并保证设计工作的可继承性。

4.2 多学科设计优化的主要算法

多学科设计优化方法的典型特征是将整个复杂工程系统的设计问题分成学科层问题和系统层问题两类，分别采用合适的分析和设计方法进行求解。

依据优化层次上的分解方式，多学科设计优化方法可分为单级优化算法和多级优化算法。常见的单级优化算法包括多学科可行法、同时分析优化算法和单学科可行法，这类算法将各学科的所有设计变量和约束都集成到系统级进行优化，各学科只进行分析，不进行优化，其计算效率并不高，随着问题规模的扩大，所需要的计算量将会呈几何级数的增加。多级优化算法包括并行子空间优化、协同优化法和两极集成系统综合法，这类算法将系统优化问题分解为多个子系统的优化协调问题，各个学科子系统分别进行优化，控制局部设计变量的选择，而在系统级进行各学科优化之间的协调和全局设计变量的优化。

4.2.1 复杂系统的分解方法

在复杂系统优化设计中，系统分解是提高计算效率、节省计算成本的有效手段。系统分解是按照某些原则将整个系统分解成多个子系统的过程，分解得到的各子系统之间相互独立或耦合关系较弱。其主要思想是：通过分解多学科设计优化问题的结构，使其在改进性能的同时降低复杂程度，以此来缩短设计周期。系统分解方法从本质上解决了许多可设计优化技术的组织复杂性问题,同时也解决了计算复杂性问题。

复杂系统的求解方法中,分解协调法最引人注目,其基本思想是将产品分解为若干个子系统,分别对各系统进行求解,然后根据系统之间的关系采用某种合适的策略获得产品整体最优结果。复杂系统的分解大致可以分为四种类型:部件、学科、顺序和模型分解。

基于模型的分解也称为基于矩阵的分解,其基本思想是根据用于工程设计问题的系列关系式,利用矩阵或超图等形式,对各设计变量之间的关系进行定性或定量的描述,进而利用某种数学手段对齐进行转换,得到易于操作的问题分解结果。用于分解的工具有多种,主要包括设计结构矩阵、函数关系矩阵法等。

1) 设计结构矩阵[12]

设计结构矩阵(design structure matrix,DSM)是用于产品开发过程进行分析和规划的矩阵工具,通过它可以有效减少设计信息反馈,降低设计难度,提高设计质量。DSM将设计函数和学科或子系统作为基本单元,其分解的基本思想是把所有的节点重组成MDO中的学科模块,并使其中的反馈耦合关系数量降至最低。在MDO工程实践中,DSM分解通常可采用以下方式实现:数学规划算法、矩阵变换法、聚类方法等。

2) 函数关系矩阵法[13]

函数关系矩阵法(functional dependence table,FDT)是一种用于描述目标函数和约束函数与设计变量间依赖关系的工具,其中"行"表示函数名,"列"表示变量名,若第 i 个设计函数依赖于第 j 个设计变量,则 $FDT(i,j) = 1$,否则 $FDT(i,j) = 0$。

FDT分解的思想是:根据FDT所表达的设计函数和设计变量间的关系,利用对应算法确定某些关键连接变量,对设计函数和设计变量分解后组合而成的系统结构进行求解。

FDT分解的主要目标包括:使各子问题的规模尽量降低至最低,并尽可能实现平均,以便利用现有计算资源对各子问题进行并行处理,并实现快速优化设计。

FDT分解的主要方法有矩阵变换法、数学规划法、聚类方法等。对大系统模型进行有效分解,共用的分解方法一般采用聚类方法。

不管是DSM还是FDT一般都是基于行列变换,从而进行聚类。为了便于对不同类型的行列元素采取不同的聚类划分和评价方法,要对DSM模型中的行列元素进行分类。根据所属聚类的不同行列元素可以分为三类:公共聚类元素、独立元素和普通聚类元素。

为了能从多个聚类划分方案中选择最优方案,需要依据评价标准和评价方法对聚类划分方案进行评估。在模型中,行列元素之间的联系所涉及的相关交互信息的总量称为联系信息流量。以模型的总联系信息流量作为评估标准,计算和评估各聚类结果的总联系信息流量,选择总联系信息流量最低的聚类划分方案作为最终聚类划分。

聚类规模在一个模型中,一个聚类所包含的行列元素的数目称为聚类规模。

因为独立元素与其他元素的联系强度很弱,联系信息流量的影响很小,而在计算目标模型的总体聚类成本时可以忽略不计。一个模型的联系信息流量由普通聚类联系信息流量和公共变量类联系信息流量组成。其中普通聚类联系信息流量由普通聚类内的联系信息流量和普通聚类之间的联系信息流量组成;而公共变量类联系信息流量由公共变量类聚类内部联系信息流量和公共变量类元素与普通聚类之间的联系信息流量组成。

第 4 章 火炮多学科设计优化

一个模型的规模为 S,模型第 i 行第 j 列的单元格 (i,j) 的值为 $d_{i,j}$,也就是说第 i 个列元素与第 j 个行元素之间的联系权重为 $d_{i,j}$ ($1 \leqslant i \leqslant S$,$1 \leqslant j \leqslant S$)且当 $i=j$ 时 $d_{i,j}=0$。

该模型的任意一聚类划分方案:共划分为 $N(1 \leqslant N \leqslant S)$ 个普通聚类、一个公共变量类和 $I(0 \leqslant I \leqslant S)$ 个独立元素。从左上方到右下方 N 个普通聚类依次被记为:$\mathrm{CL}_1, \mathrm{CL}_2, \cdots, \mathrm{CL}_N$,其中任意一个普通聚类 CL_i 所包含的第一个聚类元素的位置编号为 m_i,L_i 所包含的最后一个聚类元素的位置编号为 n_i,聚类 CL_i 的规模 $S_i = n_i - m_i$($1 \leqslant m_i \leqslant n_i \leqslant S$)。公共变量类 CL_i 中第一个元素的位置编号为 m_b,最后一个元素的位置编号规模为 n_b,L_b 的聚类规模为 $S_\mathrm{b} = n_\mathrm{b} - m_\mathrm{b}$。

目标模型在该聚类划分方案下的总体的联系信息流量可以通过以下计算得到:

$$W = W^{(\mathrm{in})} + W_\mathrm{b}^{(\mathrm{in})} + W^{(\mathrm{out})} + W_\mathrm{b}^{(\mathrm{out})} \tag{4.1}$$

$W^{(\mathrm{in})}$ 为目标模型总体的普通聚类内部联系信息流量,可用式(4.2)表示:

$$W^{(\mathrm{in})} = \sum_{i=1}^{N} W_i^{(\mathrm{in})} \tag{4.2}$$

式中,N 为目标模型中普通聚类的数目;$W_i^{(\mathrm{in})}$ 为该模型中聚类 CL_i 的聚类内部信息流量,可以用式(4.3)来表示:

$$W_i^{(\mathrm{in})} = \frac{1}{2}(n_i - m_i) \sum_{i=0}^{(n_i - m_i)} \sum_{k=0}^{(n_i - m_i)} (d_{m_i+k, m_i+l} + d_{m_i+l, m_i+l}) \tag{4.3}$$

$W_\mathrm{b}^{(\mathrm{in})}$ 为目标模型公共变量类 CL_b 的聚类内部联系信息流量,可用式(4.4)计算:

$$W_\mathrm{b}^{(\mathrm{in})} = \frac{1}{2}(n_\mathrm{b} - m_\mathrm{b}) \sum_{i=0}^{(n_\mathrm{b} - m_\mathrm{b})} \sum_{k=0}^{(n_\mathrm{b} - m_\mathrm{b})} (d_{m_\mathrm{b}+k, m_\mathrm{b}+l} + d_{m_\mathrm{b}+l, m_\mathrm{b}+l}) \tag{4.4}$$

$W^{(\mathrm{out})}$ 为目标模型总体的普通聚类之间的联系信息流量,可用式(4.5)表示:

$$W^{(\mathrm{out})} = \sum_{i=1}^{N} \sum_{j=1}^{N} W_{i,j}^{(\mathrm{out})} \tag{4.5}$$

式中,$W_{i,j}^{(\mathrm{out})}$ 为任意两个普通聚类 CL_j 到 CL_i 之间的联系信息流量,采用式(4.6)计算:

$$W_{i,j}^{(\mathrm{out})} = \begin{cases} \alpha(N+1)(n_i - m_i + n_j - m_j) \times \sum_{k=0}^{(n_j - m_j)} \sum_{l=0}^{(n_i - m_i)} (d_{m_j+k, m_i+l}), & i \neq j \\ 0, & i = j \end{cases} \tag{4.6}$$

式中,α 反映了普通聚类数目对联系信息流量的影响重要程度。

$W_\mathrm{b}^{(\mathrm{out})}$ 为目标模型总体的公共变量聚类之间的联系信息流量,可用式(4.7)表示:

$$W_\mathrm{b}^{(\mathrm{out})} = \sum_{i=1}^{N} W_{\mathrm{b},i}^{(\mathrm{out})} \tag{4.7}$$

式中,$W_{\mathrm{b},i}^{(\mathrm{out})}$ 为公共变量聚类与任意一普通聚类 CL_k 之间的联系信息流量,采用式(4.8)计算:

$$W_{\mathrm{b},j}^{(\mathrm{out})} = (n_\mathrm{b} - m_\mathrm{b} + 1)(n_\mathrm{b} - m_\mathrm{b} + n_i - m_i) \sum_{k=0}^{(n_\mathrm{b} - m_\mathrm{b})} \sum_{l=0}^{(n_i - m_i)} (d_{m_\mathrm{b}+k, m_i+l} + d_{m_\mathrm{b}+l, m_i+l}) \tag{4.8}$$

4.2.2 多学科可行法

多学科可行（MDF）法是一种传统的单级优化算法，它将系统作为一个整体进行设计优化，实际上相当于处理成一个多约束或多目标的单学科设计优化问题，是解决 MDO 问题的最基本方法之一[14, 15]。

1. MDF 法的基本原理

MDF 法的数学模型为

$$\begin{aligned}
&\min \quad F(X, y(X)) \\
&\text{s.t.} \quad g_i(X, y(X)) \leqslant 0, \quad i = 1, 2, \cdots, m \\
&\qquad h_j(X, y(X)) = 0, \quad j = 1, 2, \cdots, n \\
&\qquad X_L \leqslant X \leqslant X_U
\end{aligned} \quad (4.9)$$

式中，X 为设计变量；$y(X)$ 为多学科分析的输出变量；F 为目标函数；g 为不等式约束函数；h 为等式约束函数。

MDF 法的优化原理为：将 N 个耦合的学科集成在一个大的多学科分析（multidisciplinary analysis，MDA，也称系统分析）模块中，学科间的通信在 MDA 模块内部进行，系统优化器与 MDA 模块只有一个输入/输出接口。使用系统层次的优化器，通过 MDA 模块来执行系统的分析计算任务。系统优化器为 MDA 模块提供设计变量 X，MDA 模块计算的输出变量 y 反馈给优化器，如图 4.2 所示。图中 y_{ij} 为学科 i 和学科 j 之间的耦合变量。

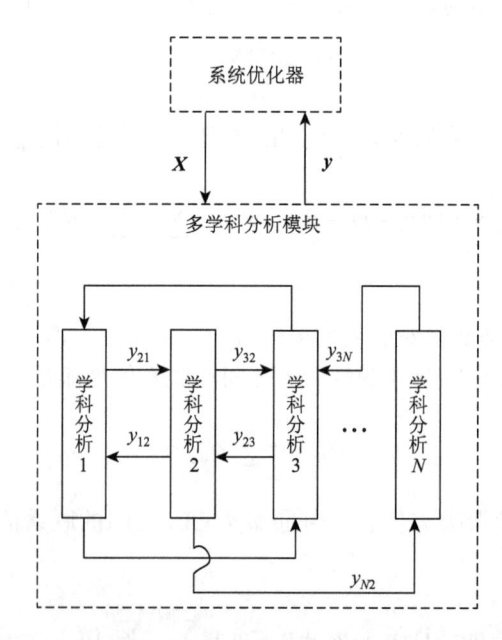

图 4.2 MDF 法的优化原理

MDF 法的计算流程如图 4.3 所示。MDF 包括两个迭代过程：优化迭代过程和 MDA 过程，MDA 过程嵌套在优化设计过程中。MDA 过程也是一个迭代过程，其目的是通过多次迭代使各个学科之间的耦合变量达到一致或相容。

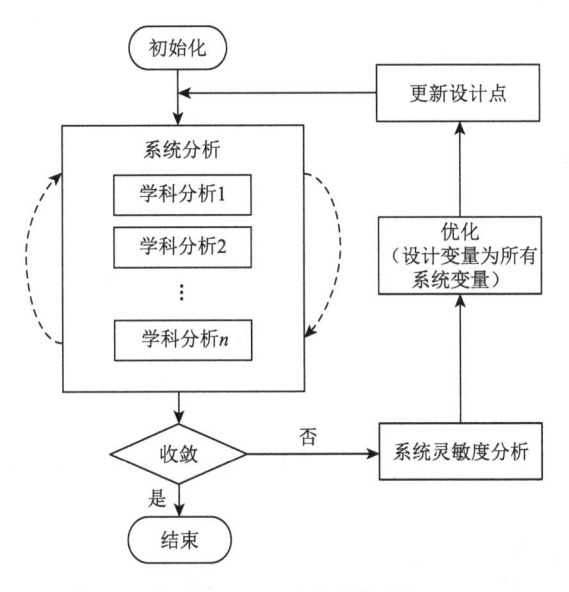

图 4.3 MDF 法的计算流程

在复杂系统多学科优化设计中，通过 MDA 达到学科间的一致或相容十分困难，因为每一个 MDA 过程都需要相当多的迭代次数，而 MDA 的每次迭代又要完成各个学科分析，因此 MDF 法的收敛效率通常较低，计算耗费一般很大。

2. 多学科分析方法

MDA 是通过同时求解各学科的状态方程来实现多学科的可行性，可使用定点迭代法、牛顿迭代法、最小残差迭代法等进行。

1) 定点迭代法

MDA 通常利用定点迭代法对耦合变量进行消除，耦合变量首先被初始化以估计 $y_{ij}^{(k)}$、$y_{ji}^{(k)}(i \neq j)$ 的值，然后被用于各学科分析计算，得到更新的数值 $y_{ij}^{(k+1)}$、$y_{ji}^{(k+1)}(i \neq j)$，更新后的数值被反馈给各学科分析模块，直至两个连续迭代过程所得到的耦合变量之间的差满足收敛准则，则迭代过程结束，如图 4.4 所示。

图 4.5 所示为一简单的二维耦合系统，利用上述方法的迭代过程为：首先设定 y_{12} 的初始值，然后学科分析 1（SS1）计算获得 y_{21} 的值；最后将 y_{21} 传递给学科分析 2（SS2）进行计算获得新的 y_{12}；如此反复迭代直至满足收敛准则。

2) 牛顿迭代法

对于一个包含 n 个学科的耦合系统，耦合变量的增量可通过状态方程计算得到：

$$\boldsymbol{a}_i = \overline{\boldsymbol{a}}_i(\boldsymbol{p}, \boldsymbol{a}_j) \tag{4.10}$$

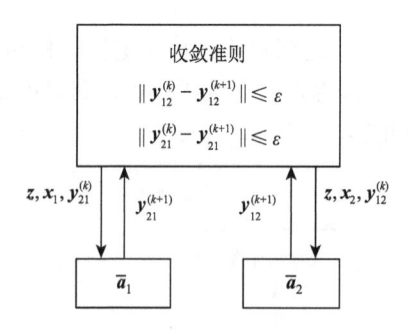

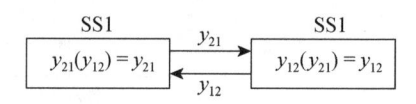

图 4.4　定点迭代流程　　　　　图 4.5　二维耦合系统示例图

或
$$r_i(z, y_{ji}, x_i) = 0, \quad i, j = 1, 2, \cdots, n, i \neq j \tag{4.11}$$

利用线性部分作为非线性方程的近似计算式，即
$$\frac{\partial r_i}{\partial y_{ij}} \Delta y_{ij} = -r_i\left(z, x_i, y_{1i}^{(k)}, y_{2i}^{(k)}, \cdots, y_{ji}^{(k)}, \cdots, y_{ni}^{(k)}\right) \tag{4.12}$$

式中，$i, j = 1, 2, \cdots, n, i \neq j$；$\dfrac{\partial r_i}{\partial y_{ij}}$ 表示学科状态量或者输出相对耦合变量的偏微分。

耦合变量的迭代计算式为
$$y_{ij}^{(k+1)} = y_{ij}^{(k)} + \alpha^{(k)} \Delta y_{ij}, \quad i, j = 1, 2, \cdots, n, i \neq j \tag{4.13}$$

式中，$\alpha^{(k)}$ 为迭代步长，可通过求解以下优化问题获得：
$$\alpha^{(k)} = \min_{\alpha} \sum_i \left\| r_i(y_{ij}^{(k)} + \alpha^{(k)} \Delta y_{ij}) \right\|^2 \quad i, j = 1, 2, \cdots, n, i \neq j \tag{4.14}$$

牛顿迭代法是二次收敛，且耦合系统状态方程偏微分求解计算量巨大，因此在实际工程应用中很少使用。

3) 最小残差迭代法

定点迭代法和牛顿迭代法这两种方法的收敛性均对耦合变量初始估计值具有一定的依赖性，为避免这种依赖性，可综合运用残差方法和优化理念进行多学科分析。定义残差：
$$r = (r_1, r_2, \cdots, r_n) \tag{4.15}$$

式中，$r_i = a_i - \bar{a}_{ij}(p, a_j)$ 为耦合变量估计值与学科状态方程响应值之间的残差。

多学科分析问题就转化成对残差 r 进行最小化，以求解耦合变量 a_i 的问题：
$$\left\| a_i - \bar{a}_{ij}(p, a_j) \right\|^2, \quad i, j = 1, 2, \cdots, n, i \neq j \tag{4.16}$$

基于上述公式，可利用不同的范数形式进行优化问题的重构。

4.2.3　单学科可行法

单学科可行（individual disciplinary feasible，IDF）法是 MDO 的基本方法之一，属于单级优化算法[16,17]，该法可避免在每轮优化迭代中进行多学科分析，从而有效提高优化效率。

IDF 法的基本原理是：将耦合变量处理成优化设计变量，将依赖于其他学科的输入变量作为附加设计变量以消除学科之间的耦合关系，通过引入与之对应的相容一致性等式约束来协调耦合关系，在优化迭代中逐步消除附加设计变量与对应的学科输出之间的差异。优化过程中一般只保证单个学科可行，只有最终求得的解才满足多学科可行。通过学科之间的耦合变量将各学科分析与系统优化连接起来，最终实现以驱动单学科向多学科最优逼近的目的，如图 4.6 所示。

IDF 法的优化模型如下：

$$\begin{aligned}
&\min \quad F(X, y(X)) \\
&\text{s.t.} \quad g(X, y(X)) \leqslant 0 \\
&\qquad h(X, y(X)) = 0 \\
&\qquad C_i(X) = X_\mathrm{m} - \bar{m}_i = 0, \quad i = 1, 2, \cdots, N \\
&\qquad X_\mathrm{L} \leqslant X \leqslant X_\mathrm{U}
\end{aligned} \tag{4.17}$$

式中，$X = (X_\mathrm{D}, X_\mathrm{m})$ 为优化变量，X_D 为设计变量，X_m 为学科间耦合变量；$C_i(X)$ 为学科间一致性约束；$\bar{m}_i$ 为第 i 个学科的输出；N 为学科数量。

IDF 法的计算流程如图 4.7 所示。可以看出，IDF 法不需要完全的多学科分析，各学科或子系统能够并行地执行分析，具备学科分析的自治性。然而，IDF 法的所有约束都在系统级处理，且在优化迭代每一步均需重新计算，忽略了单个学科分析与优化的整体性，因此该优化算法主要适用于处理松耦合系统问题。

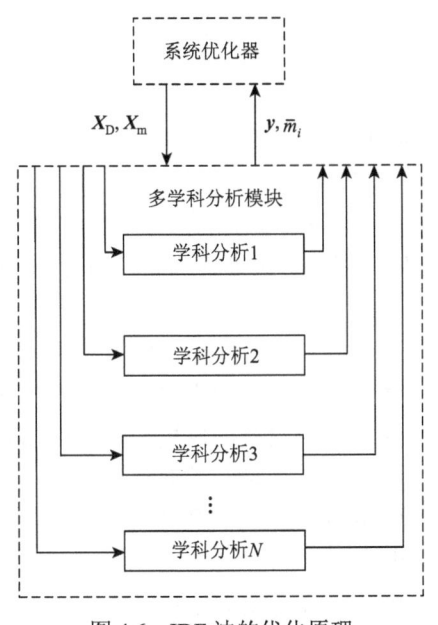

图 4.6　IDF 法的优化原理　　　　图 4.7　IDF 法的计算流程

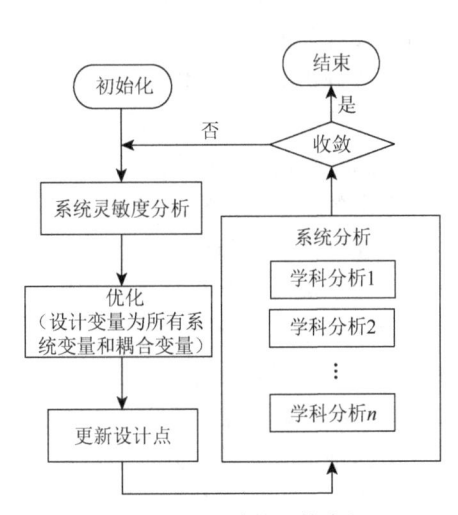

4.2.4　并行子空间优化法

并行子空间优化（concurrent subspace optimization，CSSO）法是一种非分层的两级多学科优化方法，最早由 Sobieszczanski-Sobieski 提出[18, 19]，后由 Renaud 等[20]改进和发展。

如图 4.8 所示，CSSO 法包含一个系统级优化器和多个子空间优化器（sub-system optimizer，SSO），系统和子空间的优化目标相同，但设计变量和约束不同。

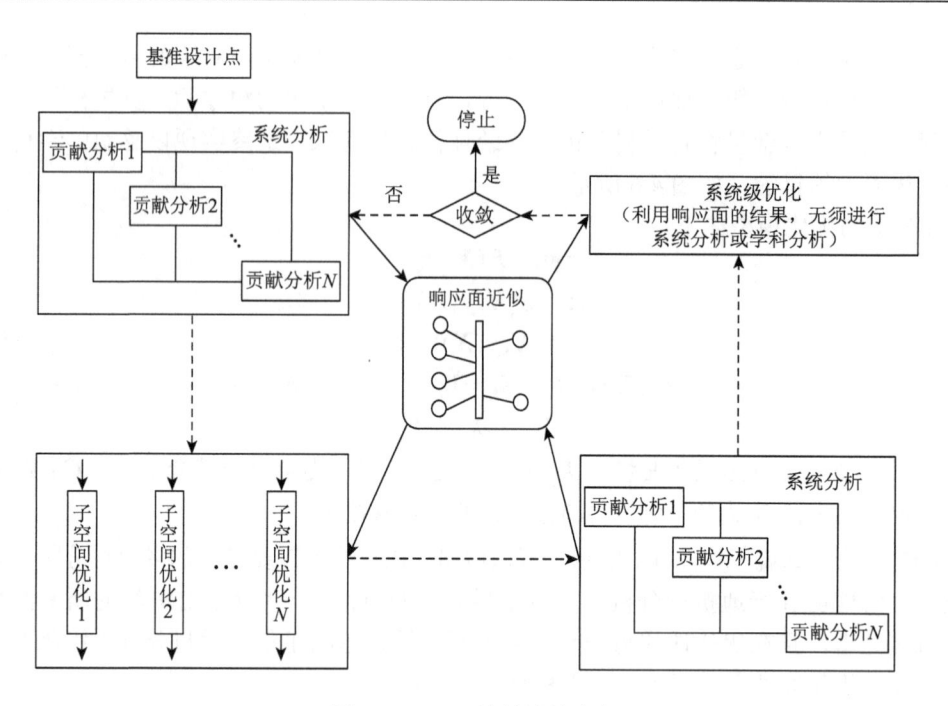

图 4.8 CSSO 法的计算流程

CSSO 法的优化过程由以下 7 个步骤组成。

（1）系统分析。首先给出一组基准设计点，对应于每个设计点，进行一次系统分析。这里的系统分析类似于 MDA 的迭代过程，其目的是在所给的设计点上，通过迭代达到学科之间的一致或相容。系统分析包含多个贡献分析，贡献分析也就是 MDA 中的学科分析。系统分析的结果用于建立系统分析的近似模型。系统分析的输入参数为系统的设计变量，输出参数由各个学科的输出参数组成。

（2）建立系统分析的近似模型。常用的方法包括灵敏度分析和响应面方法两种。灵敏度分析属于灵敏度分析技术的内容，响应面方法属于近似技术的内容。它们的共同目标都是建立一个系统分析的近似模型，以替代计算速度相对较慢的原模型，这样输入参数到近似模型中可以快速地得到输出参数。当采用响应面方法时，近似模型的精度与响应面样本大小（即基准点个数）、响应面模型的阶数等因素相关；当采用灵敏度分析时，近似模型的精度与灵敏度分析的步长、精度等因素相关。

（3）进行子空间优化。一个子空间对应于一个学科，在子空间中进行优化时，其设计变量是系统设计变量中与本学科相关的部分，约束为本学科的约束，分析模型为步骤 2 中产生的模型。由于子空间之间没有数据通信，所以子空间优化可以并行执行，这就是 CSSO 命名的原因。每个子空间优化结束后都会得到一个最优设计点，对于 N 个学科，就会有 N 个最优设计点。

（4）进行新一轮的系统分析。此系统分析的设计点为步骤 3 中产生的 N 个最优设计点，目的是对这 N 个设计点进行更精细化的分析。

（5）更新响应面模型或全局灵敏度矩阵（global sensitivity matrix，GSM）。利用步骤

4 产生的 N 个最优系统分析结果为样本，采用一定的算法对响应面模型或全局灵敏度矩阵进行更新。

（6）进行系统级优化。系统级优化分析模型为更新后的响应面模型或全局灵敏度矩阵，约束为所有的学科约束。

（7）检查收敛性。如果收敛，则终止，否则转入步骤 1，这时选取的设计点为系统级优化后的设计点。

根据构建近似模型的分类，将 CSSO 法分为基于灵敏度分析的 CSSO 法和基于响应面的 CSSO 法两种方法，它们在执行优化时均无须进行过多的学科分析或系统分析。子空间并行优化的策略也为快速搜索到最优解提供了保障，但由于响应面或者 GSM 构造的计算量随设计变量和耦合变量的增加而急剧增长，对大规模优化问题，性能急剧下降。另一种两级优化方法是协同优化（collaborative optimization，CO）法。

4.2.5 协同优化法

CO 法最早由斯坦福大学的 Kroo[21]提出，该方法将复杂系统的设计优化问题分解成由一个系统层、多个学科层组成的优化问题，各学科以系统层提出的目标方案为优化方向，系统层负责协调各学科设计的一致性，并传递给各学科层相应的目标值，通过系统级优化和学科级优化之间的多次迭代，最终得到符合学科间一致性约束的最优设计。

在 CO 法中，设计变量包括两组，一组是与多个学科相关的变量结合，即全局设计变量 X，另一组是仅与单个学科有关的变量，即局部设计变量 $\bar{X}$。X 和 $\bar{X}$ 按学科分别被划分为 N 个子集 $[X_1, X_2, \cdots, X_N]$ 和 $[\bar{X}_1, \bar{X}_2, \cdots, \bar{X}_N]$。优化问题的约束条件集合 g 也按相关学科被划分为 N 个互不相交的部分 $[g_1, g_2, \cdots, g_N]$。系统级优化的设计变量 $Z=[X, X_m]$，其中 X_m 是不与 X 重叠的耦合变量，与学科的部分输出对应。系统级优化器在最小化目标函数 f 时，将系统级设计变量 Z 划分为与各个学科对应的 N 个子集 $[Z_1, Z_2, \cdots, Z_N]$。

系统级优化问题描述为

$$\begin{aligned}&\min\quad f(Z)\\&\text{s.t.}\quad J_i^*(Z)=0,\quad i=1,2,\cdots,N\\&\quad\quad Z_{i\min}\leqslant Z_i\leqslant Z_{i\max}\end{aligned} \quad (4.18)$$

式中，f 为系统级优化目标函数；J^* 为系统级优化约束条件，由学科优化得到，也是 N 个学科级优化问题最优解的集合，用于解决学科之间，以及学科和系统之间耦合变量的不一致问题。

系统级优化器给学科级优化器提供学科优化指标向量 Z_i，包括两个部分：一部分与多学科设计变量 X_i 对应，另一部分与多学科输出变量 Y_i 的子集对应。学科级优化的目标就是使 Z_i 的这两部分分别与 X_i 和 Y_i 的差异达到最小，即

$$\begin{aligned}&\min\quad J_i(X_i)=\sum_{j=1}^{s_i}(X_{ij}-Z_{ij}^*)^2\\&\text{s.t.}\quad c_i(X_i)\leqslant 0,\quad i=1,2,\cdots,N\end{aligned} \quad (4.19)$$

式中，X_{ij} 为学科 i 的第 j 个设计变量；Z_{ij}^* 为系统级优化器分配给学科 i 的第 j 个设计变量期望值；$c_i(X_i)$ 为学科级约束。

CO 法的计算流程如图 4.9 所示，具体包括以下步骤。

（1）系统级优化器将设计变量的初值传递给学科级优化器。

（2）进行学科优化，计算出设计变量和耦合状态变量的最优值。

（3）将学科级优化后的最优值传给系统级，以构建学科间的一致性约束作为系统级的等式约束。

（4）系统级优化器比较当前设计变量值和上一轮计算传递给系统级优化器的设计变量值的差异，如果在许可范围内，则迭代结束，获得最终优化结果，否则转步骤（2），直至计算收敛。

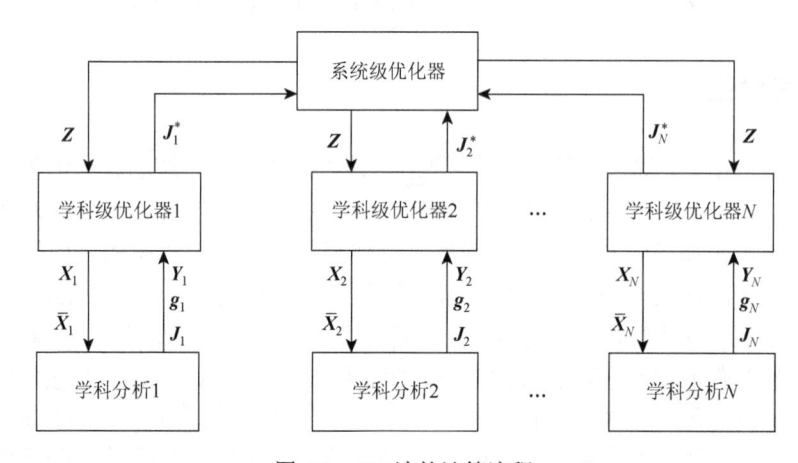

图 4.9 CO 法的计算流程

协同优化过程最重要的环节是相容性约束。系统级优化器在满足系统级优化目标函数的前提下，为学科级优化设计问题提供一组目标值。学科级优化器在满足本学科约束条件的前提下，寻求设计方案以满足本学科的状态值与目标值之间的差异最小化。CO 法和 IDF 法一样，主要适用于处理学科变量远远多于学科间耦合变量的情况，因此 CO 法对解决变量耦合严重的多学科优化问题是很难有效的。

4.2.6 两级集成系统综合法

CSSO 法不适用于求解大规模多学科优化问题，CO 法对学科之间交叉变量耦合严重的多学科优化问题难以适从，迫使研究人员寻求一种更能有效解决多学科优化问题的方法，两级集成系统综合（bi-level integrated system synthesis，BLISS）法应运而生，由 Sobieszczanski-Sobieski 等[22]学者于 1998 年提出。

BLISS 法将多学科优化问题的设计变量分成系统级设计变量（system variable）和学科级设计变量（modular variable），相应的多学科优化过程包括系统级优化过程和学科级优化过程，系统级优化过程优化少量的全局设计变量 Z，并行的学科优化则优化本学科的局部设计

变量 X。在 BLISS 优化过程中，用最优灵敏度分析数据将学科优化结果和系统优化联系起来。与 CSSO 法类似，BLISS 法在优化前需要进行一次完全的系统分析来保证多学科可行性，并且用梯度导向提高系统设计，在学科设计空间和系统设计空间之间进行交替优化。

BLISS 法的计算流程如图 4.10 所示。其主要迭代过程如下。

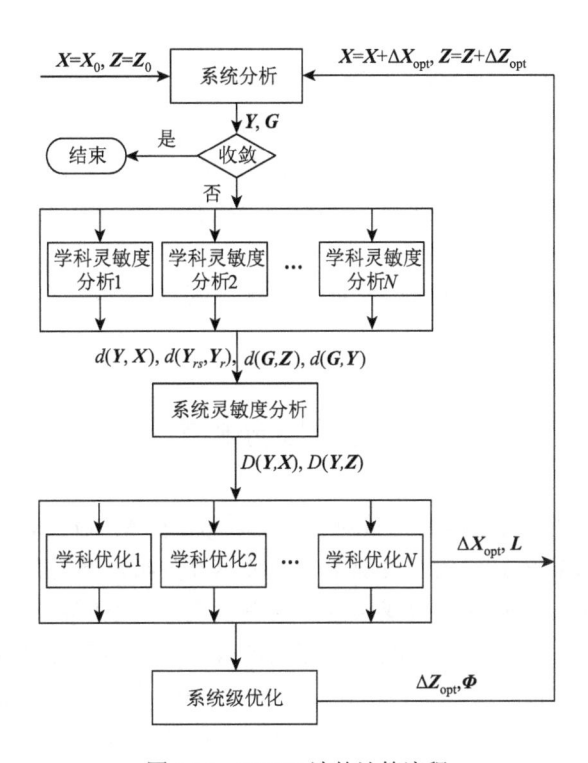

图 4.10　BLISS 法的计算流程

（1）初始化 Z 和 X。

（2）进行系统分析，获得状态变量 Y 和设计约束函数 G。

（3）检查收敛性，如果收敛则计算结束，否则转步骤（4）。

（4）进行学科灵敏度分析，得到 $d(Y,X), d(Y_{rs},Y_r), d(G,Z), d(G,Y)$，其中 Y_r 为学科 r 的输出，Y_{rs} 为学科 s 的输出，同时作为学科 r 的输入。

（5）进行系统灵敏度分析，得到 $D(Y,X), D(Y,Z)$。

（6）保持全局变量 Z 不变，进行学科优化，得到最优目标函数值和相应的最优设计变量 ΔX_{opt}，学科优化问题描述为

$$\begin{aligned}\min \quad & \phi = D(y_{rs}) \cdot \Delta X \\ \text{s.t.} \quad & G(X,Y,Z) \leqslant 0\end{aligned}$$

式中，y_{rs} 对应于 Y_r 中的某一个因素，相应于系统级的目标函数，也是某一个学科的输出参数。

（7）计算 $D(\Phi,Z)$，在 ΔZ_{max} 空间内进行系统级优化，得到优化结果 ΔZ_{opt}，优化问题描述为

$$\min \; \boldsymbol{\Phi}$$
$$\text{s.t.} \quad \boldsymbol{G}_{XZ} \leqslant 0, \quad \Delta \boldsymbol{Z} \leqslant \Delta \boldsymbol{Z}_{\max}$$

式中，$\boldsymbol{\Phi}$ 为系统目标函数；$\boldsymbol{G}_{XZ}$ 为与 $\boldsymbol{Z}$ 和 $\boldsymbol{X}$ 相关的约束。

（8）更新设计变量，转步骤（2）。

BLISS 法的主要特点包括以下方面。

（1）学科级设计向量为只影响本学科的局部设计向量 $\boldsymbol{X}$，系统级设计向量为影响多个学科的全局设计向量 $\boldsymbol{Z}$。

（2）系统级优化目标函数为原问题目标函数，它表示为 $\boldsymbol{Z}$ 的线性近似函数，当执行学科级优化时，系统级设计向量 $\boldsymbol{Z}$ 保持不变；当执行系统级优化时，学科级设计向量 $\boldsymbol{X}$ 保持不变。

（3）有效减小了设计变量规模，降低了优化难度，各学科可实现并行优化和并行最优灵敏度分析。

4.3 灵敏度分析方法

从数学的角度来讲，灵敏度是函数对变量的导数。在 MDO 中，灵敏度分析是指系统的性能因设计变量或参数的变化而表现出来的敏感性分析，通常是设计目标函数或约束条件函数对设计变量或参数的导数或梯度，反映了设计变量或参数的改变对目标函数或约束函数的影响程度。不同的灵敏度计算方法形成了多种不同的灵敏度分析技术，这些技术与近似模型、搜索策略等相结合，是解决 MDO 中计算复杂性、组织复杂性、模型复杂性、信息交换复杂性等的重要手段。鲁棒性强、高效精确、适用性好的灵敏度分析方法是复杂系统 MDO 理论研究的重要内容之一。

MDO 中的灵敏度分析包括学科灵敏度分析和系统灵敏度分析。学科灵敏度分析是针对单独的学科或未分解系统的灵敏度分析；系统灵敏度分析是针对已分解的系统，在整个系统范围内考虑学科交叉影响，对系统灵敏度进行分析。

4.3.1 学科灵敏度分析

学科灵敏度分析只需考虑某一学科的输出性能指标相对于该学科输入变量或参数的导数信息，从而考量设计变量对系统性能的影响程度，以筛选重要的设计变量，并在设计过程中对其进行重点关注。学科灵敏度分析常用的方法有手工求导方法（manual deviation method，MDM）、符号微分方法（symbolic differentiation method，SDM）、有限差分方法（finite difference method，FDM）、自动微分方法（automatic differentiation method，ADM）、复变量方法（complex variable method，CVM）和解析方法（analytical method，AM）等。MDM 基于高等数学中的微分方法进行人工求导，是一种精确的求导方法，但该方法求取解析导数表达式不仅耗时和极易出错，而且 MDM 的设计目标函数或约束条件函数常常难以写成显式表达式，从而无法直接得到解析的灵敏度算式，因此实际应用中很少使用 MDM 进行灵敏度分析。SDM 也是一种精确的求导方法，它克服了 MDM 的一些缺点，不仅可以获得导数的解析表达式，而且求导过程由计算机自动执行，比 MDM 要迅速、容易得多，且不易出错，但 SDM 需要列出显式的函数表达式，因此在实际 MDO 中很少应用。相比较而言，有限差分方法、复变量方法等数值方法具有更好的适用性。

1. 有限差分方法

FDM 是一种最常用的估算灵敏度的近似方法，其中常用的有前向差分方法和中心差分方法。与 MDM 和 SDM 两种方法不同，FDM 通过变量摄动的方式计算灵敏度，因此函数形式可以是显式的，也可以是隐函数求解形式。前向差分和中心差分格式分别为

$$f'(x) = \frac{f(x+h) - f(x)}{h} + o(h) \approx \frac{f(x+h) - f(x)}{h} \tag{4.20}$$

$$f'(x) = \frac{f(x+h) - f(x-h)}{2h} + o(h^2) \approx \frac{f(x+h) - f(x-h)}{2h} \tag{4.21}$$

式中，h 为有限差分步长，是一个小扰动参数；$o(h)$ 和 $o(h^2)$ 为截断误差。

由上述式（4.20）和式（4.21）可以看出，在同样大小步长的条件下，式（4.21）的精度比式（4.20）的高，因此实际应用中经常使用式（4.21）计算差分。另外，两种方法的计算精度均与截断误差有关，而截断误差与步长大小有关，步长越小则截断误差也越小，因此在进行差分计算时需要选择较小的步长，但步长过小时可能会增加积累误差，即引发所谓的"步长危机"。因此，选择过小的步长可能会以损失精度为代价，在实际应用中需要根据函数和变量的具体特性，通过大量的试算和比较分析选取合适的步长。

2. 自动微分方法

ADM 的基本原理是将函数计算分解为一系列的初等运算（如加、减、乘、除）和初等函数（如正弦、余弦等）计算的有序复合，再运用以下链式规则进行迭代计算：

$$\frac{\mathrm{d}f(g(x), h(x))}{\mathrm{d}x} = \frac{\partial f(s, r)}{\partial s} \frac{\mathrm{d}g(x)}{\mathrm{d}x} + \frac{\partial f(s, r)}{\partial r} \frac{\mathrm{d}h(x)}{\mathrm{d}x} \tag{4.22}$$

按照式（4.22）就能自动计算目标函数或约束函数的任意灵敏度，而且其突出优点是无截断误差，具有机器在有效位数上所能表示的最小精度。

ADM 可针对程序模块计算解析形式的灵敏度，算法如下：

（1）将该子程序分解为一系列的初等函数；

（2）运用微分法则对初等函数求导；

（3）将步骤（2）中所求的初等偏导数进行累加。

上述三个运算步骤可以同时进行。对于 ADM 算法程序，由于分解出的初等函数的类型有限，所以实现步骤（2）的程序代码是固定的。步骤（2）可以有多种灵活的实现方法，目前常用的主要有源代码转换方法和操作符重载方法两种方法。步骤（3）的累加算法也有两种基本模式：前向模式和反向模式，前者也称为自下而上模式，传递中间变量关于独立变量的导数；后者也称为自上而下模式，传递最终结果关于中间变量的导数。这两种模式的主要区别在于如何运用链式规则通过计算传递灵敏度。使用反向模式时，

为了传递反向,必须逆转程序流向,程序先向前执行,然后向后执行,计算一个输出相对于多个输入的导数。

一般地,对于任意的函数,可将其改写为 m 个初等函数 T_i($i=1, 2, \cdots, m$)。其中,T_i 是 $t_1, t_2, \cdots, t_{i-1}$ 的函数,并且有以下关系式:

$$t_i = T_i(t_1, t_2, \cdots, t_{i-1}) \tag{4.23}$$

将链式规则反复应用于已分解的初等运算,即

$$\frac{\partial t_i}{\partial t_j} = \delta_{ij} + \sum_{k=j}^{i-1} \frac{\partial T_i}{\partial t_k} \frac{\partial t_k}{\partial t_j}, \quad j \leqslant i \leqslant n \tag{4.24}$$

式中,$\delta_{ij} = \begin{cases} 1, & i=j \\ 0, & i \neq j \end{cases}$。

对于前向模式,选定一个 j,并且保持其不变,通过向前变化 $i=1, 2, \cdots, m$,直至得到所期望的偏导数。

对于后向模式,固定 i 以及所期望的偏导数,通过向后变化 $j=m, m-1, \cdots, 1$,直到得到独立变量。

3. 复变量方法

利用复变量可对系统问题进行简化表述与求解的优势,用 CVM 来进行灵敏度分析,其基本原理是采用与 FDM 同样的思路,将所求函数在点 x 进行泰勒级数展开,不同的是不按幂 h 或($-h$)展开,而是按纯虚数幂(ih)展开,即

$$f(x+ih) = f(x) + ihf'(x) - \frac{h^2}{2!}f''(x) - \frac{ih^3}{3!}f'''(x) + \frac{h^4}{4!}f^{(4)}(x) + \cdots \tag{4.25}$$

式中,$i = \sqrt{-1}$ 为虚数单位;h 为实数步长。式(4.25)等号的左右两边均为复数,按照两复数相等则其对应的实部和虚部分别相等的原则,则有

$$\text{Im}[f(x+ih)] = hf'(x) - \frac{h^3}{6}f'''(x) + \cdots \tag{4.26}$$

$$\text{Re}[f(x+ih)] = f(x) - \frac{h^2}{2}f''(x) + \frac{h^4}{24}f^{(4)}(x) + \cdots \tag{4.27}$$

将式(4.26)和式(4.27)舍去高阶项,可得函数截断误差为 $o(h^2)$ 的一阶灵敏度计算公式和截断误差为 $o(h^4)$ 的二阶灵敏度计算公式:

$$\frac{df}{dx} = \frac{\text{Im}[f(x+ih)]}{h} + o(h^2) \tag{4.28}$$

$$\frac{d^2 f}{dx^2} = \frac{2\{f(x) - \text{Re}[f(x+ih)]\}}{h^2} + o(h^4) \tag{4.29}$$

式(4.28)和式(4.29)为用 CVM 求实值函数一阶灵敏度和二阶灵敏度的计算公式。

与式(4.20)和式(4.21)相比,式(4.28)中对函数一阶灵敏度的计算过程中不包含函数相减。因此,在实际应用中,用 CVM 对函数求一阶灵敏度导数对步长没有特殊要求,避免了 FDM 中由于步长选择过小而带来的误差。

4. 解析方法

对于灵敏度分析，AM 是最为精确和有效的方法。但是，由于涉及控制方程的求解，解析方法比其他灵敏度方法都难以实现。解析方法包括直接方法和伴随方法。

定义目标函数或者约束函数为

$$f = f(x_n, y_i) \tag{4.30}$$

式中，f 为目标函数或者约束函数；x_n 为设计变量，$n = 1, 2, \cdots, N_x$；y_i 为状态变量，$i = 1, 2, \cdots, N_R$。

对于给定的 x_n，由式（4.30）得到状态变量 y_i，建立控制方程如下：

$$R_k(x_n, y_i(x_n)) = 0 \tag{4.31}$$

式中，R_k 为控制方程的残差，$k = 1, 2, \cdots, N_R$。式中的第一个 x_n 表明控制方程的残差可能是设计变量的显性函数。例如，对于结构设计问题，改变有限元的单元尺寸会对刚度矩阵造成直接影响。状态变量需要通过求解控制方程得到，它们是设计变量的隐式函数。状态方程可能是非线性函数，对于这种情况，通常需要采用迭代的方式使残差 R_k 逼近 0 来进行求解。

利用链式法则，f 的灵敏度计算公式为

$$\frac{\mathrm{d}f}{\mathrm{d}x_n} = \frac{\partial f}{\partial x_n} + \frac{\partial f}{\partial y_i} \frac{\mathrm{d}y_i}{\mathrm{d}x_n} \tag{4.32}$$

式中，$i = 1, 2, \cdots, N_R$；$n = 1, 2, \cdots, N_x$。该方法的主要困难是计算状态变量相对于设计变量的导数，其他各项一般可以显式地计算。

因为状态方程是需要被满足的，也就意味着相对于设计变量，残差 $R_k = 0$。于是，对于所有的 $i, k = 1, 2, \cdots, N_R$ 和 $n = 1, 2, \cdots, N_x$，有

$$\frac{\mathrm{d}R_k}{\mathrm{d}x_n} = \frac{\partial R_k}{\partial x_n} + \frac{\partial R_k}{\partial y_i} \frac{\mathrm{d}y_i}{\mathrm{d}x_n} \tag{4.33}$$

从而，有

$$\frac{\partial R_k}{\partial y_i} \frac{\mathrm{d}y_i}{\mathrm{d}x_n} = -\frac{\partial R_k}{\partial x_n} \tag{4.34}$$

综上得到灵敏度计算公式：

$$\frac{\mathrm{d}f}{\mathrm{d}x} = \frac{\partial f}{\partial x_n} - \frac{\partial f}{\partial y_1} \left(\frac{\partial R_k}{\partial y_i}\right)^{-1} \frac{\partial R_k}{\partial x_n} \tag{4.35}$$

式中，雅可比矩阵的逆 $\left(\dfrac{\partial R_k}{\partial y_i}\right)^{-1}$ 不必采用显式的方式求解。

利用式（4.34）求得 $\mathrm{d}y_i/\mathrm{d}x_n$，再代入式（4.35）得到灵敏度方程的方法称为直接方法。

$$\left(\frac{\partial R_k}{\partial y_i}\right)^{-1} \frac{\partial R_k}{\partial x_n} = -\frac{\mathrm{d}y_i}{\mathrm{d}x_n} \tag{4.36}$$

值得注意的是，在 $\mathrm{d}y_i/\mathrm{d}x_n$ 求解的过程中，需要每个设计变量都对矩阵 $\left(\dfrac{\partial R_k}{\partial y_i}\right)$ 进行求解。

另一种方法为伴随方法。定义辅助量 $\boldsymbol{\Psi}_k$，$\boldsymbol{\Psi}_k$ 可通过求解伴随方程获得：

$$\frac{\partial R_k}{\partial y_i}\boldsymbol{\Psi}_k = -\frac{\partial f}{\partial y_i} \tag{4.37}$$

从而得到

$$\boldsymbol{\Psi}_k = -\left(\frac{\partial R_k}{\partial y_i}\right)^{-1}\frac{\partial f}{\partial y_i} \tag{4.38}$$

式中，$\boldsymbol{\Psi}_k$ 也称为伴随向量，它依赖于目标函数或约束函数 f，而不是设计变量 x_n。

对于上述两种方法的选用原则，一般认为如果设计变量的个数大于所求灵敏度的目标函数或约束函数的个数，伴随方法比直接方法具有更高的效率，反之亦然。

4.3.2 系统灵敏度分析

系统灵敏度分析（system sensitivity analysis，SSA）是一种面向多学科设计环境处理大系统问题的方法，即系统考虑各学科之间的耦合影响，研究系统设计变量或参数的变化对系统性能的影响程度，建立对整个系统设计过程的有效控制。原则上，4.3.1 节介绍的几种学科灵敏度分析方法可应用于 MDO 的系统灵敏度分析，但在复杂工程系统应用中，直接将学科灵敏度分析方法进行拓展应用于 MDO 系统存在技术瓶颈，因为 MDO 系统灵敏度分析所需的数据远比单学科灵敏度分析复杂得多，即存在"维数灾难"，而且系统灵敏度分析在 MDO 中更侧重于考察学科之间及学科与系统之间的相互影响，其计算方法和单学科灵敏度分析方法存在较大的差别。

系统灵敏度分析的原理是将含有多个学科的整个 MDO 系统按不同的分解策略分解为若干个学科，对各学科分别进行学科灵敏度分析，然后对整个 MDO 系统进行系统灵敏度分析。利用不同的分解策略可将系统分解为层次系统、耦合系统和混合系统，针对不同类型的系统使用相应的灵敏度分析方法，例如，最优灵敏度分析方法可用于层次系统的灵敏度分析；全局灵敏度分析方法和滞后耦合伴随方法可用于耦合系统的灵敏度分析；滞后耦合伴随方法可用于耦合系统的灵敏度分析。最优灵敏度分析方法与全局灵敏度分析方法、滞后耦合伴随方法相结合可用于混合系统的灵敏度分析。

1. 最优灵敏度分析方法

最优灵敏度分析（optimum sensitivity analysis，OSA）方法最早由 Sobieszczanski-Sobieski[23]于 1982 年提出，其思路是为了研究固定参数对最优目标函数的影响程度，引入了最优灵敏度的概念，即优化问题的最优目标函数对固定参数的灵敏度，从约束优化问题的 Kuhn-Tucker（K-T）条件出发，构建出最优灵敏度分析的基本公式。

对于含固定参数的非线性数学规划问题：

$$\begin{aligned}\min \quad & f(\boldsymbol{X},\boldsymbol{P})\\ \text{s.t.} \quad & g_j(\boldsymbol{X},\boldsymbol{P}) \leqslant 0, \quad j=1,2,\cdots,m_a\end{aligned} \tag{4.39}$$

式中，f 和 g 分别表示目标函数和约束条件；$\boldsymbol{X}$ 为设计变量向量；$\boldsymbol{P}$ 为固定参数向量。

用上标"*"表示最优值,即
$$X^* = X^*(P)$$
$$f^* = f^*(P) \tag{4.40}$$

将其对固定参数 P 求导,可得最优灵敏度为

$$\frac{\mathrm{d}f^*}{\mathrm{d}p} = \lim_{\Delta p \to 0} \frac{f^*(P + \Delta p) - f^*(P)}{\Delta p} \tag{4.41}$$

对应于固定参数 P 的某个值,导数 $\dfrac{\mathrm{d}f^*}{\mathrm{d}p}$ 未必存在,但却存在左右导数 $\left.\dfrac{\mathrm{d}f^*}{\mathrm{d}p}\right|_{-}$ 和 $\left.\dfrac{\mathrm{d}f^*}{\mathrm{d}p}\right|_{+}$:

$$\left.\frac{\mathrm{d}f^*}{\mathrm{d}p}\right|_{-} = \lim_{\Delta p \to 0^-} \frac{f^*(P + \Delta p) - f^*(P)}{\Delta p} \tag{4.42}$$

$$\left.\frac{\mathrm{d}f^*}{\mathrm{d}p}\right|_{+} = \lim_{\Delta p \to 0^+} \frac{f^*(P + \Delta p) - f^*(P)}{\Delta p} \tag{4.43}$$

由最优灵敏度 $\dfrac{\mathrm{d}f^*}{\mathrm{d}p}$ 构造目标函数最优值随固定参数 P 变化的非线性近似算式:

$$f^*(P + \Delta p) = f^*(P) + \frac{\mathrm{d}f^*}{\mathrm{d}P}\Delta p \tag{4.44}$$

利用相同的方法计算设计变量 X 对 P 的灵敏度。

有了上述灵敏度的基本公式,就可以很方便地计算目标函数的一阶灵敏度和二阶灵敏度。

根据复合函数的微分准则,求式(4.40)中目标函数对 P 的导数,并忽略高阶项,有

$$\frac{\mathrm{d}f^*}{\mathrm{d}P} = \frac{\partial f^*}{\partial P} + \left(\frac{\mathrm{d}X^*}{\mathrm{d}P}\right)^{\mathrm{T}} \frac{\partial f^*}{\partial X} \tag{4.45}$$

由式(4.45)可知,为了计算最优灵敏度,需要预先计算 $\dfrac{\mathrm{d}X^*}{\mathrm{d}P}$。但是如果利用最优点处的 K-T 条件、最优点处的主动约束函数对固定参数 P 的偏导数,以及拉格朗日乘子,就可以无须先计算 $\dfrac{\mathrm{d}X^*}{\mathrm{d}P}$ 也能求得最优灵敏度。

对于给定的固定参数 P,引入拉格朗日乘子向量 $\boldsymbol{\lambda}$,则最优点处的 K-T 条件为

$$\frac{\partial f^*}{\partial X} + \left(\frac{\partial g^*}{\partial X}\right)^{\mathrm{T}} \boldsymbol{\lambda}^* = 0 \tag{4.46}$$

$$\boldsymbol{\lambda}^{*\mathrm{T}} \boldsymbol{g}^* = 0 \tag{4.47}$$

$$\boldsymbol{g}^* \leqslant 0 \tag{4.48}$$

$$\boldsymbol{\lambda}^* \geqslant 0 \tag{4.49}$$

由满足式(4.49)的乘子 $\boldsymbol{\lambda}^*$ 组成一个子向量,定义为 $\boldsymbol{\lambda}^{a*}$,其维数为 s,$s \leqslant m$。而由式(4.47)可知,与 $\boldsymbol{\lambda}^{a*}$ 相应的约束向量 $\boldsymbol{g}^{a*}$ 满足:

$$\boldsymbol{g}^{a*} = 0 \tag{4.50}$$

假定最优点处固定参数 P 的微小变化不会引起有效约束的改变，将式（4.50）两边同时对 P 求导数，则有

$$\frac{\mathrm{d}}{\mathrm{d}P}(g^{a*}) = \frac{\partial g^{a*}}{\partial P} + \frac{\partial g^{a*}}{\partial X}\frac{\mathrm{d}X^*}{\mathrm{d}P} = 0 \tag{4.51}$$

对于有效约束，将式（4.46）左乘 $\left(\dfrac{\mathrm{d}X^*}{\mathrm{d}P}\right)^{\mathrm{T}}$，并结合式（4.51）可得

$$\left(\frac{\mathrm{d}X^*}{\mathrm{d}P}\right)^{\mathrm{T}}\frac{\partial f^*}{\partial X} = \left(\frac{\partial g^{a*}}{\partial P}\right)^{\mathrm{T}}\lambda^{a*} \tag{4.52}$$

将式（4.52）代入式（4.45）得

$$\frac{\mathrm{d}f^*}{\mathrm{d}P} = \frac{\partial f^*}{\partial P} = \left(\frac{\partial g^{a*}}{\partial P}\right)^{\mathrm{T}}\lambda^{a*} \tag{4.53}$$

有效约束拉格朗日乘子向量 λ^{a*} 可根据式（4.54）计算：

$$\lambda^{a*} = \left[\left(\frac{\partial g^{a*}}{\partial X}\right)\left(\frac{\partial g^{a*}}{\partial X}\right)^{\mathrm{T}}\right]^{-1}\frac{\partial g^{a*}}{\partial X}\frac{\partial f^{*\mathrm{T}}}{\partial X} \tag{4.54}$$

由式（4.54）可知，为了求得 λ^{a*}，要求有效约束的梯度向量 $\dfrac{\partial g^{a*}}{\partial X}$ 线性无关，即矩阵 $\left[\left(\dfrac{\partial g^{a*}}{\partial X}\right)^{\mathrm{T}}\left(\dfrac{\partial g^{a*}}{\partial X}\right)^{\mathrm{T}}\right]$ 的条件数为 $\dfrac{\partial g^{a*}}{\partial X}$ 条件数的平方。

尽管式（4.53）是在有效约束的条件下推导出来的计算公式，但对无效约束，式（4.53）同样成立，这是因为这种情况下的拉格朗日乘子 λ 为 $\mathbf{0}$。将式（4.53）中的 g^{a*}、λ^{a*} 分别用 g^*、λ^* 代替，则有

$$\frac{\mathrm{d}f^*}{\mathrm{d}P} = \frac{\partial f^*}{\partial P} + \left(\frac{\partial g^*}{\partial P}\right)^{\mathrm{T}}\lambda^* \tag{4.55}$$

式（4.55）即目标函数一阶灵敏度的计算公式，其计算过程可以避免计算 $\dfrac{\mathrm{d}X^*}{\mathrm{d}P}$ 的麻烦。

运用复合函数微分准则，结合式（4.55），可以得到目标函数的二阶灵敏度计算公式：

$$\frac{\mathrm{d}^2 f^*}{\mathrm{d}P^2} = \frac{\partial^2 f^*}{\partial P^2} + \frac{\partial^2 f^*}{\partial P\partial X}\frac{\partial X}{\partial P} + \left(\frac{\partial g^*}{\partial P}\right)^{\mathrm{T}}\frac{\partial \lambda^*}{\partial P} + \left(\frac{\partial^2 g^*}{\partial P^2} + \frac{\partial^2 g^*}{\partial P\partial X}\frac{\partial X}{\partial P}\right)^{\mathrm{T}}\lambda^* \tag{4.56}$$

由式（4.56）可以看出，在计算获得一阶灵敏度后，仅需再计算 $\dfrac{\partial^2 f^*}{\partial P^2}$ 和 $\dfrac{\partial^2 g^*}{\partial P^2}$ 等两项就可计算二阶灵敏度。

2. 全局灵敏度分析方法

在实际工程应用中经常涉及非常复杂的耦合系统，但前述介绍的灵敏度分析方法由

于不能表达系统中各学科之间的耦合关系以及相互影响,从而难以适用于复杂耦合系统的灵敏度分析。为了解决耦合系统灵敏度分析难题,Sobieszczanski-Sobieski[18]于1988年提出了全局灵敏度分析方法。全局灵敏度方程是一组可联立求解的线性代数方程组,通过GSE可将各学科的灵敏度分析与整个系统的灵敏度分析联系起来,从而得到系统的而不是单一学科的灵敏度信息,最终解决耦合系统灵敏度分析和多学科环境下的设计优化问题。GSE可分别由控制方程余项和基于单学科输出相对于输入的偏导数推导出来,相应的灵敏度方程分别称为GSE1和GSE2。由于GSE2在工程实践中应用较多,因此一般所述的GSE均指GSE2。

在传统的多学科设计优化研究中,为了研究方便通常需要对复杂的系统问题进行简化,一般认为所研究系统的各学科之间相互独立,优化设计中所进行的灵敏度分析往往没有或很少涉及学科之间的相互联系,即使考虑了各学科之间的耦合因素,在求解耦合状态变量相对设计变量的灵敏度时,通常采用FDM,但FDM并不能反映迭代过程中设计变量改变所引起的耦合状态变量改变,所获得的灵敏度实际上是伪灵敏度,此外,FDM人为增加了系统分析次数,使计算量增加。GSE方法可以有效解决上述FDM求解缺陷,通过利用最基本的数学定理,推导耦合系统中耦合状态变量相对设计变量的灵敏度分析算式。

为阐述方便,以三个学科组成的某个耦合系统为例介绍GSE方法。假设三个学科分别为CA_1、CA_2和CA_3,它们之间的耦合关系如图4.11所示。图中X为系统设计变量向量,其第k个设计变量用x_k表示;$Y = (Y_1, Y_2, Y_3)^T$为学科状态变量,$Y_i(i = 1, 2, 3)$表示第i个学科的状态变量。

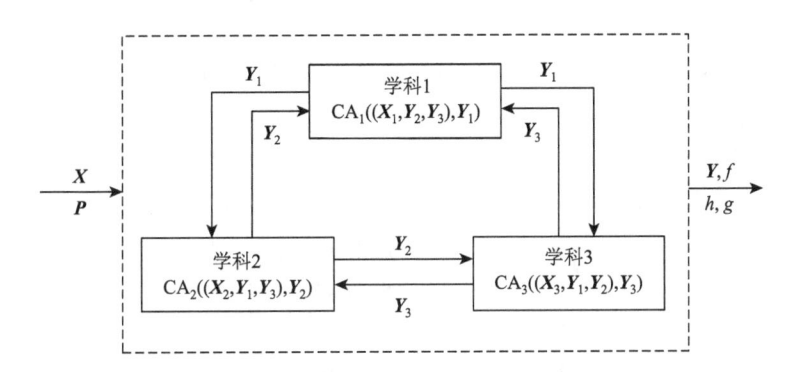

图 4.11 三个学科之间的耦合关系示意图

描述该系统的耦合方程组为

$$f_1[(X, Y_2, Y_3), Y_1] = 0$$
$$f_2[(X, Y_1, Y_3), Y_2] = 0 \quad (4.57)$$
$$f_3[(X, Y_1, Y_2), Y_3] = 0$$

式中,f_1、f_2、f_3分别表示三个学科的学科分析。

整个系统表示为

$$Y = f(X) \tag{4.58}$$

或

$$F(Y, X) = 0 \tag{4.59}$$

根据泛函分析理论的隐函数定理，可以列出 F 对第 k 个设计变量的灵敏度方程：

$$\left(\frac{\mathrm{d}F}{\mathrm{d}x_k}\right) = \left(\frac{\partial F}{\partial x_k}\right) + \left[\frac{\partial F}{\partial Y}\right]\left(\frac{\partial Y}{\partial x_k}\right) = 0 \tag{4.60}$$

或

$$\left[\frac{\partial F}{\partial Y}\right]\left(\frac{\partial Y}{\partial x_k}\right) = -\left(\frac{\partial F}{\partial x_k}\right) \tag{4.61}$$

Y 的各个分量可以表示为其他分量的函数（假设整个系统已分解，各学科的输出不是自身的函数）：

$$Y_1 = f_1(X, Y_2, Y_3) \tag{4.62}$$
$$Y_2 = f_2(X, Y_1, Y_3) \tag{4.63}$$
$$Y_3 = f_3(X, Y_2, Y_1) \tag{4.64}$$

以 Y_1 的全微分为例，运用微分计算的链式规则，对系统第 k 个设计变量求导有

$$\mathrm{d}Y_1 = \frac{\partial Y_1}{\partial Y_2}\mathrm{d}Y_2 + \frac{\partial Y_1}{\partial Y_3}\mathrm{d}Y_3 + \frac{\partial Y_1}{\partial x_k}\mathrm{d}x_k \tag{4.65}$$

则全导数为

$$\frac{\mathrm{d}Y_1}{\mathrm{d}x_k} = \frac{\partial Y_1}{\partial Y_2}\frac{\mathrm{d}Y_2}{\mathrm{d}x_k} + \frac{\partial Y_1}{\partial Y_3}\frac{\mathrm{d}Y_3}{\mathrm{d}x_k} + \frac{\partial Y_1}{\partial x_k} \tag{4.66}$$

式（4.66）非常清晰地说明了耦合系统的灵敏度内涵：Y_1 的灵敏度不仅与设计变量有关，还受其他学科的影响，即状态变量 Y_1 的变化包括两部分：一是其他学科的变动乘以它们各自对 Y_1 的偏导数，二是该设计变量的变化引起 Y_1 自身的变化。

对其他两个学科按照同样的运算过程，就可以写出系统的全局灵敏度方程：

$$\begin{bmatrix} I & -\dfrac{\partial f_1}{\partial Y_2} & -\dfrac{\partial f_1}{\partial Y_3} \\ -\dfrac{\partial f_2}{\partial Y_1} & I & -\dfrac{\partial f_2}{\partial Y_3} \\ -\dfrac{\partial f_3}{\partial Y_1} & -\dfrac{\partial f_3}{\partial Y_2} & I \end{bmatrix} \begin{pmatrix} \dfrac{\mathrm{d}Y_1}{\mathrm{d}x_k} \\ \dfrac{\mathrm{d}Y_2}{\mathrm{d}x_k} \\ \dfrac{\mathrm{d}Y_3}{\mathrm{d}x_k} \end{pmatrix} = \begin{pmatrix} \dfrac{\partial f_1}{\partial x_k} \\ \dfrac{\partial f_2}{\partial x_k} \\ \dfrac{\partial f_3}{\partial x_k} \end{pmatrix} \tag{4.67}$$

如式（4.67）所示的 GSE，等式右边的向量表示局部灵敏度导数（local sensitivity derivatives，LSD），它包含了在不考虑其他学科变化影响的条件下，各学科的状态变量相对于各学科设计变量的灵敏度信息。

GSE 等式左边的系数矩阵称为 GSM，它包含各学科的输出相对于其他学科状态变量的灵敏度信息，表示学科之间的耦合关系。与 LSD 一样，GSM 的各项值均可通过各学科的学科分析计算获得。

GSE 等式左边的向量称为系统灵敏度向量（system sensitivity vector，SSV），它包含各学科所有输出对任意学科任意设计变量的灵敏度信息，并且这些灵敏度考虑了各学科之间的耦合程度，因此是全导数。在学科分析计算过程中先计算 LSD 和 LSM，然后通过求解式（4.67）所示的线性方程组得到 SSV。

3. 滞后耦合伴随方法

滞后耦合伴随（lagged-coupled adjoint，LCA）方法最早由 Martins[24]提出，其原理是在学科分析模型的控制方程残差的推导过程中引入伴随向量，通过求解伴随方程组得到各学科的伴随向量，结合对各学科分别进行灵敏度分析所得的学科灵敏度导数信息，得到问题的目标函数或约束函数相对于设计变量的导数信息。LCA 方法的伴随向量方程与学科分析模型的控制方程残差相似，它用某学科伴随向量的前一步迭代值去求解另一学科的伴随向量。

由式（4.67）可知，若要获得目标函数或约束函数相对于所有设计变量的灵敏度导数信息，需分别对每个设计变量运用 GSE 求解。GSE 考虑了各学科之间的耦合关系，其计算量随设计变量数目增加而线性增加。与之相反，运用 LCA 方法求解问题的目标函数或约束函数相对于所有设计变量的灵敏度导数信息时，其计算量与设计变量数目无关，而与目标函数或约束函数的个数呈线性关系。

为介绍方便，以两个学科组成的某个耦合系统为例阐述 LCA 的算法原理。假设两个学科分别为学科 1 和学科 2，它们之间的耦合关系如图 4.12 所示。按照两个学科列写残差、状态变量和伴随变量的向量：

$$\boldsymbol{R} = \begin{pmatrix} \boldsymbol{R}_1 \\ \boldsymbol{R}_2 \end{pmatrix}, \quad \boldsymbol{Y} = \begin{pmatrix} \boldsymbol{Y}_1 \\ \boldsymbol{Y}_2 \end{pmatrix}, \quad \boldsymbol{\psi} = \begin{pmatrix} \boldsymbol{\psi}_1 \\ \boldsymbol{\psi}_2 \end{pmatrix}$$

记 y_{1i}、y_{2j} 分别为状态变量 $\boldsymbol{Y}_1$、$\boldsymbol{Y}_2$ 的第 i、j 分量，则系统的残差灵敏度方程为

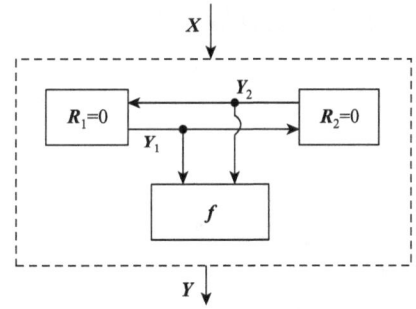

图 4.12 两个学科之间的耦合关系示意图

$$\begin{bmatrix} \dfrac{\partial \boldsymbol{R}_1}{\partial y_{1i}} & \dfrac{\partial \boldsymbol{R}_1}{\partial y_{2j}} \\ \dfrac{\partial \boldsymbol{R}_2}{\partial y_{1i}} & \dfrac{\partial \boldsymbol{R}_2}{\partial y_{2j}} \end{bmatrix}^{\mathrm{T}} \begin{pmatrix} \boldsymbol{\psi}_1 \\ \boldsymbol{\psi}_2 \end{pmatrix} = -\begin{pmatrix} \dfrac{\partial f}{\partial y_{1i}} \\ \dfrac{\partial f}{\partial y_{2j}} \end{pmatrix} \qquad (4.68)$$

式（4.68）左边的系数矩阵为残差灵敏度矩阵，该矩阵不仅包含对角线上的求解单学科伴随方程所需的灵敏度信息，还包含非对角线上的某一个学科相对于另一个学科状态变量的灵敏度信息。由于采用伴随耦合方法的求解过程中，对该系数矩阵进行分解的计算耗费巨大，故使用迭代算子，将伴随向量的求解滞后，对两个方程分别进行求解，即

$$\left[\dfrac{\partial \boldsymbol{R}_1}{\partial y_{1i}}\right]^{\mathrm{T}} \boldsymbol{\psi}_1 = -\dfrac{\partial f}{\partial y_{1i}} - \left[\dfrac{\partial \boldsymbol{R}_2}{\partial y_{1i}}\right]^{\mathrm{T}} \tilde{\boldsymbol{\psi}}_2 \qquad (4.69)$$

$$\left[\frac{\partial \boldsymbol{R}_2}{\partial y_{2j}}\right]^{\mathrm{T}} \boldsymbol{\psi}_2 = -\frac{\partial f}{\partial y_{2j}} - \left[\frac{\partial \boldsymbol{R}_1}{\partial y_{2j}}\right]^{\mathrm{T}} \tilde{\boldsymbol{\psi}}_1 \qquad (4.70)$$

式中，$\tilde{\boldsymbol{\psi}}_1$ 和 $\tilde{\boldsymbol{\psi}}_2$ 分别为学科 1 和学科 2 的滞后伴随向量。

根据式（4.69）和式（4.70）得到伴随向量 $\boldsymbol{\psi}_1$ 和 $\boldsymbol{\psi}_2$ 后，结合式（4.68）可以得到目标函数和约束函数的最终总灵敏度信息，即

$$\frac{\mathrm{d}f}{\mathrm{d}x_k} = \frac{\partial f}{\partial x_k} + \frac{\partial f}{\partial y_{2j}}\frac{\mathrm{d}y_{2j}}{\mathrm{d}x_k} + \frac{\partial f}{\partial y_{1i}}\frac{\mathrm{d}y_{1i}}{\mathrm{d}x_k} \qquad (4.71)$$

4. 三种方法的对比分析

最优灵敏度分析方法、全局灵敏度分析方法、滞后耦合伴随方法都是系统灵敏度分析的有效工具。由最优灵敏度分析方法所得的灵敏度信息对于系统的各种分解方案以及优化结果的分析非常有用。全局灵敏度分析方法和滞后耦合伴随方法一般多适用于耦合系统的灵敏度分析，当设计变量数目大于目标函数和约束函数的个数时，滞后耦合伴随方法更有效；而全局灵敏度分析方法更适合于处理目标函数和约束函数的个数多于设计变量个数的问题。

除了上述三种常用的系统灵敏度分析方法，可用于 MDO 系统灵敏度分析的还有基于神经网络的方法等。

4.4 近似模型技术

多学科设计优化通常都是通过反复迭代求解来完成的，对于一些复杂工程系统，其学科分析模型具有强非线性和高度耦合等特点，计算求解的计算量巨大，计算复杂性是需要重点解决的问题之一。近似策略就是根据优化不同阶段的实际要求，对优化问题的目标函数或约束函数做某种易于计算的近似，在求出近似问题的最优解后，再对最优值进行全面的分析来更新近似形式，这一过程反复进行直至得到满意的结果。由于近似策略可以提供光滑、简单、显式的分析表达式，可以自动生成、多次调用，不会增加太多的计算负担，因此采用近似策略对复杂优化问题进行处理，可以有效地降低优化计算规模和计算成本，已成为多学科优化中必不可少的环节。近似技术一般按近似区域分为局部近似技术和全局近似技术，局部近似是指在当前设计点的邻域内对设计对象进行近似，通常采用一阶泰勒级数等线性近似方法；全局近似则是指在整个设计空间对设计对象进行近似，常用的全局近似技术主要包括响应面法（response surface method，RSM）、Kriging 函数法、支持向量机（support vector machine，SVM）法和人工神经网络（artificial neutral network，ANN）等。

如图 4.13 所示，构造近似模型一般需要 3 个步骤：首先用某种方法生成设计变量的样本点，此步骤一般称为试验设计；然后用高精度分析模型对这些样本点进行分析，获得一组输入/输出的数据；最后用某种拟合方法来拟合这些输入/输出的样本数据，构造出近似模型（也称代理模型），并对该近似模型的可信度进行评估。

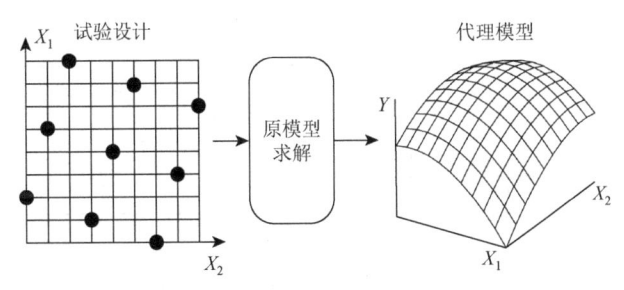

图 4.13 代理模型的构造过程

4.4.1 试验设计方法

试验设计是通过综合运用概率论、数理统计和线性代数等基础理论,在设计空间中进行试验样本点合理安排的有效方法,其实质是一种从完全因素水平组合中抽取最具代表性的组合进行试验的方法。试验设计包括试验指标、试验因素、试验水平三个要素。试验设计中,选定试验因素处的状态和条件的变化,可能会引起试验指标的变化,称各试验因素变化的状态或条件为水平。在计算机上进行模拟试验是快速、高效、便利的试验方式,本节所述的试验设计方法[25]实际上是计算机试验设计方法。

在近似建模过程中,试验设计作为试验样本的选择策略,决定了构造近似模型所需样本点的个数及其空间分布情况,直接影响着近似模型对原模型响应的拟合精度。因此,试验设计方法的选择是建立和使用近似模型的一个关键问题。选择合理的试验设计方法能够使所选试验样本点尽可能反映设计对象的内在性能,以便通过尽可能少的样本点分析为近似模型的建立提供尽可能多的设计信息。常用的试验设计方法主要有正交试验设计、拉丁超立方试验设计、最优拉丁超立方试验设计等。

1. 正交试验设计

正交试验设计是用于多因子试验的一种方法,它从全面试验的水平组合中挑选出部分有代表的点进行试验,即部分因子设计。这种设计采用了水平组合均衡的原则,设计点具有"均匀分散"和"整齐可比"的特点,有很高的效率。

正交表是用于安排多因子试验的一类特别的表格,它是正交设计的工具。正交设计就是使用正交表来安排试验的方法。一个正交表 $L_n(q_1^{m_1} \cdots q_r^{m_r})$ 是一个 $n \times m$ 矩阵,其中 $m = m_1 + \cdots + m_r$,m_i 个列有 $q_i (\geqslant 2)$ 个水平,使得对任意两列,所有可能的水平组合在设计阵中出现的次数相同。显然,对于一个正交表,各参数的含义为:L 表示正交表;n 为试验总数;q_i 为因子的水平数,$i = 1, 2, \cdots, r$;m_i 为表中 q_i 水平因子的列数,表示最多能容纳的 q_i 水平因子的个数;r 为表中不同水平数的数目。

当所有因子的水平数相同时,称这类表为对称正交表,若水平数为 q,则记为 $L_n(q^m)$。而当 $r > 1$ 时,称它们为非对称正交表或混合水平正交表。

根据上述定义,$L_8(2^4 4^1)$ 表示一个混合水平正交表,用该表可以安排 1 个四水平因子和最多 4 个二水平因子,总共做 8 次试验;而表 4.1 给出的 $L_9(3^4)$ 表示用该正交表可安排最多 4 个因子,每个因子均为 3 水平,总共要做 9 次试验。

表 4.1 正交表 $L_9(3^4)$

序号	1	2	3	4
1	1	1	1	1
2	1	2	2	2
3	1	3	3	3
4	2	1	2	3
5	2	2	3	1
6	2	3	1	2
7	3	1	3	2
8	3	2	1	3
9	3	3	2	1

显然，任何一张正交表必须满足以下两个条件：
（1）任一列中诸水平出现的次数相等；
（2）任两列中所有可能的水平组合出现的次数相等。

反之，凡满足上述两个条件的表，就称为正交表。易见，条件（1）蕴含了条件（2）。正交表中的"1""2""3"等只是一个代号，例如，可以用"a""b""c"……或任何其他记号代替。特别地，如果将"1""2""3"换成以"0"为对称中心的三个数，如-1，0，1，则 $L_9(3^4)$ 的四列组成的矩阵如式（4.72）所示：

$$X = \begin{bmatrix} -1 & -1 & -1 & -1 \\ -1 & 0 & 0 & 0 \\ -1 & 1 & 1 & 1 \\ 0 & -1 & 0 & 1 \\ 0 & 0 & 1 & -1 \\ 0 & 1 & -1 & 0 \\ 1 & -1 & 1 & 0 \\ 1 & 0 & -1 & 1 \\ 1 & 1 & 0 & -1 \end{bmatrix} \quad (4.72)$$

易见，$X^\mathrm{T} X = 6I_4$，即 X 的列相互正交。必须注意的是，正交表的"正交"两字比"列正交"要求要高。

如果试验中有 4 个三水平因子 A、B、C 和 D，可以用该 $L_9(3^4)$ 来安排，这时是 3^{4-2} 部分实施，即从 $3^4 = 81$ 次试验中只实施其中 1/9 的水平组合，所以正交表是指示试验者如何从全面试验中提取部分实施的方便工具。

如果将 $L_9(3^4)$ 的 9 行做任意置换，其试验方案并无实质改变，只是试验号做了适当调整。类似地，若将 $L_9(3^4)$ 的 4 列做任意置换，其试验方案是将因子 A、B、C 和 D 改放在不同的列，从正交表的几何结构而言，并无本质改变。基于上述两点，正交表 $L_9(3^4)$ 并不唯一，从一个 $L_9(3^4)$ 表可以通过其行、列置换变出许多 $L_9(3^4)$ 表，显然这些表是相互等价的，即

（1）正交表的任意两行之间可以相互置换，这使得试验的顺序可以自由选择；

（2）正交表的任意两列之间可以相互置换，这使得因子可以自由安排在正交表的各列上；

（3）正交表的每一列中的不同水平之间可以相互置换，这使得因子的水平可以自由安排。

2. 拉丁超立方试验设计

作为一种基于随机抽样的试验设计与采样方法，拉丁超立方试验设计的本质在于选择不同位置的样本，避免样本点在小区域内重合，是一种修正的蒙特卡罗方法。假设试验次数为 n，拉丁超立方抽样（Latin hypercube sampling，LHS）方法首先对区域进行分层，即区域的每一维都等分为 n 个小区间，这样试验域就等分为 n^s 个小方格；然后在 n^s 个方格中选取 n 个方格，使得任一行和任一列都仅有一个方格被选中；最后在选中的 n 个方格中各随机选取一个点组成最后的 n 个试验点，这种方法使试验域 C^s 内任一点都可能被抽到。给定试验点数 n 和因素个数 s，LHS 的构造过程分为以下两个步骤。

步骤 1 取 s 个独立的 $\{1,2,\cdots,n\}$ 的随机置换 $\pi_j(1),\pi_j(2),\cdots,\pi_j(n), j=1,2,\cdots,s$，将它们作为列向量组成一个 $n\times s$ 设计矩阵，称为拉丁超立方设计（Latin hypercube design，LHD），记为 LHD(n, s)，其第 k 行第 j 列的元素记为 $\pi_j(k)$。

步骤 2 取 $[0,1]$ 上 $n\times s$ 个均匀分布的独立抽样，$U_{ij}\sim U(0,1)$，$i=1,2,\cdots,n$，$j=1,2,\cdots,s$。记 $\boldsymbol{x}_k=(x_{k1},\cdots,x_{ks})^{\mathrm{T}}$，其中

$$x_{kj}=\frac{\pi_j(k)-U_{kj}}{n}, \quad k=1,2,\cdots,n, j=1,2,\cdots,s \tag{4.73}$$

则设计 $\boldsymbol{D}=\{\boldsymbol{x}_1,\boldsymbol{x}_2,\cdots,\boldsymbol{x}_n\}$ 即一个 LHS 设计，并记为 LHS(n,s)。

上面步骤 1 是为了保证在 n^s 个方格中随机选取 n 个方格，使得任一行和任一列都仅有一个方格被选中；而步骤 2 中在 $[0,1]$ 上再取随机数的目的是使 LHS 能遍历整个试验区域。这种分层构造的方法可以避免简单随机抽样的最坏情形。但是，这种随机分层抽样的方法不一定能保证构造出来的 LHS 具有很好的均匀性，下面通过一个示例来说明。

构造一个 $n=8, s=2$ 的拉丁超立方抽样。首先对 $\{1,2,\cdots,8\}$ 随机置换 2 次，做出 LHD 的两列；然后产生 8×2 的随机数组成的随机矩阵，如式（4.74）所示：

$$\begin{bmatrix} 5 & 4 \\ 8 & 3 \\ 7 & 6 \\ 3 & 7 \\ 1 & 8 \\ 4 & 2 \\ 2 & 1 \\ 6 & 5 \end{bmatrix}, \begin{bmatrix} 0.4387 & 0.7446 \\ 0.4983 & 0.2679 \\ 0.2140 & 0.4399 \\ 0.6435 & 0.9334 \\ 0.3200 & 0.6833 \\ 0.9601 & 0.2126 \\ 0.7266 & 0.8392 \\ 0.4120 & 0.6288 \end{bmatrix} \tag{4.74}$$

由式（4.73）的变换可得拉丁超立方抽样，如图 4.14（a）所示，可以看出该图的均

匀性较差。由于 LHD 的每一列都是由 $\{1,2,\cdots,n\}$ 的随机置换而成的，因此其均匀性不能保证，当然许多 LHS 具有很好的均匀性，如图 4.14（b）所示。为了降低计算复杂度，可去掉 U_{kj} 的随机性，把 LHS 定义为格结构：

$$x_{kj} = \frac{\pi_j(k) - 0.5}{n}, \quad k = 1,2,\cdots,n, j = 1,2,\cdots,s \tag{4.75}$$

即把试验点 x_k 取到小方块的中心，相应的 LHS 称为中心拉丁超立方抽样（midpoint Latin hypercube sampling，MLHS），并记为 MLHS(n, s)，如图 4.14（b）所示。

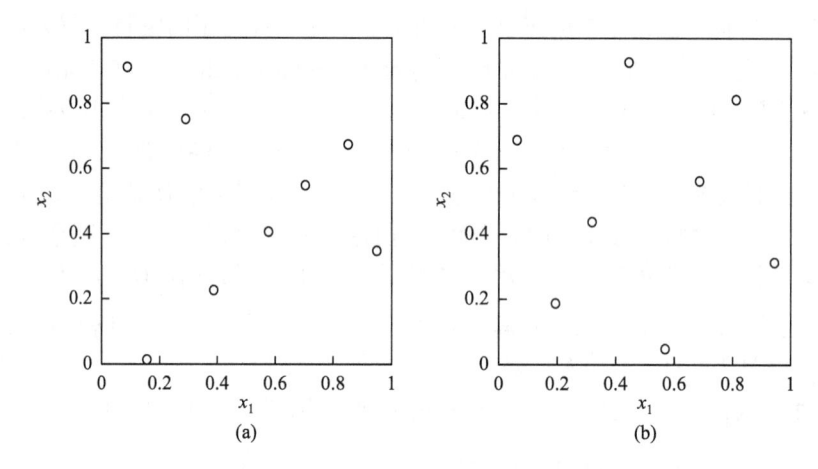

图 4.14 两个拉丁超立方抽样示意图

由 LHS 的构造过程可知：①它可以很方便地构建；②它可以处理试验次数 n 与因素个数 s 较大的问题；③与完全随机抽样相比，它估计 y 的样本均值的样本方差要小。该方法的不足是有些 LHS 会显得很不均匀，从而达不到很好的估计效果。

3. 最优拉丁超立方试验设计

为了排除一些质量差的 LHS，一些学者提出了相应的改进方法，通过对 LHS 添加一些其他准则，如使得输入变量之间的相关性变小的方法；引进 Bayes 方法，如 IMSE 准则、熵准则；考虑随机化正交阵列等。

1）最大最小距离准则和 ϕ_p 准则

假设需要得到的样本点集合是一个 m 因素水平的样本空间，即一个 $n \times m$ 的样本矩阵 $\boldsymbol{S}, \boldsymbol{S} = [\boldsymbol{X}_1, \cdots, \boldsymbol{X}_i, \boldsymbol{X}_j, \cdots, \boldsymbol{X}_n]^{\mathrm{T}}$，其中 $\boldsymbol{X}_i = [X_{i1}, X_{i2}, \cdots, X_{im}]^{\mathrm{T}}$ 为样本点。为了使 n 个样本点之间的距离尽量大，只需这些样本点之间的距离中最小的距离最大化即可，两个样本点之间的距离可表示为

$$d(\boldsymbol{X}_i, \boldsymbol{X}_j) = \sqrt{\sum_{k=1}^{m}(x_{ik} - x_{jk})^2} \tag{4.76}$$

所以，最大最小距离准则即挑选出满足以下条件的样本矩阵：

$$\max\{\min_{1\leqslant i,j\leqslant n, i\neq j} d(\boldsymbol{X}_i, \boldsymbol{X}_j)\} \tag{4.77}$$

Morris 等[26]于 1995 年在最大最小距离准则的基础上提出 ϕ_p 准则。将所有试验样本点两两之间的距离 d 的相同值算作一个，从小到大进行排序，这样得到距离 d 的序列 $(d_1, d_2, \cdots, d_n)$（其中 $d_1 < d_2 < \cdots < d_n$）和其对应的序列 $l_1, l_2, \cdots, l_n$，其中 l_i 代表对应的相同的 d_i 的个数。ϕ_p 准则即挑选出满足以下条件的样本矩阵：

$$\max\left\{\phi_p = \left[\sum_{i=1}^{s} l_i d_i^{-p}\right]^{\frac{1}{p}}\right\} \tag{4.78}$$

式中，p 为正整数，当 p 取值较大时，ϕ_p 准则就变成最大最小距离准则。最大最小距离准则由于简单便于计算，被应用广泛。

2）最小后验熵准则

Koehler 等[27]提出了最小后验熵准则来建立正交拉丁超立方设计（orthogonal Latin hypercube design, OLHD）样本。对于 $n \times m$ 的样本矩阵 $\boldsymbol{S}$，计算其相关系数矩阵 $\boldsymbol{R}$：

$$R_{ij} = \exp\left(\sum_{k=1}^{m} \theta_k \left|x_{ik} - x_{jk}\right|^l\right), \quad 1 \leqslant i, j \leqslant n, 1 \leqslant i \leqslant 2 \tag{4.79}$$

式中，θ_k 为系数取值 1；$t = 2$。

按照最小后验熵准则挑选出满足以下公式的样本矩阵：

$$\min\{-\log|\boldsymbol{R}|\} \tag{4.80}$$

3）中心 L_2 偏差准则

Johnson 等[28]提出通过 L_2 偏差作为判断一个设计样本点集均匀性的衡量标准，主要用于均匀试验设计，以优化样本点的均匀性。L_2 偏差结构清晰，便于计算，应用比较广泛。

中心 L_2 偏差是 L_2 偏差中的一种，可以在 OLHD 中用于筛选寻优。对于 $n \times m$ 的样本矩阵 $\boldsymbol{S}$，中心 L_2 偏差表达式为

$$\begin{aligned}\mathrm{CD}_2^2 = &\left(\frac{13}{12}\right)^m - \frac{2}{n}\sum_{l=1}^{n}\prod_{k=1}^{m}\left(1 + \frac{1}{2}\left|x_{ik} - \frac{1}{2}\right| - \frac{1}{2}\left(x_{ik} - \frac{1}{2}\right)^2\right) \\ &+ \frac{1}{n^2}\sum_{l=1}^{n}\sum_{j=1}^{n}\prod_{k=1}^{m}\left(1 + \frac{1}{2}\left|x_{ik} - \frac{1}{2}\right| + \frac{1}{2}\left|x_{jk} - \frac{1}{2}\right| - \frac{1}{2}\left|x_{ik} - x_{jk}\right|\right)\end{aligned} \tag{4.81}$$

中心 L_2 偏差准则为挑选出满足以下条件的样本矩阵：

$$\min\{\mathrm{CD}_2^2\} \tag{4.82}$$

4）引入优化准则的 OLHD 方法

获取一个 $n \times m$ 试验样本矩阵 $\boldsymbol{S}$ 的 OLHD 算法流程如图 4.15 所示。

OLHD 算法的主要步骤如下。

（1）采用 LHD 算法得到初始样本矩阵。将 m 维设计变量的每一维在其设计区间内等分成 n 个间隔，每个间隔内随机产生一个采样点，随机组合构成一个 $n \times m$ 的初始样本矩阵 $\boldsymbol{S}$。

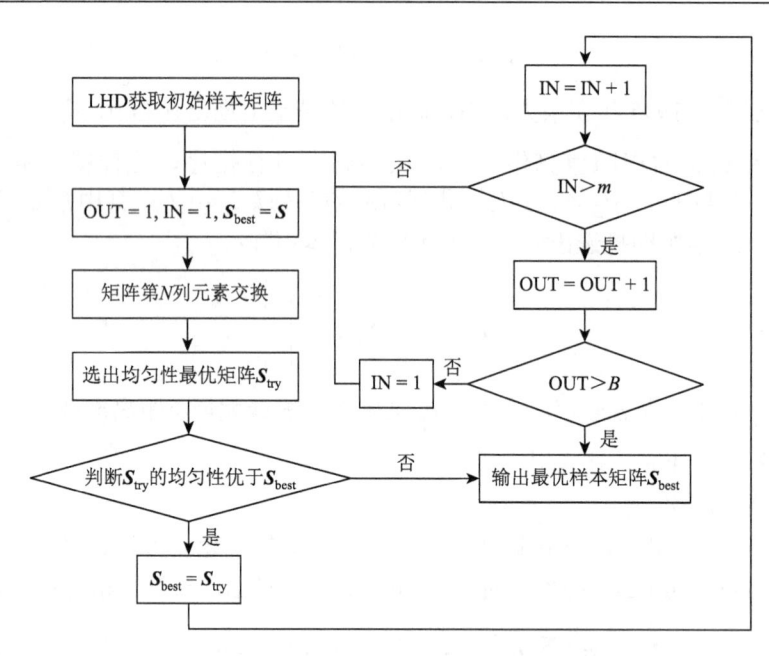

图 4.15 引入优化准则的 OLHD 算法流程图

（2）初始化：$\text{OUT}=1$，$\text{IN}=1$，$\boldsymbol{S}_{\text{best}}=\boldsymbol{S}$。IN 为内循环次数，代表第几列；OUT 为外循环次数，代表整个寻优过程的重复第几次；$\boldsymbol{S}_{\text{best}}$ 为得出的最优样本矩阵。

（3）将样本矩阵 $\boldsymbol{S}$ 的第 N 列中所有两个不同的元素互相交换位置，交换 A 次，$A=N(N-1)/2$，构造一批样本矩阵 $\boldsymbol{S}_1,\boldsymbol{S}_2,\cdots,\boldsymbol{S}_A$。

（4）引入优化准则，从样本矩阵 $\boldsymbol{S}_1,\boldsymbol{S}_2,\cdots,\boldsymbol{S}_A$ 中选出均匀性最优的矩阵 $\boldsymbol{S}_{\text{try}}$。如果 $\boldsymbol{S}_{\text{try}}$ 的均匀性优于 $\boldsymbol{S}_{\text{best}}$，则 $\boldsymbol{S}_{\text{best}}=\boldsymbol{S}_{\text{try}}$，且 $\text{IN}=\text{IN}+1$；否则 $\boldsymbol{S}_{\text{best}}$ 不做变化，$\text{IN}=\text{IN}+1$。

（5）如果 $\text{IN}>m$，即样本矩阵每一列都进行过元素交换后，执行步骤（6）；否则返回步骤（3），开始循环下一列。

（6）$\text{OUT}=\text{OUT}+1$，判断如果 $\text{OUT}>B$，输出最优的样本矩阵，否则返回步骤（2）。

（7）重新开始从第一列循环，B 是整个寻优过程的重复次数。

4.4.2 多项式响应面法

响应面法是一种利用优化目标的试验数据拟合多项式来对目标对象进行预测的近似方法，通过回归分析形成目标对象的近似表达式，使用最小二乘估计对近似模型的待定系数进行确定[29]。根据近似处理对象的特点，可以拟合为平面曲线或者空间曲面的形式，设计者可以对拟合模型的阶数进行灵活选择。拟合对象可以是响应与输入关系已知的复杂模型或者响应与输入变量关系未知的实际物理模型，无论对象属于哪一类，通过响应面法构建的模型均可对原目标进行一定程度的简化，从而更加有利于优化的进行。

二阶多项式响应面模型为常用的且具有较高准确性的近似模型，假设有 n 个设计变量，则相应算式为

$$Y = \beta_0 + \sum_{i=1}^{n}\beta_i x_i + \sum_{i=1}^{n}\beta_{ii} x_{ii}^2 + \sum_{i=1}^{n}\beta_{ij} x_i x_j + \boldsymbol{\xi} \tag{4.83}$$

式中，Y 为响应变量；β 为回归系数，其元素个数为 $(n+1)(n+2)/2$；$\boldsymbol{\xi}$ 为一随机误差向量。

采用多元线性回归方法，即

$$y = \vartheta_0 + \vartheta_1 x_1 + \vartheta_2 x_2 + \cdots + \vartheta_k x_k + \varepsilon, \quad \varepsilon \sim N(0, \sigma^2) \tag{4.84}$$

多项式的构建过程即求解式（4.84）中未知参数 $\vartheta_0, \vartheta_1, \vartheta_2, \cdots, \vartheta_k, \sigma^2$，可以通过最小二乘法实现。考虑 $\vartheta_0, \vartheta_1, \vartheta_2, \cdots, \vartheta_k$ 的函数为

$$Q(\vartheta_0, \vartheta_1, \vartheta_2, \cdots, \vartheta_k) = \sum_{i=1}^{n}(y_i - \vartheta_0 - \vartheta_1 x_{1i} - \vartheta_2 x_{2i} - \cdots - \vartheta_k x_{ki})^2 \tag{4.85}$$

利用最小二乘法估计模型参数，应使得 $Q(\vartheta_0, \vartheta_1, \vartheta_2, \cdots, \vartheta_k) = \min Q(\vartheta_0, \vartheta_1, \vartheta_2, \cdots, \vartheta_k)$，分别求 Q 关于 $\vartheta_0, \vartheta_1, \vartheta_2, \cdots, \vartheta_k$ 的偏导数，并令其为 0，即

$$\begin{cases} \dfrac{\partial Q}{\partial \vartheta_0} = -2\sum_{i=1}^{n}(y_i - \vartheta_0 - \vartheta_1 x_{1i} - \vartheta_2 x_{2i} - \cdots - \vartheta_k x_{ki}) = 0 \\ \dfrac{\partial Q}{\partial \vartheta_1} = -2\sum_{i=1}^{n}(y_i - \vartheta_0 - \vartheta_1 x_{1i} - \vartheta_2 x_{2i} - \cdots - \vartheta_k x_{ki})x_{1i} = 0 \\ \quad\vdots \\ \dfrac{\partial Q}{\partial \vartheta_k} = -2\sum_{i=1}^{n}(y_i - \vartheta_0 - \vartheta_1 x_{1i} - \vartheta_2 x_{2i} - \cdots - \vartheta_k x_{ki})x_{ki} = 0 \end{cases} \tag{4.86}$$

式（4.86）进一步整理为

$$\begin{cases} \vartheta_0 n + \vartheta_1 \sum_{i=1}^{n} x_{1i} + \vartheta_2 \sum_{i=1}^{n} x_{2i} + \cdots + \vartheta_k \sum_{i=1}^{n} x_{ki} = \sum_{i=1}^{n} y_i \\ \vartheta_0 \sum_{i=1}^{n} x_{1i} + \vartheta_1 \sum_{i=1}^{n} x_{1i}^2 + \vartheta_2 \sum_{i=1}^{n} x_{1i} x_{2i} + \cdots + \vartheta_k \sum_{i=1}^{n} x_{1i} x_{ki} = \sum_{i=1}^{n} x_{1i} y_i \\ \quad\vdots \\ \vartheta_0 \sum_{i=1}^{n} x_{ki} + \vartheta_1 \sum_{i=1}^{n} x_{1i} x_{ki} + \vartheta_2 \sum_{i=1}^{n} x_{2i} x_{ki} + \cdots + \vartheta_k \sum_{i=1}^{n} x_{ki}^2 = \sum_{i=1}^{n} x_{ki} y_i \end{cases} \tag{4.87}$$

采用矩阵运算方法求解正规方程组（4.87），引入矩阵：

$$\boldsymbol{x} = \begin{bmatrix} 1 & x_{11} & x_{21} & \cdots & x_{k1} \\ 1 & x_{12} & x_{22} & \cdots & x_{k2} \\ \vdots & \vdots & \vdots & & \vdots \\ 1 & x_{1n} & x_{2n} & \cdots & x_{kn} \end{bmatrix}, \quad \boldsymbol{y} = \begin{bmatrix} y_1 \\ y_2 \\ \vdots \\ y_n \end{bmatrix}, \quad \boldsymbol{J} = \begin{bmatrix} \vartheta_1 \\ \vartheta_2 \\ \vdots \\ \vartheta_n \end{bmatrix} \tag{4.88}$$

从而式（4.87）可以表示为矩阵形式：

$$\boldsymbol{x}^{\mathrm{T}} \boldsymbol{x} \boldsymbol{J} = \boldsymbol{x}^{\mathrm{T}} \boldsymbol{y} \tag{4.89}$$

对式（4.89）两边左乘 $(\boldsymbol{x}^{\mathrm{T}} \boldsymbol{x})^{-1}$，可得

$$\boldsymbol{J} = (\boldsymbol{x}^{\mathrm{T}} \boldsymbol{x})^{-1} \boldsymbol{x}^{\mathrm{T}} \boldsymbol{y} \tag{4.90}$$

即

$$(\hat{\vartheta}_0, \hat{\vartheta}_1, \cdots, \hat{\vartheta}_k)^{\mathrm{T}} = (\boldsymbol{x}^{\mathrm{T}} \boldsymbol{x})^{-1} \boldsymbol{x}^{\mathrm{T}} \boldsymbol{y} \tag{4.91}$$

从而获得式（4.83）的线性回归方程，高阶多项式回归模型的构建与此类似，不再赘述。

4.4.3 Kriging 法

Kriging 法是基于已知点之间的统计关系对未知点进行预测的近似建模方法，不仅能够预测未知点处的目标函数值，还可以预测其精度值，且其适用范围广泛，对于输入变量为同类型或者不同类型物理量的优化对象均可进行近似拟合[30]。

变量 $\boldsymbol{x}=[x_1,x_2,\cdots,x_n]^\mathrm{T}$ 与其真实响应 y 之间的关系可以表示为

$$y = \lambda f(\boldsymbol{x}) + \mu(\boldsymbol{x}) \tag{4.92}$$

式中，$f(\boldsymbol{x})$ 为回归函数；λ 为回归系数；$\mu(\boldsymbol{x})$ 为均值为 0、方差为 σ^2 的随机函数。$\mu(\boldsymbol{x})$ 的协方差矩阵为

$$\mathrm{cov}[\mu(\boldsymbol{x})^{(i)}, \mu(\boldsymbol{x})^{(j)}] = \sigma^2 \boldsymbol{W}[R(\boldsymbol{x}^{(i)}, \boldsymbol{x}^{(j)})] \tag{4.93}$$

式中，$i,j=1,2,\cdots,n_s$，n_s 为采样点数；$\boldsymbol{W}$ 为沿对角线对称的相关矩阵。

$R(\boldsymbol{x}^{(i)}, \boldsymbol{x}^{(j)})$ 为采样点 $\boldsymbol{x}^{(i)}$ 和 $\boldsymbol{x}^{(j)}$ 的相关函数。相关函数常用平稳高斯函数表示，即

$$R(\boldsymbol{x}^{(i)}, \boldsymbol{x}^{(j)}) = \exp\left(-\sum_{d=1}^{\omega} \theta_d \left|x_d^{(i)}, x_d^{(j)}\right|^2\right) \tag{4.94}$$

式中，$\boldsymbol{\theta}=(\theta_1,\theta_1,\cdots,\theta_n)^\mathrm{T}$ 为相关函数参数；ω 为变量的维数，位置 $\boldsymbol{x}$ 处的响应值 $y(\boldsymbol{x})$ 的预测估计值为

$$\hat{y} = \hat{\lambda}\, \boldsymbol{r}^\mathrm{T}(\boldsymbol{x}) \boldsymbol{W}^{-1} (y - f(\boldsymbol{x})\hat{\lambda}) \tag{4.95}$$

式中，$\hat{\lambda}$ 为 λ 的估计值：

$$\hat{\lambda} = (f(\boldsymbol{x})^\mathrm{T} \boldsymbol{W}^{-1} f(\boldsymbol{x}))^{-1} f(\boldsymbol{x})^\mathrm{T} \boldsymbol{W}^{-1} y \tag{4.96}$$

$\boldsymbol{r}^\mathrm{T}(\boldsymbol{x})$ 为位置 $\boldsymbol{x}$ 和样本数据 $(x^{(1)}, x^{(2)}, \cdots, x^{(n_s)})$ 之间的相关向量。y 和 $\boldsymbol{r}^\mathrm{T}(\boldsymbol{x})$ 的长度均为 n_s，$\boldsymbol{r}^\mathrm{T}(\boldsymbol{x})$ 的表达式为

$$\boldsymbol{r}^\mathrm{T}(\boldsymbol{x}) = [R(\boldsymbol{x}, \boldsymbol{x}^{(1)}), R(\boldsymbol{x}, \boldsymbol{x}^{(2)}), \cdots, R(\boldsymbol{x}, \boldsymbol{x}^{(n_s)})] \tag{4.97}$$

如果 λ 的最优估计值为 λ^*，则全局模型的方差估计值 $\hat{\sigma}^2$ 可表示为

$$\hat{\sigma}^2 = \frac{(y - f\lambda^*)^\mathrm{T} \boldsymbol{W}^{-1} (y - f\lambda^*)}{n_s} \tag{4.98}$$

相关函数参数 $\boldsymbol{\theta}$ 由极大似然估计给出，即在 $\theta_d > 0$ 时使式（4.99）最大：

$$\max_{\theta_d} \left(-\frac{n_s \ln \hat{\sigma}^2 + \ln |\boldsymbol{W}|}{2} \right) \tag{4.99}$$

式中，$\hat{\sigma}^2$ 和 $\boldsymbol{W}$ 为参数 θ_d 的函数。任意一个 θ_d 的值都能生成一个插值模型，最终的 Kriging 模型是通过求解式（4.99）的无约束非线性最优问题得到的，这里以使用量子行为粒子群优化（quantum particle swarm optimization，QPSO）算法为例求得最优参数，Kriging-QPSO 计算流程如图 4.16 所示。

第 4 章 火炮多学科设计优化

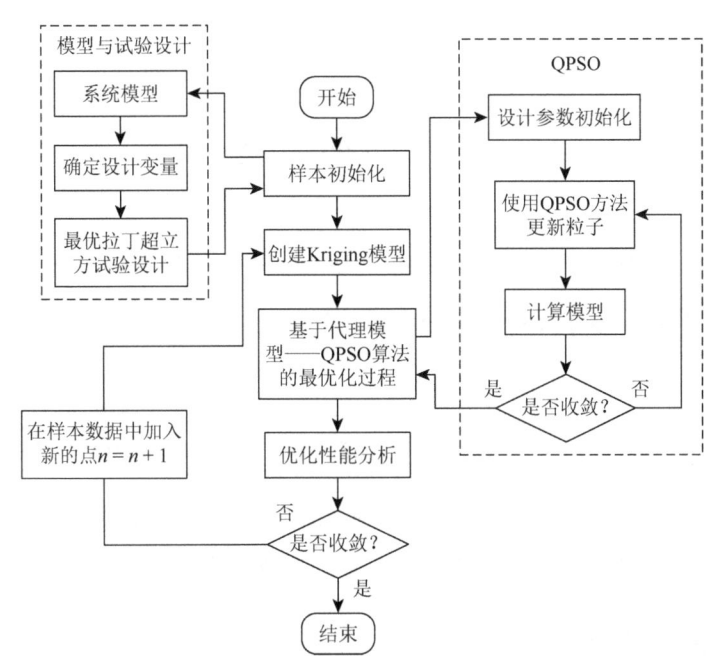

图 4.16 Kriging-QPSO 计算流程图

4.4.4 支持向量机法

基于数理统计理论的支持向量机法的基本思想是通过核函数将样本数据映射到高维空间，从而达到解决非线性回归问题的目的[31]。支持向量机法在解决样本数量少、非线性输入输出关系复杂的拟合问题中具有独特的优势。

将输入向量 $\boldsymbol{x}$ 映射到高维空间：

$$f(\boldsymbol{x}) = \boldsymbol{w}^{\mathrm{T}} \boldsymbol{\Phi}(\boldsymbol{x}) + b \tag{4.100}$$

式中，$\boldsymbol{\Phi}(\boldsymbol{x})$ 为非线性映射函数。假设所有的输入数据都可以在精度 ε 下能够无误差地用上面所述非线性映射关系来逼近，即

$$\begin{cases} y_i - \boldsymbol{w}^{\mathrm{T}} \boldsymbol{\Phi}(\boldsymbol{x}_i) - b \leqslant \varepsilon \\ \boldsymbol{w}^{\mathrm{T}} \boldsymbol{\Phi}(\boldsymbol{x}_i) + b - y_i \leqslant \varepsilon \end{cases} \tag{4.101}$$

支持向量机的根本是期望风险最小化，同时要求最小化经验风险和置信区间，因此最小化 $\dfrac{1}{2}\|\boldsymbol{w}\|^2$。在精度 ε 要求下，有些输入数据不能通过函数 $f(\boldsymbol{x})$ 进行估计，引入松弛变量 ξ_i 和 ξ_i^* 后，就可以得到用于函数拟合的支持向量机模型：

$$\min \quad \Phi(\boldsymbol{w}, \xi, \xi^*) = \frac{1}{2}\|\boldsymbol{w}\|^2 + C\left(\sum_{i=1}^{l} \xi_i + \sum_{i=1}^{l} \xi_i^*\right) \tag{4.102}$$

且需要满足约束条件：

$$\text{s.t.} \begin{cases} y_i - \boldsymbol{w}^{\mathrm{T}} \boldsymbol{\Phi}(\boldsymbol{x}_i) - b \leqslant \varepsilon + \xi_i \\ \boldsymbol{w}^{\mathrm{T}} \boldsymbol{\Phi}(\boldsymbol{x}_i) + b - y_i \leqslant \varepsilon + \xi_i^* \\ \xi_i, \xi_i^* \geqslant 0, \quad i = 1, 2, \cdots, l \end{cases} \tag{4.103}$$

式中，C 为罚函数因子，为定值。

由拉格朗日函数可得

$$\min \frac{1}{2}\sum_{i,j=1}^{l}(\alpha_i-\alpha_i^*)(\alpha_j-\alpha_j^*)\Phi(\pmb{x}_i)^{\mathrm{T}}\Phi(\pmb{x}_j)+\sum_{i=1}^{l}\alpha_i(\varepsilon-y_i)+\sum_{i=1}^{l}\alpha_i^*(\varepsilon+y_i)$$

(4.104)

式中，$\alpha_i,\alpha_i^*,\alpha_j,\alpha_j^*$ 为拉格朗日乘数。因此，式（4.100）可以表示为

$$f(\pmb{x})=\sum_{i=1}^{l}(\alpha_i-\alpha_i^*)\Phi(\pmb{x}_i)\times\Phi(\pmb{x})+b=\pmb{w}^{\mathrm{T}}\Phi(\pmb{x})+b=\sum_{i=1}^{l}(\alpha_i-\alpha_i^*)k(\pmb{x}_i,\pmb{x})+b$$

(4.105)

其中，$\pmb{w}^{\mathrm{T}}=\sum_{i=1}^{l}(\alpha_i-\alpha_i^*)\Phi(\pmb{x}_i)$；$k(\pmb{x}_i,\pmb{x})$ 为代替内积计算 $\Phi(\pmb{x}_i)\times\Phi(\pmb{x})$ 的核函数。

由于支持向量机法需要在高维空间求解拉格朗日函数和二次型规划，训练速度受训练集影响较大，对于大规模的非线性函数关系拟合的效率较低。

4.4.5 BP 前馈神经网络

ANN 是由大量简单的计算单元广泛地互相连接而形成的复杂非线性网络系统。因其具有大规模并行计算、分布式存储和处理、自组织、自适应和自学习以及良好的非线性映射能力，故在工程结构优化设计中得到了广泛应用[32]。

在当前数十种不同的 ANN 中，具有误差反向传播学习算法的 BP（back propagation）前馈神经网络是使用最广泛的范例。BP 神经网络一般由输入层、隐含层和输出层组成。图 4.17 给出了一个 3 层（单隐含层）BP 神经网络的拓扑结构，以及单个隐含层神经元上所进行的非线性变换。图中，$x_1,x_2,\cdots,x_m$ 是神经网络的输入值，$y_1,y_2,\cdots,y_m$ 是预测输出值，w_{ji}、w_{kj} 分别为输入层与隐含层间、隐含层与输出层间的权值，O_j^k 为第 k 层第 j 个神经元的输出值，$f(*)$ 为激活函数，b_i^k 为第 k 层第 j 个神经元的阈值，也称为偏移因子。

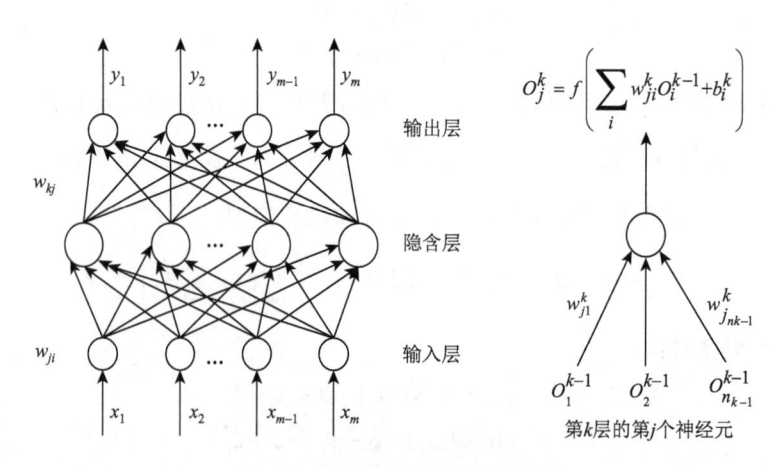

图 4.17 BP 神经网络拓扑结构

BP 神经网络的主要特点有：①数据向前传播，输入数据从输入层输入，并按照隐含层顺序逐层向后传播，直至输出层；②误差反向传播，根据输出层的实际输出与期望输出的实时预测误差，逐层调整各层网络权值 w 和阈值 b，从而使预测输出不断趋向于期望输出，整个训练过程基于梯度搜索算法进行。

工程优化中 BP 神经网络代理模型的构建过程如图 4.18 所示。

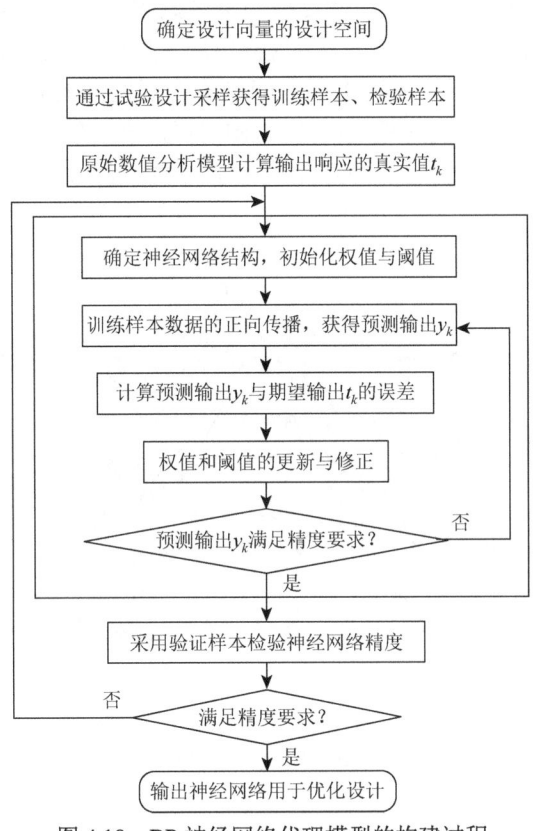

图 4.18 BP 神经网络代理模型的构建过程

步骤 1 确定设计向量的设计空间，并通过试验设计在设计空间内采样，获得一定数量的训练样本和检验样本。

步骤 2 将训练样本和检验样本代入原始数值分析模型，获得输出响应的真实值。

步骤 3 神经网络初始化。确定输入层节点数、隐含层节点数、输出层节点数、隐含层激活函数以及合适的学习速率，初始化输入层与隐含层间的权值、隐含层与输出层间的权值、隐含层阈值、输出层阈值。

步骤 4 采用训练样本数据进行正向传播计算，输入数据从输入层输入，并按照隐含层顺序逐层向后传播直至输出层，获得预测输出。

步骤 5 计算神经网络输出层的预测输出与期望输出之间的误差。

步骤 6 进行输出层、隐含层权值及阈值的更新与修正。

步骤 7 判断神经网络预测输出是否满足精度要求，若不满足，则返回步骤 4。

步骤 8 对训练好的神经网络进行精度检验，若不满足精度要求，则返回步骤 3。

4.4.6 径向基神经网络

径向基（radial basis function，RBF）神经网络是一种三层前向网络[33]。接收输入信号的单元层为输入层；第二层为隐含层，隐含层单元数视问题的复杂程度而定，隐含层单元的传递函数采用径向基函数，在确定径向基函数的中心点后即可对输入信号与隐含层间的非线性映射关系进行确定；第三层为输出层，其输出是隐含层单元输出的线性加权。由此可见，RBF 神经网络由输入层空间到隐含层空间的映射是非线性的，而由隐含层空间到输出层空间的变换则是线性的。RBF 神经网络的拓扑结构图如图 4.19 所示，令网络输入层、隐含层、输出层的神经元数分别为 m、h、o。

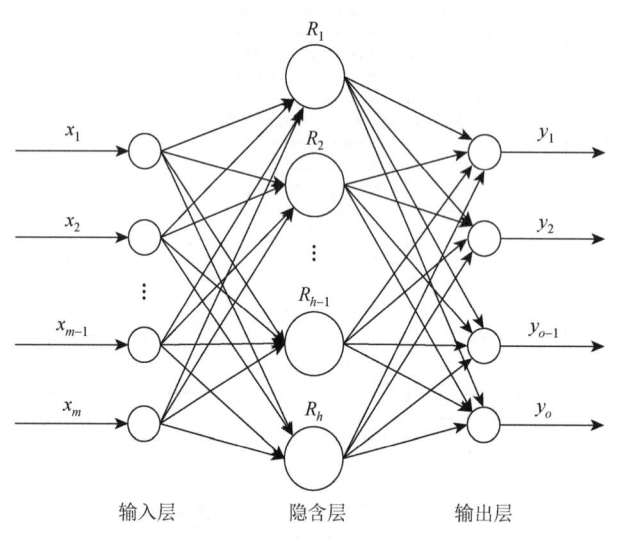

图 4.19　RBF 神经网络的拓扑结构图

设输入向量为 $\boldsymbol{X} = (x_1, x_2, \cdots, x_m)^\mathrm{T}$；输出层输出向量为 $\boldsymbol{Y} = (y_1, y_2, \cdots, y_o)^\mathrm{T}$；中间隐含层输出信号为 $\boldsymbol{H} = (h_1, h_2, \cdots, h_h)^\mathrm{T}$；期望输出向量，即物理模型的实际响应为 $\boldsymbol{D} = (d_1, d_2, \cdots, d_o)^\mathrm{T}$。

由 RBF 神经网络的结构可得到网络的输出为

$$y_k = \sum_{j=1}^{h} w_{jk} \exp\left(-\frac{1}{2\sigma_j^2} \|\boldsymbol{X} - \boldsymbol{C}^j\|^2\right), \quad k = 1, 2, \cdots, q \tag{4.106}$$

式中，$\boldsymbol{X}$ 为 m 维输入向量；$\boldsymbol{C}^j$ 为第 j 个隐含层神经元的高斯函数中心；$\|\cdot\|$ 为欧氏范数；σ_j 为第 j 个隐含层神经元的高斯函数的方差；w_{jk} 为隐含层到输出层中的连接权值。

RBF 神经网络建模需要确定径向基函数的中心，常见的中心确定方法有随机选取固定中心、自组织选取中心、有监督选取中心、正交最小二乘法等。RBF 神经网络常用的径向基函数是高斯函数，因此其激活函数可表示为

$$R(\boldsymbol{X} - \boldsymbol{C}^j) = \exp\left(-\frac{1}{2\sigma_j^2}\|\boldsymbol{X} - \boldsymbol{C}^j\|^2\right), \quad j = 1, 2, \cdots, h \tag{4.107}$$

RBF 神经网络的待定参数有基函数的中心向量 C^j、扩展常数 σ_j、隐含层与输出层之间权值 w_{jk}，可通过采用 QPSO 算法对变量进行求解。

由于 RBF 神经网络能够以任意精度逼近任意的非线性函数，可以处理系统内在的难以解析的规律性，并且具有很快的学习收敛速度，因此 RBF 神经网络在非线性函数逼近、数据分析、信息处理和系统建模等方面已经得到极为广泛的应用。

4.4.7 近似模型预测精度的评价

建立的近似模型能否作为有意义的分析模型，取决于近似模型的预测能力或预测精度。近似模型的预测能力通常用决定系数、均方根误差、平均相对误差、最大相对误差等来评估。设 $X_i(i=1,2,\cdots,n)$ 为设计域内随机生成的 n 个服从均匀分布的测试样本点，则 4 种评价指标如下。

1）决定系数

$$R^2 = 1 - \frac{\sum_{i=1}^{n}[f(X_i)-\hat{f}(X_i)]^2}{\sum_{i=1}^{n}[f(X_i)-\bar{f}(X_i)]^2} \tag{4.108}$$

式中，$\bar{f}(X_i)$ 为输出函数在 n 个测试样本点的平均值。

决定系数从整体上反映了近似模型的预测精度，其值越接近 1，则近似模型越精确。

2）均方根误差

$$R_{\mathrm{MSE}} = \sqrt{\frac{\sum_{i=1}^{n}[f(X_i)-\bar{f}(X_i)]^2}{n}} \tag{4.109}$$

均方根误差表示近似模型预测值与原模型计算值之间的差异，其值越小表示预测精度越高。

3）平均相对误差

$$R_{\mathrm{AAE}} = \frac{\sum_{i=1}^{n}\left|f(X_i)-\hat{f}(X_i)\right|}{nR_{\mathrm{MSE}}} \tag{4.110}$$

平均相对误差的值越小，则近似模型越精确。

4）最大相对误差

$$R_{\mathrm{MAE}} = \frac{\max(|f(X_1)-\hat{f}(X_1)|,\cdots,|f(X_m)-\hat{f}(X_m)|)}{R_{\mathrm{MSE}}} \tag{4.111}$$

该指标描述了设计空间某个局部区域的误差，属于局部指标的范畴，其值越小越好。

4.5 火炮膛内射击过程多学科设计优化

火炮膛内射击过程中会发生非常复杂的物理化学变化，一般包括点传火过程、弹带挤进过程、弹丸在膛内运动过程、后效期四个循环过程,这四个过程不是相互独立的,而是相互作用,甚至是相互重叠的。以弹带挤进过程为例,它对整个膛内射击过程有着重要影响,①挤进压力大小会影响点传火过程的发展,也会影响火药燃烧规律,从而影响最大膛压和初速,甚至影响装药射击安全性等;②挤进过程决定了弹丸膛内运动的起始状态,对弹丸初速一致性和起始扰动等有不容忽视的影响,因而也会影响火炮射击精度;③挤进过程对坡膛和膛线的磨损以及身管寿命也有一定的影响,挤进使内膛受到强烈冲击和摩擦作用,加之火药燃烧高温和化学的共同作用,从而导致坡膛和膛线起始部发生磨损和烧蚀,对身管寿命有重要影响。

火炮膛内射击过程也是火炮和弹药相互作用、相互影响的过程。弹丸在火药气体推动下沿着身管内膛运动,弹丸与身管内壁发生接触和碰撞,这种接触碰撞给身管以很大激励并传递给火炮其他部件,使火炮发生复杂的变形和空间运动,这些作用反过来又影响弹丸的运动,从而影响弹丸出炮口的运动状态和射击精度。

由此可见,火炮膛内射击过程对膛压、初速、射击精度、身管寿命等关键性能有着重要影响,需要对火炮与弹药系统的关键参数(图 4.20)进行多学科设计优化,实现火炮与弹药的合理匹配和发射性能的最优。

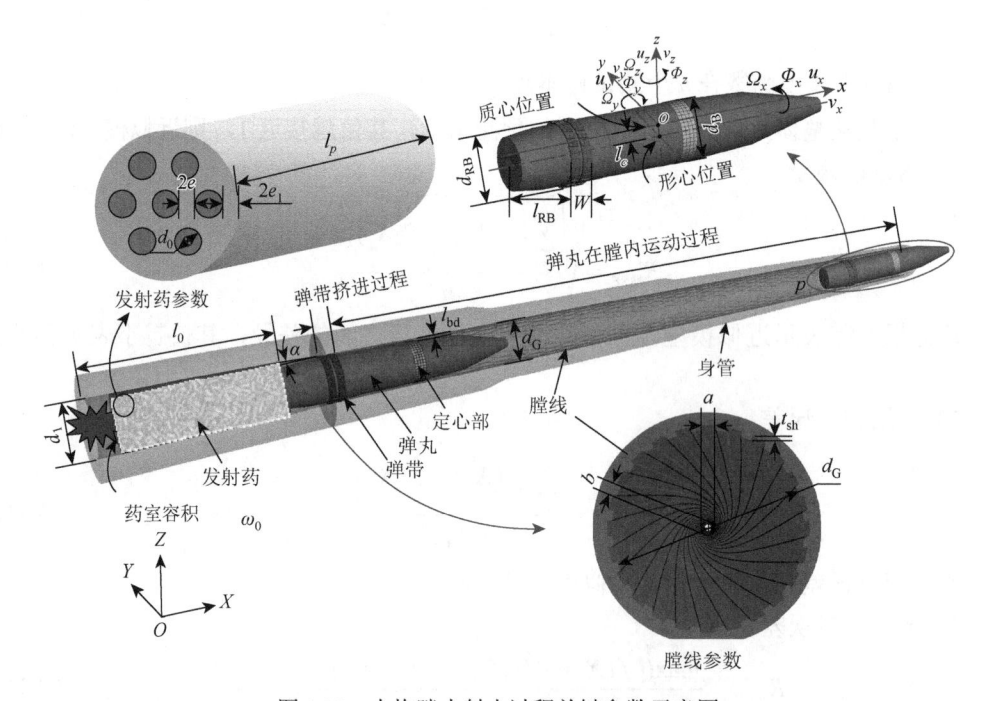

图 4.20 火炮膛内射击过程关键参数示意图

4.5.1 火炮膛内射击过程多学科设计优化的学科划分与重构

以某大口径火炮为研究对象,采用聚类算法,将膛内射击过程系统模型分解为三个子学科,依次为弹带挤进子学科、弹丸膛内大位移运动子学科、膛线磨损子学科,如表 4.2 所示。

表 4.2 聚类后的火炮膛内射击过程系统模型函数关系矩阵

子学科	本地设计变量\输出变量	弹带半径 X_1	阴线宽度 X_2	膛线深度 X_3	弹带宽度 X_4	火药质量 X_5	弹丸质量 X_6	坡膛锥度 X_7	火药弧厚 X_8	燃速系数 X_9	质量偏心 Y_1	阴线宽度 Y_2	膛线深度 Y_3	弹带位置 Y_4	弹带宽度 Y_5	弹带间隙 Y_6	弹炮间隙 Y_7	火药质量 Y_8	火药弧厚 Y_9	火药长度 Y_{10}	火药孔径 Y_{11}	摩擦系数 Y_{12}	药室容积 Z_1	质量偏心 Z_2	阴线宽度 Z_3	膛线深度 Z_4	弹带宽度 Z_5	火药质量 Z_6	坡膛锥度 Z_7
sub1	R_t	◇	◇	◇	◇	◇	◇	◇	◇																				
	IR_t	◇	◇	◇	◇	◇	◇	◇	◇																				
sub2	P_{re}										◇	◇	◇	◇	◇	◇	◇	◇	◇	◇	◇	◇							
	V_{el}										◇	◇	◇	◇	◇	◇	◇	◇	◇	◇	◇	◇							
	V_{r2}										◇	◇	◇	◇	◇	◇	◇	◇	◇	◇	◇	◇							
	V_{r3}										◇	◇	◇	◇	◇	◇	◇	◇	◇	◇	◇	◇							
	U_{r2}										◇	◇	◇	◇	◇	◇	◇	◇	◇	◇	◇	◇							
	U_{r3}										◇	◇	◇	◇	◇	◇	◇	◇	◇	◇	◇	◇							
sub3	G_{m1}																						◇	◇	◇	◇	◇	◇	◇
	G_{m2}																						◇	◇	◇	◇	◇	◇	◇
共享设计变量		S_2	S_3	S_4	S_5	S_6	S_7	S_8			S_1	S_2	S_3		S_4			S_5				S_8	S_1	S_2	S_3	S_4	S_5	S_6	S_7

表 4.2 中，sub1、sub2、sub3 为 3 个子学科；R_t 和 IR_t 分别为挤进过程的挤进阻力和燃气压力损耗冲量；P_{re} 和 V_{el} 分别为最大膛压和初速，V_{r2}、V_{r3} 和 U_{r2}、U_{r3} 分别为弹丸出炮口瞬间的弹丸高低摆动角速度、水平摆动角速度和高低摆角、水平摆角；G_{m1} 和 G_{m2} 分别为膛线起始部烧蚀磨损量和炮口位置磨损量。

采用改进 CO 算法，对火炮膛内射击过程系统级优化目标函数和各子学科具有一致性约束的目标函数和设计变量进行重构，形成多学科设计优化数学模型，如图 4.21 所示。

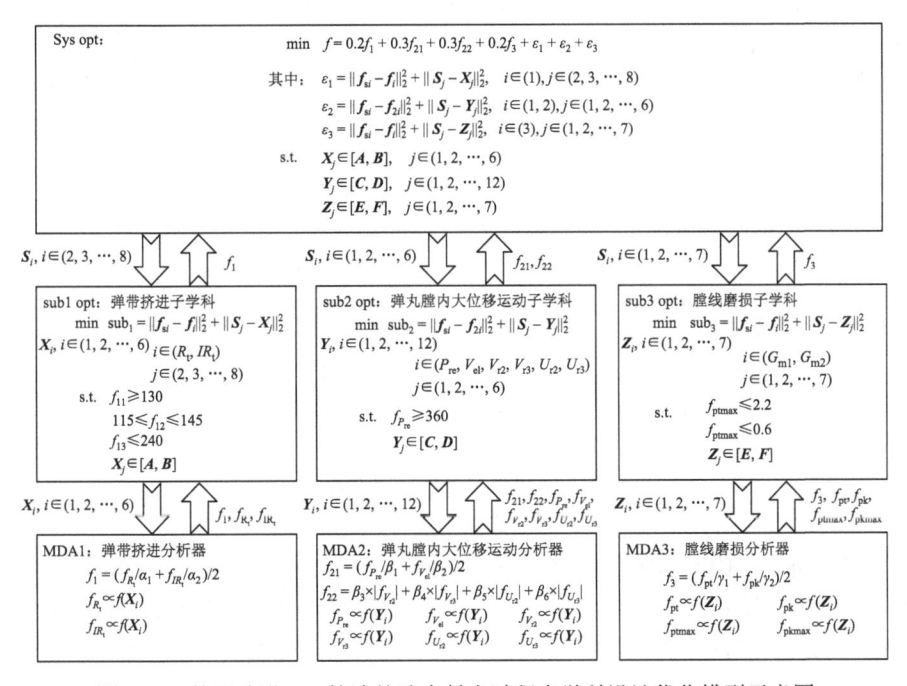

图 4.21 基于改进 CO 算法的膛内射击过程多学科设计优化模型示意图

由图 4.21 可知，膛内射击过程多学科设计优化包括系统级优化器、子学科优化器、子学科分析器三个重要环节。相对于系统级优化器，各子学科分析器在各子学科内可实现学科自治，学科专家可以根据设计分析需求构建专门的学科分析求解模型。对于子学科优化器，其目标函数为一致性约束，该约束为 0 时，系统级和子学科级的设计变量达到一致，在有本地设计变量的共同参与情况下，该子学科设计指标达到最优。对于系统级优化器，以系统级目标函数为最优，协同各子学科公共设计变量达到一致性。

4.5.2 系统级和各子学科的分析与优化模型

1. 弹带挤进子学科分析与优化模型

1) 耦合两相流内弹道的大口径火炮弹带挤进动力学模型

图 4.22 为大口径火炮弹带挤进过程示意图。弹带因其直径略大于阴线直径而具有一定的强制量，故弹丸在燃气压力作用下进入坡膛存在一个挤进过程，弹丸需要克服挤进阻力沿身管膛线运动，直到弹带后端面全部挤进全深膛线，完成挤进过程。弹带在不断挤进坡膛的过程中，挤进阻力不断增大，当弹带完全挤进全深膛线时，弹带挤进阻力达到峰值，此时的挤进阻力达到最大挤进阻力，相应的弹后火药燃气平均压力称为挤进压力。挤进压力是评估挤进时期弹道效应的一个重要弹道参量。若挤进压力过小，则会使弹丸在很低的压力下开始启动，导致点传火过程的不充分，会改变火药在随后的膛内燃烧过程以致最大膛压和初速下降；若挤进压力过大，则弹丸启动缓慢，虽然保证了点传火的充分性，但是也会加重火药颗粒的破碎程度，使得第一个负压差过大，危害装药射击安全性。另外，在弹带挤进过程中，为了能够克服挤进阻力也需要消耗一部分的火药气体压力冲量，称为燃气压力冲量损耗，这个损耗也需要合理地控制。

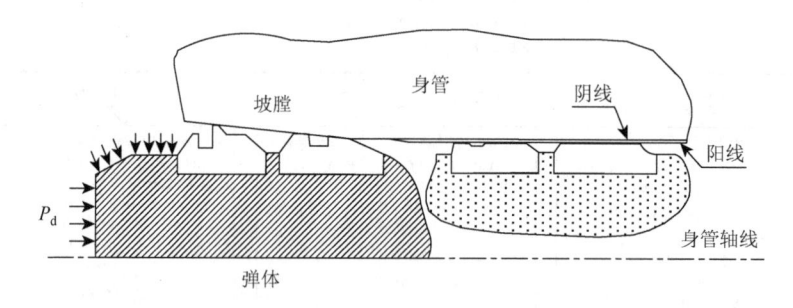

图 4.22 弹带挤进过程示意图

针对弹带挤进阶段发射装药的燃烧特点和弹带挤进过程的非线性力学特性，采用一维两相流内弹道来描述弹带挤进过程的燃气压力变化规律，基于 FORTRAN 语言和 ABAQUS 软件，建立耦合两相流内弹道的弹带挤进动力学模型（图 4.23），通过数值计算获得弹带挤进过程的动力学响应规律。

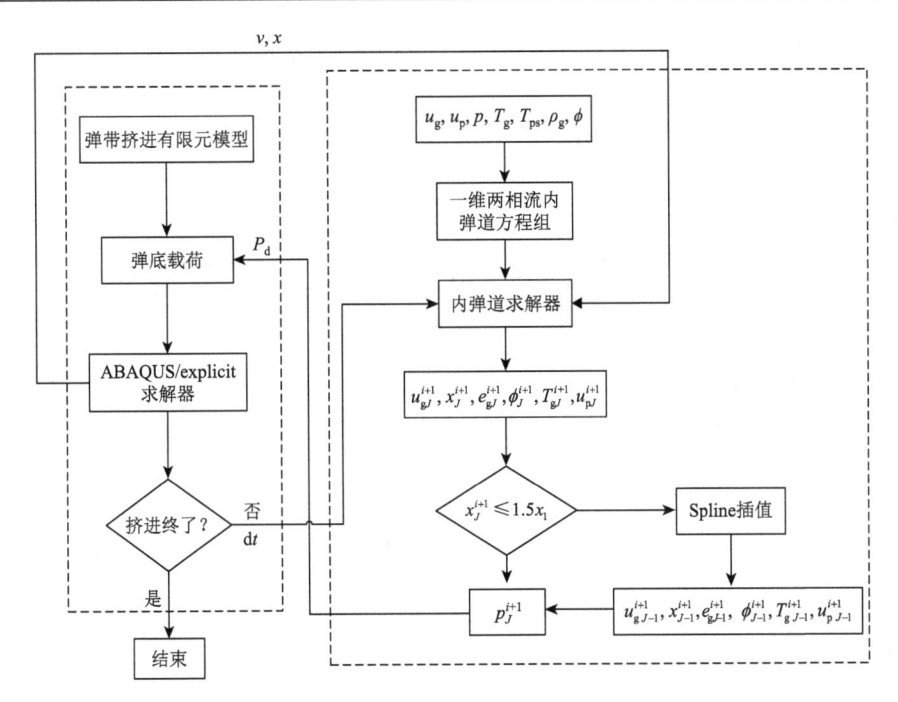

图 4.23 耦合两相流内弹道的弹带挤进动力学模型

针对挤进阶段发射装药燃烧特点，建立以下假设：①火药燃气在膛内运动是一维的，且任一截面上的状态参数均相等；②火药颗粒在燃烧过程中密度不变，点火判断采用表面温度准则；③火药在燃烧过程中遵循几何燃烧定律；④忽略身管后坐对挤进内弹道的影响；⑤发射药颗粒足够多，在空间上能够作为连续介质进行处理；⑥不考虑弹丸体积及弹后空间对流场的影响。

基于欧拉坐标系建立发射装药两相流内弹道基本方程组，具体如下。

气相质量守恒方程：

$$\frac{\partial(\phi\rho_g A)}{\partial t}+\frac{\partial(\phi\rho_g u_g A)}{\partial x}=\dot{m}_c A \tag{4.112}$$

式中，$\dot{m}_c$ 为发射药在单位时间、单位体积上燃烧生成的气体质量速率。

气相动量守恒方程：

$$\frac{\partial(\phi\rho_g u_g A)}{\partial t}+\frac{\partial(\phi\rho_g u_g^2 A)}{\partial x}+(A\phi)\frac{\partial p}{\partial x}=-f_s A+\dot{m}_c u_p A \tag{4.113}$$

式中，f_s 为相间阻力。

气相能量方程：

$$\frac{\partial\left[\phi\rho_g u_g A\left(e_g+\dfrac{u_g^2}{2}\right)\right]}{\partial t}+\frac{\partial\left[\phi\rho_g u_g A\left(e_g+\dfrac{p}{\rho_g}+\dfrac{u_g^2}{2}\right)\right]}{\partial x}+p\frac{\partial(A\phi)}{\partial t} \\ =-Q_p A-f_s u_p A+\dot{m}_c A\left(e_p+\dfrac{p}{\rho_p}+\dfrac{u_g^2}{2}\right) \tag{4.114}$$

式中，e_g 为气相比内能；Q_p 为相间传热；e_p 为火药化学潜能。

固相质量方程：

$$\frac{\partial[(1-\phi)\rho_p A]}{\partial t} + \frac{\partial[(1-\phi)\rho_p u_p A]}{\partial x} = -A\dot{m}_c \quad (4.115)$$

固相动量方程：

$$\frac{\partial[(1-\phi)\rho_p u_p A]}{\partial t} + \frac{\partial[(1-\phi)\rho_p u_p^2 A]}{\partial x} + A(1-\phi)\frac{\partial p}{\partial x} + \frac{\partial[(1-\phi)R_p A]}{\partial x} = f_s A - \dot{m}_c u_p A \quad (4.116)$$

式中，R_p 为颗粒间应力。

在对上面的 5 个基本方程组进行求解时，还需要补充如下辅助方程。

气相状态方程：

$$p\left(\frac{1}{\rho_g} - \beta\right) = RT \quad (4.117)$$

式中，β 为余容。

颗粒间应力：

$$R_p = \begin{cases} -\rho_p c^2 \dfrac{\phi - \phi_0}{1-\phi} \dfrac{\phi}{\phi_0}, & \phi \leqslant \phi_0 \\ \dfrac{\rho_p c^2}{2k(1-\phi)}[1 - e^{-2k(1-\phi)}], & \phi_0 < \phi < \phi^* \\ 0, & \phi \geqslant \phi^* \end{cases} \quad (4.118)$$

其中，

$$c(\rho) = \begin{cases} c_1 \dfrac{\phi_1}{\phi}, & \phi \leqslant \phi_0 \\ c_1 e^{-k(\phi - \phi_0)}, & \phi_0 < \phi < \phi^* \\ 0, & \phi \geqslant \phi^* \end{cases} \quad (4.119)$$

式中，c_1 为当 $\phi = \phi_0$ 时的固相颗粒群声速 c。

相间阻力：

$$f_s = \frac{1-\phi}{d_p}|u_g - u_p|(u_g - u_p)\rho_g \times \begin{cases} 1.75, & \phi \leqslant \phi_0 \\ 1.75\left(\dfrac{1-\phi}{1-\phi_0}\dfrac{\phi_0}{\phi}\right)^{0.45}, & \phi_0 < \phi < \phi_1 \\ 0.3, & \phi \geqslant \phi_1 \end{cases} \quad (4.120)$$

式中，$\phi_1 = \left[1 + 0.02\dfrac{1-\phi_0}{\phi_0}\right]^{-1}$。

相间传热：

$$Q_p = \rho_p(1-\phi)S_p q / M_p \quad (4.121)$$

当考虑对流和辐射两种形式的热交换时，相间热交换比热流 q 为

$$\begin{cases} q = (h_\mathrm{p} + h_\mathrm{re})(T_\mathrm{g} - T_\mathrm{ps}) \\ h_\mathrm{p} = 0.4 Re_\mathrm{p}^{2/3} Pr^{1/3} \lambda_\mathrm{f} / d_\mathrm{p} \\ Re_\mathrm{p} = d_\mathrm{p} \rho_\mathrm{g} |u_\mathrm{p} - u_\mathrm{g}| / \mu \\ \mu = C_1 T_\mathrm{g}^{3/2} / (C_2 + T_\mathrm{g}) \\ \lambda_\mathrm{f} = C_3 T_\mathrm{g}^{3/2} (C_4 + T_\mathrm{g}) \\ h_\mathrm{re} = C_5 (T_\mathrm{g} + T_\mathrm{ps})(T_\mathrm{g}^2 + T_\mathrm{ps}^2) \end{cases} \quad (4.122)$$

颗粒表面温度:

$$\frac{\mathrm{d}T_\mathrm{ps}}{\mathrm{d}t} = \frac{2q}{\lambda p} \frac{\sqrt{a_\mathrm{p}}}{\sqrt{\pi}} \frac{\sqrt{t+\delta t}-\sqrt{t}}{\delta t} \quad (4.123)$$

燃烧规律:

$$\begin{cases} \dfrac{\mathrm{d}Z}{\mathrm{d}t} = \dot{d} / e_1 \\ \dot{d} = bp^n \\ \dot{m}_\mathrm{c} = \dfrac{\sigma}{1-\psi} \rho_\mathrm{p} \dfrac{\mathrm{d}\psi}{\mathrm{d}t} \end{cases} \quad (4.124)$$

形状函数:

$$\sigma = \begin{cases} 1+2\lambda+3\mu z^2, & 0 < z \leqslant 1 \\ \chi z(1+\lambda_\mathrm{s} z), & 1 < z \leqslant z_k \\ 0, & z > z_k \end{cases} \quad (4.125)$$

$$\psi = \begin{cases} \chi z(1+\lambda z + \mu z^2), & 0 < z \leqslant 1 \\ 1+2\lambda_\mathrm{s} z, & 1 < z \leqslant z_k \\ 1, & z > z_k \end{cases} \quad (4.126)$$

将守恒方程组写成矢量形式:

$$\frac{\partial \boldsymbol{U}}{\partial t} + \frac{\partial \boldsymbol{F}}{\partial x} = \boldsymbol{H} \quad (4.127)$$

其中,

$$\boldsymbol{U} = \begin{pmatrix} \phi \rho_\mathrm{g} A \\ (1-\phi) \rho_\mathrm{p} A \\ \phi \rho_\mathrm{g} u_\mathrm{g} A \\ (1-\phi) \rho_\mathrm{p} u_\mathrm{p} A \\ \phi \rho_\mathrm{g} A \left(e_\mathrm{g} + \dfrac{u_\mathrm{g}^2}{2} \right) \end{pmatrix}, \quad \boldsymbol{F} = \begin{pmatrix} \phi \rho_\mathrm{g} u_\mathrm{g} A \\ (1-\phi) u_\mathrm{p} \rho_\mathrm{p} A \\ \phi \rho_\mathrm{g} A \left(u_\mathrm{g} + \dfrac{p}{\rho_\mathrm{g}} \right) \\ (1-\phi) \rho_\mathrm{p} u_\mathrm{p}^2 A \\ \phi \rho_\mathrm{g} u_\mathrm{g} A \left(e_\mathrm{g} + \dfrac{u_\mathrm{g}^2}{2} \right) \end{pmatrix}$$

$$H = \begin{bmatrix} \dot{m}_c A \\ -\dot{m}_c A \\ -f_s A + \dot{m}_c u_p A + p\dfrac{\partial \phi A}{\partial x} \\ f_s A - \dot{m}_c u_p A + p\dfrac{\partial (1-\phi)A}{\partial x} + \dfrac{\partial (1-\phi)R_p A}{\partial x} \\ \dot{m}_c A\left(e_p + \dfrac{u_p^2}{2} + \dfrac{p}{\rho_p}\right) - f_s u_p A - p\dfrac{\partial \phi A}{\partial t} - Q_p A \end{bmatrix}$$

选取具有二阶精度的 MacCormack 差分格式进行数值计算。

预估计算：

$$\overline{U}_j^{n+1} = U_j^n - \frac{\Delta t}{\Delta x}(F_{j+1}^n - F_j^n) + \Delta t H_j^n \qquad (4.128)$$

校正计算：

$$\overline{\overline{U}}_j^{n+1} = \overline{U}_j^{n+1} - \frac{\Delta t}{\Delta x}(\overline{F}_j^{n+1} - \overline{F}_{j-1}^{n+1}) + \Delta t \overline{H}_j^{n+1} \qquad (4.129)$$

$$U_j^{n+1} = \frac{1}{2}(U_j^n + \overline{\overline{U}}_j^{n+1}) \qquad (4.130)$$

针对弹带挤进过程的非线性动力学特点，利用有限元软件对弹带、膛线等部分进行精细化建模，对弹体可以选择较为稀疏的网格来降低整个弹带挤进过程数值模拟的计算成本。建立的某大口径火炮弹带挤进系统有限元风格装配图如图 4.24 所示，其中弹体网格单元尺寸为 5mm，弹带网格单元尺寸为 0.3mm。

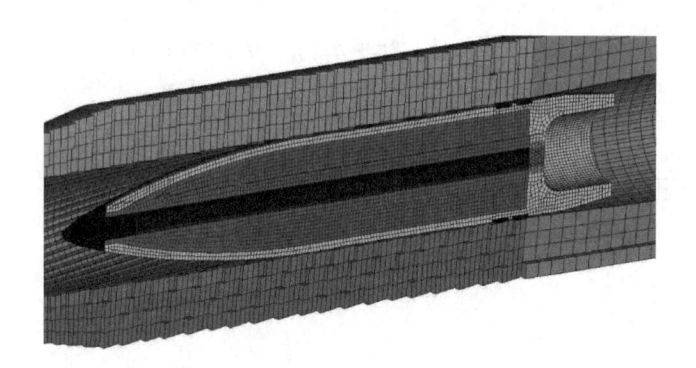

图 4.24 弹带挤进系统有限元网格装配图

弹带在挤进过程中会形成刻槽，其间经历了材料的弹塑性变形和损伤失效。采用 Johnson-Cook 塑性及断裂失效准则描述弹带挤进过程中的材料行为：

$$\sigma = (A + B\varepsilon^n)[1 + C\ln(\dot{\varepsilon}/\dot{\varepsilon}_0)](1 - \overline{\theta}^m) \qquad (4.131)$$

式中，σ、ε、$\dot{\varepsilon}$ 和 $\dot{\varepsilon}_0$ 分别为等效应力、等效塑性应变、等效应变率和参考应变率；A 为材料的屈服强度；B 为材料的应变硬化指数；n 为材料的应变硬化指数；C 为应变率敏感指数；m 为温度软化指数；$\overline{\theta}$ 为无量纲温度，由式（4.132）计算：

$$\bar{\theta} = \begin{cases} 0, & \theta < \theta_t \\ (\theta - \theta_t)/(\theta_m - \theta_t), & \theta_t \leqslant \theta \leqslant \theta_m \\ 1, & \theta > \theta_m \end{cases} \quad (4.132)$$

式中，θ 为当前温度；θ_m 为材料的熔点；θ_t 为室温。

材料开始断裂失效时的等效塑性应变为

$$\varepsilon_d = (d_1 + d_2 e^{-d_3 \eta})[1 + d_4 \ln(\dot{\varepsilon}/\dot{\varepsilon}_0)](1 + d_5 \bar{\theta}) \quad (4.133)$$

式中，$d_1 \sim d_5$ 为失效参数。

材料的失效由塑性应变累积准则来判断：

$$\sigma = (1-D)\bar{\sigma} \quad (4.134)$$

式中，D 为全局损伤变量；σ 为没有损伤情况下材料的等效应力。当 $D=1$ 时，材料完全被破坏，单元失去承受能力并被删除。

弹带外表面与身管内壁、弹丸定心部与身管内壁之间采用基于罚函数的面-面接触算法。在进行弹带挤进动力学分析时，弹带的材料较身管材料刚度小且弹带网格尺寸较小，故选择身管内壁为主面，弹带表面为从面。

通过 ABAQUS 软件的 VUAMP 幅值子程序接口实现弹底压力载荷的施加，将两相流内弹道求解器与弹带挤进动力学模型耦合，在计算过程中，有限元模型将分析步长、弹丸运动的速度和位移传送给内弹道求解器进行求解，然后内弹道求解器将计算得到的弹底压力传递给有限元模型，作为下一步计算的压力载荷。如此循环计算，直至挤进过程结束。

2）弹带挤进子学科近似模型

由于弹带挤进非线性有限元模型规模较大、计算时间较长，而优化计算时需要调用有限元模型对目标函数和约束函数进行几千甚至几万次的计算，如果直接采用有限元模型进行优化求解，计算量将难以承受甚至无法进行。针对此计算难题，采用试验设计和BP 神经网络建立挤进过程的近似模型，在保证计算精度的条件下大幅降低弹带挤进分析所需的计算时间。

根据大口径火炮和弹药系统参数对弹带挤进过程内弹道性能的影响规律，选择弹带半径、阴线宽度等 9 个参量为弹带挤进子学科的设计变量，依次记为 X_1、X_2、X_3、X_4、X_5、X_6、X_7、X_8、X_9，各变量初值及变化范围如表 4.3 所示。

表 4.3 弹带挤进子学科设计变量初值及变化范围

类别	弹带半径/mm	阴线宽度/mm	膛线深度/mm	弹带宽度/mm	火药质量/kg	弹丸质量/kg	坡膛锥度/(°)	火药弧厚/mm	燃速系数/(m·Pa^{-n}/s)
初值	80.00	6.789	2.30	55.52	16.80	45.52	2.05	2.30	7.20×10^{-8}
下限	79.80	5.900	2.10	54.00	16.40	45.20	1.78	2.10	6.90×10^{-8}
上限	81.00	6.900	3.10	62.00	18.00	45.80	5.71	2.40	7.40×10^{-8}

采用最优拉丁超立方试验设计方法对火炮与弹药系统相关的设计变量进行抽样，所建立的试验方案如表 4.4 所示。

表 4.4 弹带挤进子学科设计变量试验方案（节选）

试验号	弹带半径 /mm	阴线宽度 /mm	膛线深度 /mm	弹带宽度 /mm	火药质量 /kg	弹丸质量 /kg	坡膛锥度 /(°)	火药弧厚 /mm	燃速系数 /(m·Pa^{-n}/s)
1	80.853	5.982	2.847	60.53	16.821	45.469	4.587	2.363	7.23e^{-8}
2	80.829	6.492	2.452	61.02	17.126	45.286	4.026	2.234	7.37e^{-8}
3	80.804	6.165	2.815	61.84	16.428	45.77	2.181	2.185	6.99e^{-8}
4	80.951	6.716	2.42	55.14	17.229	45.616	4.908	2.302	1.73e^{-8}
5	80.412	6.227	2.61	60.37	17.015	45.788	5.469	2.2592	7.18e^{-8}
6	80.584	6.512	2.879	61.67	16.582	45.298	2.823	2.2837	7.32e^{-8}
7	80.878	6.655	2.467	59.22	17.341	45.482	2.261	2.2041	7.15e^{-8}
⋮	⋮	⋮	⋮	⋮	⋮	⋮	⋮	⋮	⋮
50	80.927	6.084	2.736	57.43	17.822	45.604	4.507	2.1122	7.31e^{-8}

将上述 50 组试验设计数据分别代入耦合两相流内弹道的弹带挤进动力学模型，获得挤进阻力、燃气压力冲量损耗、弹底压力等，在此基础上建立 RBF 神经网络代理模型。由于初始权值、阈值等参数的随机性，预测精度有一定的波动，综合考虑上述多种参数组合作用的代理模型预测效果，经过多次试算，确定了初始权值、学习率、阈值、动量因子、最大迭代次数等，挤进阻力、燃气压力冲量损耗、弹底压力等的预测精度（R^2）分别为 0.9745、0.9425、0.9742。

3）弹带挤进子学科优化模型

以弹带挤进过程的挤进阻力 R_t 和燃气压力冲量损耗 IR_t 为弹带挤进子学科分析器的响应输出量。以设计变量一致性约束和目标响应偏差最小为目标函数，即

$$\min \quad \mathrm{sub}_1 = \|\bm{f}_{si} - \bm{f}_i\|_2^2 + \|\bm{S}_j - \bm{X}_j\|_2^2, \quad i \in (R_t, IR_t), j \in (2, 3, \cdots, 8) \tag{4.135}$$

式中，$\bm{f}_{si}$ 为挤进子学科响应目标值；$\bm{f}_i$ 为挤进子学科分析器输出响应，包括挤进阻力和燃气压力损耗冲量；$\bm{S}_j$ 为系统共享设计变量，在每次子学科迭代计算中固定不变；$\bm{X}_j$ 为挤进子学科优化器的本地设计变量。

2. 膛内大位移运动子学科分析与优化模型

1）弹丸膛内大位移运动的非线性动力学模型

弹丸在高温高压火药气体推动下沿身管轴线做大位移运动，同时由于身管变形、弹丸质量偏心、弹炮间隙等复杂因素，弹丸前定心部和弹带与身管内壁发生剧烈的接触/碰撞，使得弹丸膛内运动规律非常复杂，影响弹丸出炮口时的运动状态一致性和射击精度。为了掌握弹丸膛内运动规律和出炮口时的运动特性，需要建立表征弹丸膛内受力和运动规律的动力学模型，其关键是如何建立反映弹炮相互作用关系的接触/碰撞模型，具体可参见 3.5.3 节，此处不再赘述。

2）弹丸膛内大位移运动子学科近似模型

与弹带挤进子学科近似模型类似，采用试验设计和 BP 神经网络建立弹丸膛内大位移运动的近似模型，选择弹丸质量偏心、阴线宽度等 12 个参量作为弹丸膛内大位移运动子

学科的设计变量，依次记为 Y_1、Y_2、Y_3、Y_4、Y_5、Y_6、Y_7、Y_8、Y_9、Y_{10}、Y_{11}、Y_{12}，各变量初值及变化范围如表 4.5 所示。

表 4.5 膛内大位移子学科设计变量初值及变化范围

类别	质量偏心/mm	阴线宽度/mm	膛线深度/mm	弹带位置/mm	弹带宽度/mm	弹炮间隙/mm
初值	0.10	6.789	2.30	180.00	58.00	0.15
下限	0.00	5.900	2.10	172.00	54.00	0.10
上限	0.30	6.900	3.10	192.00	62.00	0.60
类别	火药弧厚/mm	火药质量/kg	火药长度/mm	火药孔径/mm	摩擦系数	药室容积/L
初值	2.30	16.80	8.50	0.70	0.050	25.32
下限	2.10	16.40	8.00	0.60	0.050	25.00
上限	2.40	18.00	9.50	0.80	0.125	27.00

采用最优拉丁超立方试验设计方法对弹丸膛内大位移运动子学科的 12 个设计变量进行抽样，形成 50 组试验设计数据，分别代入弹丸膛内大位移运动的非线性动力学模型，获得初速、最大膛压和弹丸出炮口瞬间的高低摆动角速度、水平摆动角速度、高低摆角、水平摆角等，在此基础上建立 RBF 神经网络代理模型。通过多次试算，确定合适的初始权值、学习率、阈值、动量因子、最大迭代次数等，初速、最大膛压和弹丸出炮口瞬间的高低摆动角速度、水平摆动角速度、高低摆角、水平摆角等的预测精度（R^2）分别为 0.9673、0.9452、0.9242、0.9324、0.9254、0.9452。

3) 弹丸膛内大位移运动子学科优化模型

以初速 V_{el}、最大膛压 P_{re} 和弹丸出炮口瞬间的 4 个炮口扰动分量（弹丸高低摆动角速度 V_{r2}、水平摆动角速度 V_{r3}、高低摆角 U_{r2}、水平摆角 U_{r3}）为弹丸膛内大位移运动子学科分析器的响应输出量。以设计变量一致性约束和目标响应偏差最小为目标函数，即

$$\min \quad \mathrm{sub}_2 = \|\boldsymbol{f}_{si} - \boldsymbol{f}_{2i}\|_2^2 + \|\boldsymbol{S}_j - \boldsymbol{Y}_j\|_2^2, \quad i \in (P_{re}, V_{el}, V_{r2}, V_{r3}, U_{r2}, U_{r3}), j \in (1,2,\cdots,6)$$
(4.136)

式中，$\boldsymbol{f}_{si}$ 为子学科响应目标值；$\boldsymbol{f}_i$ 为子学科分析器输出响应，包括初速 V_{el}、膛压 P_{re} 和归一化的炮口扰动 f_{pk}：

$$f_{pk} = \beta_3 \left|f_{V_{r2}}\right| + \beta_4 \left|f_{V_{r3}}\right| + \beta_5 \left|f_{U_{r2}}\right| + \beta_6 \left|f_{U_{r3}}\right|$$
(4.137)

其中，β_3、β_4、β_5、β_6 为正则归一化系数；$\boldsymbol{S}_j$ 为系统共享设计变量，在每次子学科迭代计算中固定不变；$\boldsymbol{Y}_j$ 为子学科优化器的本地设计变量。

3. 内膛烧蚀磨损子学科分析与优化模型

1) 身管内膛烧蚀磨损的数值计算模型

火炮身管内膛烧蚀磨损是射击时发射装药所产生的高温、高压、高速火药气体和弹

丸对内膛反复作用的结果，主要分为烧蚀和磨损两大类。烧蚀主要是由于反复热循环和火药气体的化学作用，内膛金属性质发生变化而出现龟裂或金属剥落；磨损主要是由于火药气体的冲刷和弹带、弹体对内膛的碰撞摩擦及各种机械作用，内膛表面不断被损坏；烧蚀和磨损的作用机理之间相互关联、共同作用，从而造成身管内膛表层的烧蚀磨损。

（1）身管内膛烧蚀的计算模型[34]。

计算身管内膛烧蚀的流程主要包括身管温度场计算和内膛烧蚀量计算。

火炮射击时身管传热过程非常复杂，建模时需要做一定的简化和假设，主要包括：①考虑到身管径向温度梯度值远大于轴向温度梯度值，假定身管仅沿径向进行一维非线性传热；②忽略热辐射的影响，假定火药燃气与身管内壁、外界空气与身管外壁之间只存在对流换热。根据以上假设，将身管离散为 20 个轴向控制面（控制面为等时间间隔与弹带接触的身管内膛表面中心面），采用一维径向传热模型来近似替代身管传热过程，如图 4.25 所示。

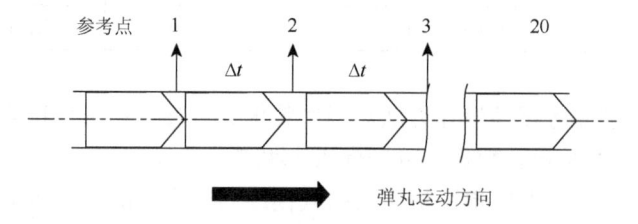

图 4.25　身管离散控制面示意图

柱坐标系下的一维传热控制方程及相关边界条件和初值为

$$\begin{cases} \dfrac{\partial T}{\partial t} = a\left(\dfrac{\partial^2 T}{\partial r^2} + \dfrac{1}{r}\dfrac{\partial T}{\partial r}\right), & r_0 \leqslant r \leqslant R, t \geqslant 0 \\ \lambda \dfrac{\partial T}{\partial r}\bigg|_{r=r_0} + h_1(T_g - T)\big|_{r=r_0} = 0 \\ \lambda \dfrac{\partial T}{\partial r}\bigg|_{r=R} + h_2(T - T_0)\big|_{r=R} = 0 \\ T = f(r), \quad r \text{ 为第 } r \text{ 发弹，当 } r = 1 \text{ 时，} T = T_0 \end{cases} \quad (4.138)$$

式中，λ 为身管材料的导热系数；T_g 为身管内壁面火药气体温度；T_0 为外界环境温度；r_0 为身管的内半径；R 为身管的外半径；h_1 为膛内气体与身管内表面的传热系数；h_2 为周围环境与身管外表面的传热系数。

采用中心差分法获得方程（4.138）的数值解，差分格式为

$$\begin{cases} T_i^{j+1} = \dfrac{\Delta t}{(\Delta r)^2}\left(1 + \dfrac{\Delta r}{2r_i}\right)T_{i+1}^j + \left[1 - 2a\dfrac{\Delta t}{(\Delta r)^2}\right]T_i^j + F_0\dfrac{\Delta t}{(\Delta r)^2}\left(1 - \dfrac{\Delta r}{2r_i}\right)T_{i-1}^j \\ T_0^{j+1} = \left[1 - 2a\dfrac{\Delta t}{(\Delta r)^2}\left(1 + \dfrac{h_1^j \Delta r}{\lambda}\right)\right]T_0^j + 2a\dfrac{\Delta t}{(\Delta r)^2}T_1^j + 2a\dfrac{\Delta t}{(\Delta r)^2}\dfrac{h_1^j \Delta r}{\lambda}T_g^j \\ T_m^{j+1} = \left[1 - 2a\dfrac{\Delta t}{(\Delta r)^2}\left(1 + \dfrac{h_2^j \Delta r}{\lambda}\right)\right]T_m^j + 2a\dfrac{\Delta t}{(\Delta r)^2}T_{m-1}^j + 2a\dfrac{\Delta t}{(\Delta r)^2}\dfrac{h_2^j \Delta r}{\lambda}T_0 \end{cases} \quad (4.139)$$

第 4 章 火炮多学科设计优化

以某大口径火炮为例,假设射速为 6 发/分钟,图 4.26 所示为连续发射 6 发杀爆榴弹(全装药、常温)后效期结束时刻的身管内膛温度分布规律。可以看出,身管内膛表面温度沿轴向逐渐降低,身管内膛表面温度在坡膛以及膛线起始部较高,普遍在 1100K 以上,炮口位置温度相对较低,基本不会超过 800K。图 4.27 所示为膛线起始部位温度随时间的变化规律。可以看出,①在每发弹的射击间隔内,身管内膛温度随时间逐渐降低,温度峰值超过身管材料最低熔点 1420K;②随着射弹发数的增加,内膛表面温度逐渐增加直到趋于稳定。

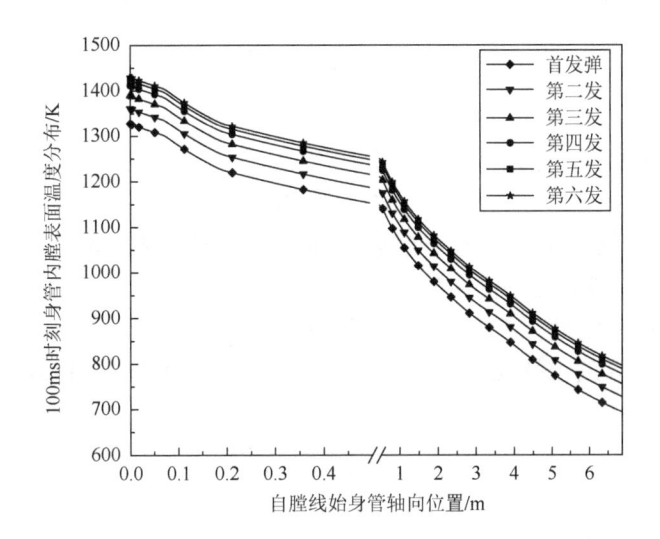

图 4.26 身管内膛温度分布规律(后效期结束时刻)

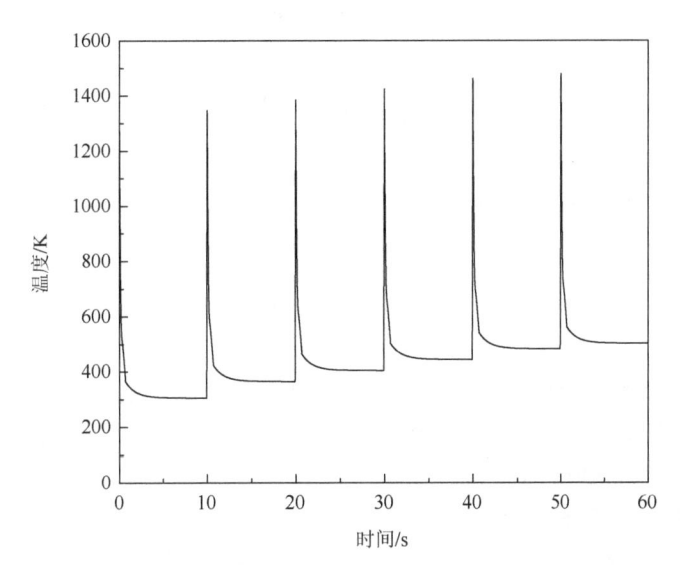

图 4.27 膛线起始部位温度随时间的变化规律(6 发)

根据计算的温度分布可以求得身管任一截面上的导热量，由傅里叶导热定律可得

$$q(t)_c = -\lambda \frac{\partial T(x,t)}{\partial u}\bigg|_{u=0} = -\lambda(T_s - T_0)\left(-\frac{v}{a}\right) = \rho_1 c_1 u(T_s - T_0) \qquad (4.140)$$

高温火药燃气传入身管内膛引起烧蚀的热量一部分通过导热进入未烧蚀部分的内部，一部分进入身管表层引起材料的烧蚀熔化，由烧蚀表面 $u = 0$ 处的能量平衡关系可得

$$q(t) = -\lambda \frac{\partial T(x,t)}{\partial u}\bigg|_{u=0} + \rho_1 u L_1 \qquad (4.141)$$

由式（4.140）和式（4.141）可得身管内膛烧蚀退化速度：

$$v = \frac{q(t)}{\rho_1 L_1 \left[\dfrac{c_1(T_s - T_0)}{L_1} + 1\right]} \qquad (4.142)$$

基于牛顿冷却公式，可知身管热流密度为

$$q(t) = h(t)\Delta T \qquad (4.143)$$

式中，$h(t)$ 为火药燃气和身管内壁对流换热面的对流换热系数；ΔT 为对流换热面上火药燃气和身管内壁材料熔点之间的温差。

考虑到身管内膛温度保持在熔点温度的时间特别短，所以在计算身管的烧蚀层厚度时，可以用身管温度维持在熔点温度阶段的平均热流密度代替实际受热过程中的热流密度。

$$q(t) = \frac{\int_{t_0}^{t_1} h(t)\Delta T \mathrm{d}t}{t_1 - t_0} \qquad (4.144)$$

综合得到身管内膛材料烧蚀退化速度为

$$v = \frac{\dfrac{\int_{t_0}^{t_1} h(t)\Delta T \mathrm{d}t}{t_1 - t_0}}{\rho_1 L_1 \left[\dfrac{c_1(T_s - T_0)}{L_1} + 1\right]} \qquad (4.145)$$

故在时间区间 $[t_0, t_1]$，身管内膛烧蚀量为

$$W_{\mathrm{SS}} = \frac{\int_{t_0}^{t_1} h(t)\Delta T \mathrm{d}t}{\rho_1 L_1 \left[\dfrac{c_1(T_s - T_0)}{L_1} + 1\right]} \qquad (4.146)$$

式中，t_0、t_1 分别为身管材料开始熔化时间和熔化结束时间；$\Delta T = T - T_s$，T 为火药燃气温度，可由内弹道方程求解，T_s 为炮钢熔点；ρ_1 为炮钢密度；L_1 为炮钢熔化潜热；c_1 为炮钢比热容；T_0 为初始环境温度。

（2）身管内膛磨损的计算模型。

身管武器发射过程中，熔融态的身管内膛材料附着在身管与弹丸摩擦副之间形成一层液膜，起着和润滑剂相同的作用，这会导致身管与弹丸的摩擦系数显著减小。图4.28为身管与弹丸的摩擦系数 μ 和身管与弹丸接触应力与弹丸速度乘积 σv 的函数关系。

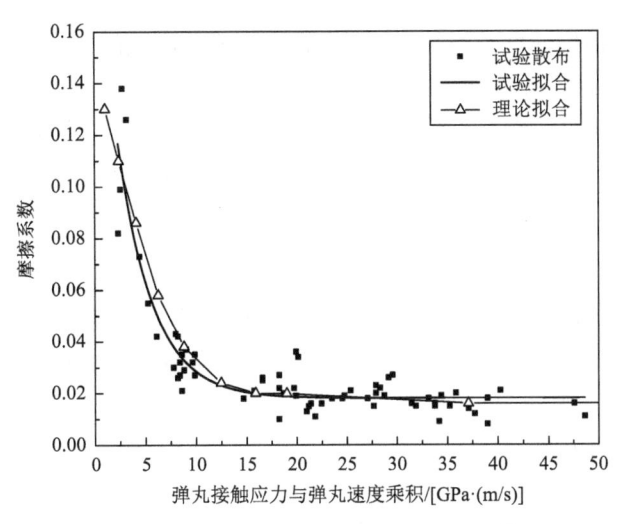

图 4.28 身管与弹丸摩擦系数的变化规律

表 4.6 为部分摩擦系数试验数据。

表 4.6 部分摩擦系数试验数据

σv/[MPa·(m/s)]	2305.688	3144.12	4401.768	6078.632
μ	0.138	0.126	0.099	0.073
σv/[MPa·(m/s)]	7965.104	9641.968	14672.56	16559.032
μ	0.043	0.032	0.029	0.025
σv/[MPa·(m/s)]	19703.152	21380.016	24733.744	27877.864
μ	0.022	0.019	0.019	0.020
σv/[MPa·(m/s)]	31441.2	33118.064	34375.712	35842.968
μ	0.016	0.018	0.019	0.020
σv/[MPa·(m/s)]	38987.088	40244.736	47581.016	48629.056
μ	0.018	0.021	0.018	0.018

从图 4.28 可以看出，身管与弹丸的摩擦系数随着 σv 的增大呈减小趋势。弹丸初启动时，膛压以及速度较小，输入能量低，摩擦生热相对较小，火药燃气热、摩擦热的累积相对较小，摩擦副摩擦学状态表现为"碰撞"形式的干摩擦，相应的摩擦系数较大；当随着膛压和速度的升高，摩擦副摩擦热大量积聚，再加上火药燃气和摩擦副塑性变形能的累积，造成摩擦副接触面软化甚至熔化，形成动压润滑层，摩擦副摩擦学状态表现为动压润滑摩擦，由此造成摩擦系数显著下降。

弹炮耦合过程中极端的工况导致身管弹丸摩擦副摩擦磨损状况更为复杂。基于 Archard 磨损理论可知，身管弹丸摩擦副相对运动产生的磨损量为

$$W_\mathrm{f} = \frac{Kpns}{H} \tag{4.147}$$

式中，K 为铜/钢摩擦副的磨损系数；p 为身管弹丸摩擦副接触压力；n 为射弹发数；s 为弹带有效宽度；H 为身管材料硬度。

根据法向能量耗散冲击磨损模型可知，弹丸每一次冲击身管内膛表面造成身管内膛材料损失为

$$W_i = \int_{t_0}^{t_1} F_n v_n \mathrm{d}t \qquad (4.148)$$

式中，F_n 为弹丸前定心与身管内膛表面间冲击碰撞时的法向接触力；v_n 为冲击碰撞时弹丸前定心与身管内膛表面的法向相对速度；t_0 为冲击碰撞开始的时间；t_1 为冲击碰撞结束的时间。

身管内膛总磨损量为

$$W_{JX} = \begin{cases} \dfrac{Kpns}{H}, & t < t_q \\ \dfrac{Kpns}{H} + \int_{t_0}^{t_1} F_n v_n \mathrm{d}t, & t \geqslant t_q \end{cases} \qquad (4.149)$$

式中，t_q 为弹丸弹带运动到初始弹丸前定心与身管碰撞位置所需时间。

（3）身管内膛烧蚀磨损总量预测。

图 4.29 和图 4.30 分别是某大口径火炮 100～500 发射击状况下非导转侧和导转侧身管内膛烧蚀磨损累积分布规律，考虑到身管轴向距离较大，故图中主要描述身管坡膛及膛线起始部和弹丸出炮口位置的磨损量。可以看出，坡膛及膛线起始部磨损量相对较大，普遍可达 1.5mm，导转侧峰值可达 1.8mm；弹丸出炮口位置磨损量相对较小，普遍可达 0.5mm。究其原因，坡膛及膛线起始部作为弹丸火药燃气和摩擦热的集中区域，主要以烧蚀为主，相应的烧蚀磨损量较大；弹丸出炮口位置温度相对较低，远不能达到烧蚀的程度，故主要以机械磨损为主，相应的磨损量较小。此外，坡膛及膛线起始部导转侧磨损量比非导转侧普遍高 0.1～0.2mm。

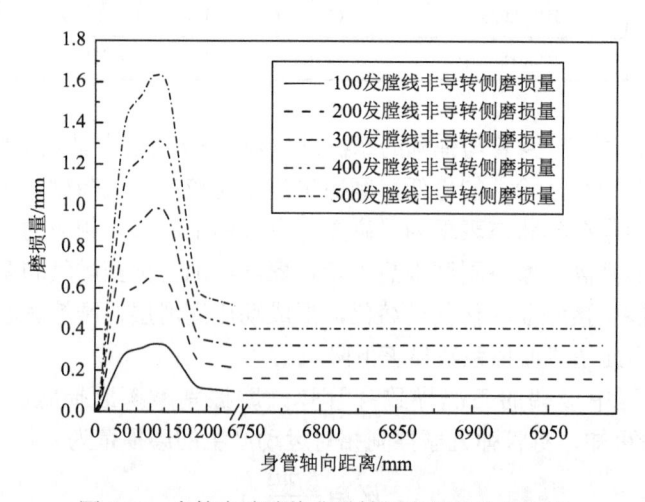

图 4.29　身管内膛膛线非导转侧磨损量分布规律

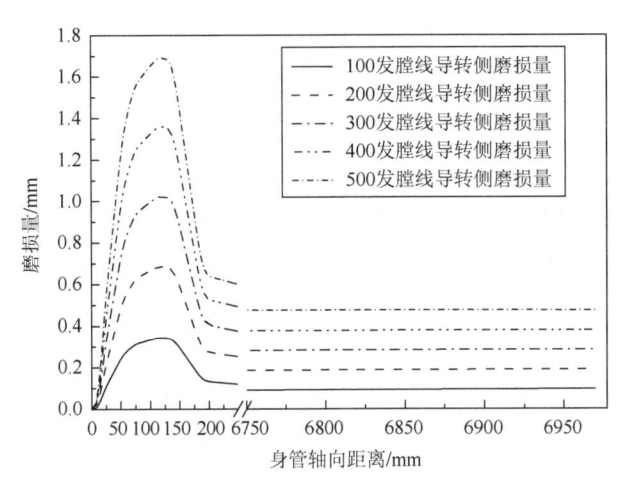

图 4.30　身管内膛膛线导转侧磨损量分布规律

2）身管内膛烧蚀磨损子学科的近似模型

与弹丸膛内大位移运动子学科近似模型类似，采用试验设计和 BP 神经网络建立身管内膛烧蚀磨损的近似模型，选择弹丸质量偏心、阴线宽度等 7 个参量作为身管内膛烧蚀磨损子学科的设计变量，依次记为 Z_1、Z_2、Z_3、Z_4、Z_5、Z_6、Z_7，各变量初值及变化范围如表 4.7 所示。

表 4.7　身管内膛烧蚀磨损子学科设计变量初值及变化范围

类别	质量偏心/mm	阴线宽度/mm	膛线深度/mm	弹带宽度/mm	火药质量/kg	弹丸质量/kg	坡膛锥度/(°)
初值	0.10	6.789	2.30	58.00	16.80	45.52	2.05
下限	0.00	5.900	2.10	54.00	16.40	45.20	1.78
上限	0.30	6.900	3.10	62.00	18.00	45.80	5.71

采用最优拉丁超立方试验设计方法对身管内膛烧蚀磨损的 7 个设计变量进行抽样，形成 50 组试验设计数据，分别代入身管内膛烧蚀磨损数值计算模型，获得膛线起始部和膛线炮口部的烧蚀磨损量，在此基础上建立 RBF 神经网络代理模型。通过多次试算，确定合适的初始权值、学习率、阈值、动量因子、最大迭代次数等，膛线起始部和膛线炮口部的烧蚀磨损量的预测精度（R^2）分别为 0.9684、0.9544。

3）身管内膛烧蚀磨损子学科的优化模型

以膛线起始部的烧蚀磨损量和弹丸出炮口部位的磨损为身管内膛烧蚀磨损子学科分析器的响应输出量。以设计变量一致性约束和目标响应偏差最小为目标函数，即

$$\min \quad \text{sub}_3 = \left\| \boldsymbol{f}_{si} - \boldsymbol{f}_i \right\|_2^2 + \left\| \boldsymbol{S}_j - \boldsymbol{Z}_j \right\|_2^2, \quad i \in (G_{m1}, G_{m2}), j \in (1, 2, \cdots, 7) \quad (4.150)$$

式中，$\boldsymbol{S}_j$ 为系统共享设计变量，在每次子学科迭代计算中固定不变；$\boldsymbol{Z}_j$ 为子学科优化器的本地设计变量。

4. 系统级优化目标及设计变量选取

上述三个子学科分析器的响应输出项均为火炮膛内射击的重要性能指标，但由于各指标的数量级存在一定的差异，需进行正则归一化处理；膛压和初速归一化后赋予30%的权重，炮口扰动归一化后赋予30%权重，挤进力和损耗冲量归一化后赋予20%的权重，烧蚀磨损量归一化后赋予20%的权重；在目标函数中还含有3个一致性约束。

$$\min \quad f = 0.2f_1 + 0.3f_{21} + 0.3f_{22} + 0.2f_3 + \varepsilon_1 + \varepsilon_2 + \varepsilon_3 \tag{4.151}$$

$$f_1 = (f_{R_t}/\alpha_1 + f_{IR_t}/\alpha_2)/2 \tag{4.152}$$

$$f_{21} = (f_{P_{re}}/\beta_1 + f_{V_{el}}/\beta_2)/2 \tag{4.153}$$

$$f_{22} = \beta_3|f_{V_{r2}}| + \beta_4|f_{V_{r3}}| + \beta_5|f_{U_{r2}}| + \beta_6|f_{U_{r3}}| \tag{4.154}$$

$$f_3 = (f_{pt}/\gamma_1 + f_{pk}/\gamma_2)/2 \tag{4.155}$$

$$\varepsilon_1 = \|\boldsymbol{f}_{si} - \boldsymbol{f}_i\|_2^2 + \|\boldsymbol{S}_j - \boldsymbol{X}_j\|_2^2, \quad i \in (R_t, IR_t), j \in (2,3,\cdots,8) \tag{4.156}$$

$$\varepsilon_2 = \|\boldsymbol{f}_{si} - \boldsymbol{f}_{2i}\|_2^2 + \|\boldsymbol{S}_j - \boldsymbol{Y}_j\|_2^2, \quad i \in (P_{re}, V_{el}, V_{r2}, V_{r3}, U_{r2}, U_{r3}), j \in (1,2,\cdots,6) \tag{4.157}$$

$$\varepsilon_3 = \|\boldsymbol{f}_{si} - \boldsymbol{f}_i\|_2^2 + \|\boldsymbol{S}_j - \boldsymbol{Z}_j\|_2^2, \quad i \in (G_{m1}, G_{m2}), j \in (1,2,\cdots,7) \tag{4.158}$$

选取弹丸质量偏心、阴线宽度等8个射击变量作为系统级设计变量，分别记作 S_1、S_2、S_3、S_4、S_5、S_6、S_7、S_8，系统级设计变量初值及变化范围如表4.8所示。

表 4.8 系统级设计变量初值及变化范围

类别	质量偏心 /mm	阴线宽度 /mm	膛线深度 /mm	弹带宽度 /mm	火药质量 /kg	弹丸质量 /kg	坡膛锥度 /(°)	火药弧厚 /mm
初值	0.10	6.789	2.30	58.00	16.80	45.52	2.05	2.30
下限	0.00	5.900	2.10	54.00	16.40	45.20	1.78	2.10
上限	0.30	6.900	3.10	62.00	18.00	45.80	5.71	2.40

4.5.3 火炮膛内射击过程多学科设计优化结果分析

1) 多学科设计优化结果及分析

利用建立的火炮膛内射击过程多学科设计优化模型以及各子学科代理模型，选用非线性序列二次规划（nonlinear sequential quadratic programming，NLSQP）算法进行寻优计算。系统级目标函数、各子学科目标函数的迭代过程如图4.31~图4.40所示。可以看出，系统级优化共进行了279次迭代计算，目标函数值最终收敛在1.073，满足系统级一致性要求和约束函数要求的可行解有14个。

第4章 火炮多学科设计优化

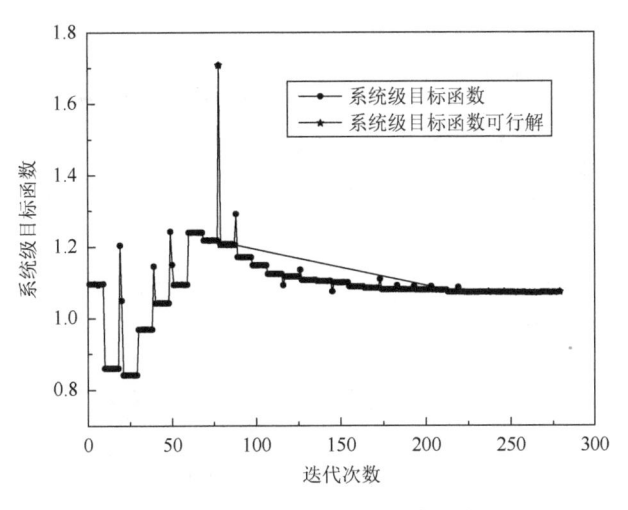

图 4.31 系统级目标函数迭代收敛过程图

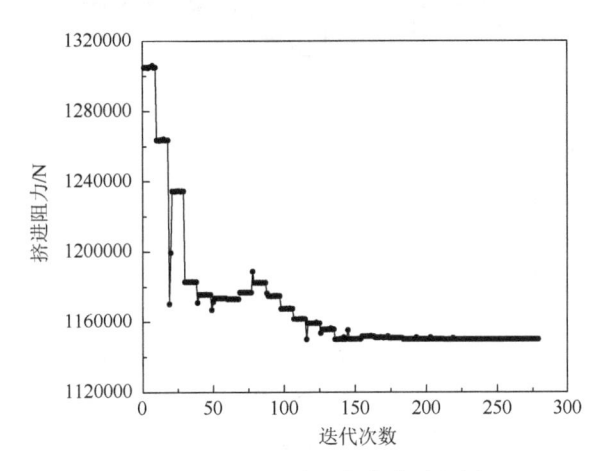

图 4.32 挤进阻力迭代收敛过程图

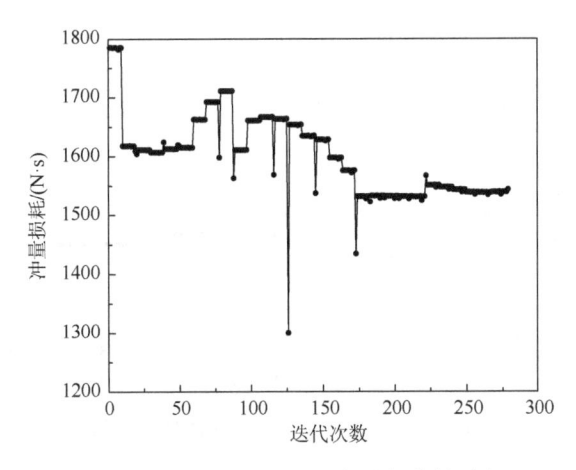

图 4.33 燃气压力冲量损耗迭代收敛过程

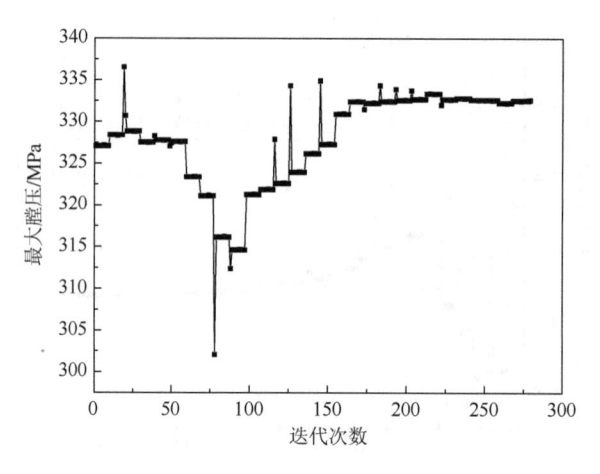

图 4.34　最大膛压迭代收敛过程

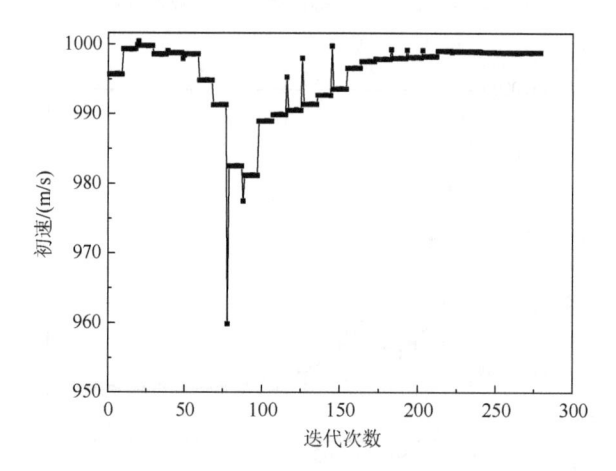

图 4.35　初速迭代收敛过程

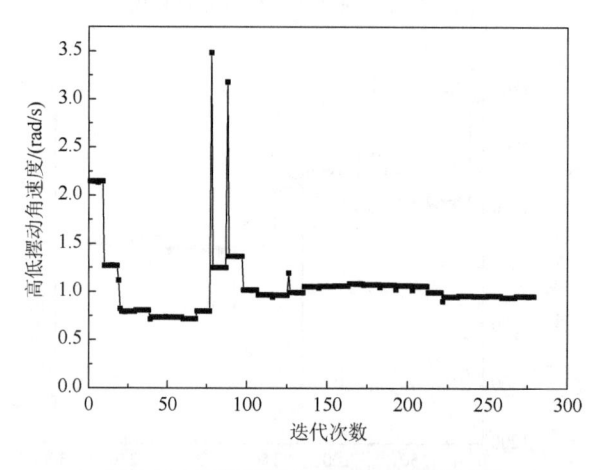

图 4.36　高低摆动角速度迭代收敛过程

第 4 章　火炮多学科设计优化

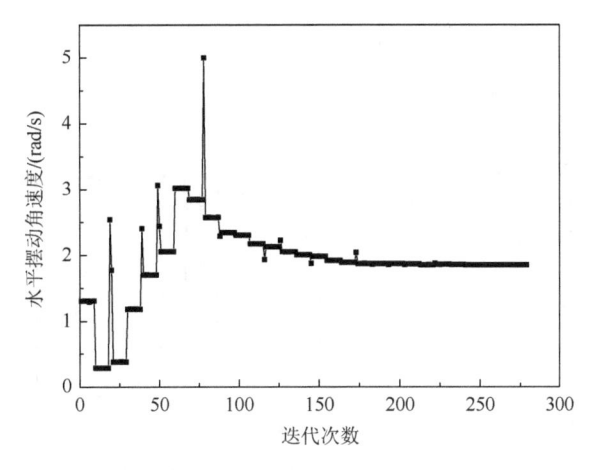

图 4.37　水平摆动角速度迭代收敛过程

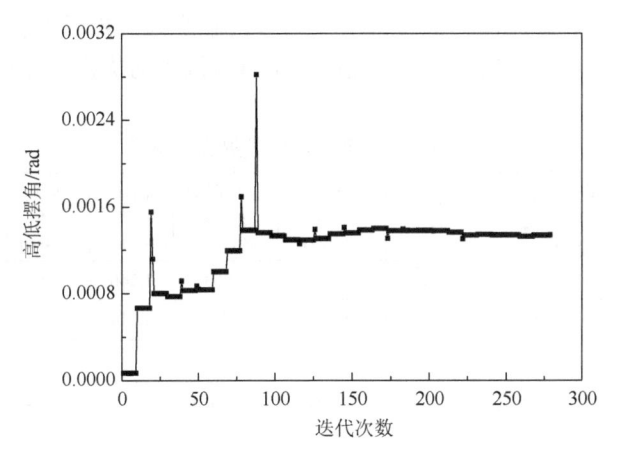

图 4.38　高低摆角迭代收敛过程

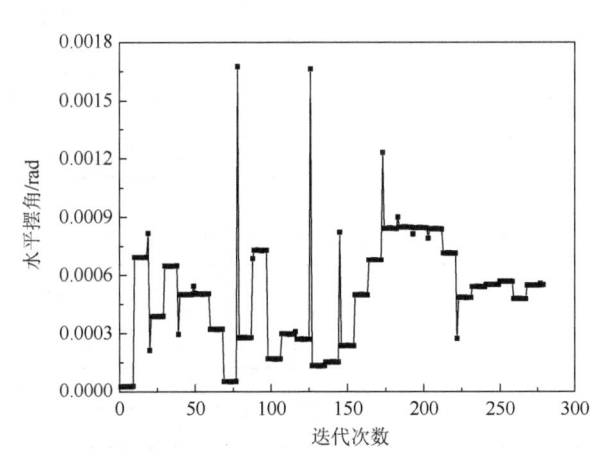

图 4.39　水平摆角迭代收敛过程

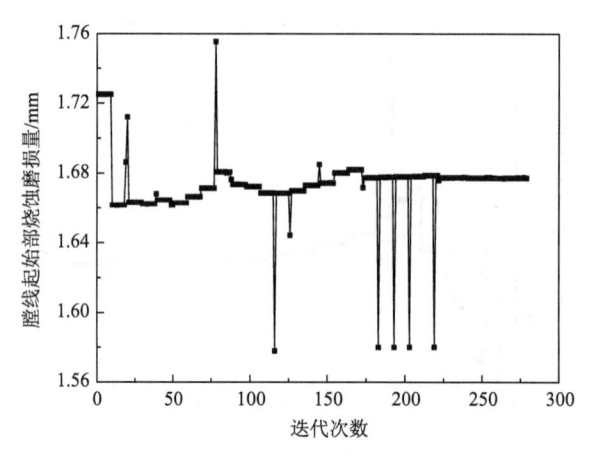

图 4.40　膛线起始部烧蚀磨损量迭代收敛过程

弹带挤进子学科、弹丸膛内大位移子学科和内膛烧蚀磨损子学科的优化迭代次数分别为 21748 次、26421 次和 21488 次，经过多学科协调后的优化性能指标如表 4.9 所示。

表 4.9　各子学科目标函数优化结果

类别	冲量损耗 /(10^3N·s)	挤进阻力 /10^6N	初速 /(m/s)	膛压 /MPa	高低摆动角速度 /(rad/s)	水平摆动角速度 /(rad/s)	高低摆角 /(mrad)	水平摆角 /(mrad)	膛线起始部烧蚀磨损量 /mm	炮口部位机械磨损 /mm
优化后	1.54	1.15	998.9	332.6	0.954	1.853	1.340	0.550	1.668	0.301
优化前	1.74	1.13	987.5	325.8	2.501	3.764	3.614	0.841	1.723	0.455

对应的系统级设计变量和各子学科局部设计变量优化结果分别如表 4.10 和表 4.11 所示。

表 4.10　系统级设计变量优化结果

类别	质量偏心 /mm	阴线宽度 /mm	膛线深度 /mm	弹带宽度 /mm	火药质量 /kg	弹丸质量 /kg	坡膛锥度 /(°)	火药弧厚 /mm
下限	0.00	5.90	2.10	54.00	16.40	45.20	1.91	2.10
上限	0.30	6.90	3.10	62.00	18.00	45.80	5.71	2.40
优化值	0.00017	6.247	2.405	54.00	17.90	45.20	5.698	2.40

表 4.11　各子学科局部设计变量优化结果

类别	燃速系数 /(m·Pa^{-n}/s)	弹带位置 /mm	弹带宽度 /mm	弹炮间隙 /mm	火药长度 /mm	火药孔径 /mm	摩擦系数	药室容积 /L
下限	6.90	172	54.00	0.10	8.00	0.60	0.05	25.00
上限	7.40	192	62.00	0.60	9.50	0.80	0.125	27.00
优化值	7.40	180	54.00	0.40	9.00	0.70	0.100	26.00

图 4.41 显示了 8 个系统级共享设计变量在系统级优化 279 次迭代过程中，具有 14 个可行解条件下设计变量的交替变化过程。

第 4 章 火炮多学科设计优化

各子学科的设计变量由于有子学科的设计变量一致性约束限制，在每一轮系统级设计变量下发后，子学科都在满足一致性约束情况下，协调其他局部设计变量将子学科目标函数最小化。因系统级设计变量下发就有 279 次，各子学科局部设计变量的协调过程多达 2 万多次。

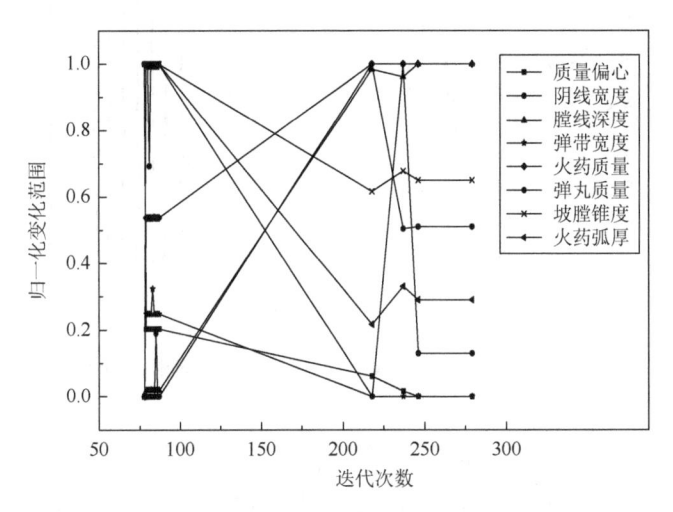

图 4.41　系统级设计变量在系统级优化过程中的交替变化

2）一致性约束分析

含有非可行解在内的 3 个子学科的一致性约束违约情况如图 4.42～图 4.44 所示。

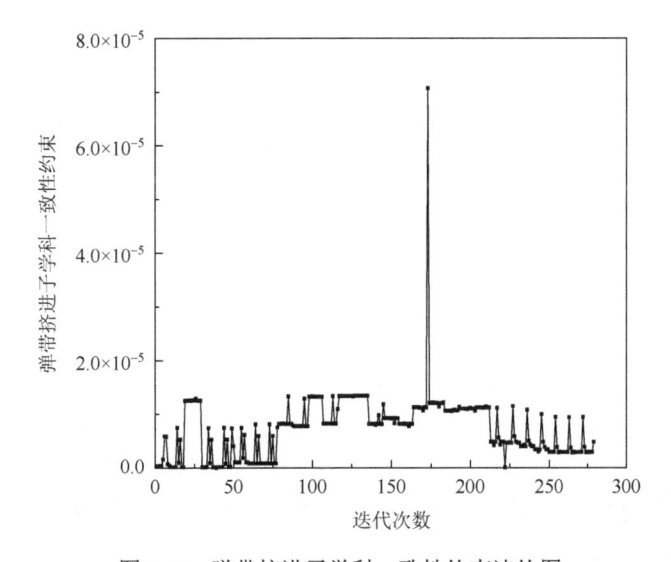

图 4.42　弹带挤进子学科一致性约束违约图

可以看出，弹带挤进子学科与弹丸膛内大位移运动子学科的一致性约束在迭代过程中均可满足（$<10^{-4}$），但内膛烧蚀磨损子学科在迭代过程中出现了多次违约情况，其主

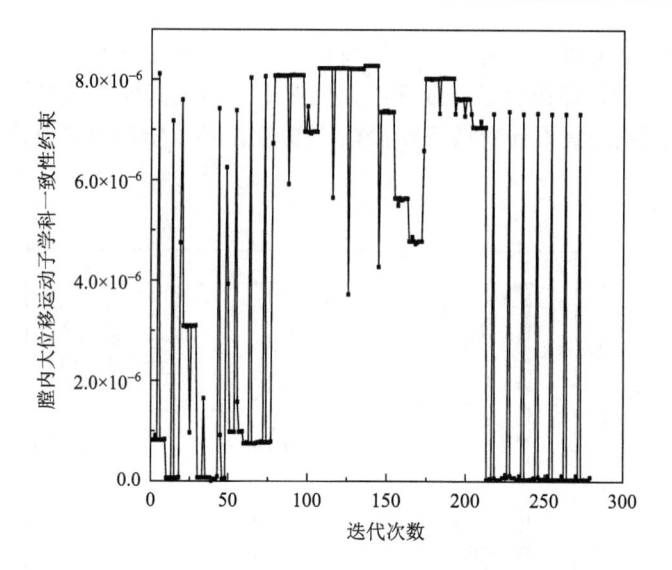

图 4.43 膛内大位移运动子学科一致性约束违约图

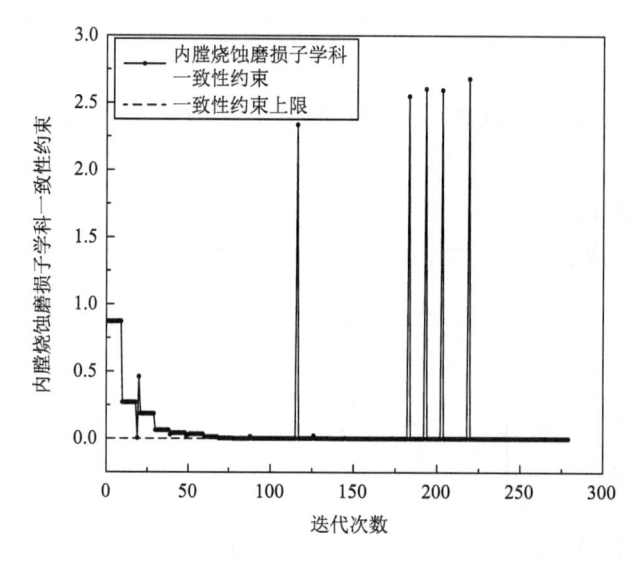

图 4.44 内膛烧蚀磨损子学科一致性约束违约图

要原因是内膛烧蚀磨损子学科的 7 个局部设计变量与系统级共享设计变量完全相同,内膛烧蚀磨损子学科要满足一致性约束只能由系统级下发的共享设计变量来协调,故可能会出现一定程度的违约,而其他学科除系统级设计变量外,均有其相对独立的局部设计变量,通过调整这些局部设计变量可以满足本学科的一致性约束要求。

3) 各子学科收敛性分析

图 4.45~图 4.47 分别为弹带挤进子学科、弹丸膛内大位移运动子学科和内膛烧蚀磨损子学科目标函数在最后一轮循环迭代过程中的收敛情况。

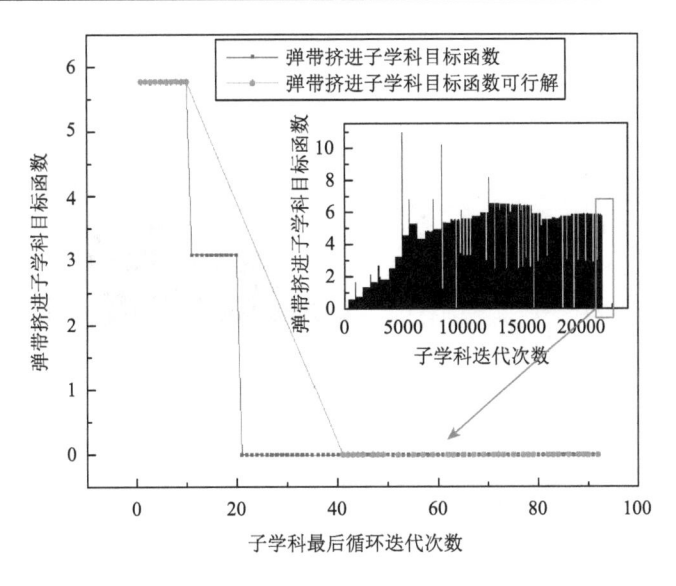

图 4.45 弹带挤进子学科目标函数收敛过程

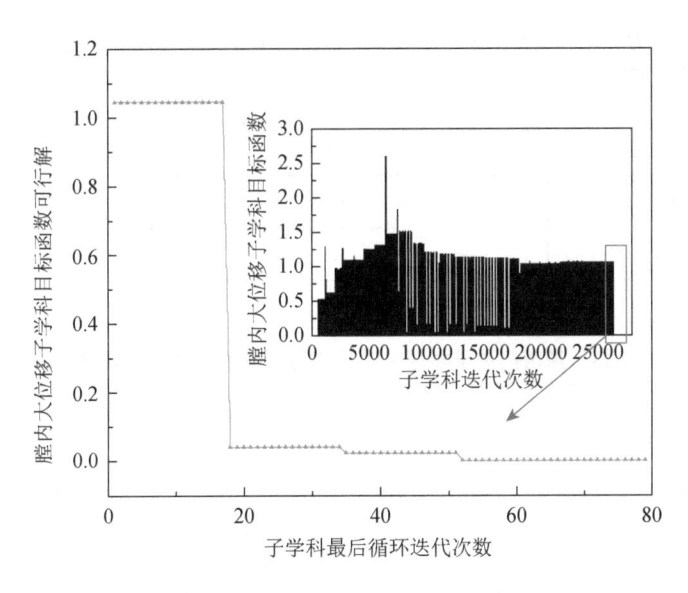

图 4.46 膛内大位移子学科目标函数收敛过程

4）多学科优化与各子学科独立优化的对比分析

弹带挤进子学科独立优化的目标值和设计变量值与多学科优化结果对比分别如表 4.12 和表 4.13 所示。挤进阻力与燃气压力冲量损耗两个目标参量采用不同的优化方法获得的数值并不一致，存在一定的偏差。采用不同的优化方法获得的设计变量数值也不一致，个别设计变量如阴线宽度、膛线深度、弹带宽度、火药弧厚等的偏差大于 8%。

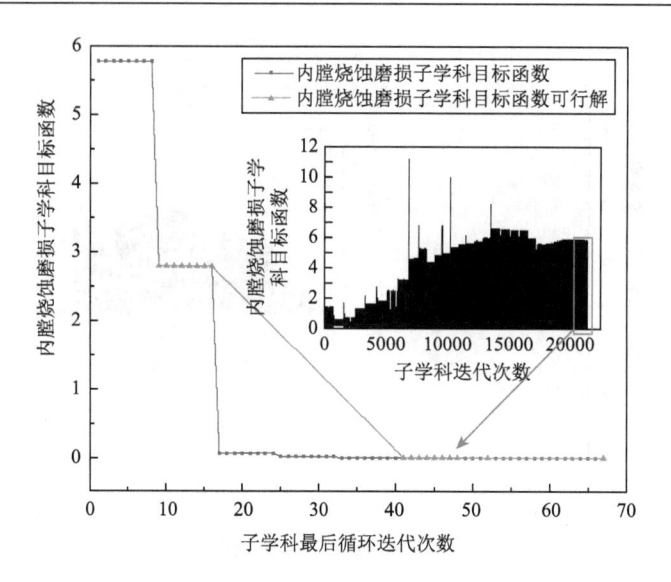

图 4.47　内膛烧蚀磨损子学科目标函数收敛过程图

表 4.12　弹带挤进子学科独立优化与多学科优化目标值对比

目标参量	优化前	单学科优化 数值解	单学科优化 模型验证值	多学科优化 数值解
挤进阻力/(10^6N)	1.14	1.37	1.32	1.15
燃气压力冲量损耗/(10^3N·s)	1.74	1.53	1.55	1.54

表 4.13　弹带挤进子学科独立优化与多学科设计优化变量对比

类别	弹带半径/mm	阴线宽度/mm	膛线深度/mm	弹带宽度/mm	火药质量/kg	弹丸质量/kg	坡膛锥度/(°)	火药弧厚/mm	燃速系数/(m·Pa^{-n}/s)
单学科优化值	79.912	6.799	2.649	61.97	17.122	45.208	5.4042	2.1537	7.02×10^{-8}
多学科优化值	79.995	6.247	2.405	54.00	17.90	45.20	5.698	2.40	7.40×10^{-8}
相对偏差/%	0.10	8.13	9.22	12.86	4.54	0.02	5.44	11.44	5.46

图 4.48 给出了挤进子学科 Pareto 解集与多学科优化解的关系。可以看出，子学科内独立优化时，最优解是落在 Pareto 解集前沿上的，反映独立学科内最优解；但多学科优化的解并不在 Pareto 解集前沿上，且有一定的差距，这说明多学科最优解是系统的全局协调后的最优解，并非单独学科的最优解。

弹丸膛内大位移运动子学科独立优化的目标值设计变量值与多学科优化结果对比如表 4.14 和表 4.15 所示。

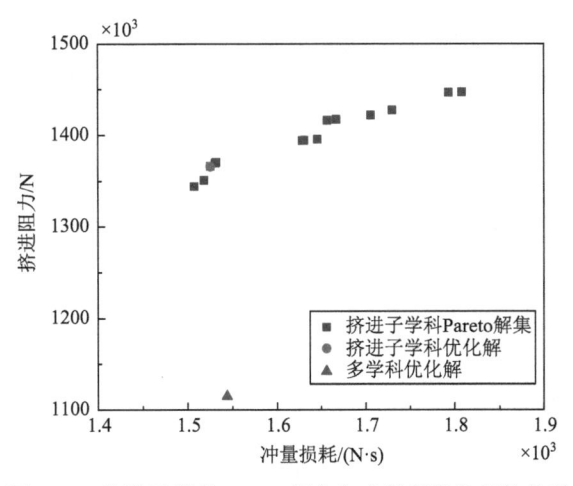

图 4.48 挤进子学科 Pareto 解集与多学科优化解的关系

表 4.14 弹丸膛内大位移运动子学科独立优化与多学科优化目标值对比

目标参量	优化前	子学科独立优化	多学科优化
初速/(m/s)	987.5	981.1	998.9
最大膛压/MPa	325.8	318.03	332.6
高低摆动角速度/(rad/s)	2.501	2.182	0.954
水平摆动角速度/(rad/s)	3.764	3.010	1.853
高低摆角/mrad	3.614	2.026	1.340
水平摆角/mrad	0.841	0.5635	0.550

表 4.15 弹丸膛内大位移运动子学科独立优化与多学科设计优化变量对比

类别	质量偏心/mm	阴线宽度/mm	膛线深度/mm	弹带宽度/mm	火药质量/kg	火药弧厚/mm
子学科优化值	0.101866	6.429	2.853	50.914	17.164	2.28
多学科优化值	0.000173	6.247	2.405	54.00	17.90	2.40
偏差/%	99.83	2.83	15.70	6.06	4.29	5.26

类别	质心位置/mm	弹炮间隙/mm	火药长度/mm	火药孔径/mm	药室容积/L
子学科优化值	181.237	0.237	8.92	0.657	25.936
多学科优化值	180.00	0.400	9.00	0.700	26.00
偏差/%	0.68	68.78	0.89	6.54	0.25

图 4.49 给出了弹丸膛内大位移运动子学科 Pareto 解集与多学科优化解的关系，多学科优化的解并不在 Pareto 解集前沿上，且有一定的差距，这说明多学科最优解是系统的全局协调后的最优解，并非单独学科的最优解。内膛烧蚀磨损子学科独立优化的目标值、设计变量与多学科优化对比如表 4.16 和表 4.17 所示。采用不同的优化方法获得的膛线起

始部烧蚀磨损量和膛线炮口位置磨损量并不一致,且数值上存在一定的差异。采用不同的优化方法获得的设计变量数值也不一致,其中质量偏心对目标参量的影响呈现了完全相反的趋势,膛线参数对不同优化方法的影响灵敏度也较大。

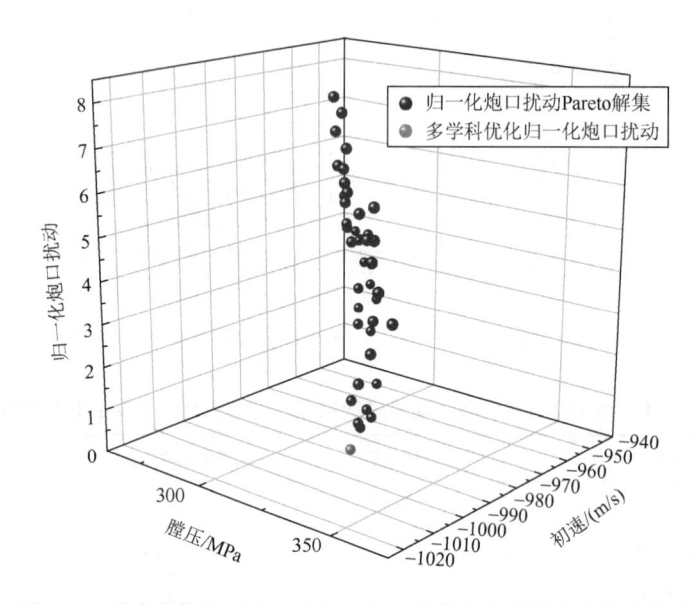

图 4.49　膛内大位移运动子学科 Pareto 解集与多学科优化解的关系

表 4.16　烧蚀磨损子学科独立优化与多学科优化目标值对比

目标参量	优化前	子学科独立优化 数值解	子学科独立优化 模型验证值	多学科优化 数值解
膛线起始部烧蚀磨损量/mm	1.723	1.197	1.239	1.668
膛线炮口位置磨损量/mm	0.455	0.291	0.369	0.305

表 4.17　烧蚀磨损子学科独立优化与多学科设计优化变量对比

设计变量	质量偏心/mm	阴线宽度/mm	膛线深度/mm	弹带宽度/mm	火药质量/kg	弹丸质量/kg	坡膛锥度/(°)
子学科优化值	0.204	6.882	2.756	60.133	16.790	45.366	5.710
多学科优化值	0.000173	6.247	2.405	54.000	17.900	45.200	5.698
偏差/%	99.92	9.23	12.74	10.20	6.61	0.37	0.21

图 4.50 给出了内膛烧蚀磨损子学科 Pareto 解集与多学科优化解的关系。可以看出,内膛烧蚀磨损子学科内独立优化时,最优解是落在 Pareto 解集前沿上的,反映独立学科内最优解;多学科优化的解并不在 Pareto 解集前沿上,且存在一定差异,主要原因是烧蚀磨损子学科的 7 个局部设计变量与系统级设计变量相同,烧蚀磨损子学科要满足一致性约束只能由系统级设计变量来协调,系统级设计变量在满足一致性约束的情况下,在

尽量满足目标函数小的要求下进行设计变量的寻优，其最优解一般不在 Pareto 解集前沿上，因此存在一定的差异。

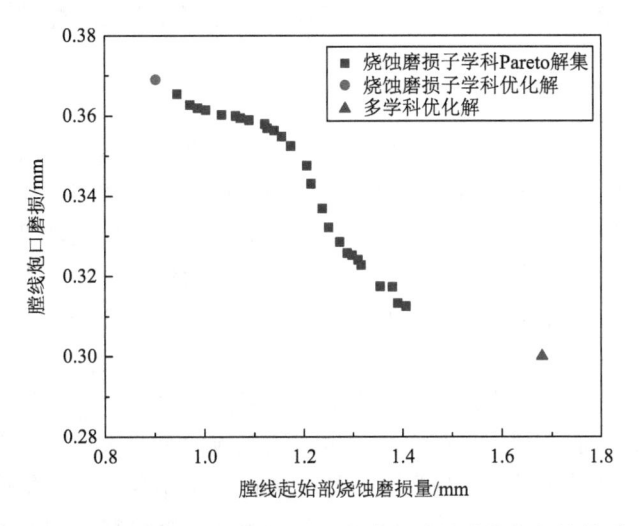

图 4.50　烧蚀磨损子学科 Pareto 解集与多学科优化解的关系

第5章 火炮系统不确定性分析与优化方法

未来信息化战争对火炮武器的远程化、精确化、机动性提出了很高的要求。提高初速是实现火炮远射程的重要举措，但提升初速将使炮口动能和炮口动量大幅增加，导致火炮受力和运动规律更加复杂，严重影响火炮的射击精度和机动性等综合性能指标的提升，即火炮威力与射击精度、机动性之间的矛盾更加尖锐。传统的火炮发射动力学及优化理论一般是基于确定性系统参数，并借助经典的力学分析理论和优化方法进行求解，难以实现火炮威力、射击精度、机动性等综合性能的优化匹配，其根本原因是火炮发射过程实际上是一个受多种不确定性因素影响的不确定性过程。从某种意义上讲，确定性是相对的，不确定性是绝对的。在由机、电、液集成的复杂火炮系统中，不可避免地存在着由载荷特性、材料性质、几何尺寸、边界条件、初始条件、测量偏差、环境因素等带来的误差或不确定性。这些不确定性将不可避免地影响最终火炮武器的综合性能，尽管在大多数状况下它们的数值很小，但耦合在一起可能导致火炮的某些系统响应与性能指标产生较大改变；而以确定性模型作为优化基础所获得的优化结果，在实际使用中很可能成为违反约束的不可行解。火炮系统中存在不确定性的主要因素有以下方面。

（1）火炮各零部件及全炮受制造、装配、测量影响产生的误差或不确定性，如各结构尺寸的几何公差，各零部件的加工质量误差、质量偏心，各装配件的安装误差与装配间隙等。受材料多相性的影响，火炮发射动力学系统中结构的物理属性如密度、弹性模量、泊松比等，以及发射装药的材料特性等，都必具有不确定性。

（2）火炮发射动力学系统受自然环境影响产生的不确定性。例如，外界环境的温度和气压将影响制退机的液压阻力系数、液体气压式复进机的气体初压值等；发射环境中的风速也是在一定范围内波动的不确定性因素，将对弹丸的飞行轨迹产生重要影响。

（3）火炮发射动力学系统的外部激励受外界干扰产生的不确定性。例如，土壤特性参数的不确定性将影响火炮所受的土壤反作用力，不规则地面产生的外部激励更是无法预知的，将对火炮行进间射击的振动特性产生重要影响。

（4）火炮发射动力学系统的边界条件和初始条件的不确定性。例如，输弹过程中的输弹力、卡膛速度、弹丸入膛过程中与身管内壁的接触碰撞等因素将造成弹丸卡膛不一致。弹丸初速和起始扰动均为外弹道过程的初始条件，它们均是不确定性的。此外，在工程分析中，需要对火炮发射动力学系统的边界条件和初始条件做一定的近似和假设，这种近似和假设会造成分析模型的不精确性。

（5）火炮系统在使用和操作过程中造成的不确定性。例如，火炮瞄准产生的射角误差。

不确定性因素的存在，是产生火炮发射性能指标差异的根本原因。受不确定性因素的影响，每一发射弹的膛内载荷、火炮振动特性、弹丸起始扰动以及弹丸的飞行轨迹与姿态都存在差异，这些差异汇聚到落点坐标，最终影响到火炮武器系统的射击密集度。

在火炮武器系统的研制过程中,经常发生射击密集度达不到指标要求的情况,这主要是因为对不确定性因素对火炮发射性能的影响规律没有清晰的认知,也缺乏有效的分析手段。目前,对火炮发射动力学的数值分析与优化研究,往往忽略了火炮系统的不确定性。对一个不确定性问题按照确定性问题处理,不可能揭示其过程本质。因此,必须从不确定性的角度出发研究火炮发射动力学系统中各个阶段上的射击现象,才能准确揭示其过程本质并掌握其变化规律。

本章将区间理论引入火炮设计分析,提出具有一定普遍适用性的不确定性数值分析方法,解决火炮发射动力学系统动态响应的不确定性数值计算问题,在此基础上建立火炮系统不确定性优化模型和相应算法,实现火炮系统的不确定性优化。

5.1 区间分析方法

5.1.1 区间数的基本概念和运算法则

1. 区间数的表征

根据区间数学,实区间数被定义为一对有序的实数,即实数集上一个连通的子集:

$$x^{\mathrm{I}} = [\underline{x}, \overline{x}] = \{x \in \mathrm{R} \mid \underline{x} \leqslant x \leqslant \overline{x}\} \tag{5.1}$$

式中,上标 I 表示区间;$\underline{x}$ 和 $\overline{x}$ 分别表示区间下界和区间上界。当 $\underline{x} = \overline{x}$ 时,区间数将变为实数。此外,区间数还可以表述为如下形式:

$$x^{\mathrm{I}} = \langle x^{\mathrm{c}}, x^{\mathrm{w}} \rangle = \{x \in \mathrm{R} \mid x^{\mathrm{c}} - x^{\mathrm{w}} \leqslant x \leqslant x^{\mathrm{c}} + x^{\mathrm{w}}\} \tag{5.2}$$

式中,x^{c} 和 x^{w} 分别为区间数 x^{I} 的中心和半径:

$$x^{\mathrm{c}} = \frac{\underline{x} + \overline{x}}{2} \tag{5.3}$$

$$x^{\mathrm{w}} = \frac{\overline{x} - \underline{x}}{2} \tag{5.4}$$

图 5.1 给出了上述区间数特征值的几何描述。

采用不确定性水平 $\beta(x^{\mathrm{I}})$ 来描述区间数的相对不确定量,定义为

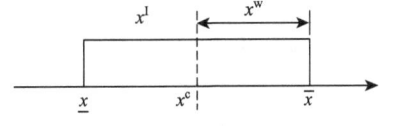

$$\beta(x^{\mathrm{I}}) = \frac{x^{\mathrm{w}}}{|x^{\mathrm{c}}|} \tag{5.5}$$

图 5.1 区间数的几何描述

此外,一些其他的区间数特征值包括区间数的绝对值 $|x^{\mathrm{I}}|$、区间数的倒数 $1/x^{\mathrm{I}}$、区间数的相反数 $-x^{\mathrm{I}}$,分别被定义为[35]

$$|x^{\mathrm{I}}| = \max(|\underline{x}|, |\overline{x}|) \tag{5.6}$$

$$1/x^{\mathrm{I}} = \{1/x \mid x \in x^{\mathrm{I}}\} = \begin{cases} \varnothing, & x^{\mathrm{I}} = [0,0] \\ [1/\overline{x}, 1/\underline{x}], & 0 \notin x^{\mathrm{I}} \\ [1/\overline{x}, \infty], & \underline{x} = 0, \overline{x} > 0 \\ [-\infty, 1/\underline{x}], & \underline{x} < 0, \overline{x} = 0 \\ [-\infty, \infty], & \underline{x} < 0, \overline{x} > 0 \end{cases} \quad (5.7)$$

$$-x^{\mathrm{I}} = \{-x \mid x \in x^{\mathrm{I}}\} \tag{5.8}$$

由区间数组成的向量称为区间向量,采用黑斜体字母表示:

$$\boldsymbol{x}^{\mathrm{I}} = [x_1^{\mathrm{I}}, \cdots, x_i^{\mathrm{I}}, \cdots, x_n^{\mathrm{I}}], \quad x_i^{\mathrm{I}} = [\underline{x}_i, \overline{x}_i] \tag{5.9}$$

类似地,区间向量的中心 $\boldsymbol{x}^{\mathrm{c}}$ 和半径 $\boldsymbol{x}^{\mathrm{w}}$ 可以定义为区间向量中每个区间数中点和半径所组成的集合:

$$\boldsymbol{x}^{\mathrm{c}} = [x_1^{\mathrm{c}}, \cdots, x_i^{\mathrm{c}}, \cdots, x_n^{\mathrm{c}}] \tag{5.10}$$

$$\boldsymbol{x}^{\mathrm{w}} = [x_1^{\mathrm{w}}, \cdots, x_i^{\mathrm{w}}, \cdots, x_n^{\mathrm{w}}] \tag{5.11}$$

2. 区间数的运算法则

相对于实数运算的运算法则,区间数之间的运算法则被称为区间运算。对于任意两个区间数 $A^{\mathrm{I}} = [\underline{A}, \overline{A}]$ 和 $B^{\mathrm{I}} = [\underline{B}, \overline{B}]$,加、减、乘、除 ($+, -, \times, /$) 四种基本区间运算法则定义如下:

$$\begin{aligned} A^{\mathrm{I}} + B^{\mathrm{I}} &= [\underline{A} + \underline{B}, \overline{A} + \overline{B}] \\ A^{\mathrm{I}} - B^{\mathrm{I}} &= [\underline{A} - \overline{B}, \overline{A} - \underline{B}] \\ A^{\mathrm{I}} \times B^{\mathrm{I}} &= [\min(\underline{A}\underline{B}, \underline{A}\overline{B}, \overline{A}\underline{B}, \overline{A}\overline{B}), \max(\underline{A}\underline{B}, \underline{A}\overline{B}, \overline{A}\underline{B}, \overline{A}\overline{B})] \\ A^{\mathrm{I}} / B^{\mathrm{I}} &= A^{\mathrm{I}} \times 1 / B^{\mathrm{I}} \end{aligned} \tag{5.12}$$

四则运算之外,一些区间数的常用函数都可以通过具体的运算法则实现。例如,区间数的幂函数可以定义为

$$(x^{\mathrm{I}})^n = \begin{cases} [0, \max(\underline{x}^n, \overline{x}^n)], & n = 2k, 0 \in x^{\mathrm{I}} \\ [\min(\underline{x}^n, \overline{x}^n), \max(\underline{x}^n, \overline{x}^n)], & n = 2k, 0 \notin x^{\mathrm{I}} \\ [\underline{x}^n, \overline{x}^n], & n = 2k+1 \end{cases} \tag{5.13}$$

式中,k 为非负整数。利用指数函数的单调性,可以计算区间数的指数函数:

$$\exp(x^{\mathrm{I}}) = [\exp(\underline{x}), \exp(\overline{x})] \tag{5.14}$$

对于区间数的三角函数可以利用其周期性进行计算,例如,区间数的余弦函数表示为

$$\cos x^{\mathrm{I}} = \begin{cases} [-1, 1], & 2k\pi - \pi \in x^{\mathrm{I}} \wedge 2k\pi \in x^{\mathrm{I}} \\ [-1, \max(\cos \underline{x}, \cos \overline{x})], & 2k\pi - \pi \in x^{\mathrm{I}} \wedge 2k\pi \notin x^{\mathrm{I}} \\ [\min(\cos \underline{x}, \cos \overline{x}), 1], & 2k\pi - \pi \notin x^{\mathrm{I}} \wedge 2k\pi \in x^{\mathrm{I}} \\ [\min(\cos \underline{x}, \cos \overline{x}), \max(\cos \underline{x}, \cos \overline{x})], & 2k\pi - \pi \notin x^{\mathrm{I}} \wedge 2k\pi \notin x^{\mathrm{I}} \end{cases} \tag{5.15}$$

式中,k 为任意整数。类似地,区间数的正弦函数、正切函数均可以利用其周期性和单调性计算。可以看出,大多数的连续函数都可以通过式(5.12)~式(5.15)的运算法则计

算，其计算结果被称为区间扩张函数。考虑函数 f 定义为从实数集 R^n 映射到 R^n，如果区间函数 f^I 从实区间 IR^n 映射到 IR^n 满足式（5.16），则 f^I 为函数 f 的区间扩张函数：

$$\forall \boldsymbol{x}^\mathrm{I} \in \mathrm{IR}^n, \quad f(\boldsymbol{x}^\mathrm{I}) \subset f^\mathrm{I}(\boldsymbol{x}^\mathrm{I}) \tag{5.16}$$

可见，区间扩张函数仍然是区间数，它的上、下边界分别是区间中实数进行相应运算后的最大值和最小值，即包含所有可能的计算结果的外壳。

图 5.2 给出了区间数集合运算的几何描述。类比实数集的集合运算，区间数的交集可以定义为

$$A^\mathrm{I} \bigcap B^\mathrm{I} = \{z \in \mathrm{R} \mid z \in A^\mathrm{I} \text{ 和 } z \in B^\mathrm{I}\} \tag{5.17}$$

区间数的并集运算与实数集的并集运算略有差异，可以通过式（5.18）计算：

$$A^\mathrm{I} \bigcup B^\mathrm{I} = [\{z \in \mathrm{R} \mid z \in A^\mathrm{I} \text{ 或 } z \in B^\mathrm{I}\}] = [\min(\underline{A}, \underline{B}), \max(\overline{A}, \overline{B})] \tag{5.18}$$

其具体含义为包含两个区间数取并集后所有可能解的最小外壳。例如，区间数[-1, 1]和区间数[3, 5]的并集计算结果为[-1, 5]。

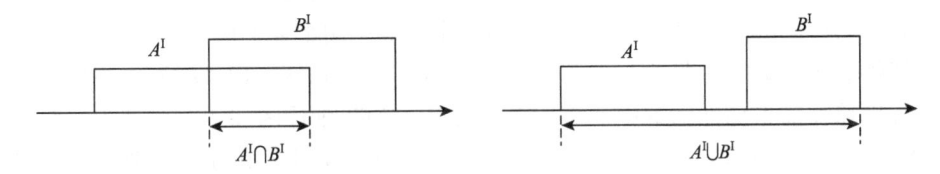

图 5.2 区间数集合运算的几何描述

5.1.2 结构响应的经典区间分析法

不失一般性，绝大多数的系统响应问题都可以被描述为一个简单的非线性泛函方程：

$$\boldsymbol{Y} = \boldsymbol{F}(\boldsymbol{x}) \tag{5.19}$$

式中，$\boldsymbol{Y} = [Y_1, Y_2, \cdots, Y_q]^\mathrm{T}$ 是一个 q 维的系统响应向量；$\boldsymbol{F} = [F_1, F_2, \cdots, F_q]^\mathrm{T}$ 是一个 q 维的非线性函数向量；$\boldsymbol{x} = [x_1, x_2, \cdots, x_n]^\mathrm{T}$ 是 n 维的设计变量向量。显然，式（5.19）是一个确定性模型。当问题中含有区间不确定性参数向量 $\boldsymbol{x}^\mathrm{I}$ 时，式（5.19）可以被重新描述为

$$\boldsymbol{Y}^\mathrm{I} = \boldsymbol{F}(\boldsymbol{x}^\mathrm{I}) \tag{5.20}$$

由于不确定性参数的传递性，输出的系统响应 $\boldsymbol{Y}$ 同样是一个区间向量而非实数。式（5.20）的解可以表示为

$$\boldsymbol{Y}^\mathrm{I} = [\underline{\boldsymbol{Y}}, \overline{\boldsymbol{Y}}] = \{\boldsymbol{Y} : \boldsymbol{Y} = \boldsymbol{F}(\boldsymbol{x}), \boldsymbol{x} \in \boldsymbol{x}^\mathrm{I}\} \tag{5.21}$$

式中，$\boldsymbol{Y}$ 的上、下区间边界可以通过式（5.22）计算：

$$\underline{\boldsymbol{Y}} = \min_{\boldsymbol{x} \in \boldsymbol{x}^\mathrm{I}} \{\boldsymbol{Y} : \boldsymbol{Y} = \boldsymbol{F}(\boldsymbol{x}), \boldsymbol{x} \in \boldsymbol{x}^\mathrm{I}\} \tag{5.22}$$

$$\overline{\boldsymbol{Y}} = \max_{\boldsymbol{x} \in \boldsymbol{x}^\mathrm{I}} \{\boldsymbol{Y} : \boldsymbol{Y} = \boldsymbol{F}(\boldsymbol{x}), \boldsymbol{x} \in \boldsymbol{x}^\mathrm{I}\} \tag{5.23}$$

响应的区间边界本质上是泛函方程的极值。一般来说，对于绝大多数的工程实际问题，精确的区间边界很难通过式（5.22）直接计算得到，只能通过一些区间分析方法计算响应的区间边界的近似解，这类方法包括基于区间运算的区间分析法、区间顶点法（IVM）、区间摄动法（IPM）和基于全局搜索算法的区间分析法等。

1. 基于区间运算的区间分析法

直接运用区间运算法则可以方便并快速地对函数区间值域进行估计。但是，区间运算的结果通常会比实际结果的范围更大，这种对区间边界的高估在多维问题和非单调性问题中会变得更加明显和严重，区间运算的这一固有缺陷称为包裹效应（wrapping effect）。为了展示区间运算的包裹效应，考虑式（5.23）的非线性函数：

$$f(x) = x^3 - 2x^2 + x, \quad x^I = [0,1] \tag{5.24}$$

该函数是一个非单调函数，采用区间运算对式（5.24）进行计算时，需要分别计算 3 个关于 x 的区间函数 $f_1(x) = x^3$、$f_2(x) = -2x^2$、$f_3(x) = x$，再进行区间数的加法运算，其计算过程如图 5.3 所示。该区间运算的最终结果为图 5.3 中阴影 A 的区间，即 $f^I(x^I) = [-2,2]$，但该区间函数的精确解为图 5.3 中阴影 B 的区间，即 $f^I(x^I)^* = [0, 4/27]$，可以看到这种区间放大现象在非单调性函数中非常明显。这是因为在进行区间运算过程中，将区间函数 $f_1(x)$、$f_2(x)$、$f_3(x)$ 中的 x^I 看作相互独立的区间变量，但实际上它们均是同一区间变量 x^I 的连续性函数。相关研究结果表明，如果一个区间变量在区间函数中只出现一次，区间运算可以获得完全精确的解。这一点对于绝大多数的工程实际问题都很难实现，尤其是对于多维的复杂非线性函数，区间运算的包裹效应将非常严重。

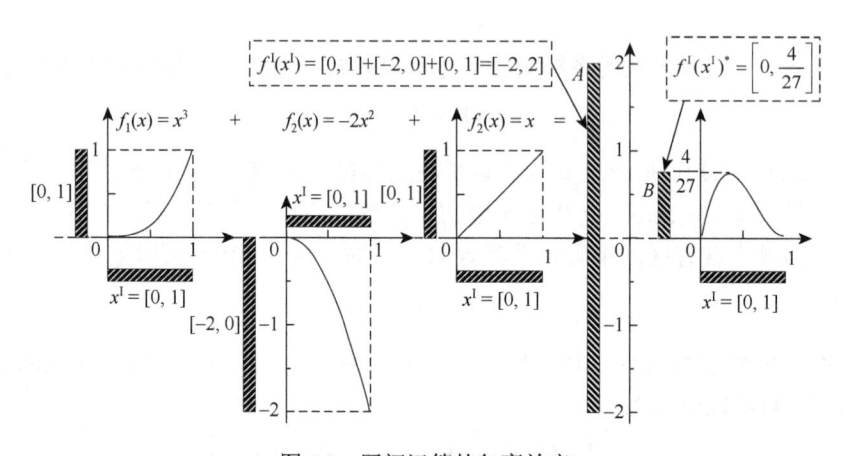

图 5.3 区间运算的包裹效应

区间运算的另一个缺点是其计算结果不具有唯一性，高度依赖于函数具体的表述形式。例如，考虑式（5.24）的函数：

$$f(x) = x^2 + 2x = x(x+2) = (x+1)^2 - 1, \quad x^I = [-1,1] \tag{5.25}$$

计算其在三种不同表达式下的区间，可以得到：

$$f_1^{\mathrm{I}}(x) = x^2 + 2x = [0,1] + [-2,2] = [-2,3]$$
$$f_2^{\mathrm{I}}(x) = x(x+2) = [-1,1] \times [1,3] = [-3,3] \quad (5.26)$$
$$f_3^{\mathrm{I}}(x) = (x+1)^2 - 1 = [0,2]^2 - 1 = [-1,3]$$

从式（5.25）的结果可以看出，区间运算在不同表达式下的结果并不相同，$f_3^{\mathrm{I}}(x)$ 的表达式可以获得精确解，但 $f_1^{\mathrm{I}}(x)$ 和 $f_2^{\mathrm{I}}(x)$ 的计算结果均存在不同程度的包裹效应。在实数集内等同的函数变换，在区间集内并不能完全等效，这一缺陷同样不适合求解具有复杂非线性函数关系甚至泛函关系的工程问题，因此基于区间运算的区间分析法在实际工程问题中较少应用。

2. 区间顶点法

在区间顶点法中，需要假设函数 **f** 在不确定域内是单调的。从而区间函数的边界将位于不确定域的顶点，即区间不确定性参数的边界，可以通过式（5.27）和式（5.28）计算：

$$\underline{Y} = \min\{F(x_{B1}), F(x_{B2}), \cdots, F(x_{B2^n})\} \quad (5.27)$$

$$\overline{Y} = \max\{F(x_{B1}), F(x_{B2}), \cdots, F(x_{B2^n})\} \quad (5.28)$$

式中，$x_{Bi}(i = 1, 2, \cdots, 2^n)$ 为不确定性参数的区间顶点组合向量，分别为

$$\begin{aligned} x_{B1} &= [\underline{x}_1, \underline{x}_2, \cdots, \underline{x}_n] \\ x_{B2} &= [\underline{x}_1, \underline{x}_2, \cdots, \overline{x}_n] \\ &\vdots \\ x_{B2^n} &= [\overline{x}_1, \overline{x}_2, \cdots, \overline{x}_n] \end{aligned} \quad (5.29)$$

式（5.27）、式（5.28）和式（5.29）本质上是采用不确定性参数的区间边界进行全因子试验设计（DOE）的过程。一个 n 维的不确定区间向量，需要计算 2^n 个顶点组合。这些顶点组合所对应的响应最小值和最大值分别被视为响应区间的下边界和上边界。显然，区间顶点法只能处理函数单调的情况，当函数的极值并不位于不确定域的顶点时将产生很大的误差。绝大多数的工程实际问题都是非线性的，甚至是高度非线性的，因此区间顶点法对于这类问题并不适用。

3. 区间摄动法

区间摄动法是一种基于泰勒级数展开的区间分析方法。考虑式（5.19）的区间函数计算问题，根据区间数学，第 $i(i = 1, 2, \cdots, n)$ 个区间参数可以进一步表示为

$$x_i^{\mathrm{I}} = x_i^{\mathrm{c}} + x_i^{\mathrm{w}} \delta_i, \quad \delta_i \in [-1,1] \quad (5.30)$$

在不确定性参数的中心 x^{c} 应用泰勒级数展开，则 $Y_j(j = 1, 2, \cdots, q)$ 可以通过式（5.31）近似：

$$Y_j = F_j(x^{\mathrm{c}}) + \sum_{i=1}^{n} \left.\frac{\partial Y_j}{\partial x_i}\right|_{x_i = x_i^{\mathrm{c}}} x_i^{\mathrm{w}} \delta_i + \frac{1}{2!} \sum_{i=1}^{n} \sum_{k=1}^{n} \left.\frac{\partial^2 Y_j}{\partial x_i \partial x_k}\right|_{\substack{x_i = x_i^{\mathrm{c}} \\ x_k = x_k^{\mathrm{c}}}} x_i^{\mathrm{w}} x_k^{\mathrm{w}} \delta_i + R_n(x) \quad (5.31)$$

式中，$R_n(x)$ 表示区间余项。将上述展开式写成矩阵形式，可得

$$Y_j = F_j(x^c) + \nabla F_j(x^c)^T x^w \delta + \frac{1}{2!}(x^w)^T G_j(x^c) x^w \delta + R_n(x) \tag{5.32}$$

式中，$\delta \in [-1,1]$，$\nabla F_j(x^c)$ 和 $G_j(x^c)$ 分别为 F_j 在 x^c 处的一阶和二阶梯度矩阵，可以分别表述为以下形式：

$$\nabla F_j(x^c) = \left[\frac{\partial f_j}{\partial x_1}, \frac{\partial f_j}{\partial x_2}, \cdots, \frac{\partial f_j}{\partial x_n}\right]_{x^c} \tag{5.33}$$

$$G_j(x^c) = \begin{pmatrix} \frac{\partial^2 f_j}{\partial x_1^2} & \frac{\partial^2 f_j}{\partial x_1 \partial x_2} & \cdots & \frac{\partial^2 f_j}{\partial x_1 \partial x_n} \\ \frac{\partial^2 f_j}{\partial x_2 \partial x_1} & \frac{\partial^2 f_j}{\partial x_2^2} & \cdots & \frac{\partial^2 f_j}{\partial x_2 \partial x_n} \\ \vdots & \vdots & & \vdots \\ \frac{\partial^2 f_j}{\partial x_n \partial x_1} & \frac{\partial^2 f_j}{\partial x_n \partial x_2} & \cdots & \frac{\partial^2 f_j}{\partial x_n^2} \end{pmatrix}_{x^c} \tag{5.34}$$

严格的泰勒展开式可以确保真实解在所获得区间边界的范围内，但计算区间余项 $R_n(x)$ 往往需要较高的计算成本，故实际使用中通常使用一阶或二阶泰勒级数展开，且忽略区间余项。

通过区间运算，$Y_j(j=1,2,\cdots,q)$ 的区间边界可以通过以下公式计算得到：

$$\underline{Y}_j = F_j(x^c) - \sum_{i=1}^{n}\left|\frac{\partial Y_j}{\partial x_i}\right|_{x_i = x_i^c} x_i^w - \frac{1}{2!}\sum_{i=1}^{n}\sum_{k=1}^{n}\left|\frac{\partial^2 Y_j}{\partial x_i \partial x_k}\right|_{\substack{x_i = x_i^c \\ x_k = x_k^c}} x_i^w x_k^w \tag{5.35}$$

$$\overline{Y}_j = F_j(x^c) + \sum_{i=1}^{n}\left|\frac{\partial Y_j}{\partial x_i}\right|_{x_i = x_i^c} x_i^w + \frac{1}{2!}\sum_{i=1}^{n}\sum_{k=1}^{n}\left|\frac{\partial^2 Y_j}{\partial x_i \partial x_k}\right|_{\substack{x_i = x_i^c \\ x_k = x_k^c}} x_i^w x_k^w \tag{5.36}$$

区间摄动法计算简单，具有良好的计算效率，但它有两个主要的缺陷，极大地阻碍了其工程应用。首先，泰勒级数展开只有在不确定参数的不确定性水平足够小的情况下才是精确的，其计算精度随着不确定性水平的增加而降低。如果不确定性水平较大，很容易导致较大的计算误差，区间边界的计算也就失去了意义。为了克服这个缺点，子区间摄动法被提出[36-38]。首先将不确定性水平较大的区间细分为不确定性水平较小的子区间，可以得到子区间的组合，将式（5.30）～式（5.36）的区间摄动法应用于每个子区间组合，可以获得更精确的区间边界。区间摄动法的另一个缺陷是需要计算系统响应相对于区间不确定性参数的一阶甚至高阶导数信息，但在大多数实际的工程系统中，系统输入和输出之间的显式函数关系往往过于复杂而无法推导，很多问题甚至需要借助工程软件进行计算求解。对于这样的泛函系统，一阶导数和高阶导数存在计算困难。当然，有人可能会提议采用有限差分法计算导数，但是对于计算密集型的仿真模型，有限差分法也并不是一个明智的选择。

4. 基于全局搜索算法的区间分析法

上述的三种区间分析方法目前只能处理一些具有显式函数表达式,且非线性程度较低的简单工程问题。但采用全局搜索算法在不确定域内进行模拟搜索从而确定区间函数的边界是对任何模型都普遍适用的一种区间分析方法。由于区间函数的边界本质上是泛函方程的极值,因此求解区间边界的过程本质上也是优化问题,区间函数的上、下边界可以转化为两个确定性的无约束优化问题,即最大化优化问题和最小化优化问题:

$$\underline{Y} = \min_{x \in x^I} F(x), \quad \overline{Y} = \max_{x \in x^I} F(x) \tag{5.37}$$

式(5.37)可以通过某些辅助优化算法实现,如遗传算法、粒子群算法、梯度算法等。此外,对于一些需要计算密集型仿真模型的复杂工程问题,通常会构建代理模型来代替原始数值计算模型,并与优化算法结合以获得较高的计算效率。

采用优化算法求解式(5.37)一般不易受研究对象的限制,而且计算精度整体较高。但是,以梯度为基础的优化算法往往容易陷入局部最优解,在整体搜索中失效,而全局搜索算法收敛较为缓慢,通常需要很高的计算成本。

5.2 基于神经网络的火炮发射动力学响应区间优化方法

5.2.1 区间数的排序法则

对于两个实数,可以通过其具体数值来比较其大小。但对于两个区间数,由于它是两个实数的集合,无法单纯地通过具体的数值比较其大小(或者称为优劣)。因此,必须利用新的数学工具判断一个区间数是否大于(或优于)另一个区间数,甚至确定一个区间数大于(或优于)另一个区间数的程度。区间数的比较、排序对于非线性区间数的优化研究具有重要意义,也是建立区间数优化数学转换模型的基础。目前,很多学者在区间数排序的数学方法方面已经做了大量的工作,主要可以归纳为两类:一类是区间序关系(order relation of interval number),即根据决策者的偏好采用区间数特征值定性地判断一个区间数是否大于(或优于)另一个区间数;另一类称为区间可能度(possibility degree of interval number),可以定量地获得一个区间数大于(或优于)另一个区间数的程度。

1. 区间序关系

区间序关系代表了决策者对区间利益的不同偏好,因此采用区间数特征值(包括区间的上边界、下边界、中点和半径)来评价区间数的优劣。由于问题目标的差异,同一区间序关系在最大化问题和最小化问题中具有不同的表达形式。常用的七种区间序关系的具体形式如下[39]。

(1)符号 $\leqslant_{LR}$ 定义的区间序关系。

$$\begin{cases} A^I \leqslant_{LR} B^I, & \text{当且仅当} \underline{A} \leqslant \underline{B} \text{和} \overline{A} \leqslant \overline{B} \\ A^I <_{LR} B^I, & \text{当且仅当} A^I \leqslant_{LR} B^I \text{和} A^I \neq B^I \end{cases} \quad (\text{最大化问题}) \tag{5.38}$$

$$\begin{cases} A^{\mathrm{I}} \leqslant_{\mathrm{LR}} B^{\mathrm{I}}, & \text{当且仅当} \underline{A} \geqslant \underline{B} \text{和} \overline{A} \geqslant \overline{B} \\ A^{\mathrm{I}} <_{\mathrm{LR}} B^{\mathrm{I}}, & \text{当且仅当} A^{\mathrm{I}} \leqslant_{\mathrm{LR}} B^{\mathrm{I}} \text{和} A^{\mathrm{I}} \neq B^{\mathrm{I}} \end{cases} \quad \text{(最小化问题)} \quad (5.39)$$

式（5.38）中 $A^{\mathrm{I}} \leqslant_{\mathrm{LR}} B^{\mathrm{I}}$ 的具体含义为：在最大化问题中，当且仅当 $\underline{A} \leqslant \underline{B}$ 和 $\overline{A} \leqslant \overline{B}$ 时，区间数 B^{I} 优于区间数 A^{I}；式（5.39）中 $A^{\mathrm{I}} \leqslant_{\mathrm{LR}} B^{\mathrm{I}}$ 的具体含义为：在最小化问题中，当且仅当 $\underline{A} \geqslant \underline{B}$ 和 $\overline{A} \geqslant \overline{B}$ 时，区间数 B^{I} 优于区间数 A^{I}。后续区间序关系的含义均与此类似，该区间序关系反映了决策者对区间上、下边界的偏好。

（2）符号 $\leqslant_{\mathrm{cw}}$ 定义的区间序关系。

$$\begin{cases} A^{\mathrm{I}} \leqslant_{\mathrm{cw}} B^{\mathrm{I}}, & \text{当且仅当} A^{\mathrm{c}} \leqslant B^{\mathrm{c}} \text{和} A^{\mathrm{w}} \geqslant B^{\mathrm{w}} \\ A^{\mathrm{I}} <_{\mathrm{cw}} B^{\mathrm{I}}, & \text{当且仅当} A^{\mathrm{I}} \leqslant_{\mathrm{cw}} B^{\mathrm{I}} \text{和} A^{\mathrm{I}} \neq B^{\mathrm{I}} \end{cases} \quad \text{(最大化问题)} \quad (5.40)$$

$$\begin{cases} A^{\mathrm{I}} \leqslant_{\mathrm{cw}} B^{\mathrm{I}}, & \text{当且仅当} A^{\mathrm{c}} \geqslant B^{\mathrm{c}} \text{和} A^{\mathrm{w}} \geqslant B^{\mathrm{w}} \\ A^{\mathrm{I}} <_{\mathrm{cw}} B^{\mathrm{I}}, & \text{当且仅当} A^{\mathrm{I}} \leqslant_{\mathrm{cw}} B^{\mathrm{I}} \text{和} A^{\mathrm{I}} \neq B^{\mathrm{I}} \end{cases} \quad \text{(最小化问题)} \quad (5.41)$$

该区间序关系反映了决策者对区间中点和半径的偏好。

（3）符号 $\leqslant_{\mathrm{Lc}}$ 定义的区间序关系。

$$\begin{cases} A^{\mathrm{I}} \leqslant_{\mathrm{Lc}} B^{\mathrm{I}}, & \text{当且仅当} \underline{A} \leqslant \underline{B} \text{和} A^{\mathrm{c}} \leqslant B^{\mathrm{c}} \\ A^{\mathrm{I}} <_{\mathrm{Lc}} B^{\mathrm{I}}, & \text{当且仅当} A^{\mathrm{I}} \leqslant_{\mathrm{Lc}} B^{\mathrm{I}} \text{和} A^{\mathrm{I}} \neq B^{\mathrm{I}} \end{cases} \quad \text{(最大化问题)} \quad (5.42)$$

$$\begin{cases} A^{\mathrm{I}} \leqslant_{\mathrm{Lc}} B^{\mathrm{I}}, & \text{当且仅当} \underline{A} \geqslant \underline{B} \text{和} A^{\mathrm{c}} \geqslant B^{\mathrm{c}} \\ A^{\mathrm{I}} <_{\mathrm{Lc}} B^{\mathrm{I}}, & \text{当且仅当} A^{\mathrm{I}} \leqslant_{\mathrm{Lc}} B^{\mathrm{I}} \text{和} A^{\mathrm{I}} \neq B^{\mathrm{I}} \end{cases} \quad \text{(最小化问题)} \quad (5.43)$$

该区间序关系反映了决策者对区间下界和中点的偏好。

（4）符号 $\leqslant_{\theta}$ 定义的区间序关系（$\theta \in [0,1]$）。

$$\begin{cases} A^{\mathrm{I}} \leqslant_{\theta} B^{\mathrm{I}}, & \text{当且仅当} (1-\theta)\underline{A} + \overline{A} \leqslant (1-\theta)\underline{B} + \overline{B} \\ A^{\mathrm{I}} <_{\theta} B^{\mathrm{I}}, & \text{当且仅当} A^{\mathrm{I}} \leqslant_{\theta} B^{\mathrm{I}} \text{和} A^{\mathrm{I}} \neq B^{\mathrm{I}} \end{cases} \quad \text{(最大化问题)} \quad (5.44)$$

$$\begin{cases} A^{\mathrm{I}} \leqslant_{\theta} B^{\mathrm{I}}, & \text{当且仅当} (1-\theta)\underline{A} + \overline{A} \geqslant (1-\theta)\underline{B} + \overline{B} \\ A^{\mathrm{I}} <_{\theta} B^{\mathrm{I}}, & \text{当且仅当} A^{\mathrm{I}} \leqslant_{\theta} B^{\mathrm{I}} \text{和} A^{\mathrm{I}} \neq B^{\mathrm{I}} \end{cases} \quad \text{(最小化问题)} \quad (5.45)$$

该区间序关系在给定的 θ 值下比较两个区间数的优劣，反映了决策者对 θ 值的偏好。

（5）符号 $\leqslant_{\mathrm{L}}$ 定义的区间序关系。

$$\begin{cases} A^{\mathrm{I}} \leqslant_{\mathrm{L}} B^{\mathrm{I}}, & \text{当且仅当} \underline{A} \leqslant \underline{B} \\ A^{\mathrm{I}} <_{\mathrm{L}} B^{\mathrm{I}}, & \text{当且仅当} A^{\mathrm{I}} \leqslant_{\mathrm{L}} B^{\mathrm{I}} \text{和} A^{\mathrm{I}} \neq B^{\mathrm{I}} \end{cases} \quad \text{(最大化问题)} \quad (5.46)$$

$$\begin{cases} A^{\mathrm{I}} \leqslant_{\mathrm{L}} B^{\mathrm{I}}, & \text{当且仅当} \underline{A} \geqslant \underline{B} \\ A^{\mathrm{I}} <_{\mathrm{L}} B^{\mathrm{I}}, & \text{当且仅当} A^{\mathrm{I}} \leqslant_{\mathrm{L}} B^{\mathrm{I}} \text{和} A^{\mathrm{I}} \neq B^{\mathrm{I}} \end{cases} \quad \text{(最小化问题)} \quad (5.47)$$

该区间序关系反映了决策者对区间下界的偏好。

（6）符号 $\leqslant_{\mathrm{R}}$ 定义的区间序关系。

$$\begin{cases} A^{\mathrm{I}} \leqslant_{\mathrm{R}} B^{\mathrm{I}}, & \text{当且仅当} \overline{A} \leqslant \overline{B} \\ A^{\mathrm{I}} <_{\mathrm{R}} B^{\mathrm{I}}, & \text{当且仅当} A^{\mathrm{I}} \leqslant_{\mathrm{R}} B^{\mathrm{I}} \text{和} A^{\mathrm{I}} \neq B^{\mathrm{I}} \end{cases} \quad \text{(最大化问题)} \quad (5.48)$$

$$\begin{cases} A^{\mathrm{I}} \leqslant_{\mathrm{R}} B^{\mathrm{I}}, & \text{当且仅当} \overline{A} \geqslant \overline{B} \\ A^{\mathrm{I}} <_{\mathrm{R}} B^{\mathrm{I}}, & \text{当且仅当} A^{\mathrm{I}} \leqslant_{\mathrm{R}} B^{\mathrm{I}} \text{和} A^{\mathrm{I}} \neq B^{\mathrm{I}} \end{cases} \quad \text{(最小化问题)} \quad (5.49)$$

该区间序关系反映了决策者对区间上界的偏好。

（7）符号 $\leqslant_c$ 定义的区间序关系。

$$\begin{cases} A^{\mathrm{I}} \leqslant_c B^{\mathrm{I}}, & \text{当且仅当} A^c \leqslant B^c \\ A^{\mathrm{I}} <_c B^{\mathrm{I}}, & \text{当且仅当} A^{\mathrm{I}} \leqslant_c B^{\mathrm{I}} \text{和} A^{\mathrm{I}} \neq B^{\mathrm{I}} \end{cases} \quad \text{（最大化问题）} \tag{5.50}$$

$$\begin{cases} A^{\mathrm{I}} \leqslant_c B^{\mathrm{I}}, & \text{当且仅当} A^c \geqslant B^c \\ A^{\mathrm{I}} <_c B^{\mathrm{I}}, & \text{当且仅当} A^{\mathrm{I}} \leqslant_c B^{\mathrm{I}} \text{和} A^{\mathrm{I}} \neq B^{\mathrm{I}} \end{cases} \quad \text{（最小化问题）} \tag{5.51}$$

该区间序关系反映了决策者对区间中点的偏好。

2. 区间可能度

区间可能度可以定量衡量一个区间数优于另一个区间数的程度。两个区间具有六种区间相对位置关系（图5.4），其区间可能度计算模型[40]如下：

$$P(A^{\mathrm{I}} \leqslant B^{\mathrm{I}}) = \begin{cases} 0, & \underline{A} \geqslant \overline{B} \\ 0.5 \dfrac{\overline{B}-\underline{A}}{\overline{A}-\underline{A}} \dfrac{\overline{B}-\underline{A}}{\overline{B}-\underline{B}}, & \underline{B} \leqslant \underline{A} < \overline{B} \leqslant \overline{A} \\ \dfrac{\underline{B}-\underline{A}}{\overline{A}-\underline{A}} + 0.5 \dfrac{\overline{B}-\underline{B}}{\overline{A}-\underline{A}}, & \underline{A} < \underline{B} < \overline{B} \leqslant \overline{A} \\ \dfrac{\underline{B}-\underline{A}}{\overline{A}-\underline{A}} + \dfrac{\overline{A}-\underline{B}}{\overline{A}-\underline{A}} \dfrac{\overline{B}-\overline{A}}{\overline{B}-\underline{B}} + 0.5 \dfrac{\overline{A}-\underline{B}}{\overline{A}-\underline{A}} \dfrac{\overline{A}-\underline{B}}{\overline{B}-\underline{B}}, & \underline{A} < \underline{B} \leqslant \overline{A} < \overline{B} \\ \dfrac{\overline{B}-\overline{A}}{\overline{B}-\underline{B}} + 0.5 \dfrac{\overline{A}-\underline{A}}{\overline{B}-\underline{B}}, & \underline{B} \leqslant \underline{A} < \overline{A} < \overline{B} \\ 1, & \overline{A} < \underline{B} \end{cases} \tag{5.52}$$

式中，$P(A^{\mathrm{I}} \leqslant B^{\mathrm{I}})$ 表示区间 A 的随机变量小于区间 B 的概率，该区间可能度模型可以为区间可能度的计算提供更全面的数学描述，具有如下特性：

（1）$0 \leqslant P(A^{\mathrm{I}} \leqslant B^{\mathrm{I}}) \leqslant 1$；

（2）如果 $P(A^{\mathrm{I}} \leqslant B^{\mathrm{I}}) = P(B^{\mathrm{I}} \leqslant A^{\mathrm{I}})$，那么 $A^{\mathrm{I}} = B^{\mathrm{I}}$；

（3）$P(A^{\mathrm{I}} \leqslant B^{\mathrm{I}}) = 0$ 表示区间 A^{I} 绝对不可能小于区间 B^{I}，即区间 A^{I} 绝对大于等于区间 B^{I}；

（4）$P(A^{\mathrm{I}} \leqslant B^{\mathrm{I}}) = 1$ 表示区间 A^{I} 绝对小于等于区间 B^{I}；

（5）如果 $P(A^{\mathrm{I}} \leqslant B^{\mathrm{I}}) = a$，那么 $P(B^{\mathrm{I}} \leqslant A^{\mathrm{I}}) = 1-a$。

如果区间 B^{I} 退化为一实数 b，可以得到区间 A^{I} 与实数 b 的三种区间位置关系（图5.4）。同样假设随机变量在区间 A^{I} 内服从均匀分布，此时区间可能度 $P(A^{\mathrm{I}} \leqslant b)$ 的计算如下：

$$P(A^{\mathrm{I}} \leqslant b) = \begin{cases} 0, & b \leqslant \underline{A} \\ \dfrac{b-\underline{A}}{\overline{A}-\underline{A}}, & \underline{A} < b \leqslant \overline{A} \\ 1, & b > \overline{A} \end{cases} \tag{5.53}$$

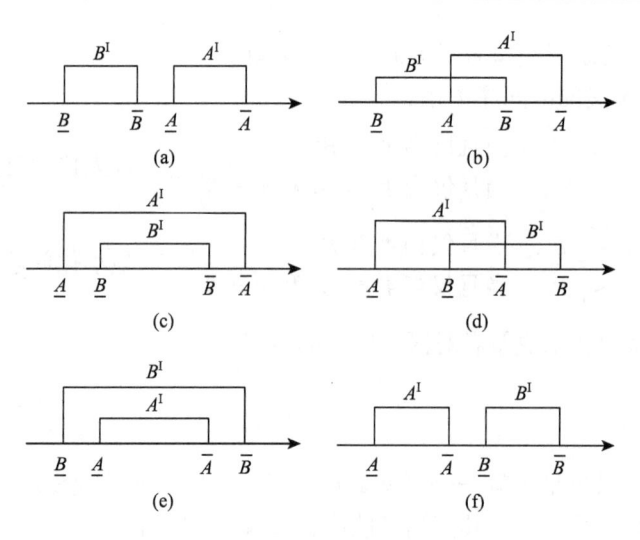

图 5.4 两个区间的六种位置关系

类似地，如果区间 A^I 退化为一实数 a，可以得到区间 B^I 与实数 a 的三种区间位置关系（图 5.5），此时区间可能度 $P(a \leqslant B^I)$ 可以表述为

$$P(a \leqslant B^I) = \begin{cases} 1, & a \leqslant \underline{B} \\ \dfrac{\overline{B}-a}{\overline{B}-\underline{B}}, & \underline{B} < a \leqslant \overline{B} \\ 0, & a > \overline{B} \end{cases} \quad (5.54)$$

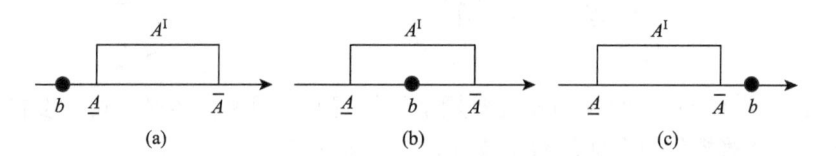

图 5.5 区间 A^I 和实数 b 的三种位置关系

5.2.2 非线性区间数优化的数学转换模型

1. 一般形式的非线性区间数优化问题

不失一般性，考虑优化问题中所有的不确定性参数，并使用区间方法进行描述，进而目标函数和约束函数可以描述为区间不确定向量的非线性连续函数。基于此，一般形式的非线性区间数优化问题可以描述为

$$\begin{aligned}
&\min_{X} f(X, U) \\
&\text{s.t.} \\
&g_i(X, U) \leqslant (=, \geqslant) b_i^I = [\underline{b}_i, \overline{b}_i], \quad i = 1, 2, \cdots, k \\
&X \in \Omega^n, \quad U \in U^I = [\underline{U}, \overline{U}], \quad U_i \in U_i^I = [\underline{U}_i, \overline{U}_i], \quad i = 1, 2, \cdots, q
\end{aligned} \quad (5.55)$$

式中，X 为 n 维实数设计向量，其约束范围为 Ω^n；U 为 q 维不确定向量，其不确定性可以通过 q 维区间向量 U^I 表示；$f(X,U)$ 和 $g(X,U)$ 分别为区间优化的不确定性目标函数和不确定性约束函数。可以直观看出 $f(X,U)$ 和 $g(X,U)$ 是关于实数设计变量 X 和不确定区间向量 U 的非线性连续函数，由于不确定性的传递，它们的取值也将是区间数而非具体的数值。b_i^I 为第 i 个约束的允许区间，在实际区间优化问题中可以退化为实数。显然，式（5.55）无法通过传统的优化方法求解，需要使用 5.2.1 节中介绍的区间数的排序方法进行一定的转换。

2. 不确定性目标函数的转换

这里利用 $\leqslant_{cw}$ 区间序关系对不确定性目标函数进行排序[41]。在式（5.55）的最小化问题中，$A^I \leqslant_{cw} B^I$ 表示当且仅当区间 B^I 的中点和半径均比区间 A^I 的小时，区间 B^I 才优于区间 A^I。通过该区间序关系，式（5.55）中的不确定性目标函数可以转化为如下的多目标优化问题：

$$\min_X (f^c(X,U), f^w(X,U)) \tag{5.56}$$

式（5.56）的具体工程含义为：希望搜寻最优的设计变量 X，使得不确定性目标函数的中点和半径均最小，式中：

$$f^c(X,U) = [\overline{f}(X,U) + \underline{f}(X,U)]/2 \\ f^w(X,U) = [\overline{f}(X,U) - \underline{f}(X,U)]/2 \tag{5.57}$$

式（5.57）中，对于任意的一个 X，由不确定向量 U 引起的不确定性目标函数的上、下边界可以通过两次优化过程得到[42, 43]：

$$\underline{f}(X,U) = \min_U f(X,U), \quad \overline{f}(X,U) = \max_U f(X,U) \\ U \in U^I = [\underline{U}, \overline{U}], \quad U_i \in U_i^I = [\underline{U}_i, \overline{U}_i], \quad i = 1, 2, \cdots, q \tag{5.58}$$

通过式（5.56）～式（5.58），不确定性目标函数转换为两个确定性函数，其含义与随机规划问题的均值和标准差相似。这里，$f^c(X,U)$ 反映了目标函数在不确定性下的平均性能，$f^w(X,U)$ 反映了目标函数对不确定性参数的敏感性，因此，可以通过最小化 $f^w(X,U)$ 来考虑设计的鲁棒性。

3. 不确定性约束函数的转换

在随机规划中，通过设定随机约束应满足的概率值可以将随机约束转化为确定性约束。类似地，在区间数优化中，可以通过设定区间不确定性约束应满足的区间可能度值，将其转换为确定性约束。对于式（5.55）中 $\leqslant$ 型的不等式约束，即 $g_i(X,U) \leqslant b_i^I$，可以根据区间可能度模型将其转换为确定性不等式约束：

$$P(g_i^I(X,U) \leqslant b_i^I) \geqslant \lambda_i \tag{5.59}$$

式中，$0 \leqslant \lambda_i \leqslant 1$ 为决策者设定的区间约束应满足的可能度水平，表征约束要求的宽松程度，λ_i 越大说明约束越严格。

对于 $\geqslant$ 型的不等式约束，即 $g_i(X,U) \geqslant b_i^I$，可以将其转化为 $\leqslant$ 型不确定约束处理：

$$P(g_i^I(\boldsymbol{X},\boldsymbol{U}) \geqslant b_i^I) = P(b_i^I \leqslant g_i^I(\boldsymbol{X},\boldsymbol{U})) \geqslant \lambda_i \tag{5.60}$$

对于 = 型不确定等式约束，即 $g_i(\boldsymbol{X},\boldsymbol{U}) = b_i^I$，可以先将其转换为如下形式：

$$\underline{b}_i \leqslant g_i^I(\boldsymbol{X},\boldsymbol{U}) \leqslant \overline{b}_i \tag{5.61}$$

然后转换为如下的两个确定性的不等式约束分别进行求解：

$$\begin{cases} P(g_i^I(\boldsymbol{X},\boldsymbol{U}) \geqslant \underline{b}_i) \geqslant \lambda_i \\ P(g_i^I(\boldsymbol{X},\boldsymbol{U}) \leqslant \overline{b}_i) \geqslant \lambda_i \end{cases} \tag{5.62}$$

式（5.60）～式（5.62）中的 $P(g_i^I(\boldsymbol{X},\boldsymbol{U}) \geqslant \underline{b}_i)$ 和 $P(g_i^I(\boldsymbol{X},\boldsymbol{U}) \leqslant \overline{b}_i)$ 可以通过 5.2.1 节中的区间可能度计算模型得到。

对于任意的一个 $\boldsymbol{X}$，$g_i^I(\boldsymbol{X},\boldsymbol{U})$ 为由不确定向量 $\boldsymbol{U}$ 引起的不确定性约束的区间：

$$g_i^I(\boldsymbol{X},\boldsymbol{U}) = [\underline{g}_i(\boldsymbol{X},\boldsymbol{U}), \overline{g}_i(\boldsymbol{X},\boldsymbol{U})] \tag{5.63}$$

式（5.63）同样可以通过两次优化过程求解：

$$\begin{aligned} & \underline{g}_i(\boldsymbol{X},\boldsymbol{U}) = \min_{\boldsymbol{U}} g_i(\boldsymbol{X},\boldsymbol{U}), \quad \overline{g}_i(\boldsymbol{X},\boldsymbol{U}) = \max_{\boldsymbol{U}} g_i(\boldsymbol{X},\boldsymbol{U}) \\ & \boldsymbol{U} \in \boldsymbol{U}^I = [\underline{\boldsymbol{U}},\overline{\boldsymbol{U}}], \quad U_i \in U_i^I = [\underline{U}_i, \overline{U}_i], \quad i = 1,2,\cdots,q \end{aligned} \tag{5.64}$$

4. 考虑区间经济性的区间优化模型

通过区间序关系和区间可能度模型，分别对不确定性目标函数和不确定性约束函数进行处理，式（5.55）可以转化为一个确定性的双目标优化模型：

$$\begin{aligned} & \min_{\boldsymbol{X}}(f^c(\boldsymbol{X},\boldsymbol{U}), f^w(\boldsymbol{X},\boldsymbol{U})) \\ & \text{s.t.} \\ & P(g_i^I(\boldsymbol{X},\boldsymbol{U}) \leqslant (=, \geqslant) b_i^I) \geqslant \lambda_i, \quad i = 1,2,\cdots,k \\ & \boldsymbol{X} \in \Omega^n, \quad \boldsymbol{U} \in \boldsymbol{U}^I = [\underline{\boldsymbol{U}},\overline{\boldsymbol{U}}], \quad U_i \in U_i^I = [\underline{U}_i, \overline{U}_i], \quad i = 1,2,\cdots,q \\ & f^c(\boldsymbol{X},\boldsymbol{U}) = (\max_{\boldsymbol{U}} f(\boldsymbol{X},\boldsymbol{U}) + \min_{\boldsymbol{U}} f(\boldsymbol{X},\boldsymbol{U}))/2 \\ & f^w(\boldsymbol{X},\boldsymbol{U}) = (\max_{\boldsymbol{U}} f(\boldsymbol{X},\boldsymbol{U}) - \min_{\boldsymbol{U}} f(\boldsymbol{X},\boldsymbol{U}))/2 \\ & g_i^I(\boldsymbol{X},\boldsymbol{U}) = [\min_{\boldsymbol{U}} g_i(\boldsymbol{X},\boldsymbol{U}), \max_{\boldsymbol{U}} g_i(\boldsymbol{X},\boldsymbol{U})] \end{aligned} \tag{5.65}$$

另一种情况是优化中存在不确定性设计变量。在不确定性优化中，往往希望获得各不确定参数的合理误差区间，从而实现对不确定参数的有效控制。不确定性设计变量 $\boldsymbol{U}^I = \langle \boldsymbol{U}^c, \boldsymbol{U}^w \rangle$ 的区间半径 $\boldsymbol{U}^w$ 越小，表示该不确定参数可变动的允许范围就越小，在加工、制造、装配过程中精度要求就越高，同时也就意味着成本的增加。但最佳的设计方案应当是在最低成本代价下实现设计需求。为了控制不确定参数的误差方案过小所导致的附加制造成本，这里设计一个经济性评价系数 ζ，用来评估不确定性设计变量的误差水平：

$$\zeta = \frac{1}{q} \sum_{i=1}^{q} \left| \frac{U_i^w}{M_{U_i^w}} \right| \tag{5.66}$$

式中，U_i^w 为不确定性设计变量的区间半径；$M_{U_i^w}$ 为第 i 个不确定性设计变量的最大允许误差；q 为不确定性设计变量的个数。ζ 为非负的无量纲评价系数，综合反映了所有不确定性设计变量的误差水平，ζ 数值越大则设计方案的整体误差水平越高，经济性越好。

考虑优化中的不确定性设计变量，以代表系统平均性能的目标函数 $f^c(X, U)$、系统性能鲁棒性的 $f^w(X,U)$、不确定性设计变量的经济性评价系数 ζ 为优化目标建立优化模型，式 (5.65) 可以进一步转化为如下的多目标区间不确定优化模型：

$$\min_{(X,U)}(f^c(X,U), f^w(X,U), -\zeta) = \left(f^c(X,U), f^w(X,U), -\frac{1}{q}\sum_{i=1}^{q}\left|\frac{U_i^w}{M_{U_i^w}}\right| \right) \quad (5.67)$$

s.t.
$$P(g_i^{\mathrm{I}}(X,U) \leqslant (=, \geqslant) b_i^{\mathrm{I}}) \geqslant \lambda_i, \quad i=1,2,\cdots,k$$
$$X \in \Omega^n, \quad U \in U^{\mathrm{I}} = [\underline{U}, \overline{U}], \quad U_i \in U_i^{\mathrm{I}} = [\underline{U}_i, \overline{U}_i], \quad i=1,2,\cdots,q$$

5.2.3 基于神经网络代理模型的嵌套优化求解策略

火炮性能分析模型等工程计算模型属于计算密集型的数值分析模型，单次运算就十分耗时，若直接用于优化设计将导致不可接受的计算成本。为了降低计算量，研究中采用基于代理模型的优化策略，使用计算简单的代理模型取代复杂且计算耗时的刚柔耦合动力学模型，并在代理模型的基础上进行优化。

回顾区间不确定性优化模型，即式 (5.67) 的构建过程，通过非线性区间数转换模型得到的确定性优化问题是一个两层嵌套优化问题。其中，外层优化器用于设计变量的寻优，内层优化器用于计算不确定性引起的目标函数和约束函数的区间边界，对于每个不确定性目标函数和约束函数，内层优化器都需要调用两次分别计算其上、下边界。嵌套优化的存在导致转换后的确定性优化问题往往非连续且不可微，因此梯度算法并不适合作为外层优化器。考虑到式 (5.67) 是有三个优化目标的多目标优化问题，因此采用一种改进的非支配排序遗传算法（non-dominated sorting genetic algorithm，NSGA-II）求解外层优化问题。该算法具有最优个体保留策略且无须共享参数，算法的计算复杂度低、效率高、鲁棒性较好，特别适用于求解多目标优化问题。内部优化器采用遗传算法（GA），与梯度优化算法相比，GA 具有更好的全局搜索能力，可以有效地在不确定空间中搜索全局最优解而不会陷入局部最优解中，从而获得更精确的不确定性目标函数和约束函数的区间边界。但 GA 的局部搜索能力较差，且需要付出更多的计算成本。

此外，工程问题的数值分析模型往往运算十分耗时，若直接用于嵌套优化将产生难以估量的计算成本。因此，构建一种将优化算法与神经网络代理模型相结合的优化方法，分别对不确定性目标函数和约束函数建立多个 BP 神经网络模型，建立设计向量与目标函数以及约束函数的非线性映射关系。在构建的代理模型上进行优化计算，从而使优化过程不必调用耗时的原模型，可以相对高效地求解转换后的确定性优化问题。该算法的基本流程如图 5.6 所示。

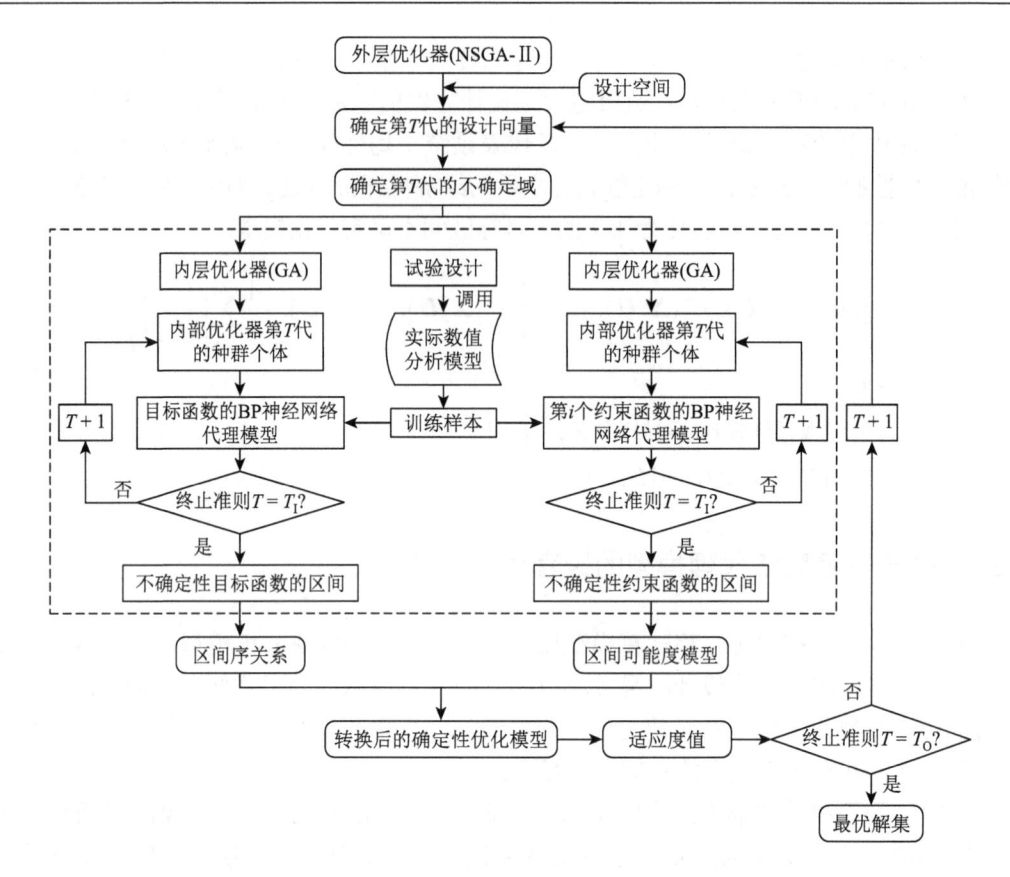

图 5.6 基于神经网络代理模型的嵌套优化求解策略

主要计算过程如下。

步骤 1 优化前，构建不确定性目标函数和约束函数的神经网络代理模型，建立设计向量与目标函数以及约束函数的非线性映射关系。

步骤 2 设置算法参数，包括：不确定性设计变量的搜索范围，区间约束应满足的可能度水平 λ_i，外层优化器 NSGA-Ⅱ和内层优化器 GA 的种群大小、交叉率、变异率和算法终止准则，这里以 NSGA-Ⅱ 和 GA 的最大进化代数 T_O 和 T_I 作为终止准则。

步骤 3 利用外层优化器进行种群初始化，并置 $T=0$，其中 T 为进化代数的索引。

步骤 4 在构建的 BP 神经网络代理模型的基础上，内部优化器调用两次以获得不确定性目标函数的区间。

步骤 5 类似地，内部优化器调用 BP 神经网络代理模型进行优化求解，并且每个不确定性约束函数都进行两次优化以获得其区间。

步骤 6 利用区间序关系和区间可能度模型分别对不确定性目标函数和约束函数进行转化，并计算经济性评价指标 ζ；采用罚函数法对约束函数进行处理，得到确定性优化问题的适应度值。

步骤 7 判断外层优化器是否满足终止准则 $T=T_O$，如果满足，优化结束，得到 Pareto 最优解集；否则，置 $T=T+1$，更新种群个体并返回步骤 4。

5.2.4 火炮发射动力学响应区间不确定性优化实例

1. 火炮刚柔耦合系统动力学建模

以某大口径火炮为研究对象,利用多体系统动力学软件 ADAMS 建立最大射角为 51°时的刚柔耦合系统动力学模型(图 5.7)。为了建模与计算分析的方便,进行如下基本假设:

(1)全炮分为驻锄、大架、座钣(包括左、右座钣和前座钣)、下架、上架、摇架、炮尾(含参加后坐的反后坐装置部分)、身管、前衬瓦、后衬瓦、炮口制退器等部件,其中身管、摇架(含高低机齿弧)和上架为柔性体,其余部件为刚性体;

(2)发射时方向机和高低机已经锁死,火炮处于静平衡状态;

(3)将内弹道、制退机、复进机、平衡机等结构中复杂的液气压力装置简化为载荷模型;

(4)不考虑射击过程中弹丸与身管的耦合作用;

(5)考虑摇架前、后衬瓦与身管圆柱部的含间隙接触碰撞,考虑高低机齿轮轴与摇架齿弧的接触碰撞。

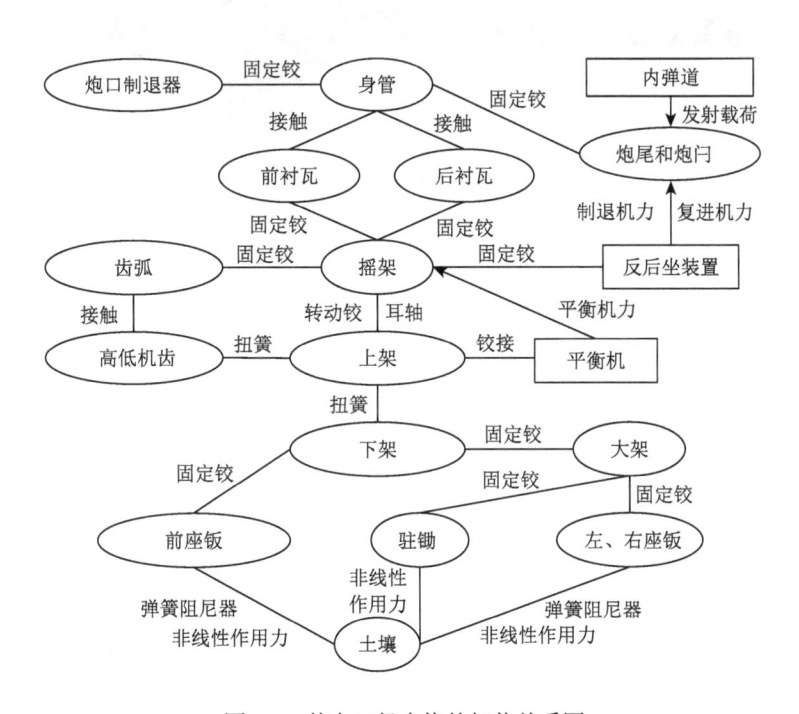

图 5.7 某大口径火炮的拓扑关系图

以模态中性文件为基础,建立包括身管、摇架和上架的柔性体部件。基于模态综合法描述柔性体变形,实现各柔性体部件与多刚体系统动力学模型的耦合。根据模态贡献因子理论,只考虑具有较大模态贡献因子的模态参数而忽略其余阶模态,可在保证计算精度的同时降低计算成本。考虑到火炮刚柔耦合系统动力学模型的复杂性，选择前 20 阶模态进行计算。

分别建立该火炮各部件之间，以及其火炮与大地的连接关系，其中摇架前、后衬瓦与身管之间、高低机齿弧和齿轮轴之间，均建立柔体-刚体接触碰撞关系。该接触关系采用 Hertz 接触模型模拟，并使用 Coulomb 摩擦力模型描述摩擦力。构建好的全炮刚柔耦合系统动力学模型及其局部细节如图 5.8 所示，共包含 13 个运动部件（含 3 个柔性体），5 个转动约束、3 个移动约束和 11 个固定约束，总计 133 个自由度。

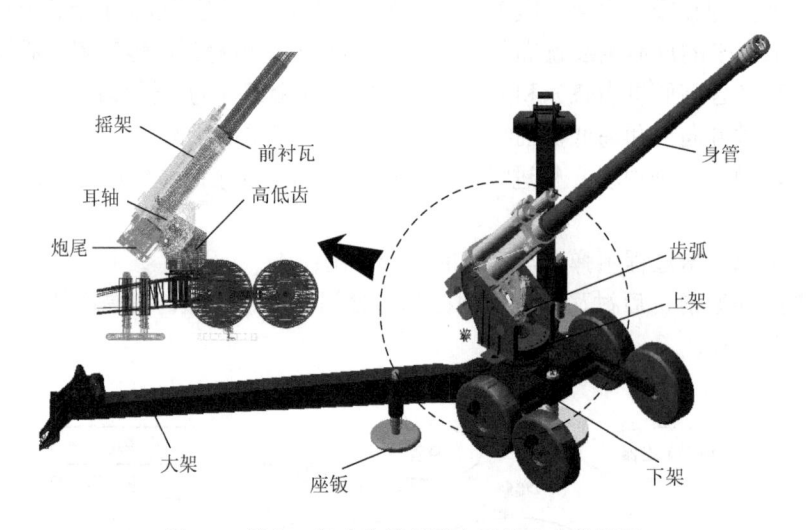

图 5.8 某大口径火炮刚柔耦合系统动力学模型

火炮刚柔耦合系统动力学模型的载荷主要包括内部载荷、外部载荷和特殊载荷（如重力）。内部载荷主要是构件之间的一些柔性连接关系，如弹簧、缓冲器、接触、约束上的摩擦力等。外部载荷的计算模型主要包括以下部分。

1）内弹道计算模型

火药燃气产生的炮膛合力是导致火炮部件运动与振动的最主要的主动力载荷。混合装药的内弹道计算模型可以表述为

$$\begin{cases} \psi_i = \chi_i Z_i (1 + \xi_i Z_i + \mu_i Z_i^2) \\ \dfrac{\mathrm{d}Z_i}{\mathrm{d}t} = \dfrac{u_{1i}}{e_{1i}} P^{n_i} \\ \varphi m_\mathrm{p} \dfrac{\mathrm{d}v_\mathrm{p}}{\mathrm{d}t} = S_\mathrm{a} P \\ S_\mathrm{a} P(l_\psi + l) = \sum_{i=1}^{n} f_i m_i \psi_i - \dfrac{\theta \varphi m_\mathrm{p}}{2} v_\mathrm{p}^2 \end{cases}, \quad i = 1, 2, \cdots, n \quad (5.68)$$

式中，φ 为次要功系数：

$$\varphi = \varphi_1 + \dfrac{1}{3 m_\mathrm{p}} \sum_{i=1}^{n} m_i \quad (5.69)$$

l_ψ 为自由容积缩径长：

$$l_\psi = l_0 \left[1 - \sum_{i=1}^{n} \frac{\Delta_i}{\rho_{pi}}(1-\psi_i) - \sum_{i=1}^{n} \alpha_i \Delta_i \psi_i\right] \quad (5.70)$$

$i(i=1,2,\cdots,n)$ 为火药的种类；ψ_i 为第 i 种火药已燃百分数；χ_i、ξ_i 和 μ_i 为第 i 种火药的药型参数；Z_i 为第 i 种火药的相对已燃厚度；u_{1i} 为第 i 种火药的燃速系数；n_i 为第 i 种火药的燃速指数；φ_1 为阻力系数；P 为火药气体平均压力；l 为弹丸行程长；m_p 为弹丸质量；v_p 为弹丸速度；S_a 为火炮身管横截面积；l_0 为药室容积缩径长；θ 为燃气比热比；f_i 为第 i 种火药的火药力；ρ_{pi} 为第 i 种火药的密度；e_{1i} 为第 i 种火药的弧厚；α_i 为第 i 种火药的余容；Δ_i 为第 i 种火药的装填密度；m_i 为第 i 种火药的质量。通过 Runge-Kutta 法，编制内弹道计算程序求解上述方程组，可以获得膛内气体压力并用于炮膛合力的计算：

$$P_{pt} = \frac{1}{\varphi}\left(1 + \frac{1}{2}\frac{\sum_{i=1}^{n} m_i}{m_p}\right) S_a P \quad (5.71)$$

2）制退机力计算模型

本节所研究的大口径火炮采用节制杆式制退机，图 5.9 为其典型的结构原理图。

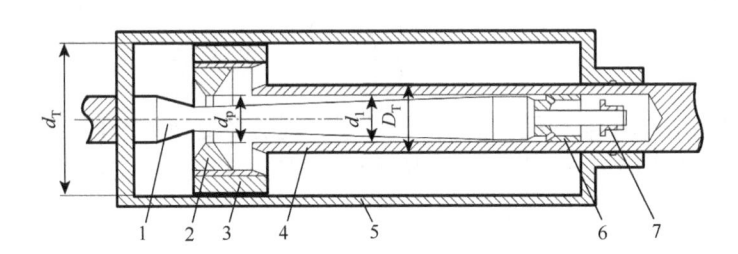

图 5.9 节制杆式制退机的结构原理图

1-节制杆；2-节制环；3-制退活塞；4-制退杆；5-制退筒；6-调速筒；7-活瓣

火炮在燃气压力作用下后坐时，制退筒与摇架相连，制退杆随后坐部分一起运动，活塞挤压工作腔内的液体，使一部分液体沿节制环与节制杆形成的流液孔流入非工作腔，另一部分液体沿制退杆内腔与节制杆的环形间隙，经过调速筒上的斜孔向后冲开活瓣，进入复进节制腔，分别构成主流和支流，从而形成液压阻力，其基本表达式如下：

$$F_{\phi h} = \frac{K_1 \rho_f}{2}\left[\frac{(A_0 - A_p)^3}{a_x^2} + \frac{K_2}{K_1}\frac{A_{fj}^3}{A_1^2}\right] v_h^2 \quad (5.72)$$

式中，K_1 和 K_2 分别为主流和支流的液压阻力系数；ρ_f 为制退液密度；A_0 为制退机活塞工作面积；A_p 为节制环孔面积；a_x 为节制杆任意截面的流液孔面积；A_{fj} 为复进节制器工作面积；A_1 为支流最小截面积；v_h 为后坐速度。

3）复进机力计算模型

图 5.10 为液体气压式复进机的结构原理示意图。

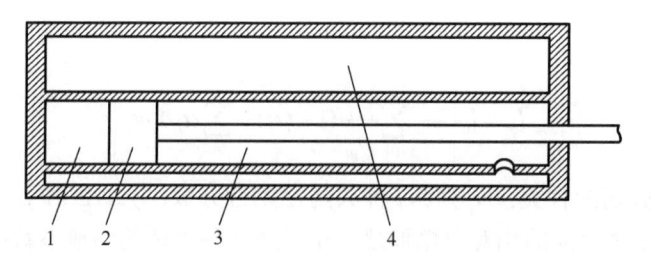

图 5.10 液体气压式复进机的结构原理示意图

1-空气；2-复进活塞；3-液体；4-压缩气体

火炮在燃气压力作用下后坐的同时，复进杆带动复进活塞运动，使得复进机中的气体受压缩，形成复进机力 F_f，F_f 的基本表达式如下：

$$F_f = A_f p_{f0} \left(\frac{V_{f0}}{V_{f0} - A_f l_h} \right)^n \tag{5.73}$$

式中，A_f 为复进机活塞工作面积；p_{f0} 为气体初始压力；V_{f0} 为初始气体体积；l_h 为后坐行程。

4）平衡机力计算模型

平衡机可以平衡火炮起落部分的重力矩，所研究的大口径火炮采用气压式平衡机，平衡机力的基本表达式为

$$F_{bm} = A_{bm} p_{bm0} \left(\frac{S_0}{S_0 - x_{bm}} \right)^k, \quad S_0 = \frac{V_{bm}}{A_{bm}} \tag{5.74}$$

式中，x_{bm} 为平衡机的压缩行程；k 为气体状态方程的多变指数；V_{bm} 为平衡机储能器气体初始体积；S_0 为平衡机储能器气体初始体积的相当长度；p_{bm0} 为平衡机储能器气体初始压力；A_{bm} 为平衡机活塞有效面积。

5）土壤反作用力计算模型

在模型中，土壤反作用力与火炮纵向下沉之间存在非线性关系。使用 Bekker 模型计算驻锄、座钣（包括左、右座钣和前座钣）与土壤间存在的土壤反作用力，即

$$F_s = \left(\frac{k_c}{b} + k_\varphi \right) y_s^{n_s} \tag{5.75}$$

式中，F_s 为土壤对压板的压强；y_s 为土壤的下沉量；b 为压板的小尺寸，对于圆形压板，b 为半径，而对于矩形压板，b 是较小边的长度；k_c 和 k_φ 分别为反映土壤黏附特性和土壤摩擦特性的模量；n_s 为指数。

通过以上数学模型可以看出，载荷计算不仅与相关装置的结构参数有关，也是广义坐标和广义速度的函数。火炮载荷计算模型与刚柔耦合动力学模型之间的关系如图 5.11 所示。为了实现这种耦合关系，使用 FORTRAN 编程语言编译上述载荷的计算程序；对 ADAMS 进行二次开发，使用 ADAMS 提供的用户自定义模块生成相应结构参数所对应的载荷计算的动态链接库文件（*.dll），实现载荷的模型加载。通过这种方式，可以建立载荷计算与火炮各个部件运动之间的联系，包括后坐部分的位移和速度、平衡机构的压缩位移等，实现载荷的动态实时计算。

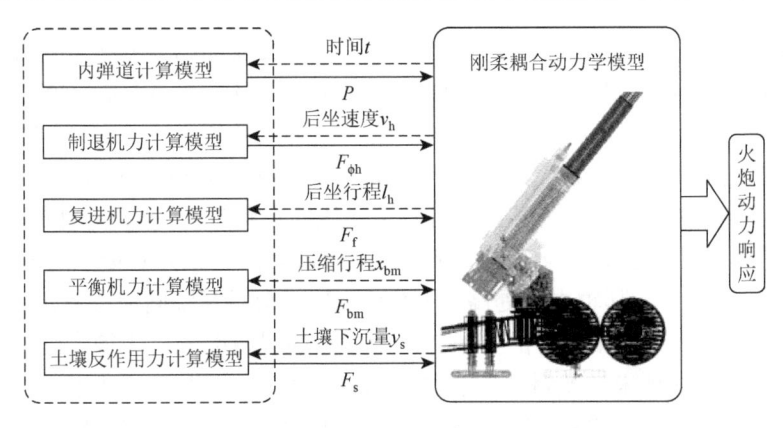

图 5.11　火炮载荷计算模型与刚柔耦合动力学模型之间的关系

2. 影响火炮发射动力学响应的关键参数灵敏度分析

火炮的发射过程受到大量的不确定性因素的影响，综合考虑火炮本体、载荷部件与过程，考虑的不确定性因素具体包括以下 5 类，共计 28 个，其初始值与取值范围如表 5.1 所示。

表 5.1　设计变量的初始值与取值范围

参数	m_1/kg	e_{11}/mm	ρ_{p1}/(g/cm³)	w_0/m³	K_1	d_1/mm	d_T/mm
初始值	5.166	2.25	1.65	0.0261	1.5	80.0	170.0
下限	5.1402	2.2275	1.64175	0.0256	1.4	79.5	169.5
上限	5.1918	2.2725	1.65825	0.0266	1.6	80.5	170.5

参数	m_2/kg	e_{12}/mm	ρ_{p2}/(g/cm³)	m_p/kg	K_2	d_p/mm	D_T/mm
初始值	12.054	2.57	1.65	45.5	1.5	60.5	98.0
下限	11.9937	2.5443	1.64175	45.3	1.4	60.0	97.5
上限	12.1143	2.5957	1.65825	45.7	1.6	61.0	98.5

参数	c_t/mm	A_f/m²	p_{f0}/MPa	A_{bm}/m²	V_{bm}/m³	e_{my}/mm	Δh_y/mm
初始值	0.02	0.0072	6.6	0.0113	0.0119	6.23	0.0
下限	0.01	0.0067	6.5	0.0109	0.0115	−5.77	−5.0
上限	0.03	0.0077	6.7	0.0117	0.0123	18.63	5.0

参数	c_g/mm	V_{f0}/m³	p_{bm0}/MPa	β_{bm}/(°)	c_b/mm	e_{mz}/mm	Δl_x/mm
初始值	0.16	0.0169	4.5	37.48	0.8	−2.56	100.0
下限	0.13	0.0164	4.4	36.48	0.5	−8.56	0.0
上限	0.19	0.0174	4.6	38.48	1.6	3.44	200.0

（1）发射装药、内膛结构等内弹道参数：火药质量 m_i，火药弧厚 e_{1i}，火药密度 ρ_{pi}，其中脚标 $i=1$ 表示薄火药、$i=2$ 表示厚火药，药室容积 w_0，弹丸质量 m_p。

（2）制退机参数：主流液压阻力系数 K_1，支流液压阻力系数 K_2，制退环内径 d_1，节制环内径 d_p，制退筒内径 d_T，制退杆外径 D_T，制退筒与活塞的间隙 c_t，制退杆与调

速筒的间隙 c_g。特别地，K_1 和 K_2 是包含所有液体真实流动因素的折合系数，严格地说液压阻力系数不仅与结构有关，还与温度、后坐速度等相关，并不是一个常数。

（3）复进机参数：复进机活塞工作面积 A_f、气体初始压力 p_{f0}、气体初始体积 V_{f0}。

（4）平衡机参数：平衡机气体初始压力 p_{bm0}、平衡机活塞工作面积 A_{bm}、平衡机安装夹角 β_{bm}（0°射角时平衡机上下支点与耳轴连线的夹角）、平衡机气体初始体积 V_{bm}。

（5）火炮本体结构参数：身管与前衬瓦的间隙 c_b，后坐部分质量垂向偏心 e_{my}、后坐部分质量横向偏心 e_{mz}，耳轴中心处高度变化量 Δh_y，前衬瓦轴向偏移量 Δl_x。

试验设计与回归分析相结合的方法在各个学科的灵敏度分析中被广泛使用。回归分析是根据已知变量估计未知变量的一种统计方法，该方法根据多项式中各项的贡献率确定对模型结果影响较大的参数。在构建多项式模型之前，需要采用 DOE 方法在输入变量空间中选择采样点，本算例中采用最优拉丁超立方设计法（OLHD）。

图 5.12 给出了基于试验设计和回归分析的火炮发射动力学响应灵敏度分析方法的计算流程。

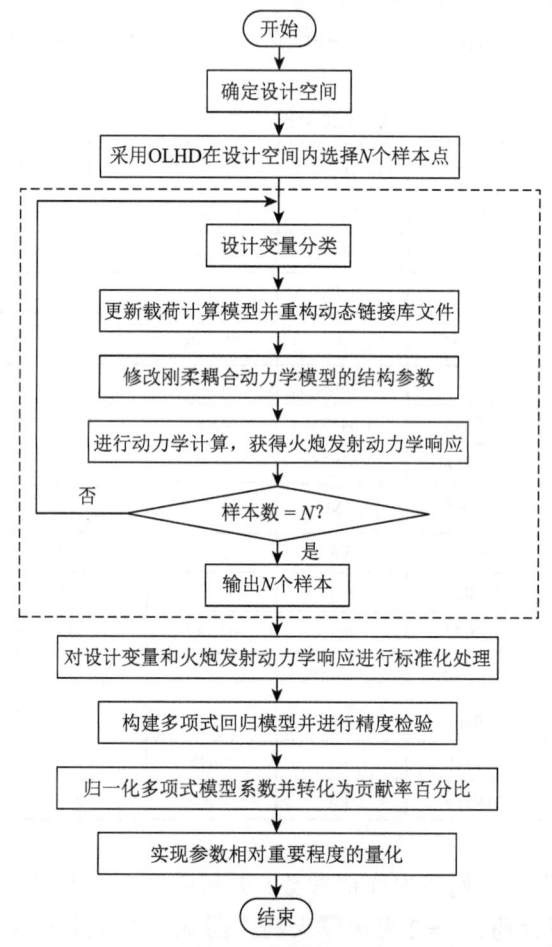

图 5.12 基于试验设计和回归分析的火炮发射动力学响应灵敏度分析方法的计算流程

步骤 1 采用 OLHD 试验设计方法离散设计空间，获得样本数目为 n 的试验方案。

步骤 2 对试验设计参数方案的设计变量进行分类，修改内弹道、制退机力等载荷计算模型，并重构动态链接库文件。在 ADAMS 中修改刚柔耦合动力学模型的结构参数并进行动力学计算，获得动力学响应。

步骤 3 重复步骤 2，直至所有 n 个试验方案计算完毕。

步骤 4 对输入参数与输出参数进行标准化处理，消除参数之间量级与量纲的差异。

步骤 5 构建火炮结构参数与响应之间的多项式回归模型，并进行精度检验。

对火炮发射动力学响应进行参数灵敏度分析，包括炮口垂向角位移 Ω_v、炮口水平角位移 Ω_t、炮口垂向角速度 Φ_v、炮口水平角速度 Φ_t、火炮的最大后移量 D_X、垂向跳高 D_{Yp}、垂向最大下沉量 D_{Yn}。采用 OLHD 在设计空间内获取样本点，共生成 115 组训练样本（其中 100 组用于构建回归模型，15 组用于精度检验），构建忽略交叉项的二次多项式回归模型。

对于模型精度的检验，采用误差平方 R^2 检验回归模型的拟合精度，如表 5.2 所示。

表 5.2　火炮刚柔耦合系统动力学模型的二次多项式回归模型精度检验

类别	Ω_t	Ω_v	Φ_t	Φ_v	D_X	D_{Yp}	D_{Yn}	P_{max}	F_f	F_{bm}
R^2	0.8187	0.8291	0.8076	0.7933	0.8473	0.8927	0.8452	0.9567	0.9937	0.9545

在实际工程中，通常将贡献率百分比大于 2.0% 的因素视为重要因素。火炮发射动力学响应灵敏度分析的部分结果（仅贡献率百分比大于 2.0% 的因素）如图 5.13 所示，其中黑色表示正相关，阴影表示负相关。可以看出，对火炮发射动力学响应影响较大的参数有身管与前衬瓦的间隙、后坐部分质量垂向偏心、后坐部分质量横向偏心、耳轴中心处高度变化量、复进机气体初始压力、平衡机气体初始体积、平衡机活塞工作面积、节制环内径、制退杆外径。对五类结构参数的贡献率百分比进行分类统计，累积贡献率如表 5.3 所示。

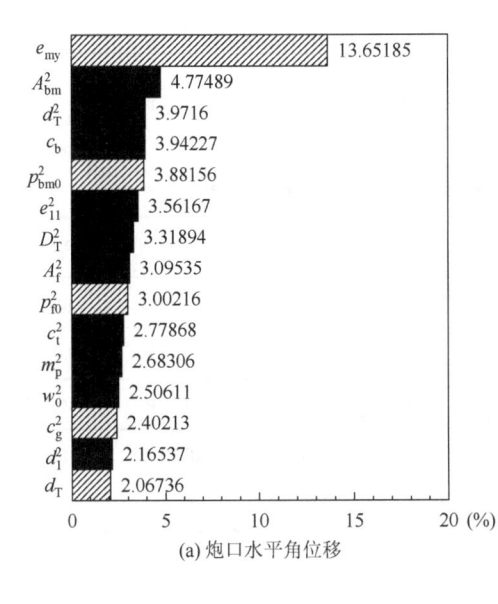

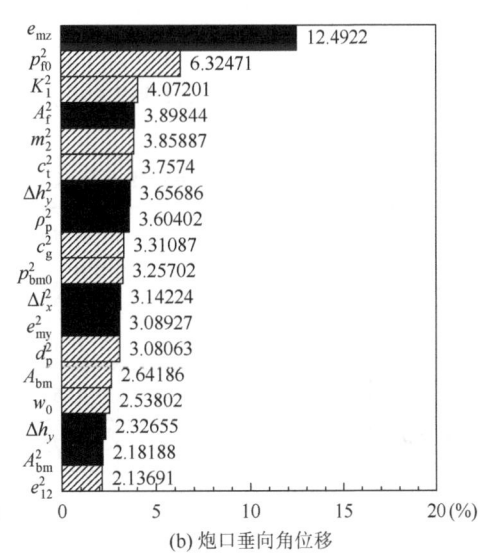

(a) 炮口水平角位移

参数	贡献率
e_{my}	13.65185
A_{bm}^2	4.77489
d_T^2	3.9716
c_b	3.94227
p_{bm0}^2	3.88156
e_{11}^2	3.56167
D_T^2	3.31894
A_f^2	3.09535
p_{f0}^2	3.00216
c_t^2	2.77868
m_p^2	2.68306
w_0^2	2.50611
c_g^2	2.40213
d_1^2	2.16537
d_T	2.06736

(b) 炮口垂向角位移

参数	贡献率
e_{mz}	12.4922
p_{f0}^2	6.32471
K_1^2	4.07201
A_f^2	3.89844
m_2^2	3.85887
c_t^2	3.7574
Δh_y^2	3.65686
ρ_p^2	3.60402
c_g^2	3.31087
p_{bm0}^2	3.25702
Δl_x^2	3.14224
e_{my}^2	3.08927
d_p^2	3.08063
A_{bm}	2.64186
w_0	2.53802
Δh_y	2.32655
A_{bm}^2	2.18188
e_{12}^2	2.13691

(c) 炮口水平角速度

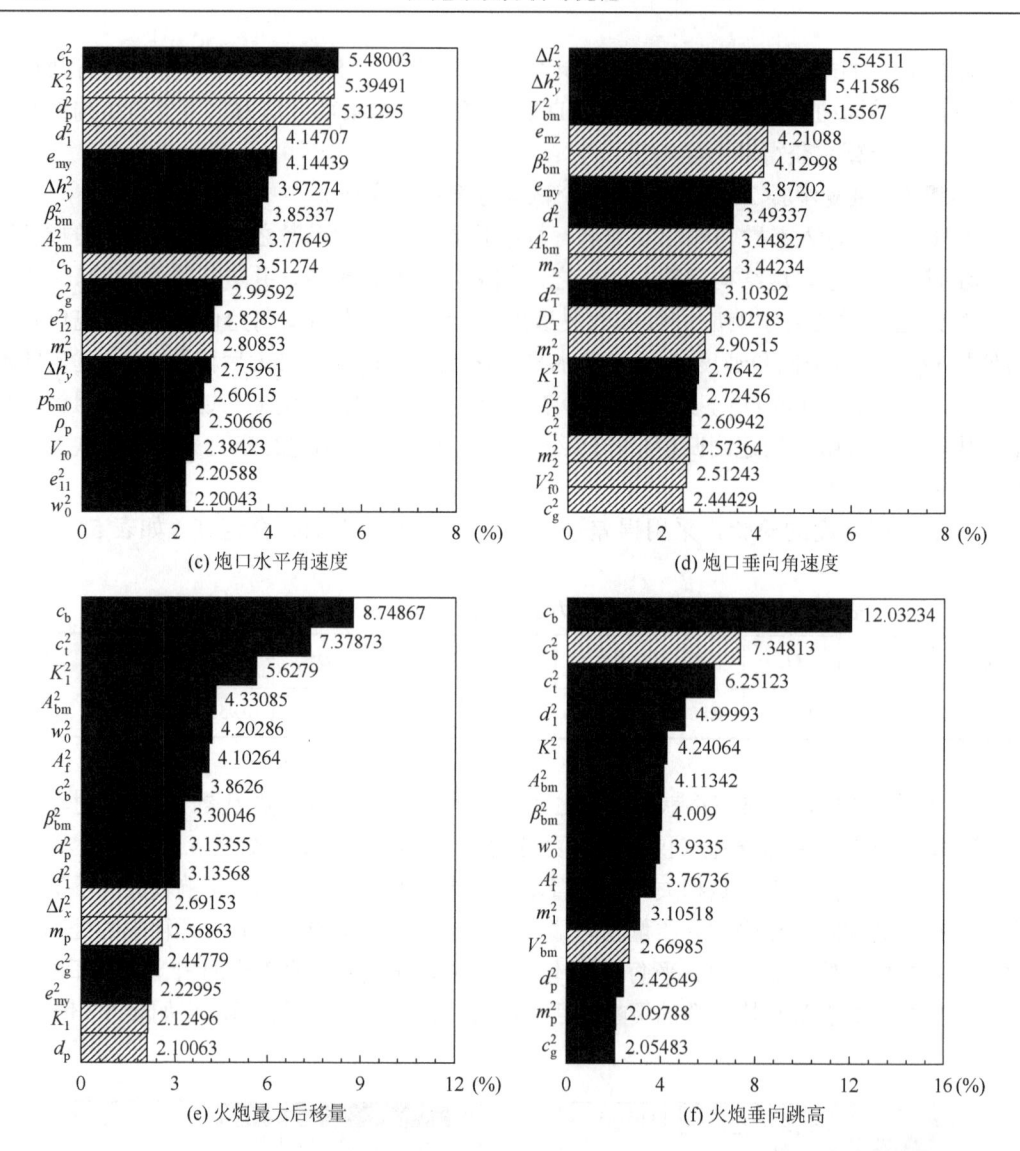

(d) 炮口垂向角速度

(e) 火炮最大后移量

(f) 火炮垂向跳高

图 5.13 火炮刚柔耦合系统动力学响应的灵敏度分析结果

表 5.3 五类结构参数对火炮发射动力学响应的累积贡献率

结构分类	Ω_t / (°)	Ω_v / (°)	Φ_t / [(°)/s]	Φ_v / [(°)/s]	D_X / mm	D_{Yp} / mm	D_{Yn} / mm
制退机结构	24.0083	24.9477	33.8877	27.0622	33.3087	28.7063	30.6814
复进机结构	11.3926	13.4626	7.81794	7.73662	9.44078	17.1701	9.00832
平衡机结构	16.1057	11.9974	13.8413	16.9147	15.3595	14.4146	16.4552
内弹道参数	23.1637	21.7181	21.2226	24.1432	17.6931	19.2976	16.0031
火炮本体结构	25.3296	27.8742	23.2305	24.1433	24.1979	20.4115	27.8520

由表 5.3 可知，火炮本体结构参数对火炮发射动力学响应的影响占比为 20%~30%，载荷装置的结构参数以及内弹道过程对火炮发射动力学响应的影响是不容忽视的，这也从侧面表明，载荷参数对火炮发射动力学响应来说非常重要，单纯地优化火炮本体结构参数并不能实现整体的最优。

类似地，分别对火炮发射载荷（最大复进机力、最大膛压、最大平衡机力）构建二次多项式回归模型并进行灵敏度分析，发射载荷灵敏度分析的部分结果如图 5.14 所示。从图中可以得到各相关结构参数对发射载荷的影响程度，并得到影响较大的参数。根据图 5.13 和图 5.14 的灵敏度分析结果，可以确定后续不确定性优化的主要结构参数包括身管与前衬瓦的间隙、后坐部分质量垂向偏心、后坐部分质量横向偏心、耳轴中心处高度变化量、复进机气体初始压力、复进机活塞工作面积、平衡机活塞工作面积、平衡机安装夹角、平衡机气体初始压力、制退杆外径、制退筒内径、制退筒与活塞的间隙、制退杆与调速筒的间隙、厚火药质量、薄火药弧厚、厚火药弧厚、药室容积、弹丸质量。

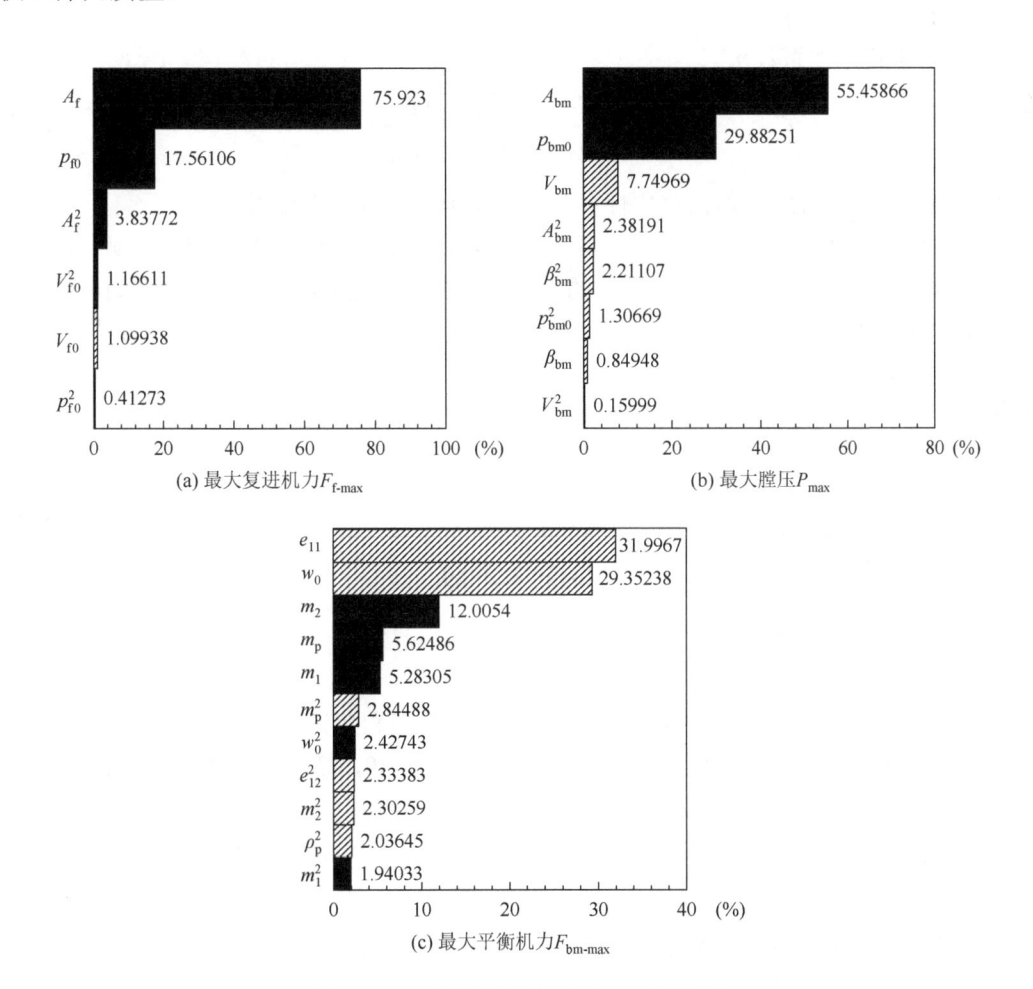

(a) 最大复进机力 $F_{\text{f-max}}$

参数	值
A_f	75.923
p_{f0}	17.56106
A_f^2	3.83772
V_{f0}^2	1.16611
V_{f0}	1.09938
p_{f0}^2	0.41273

(b) 最大膛压 $P_{\max}$

参数	值
A_{bm}	55.45866
p_{bm0}	29.88251
V_{bm}	7.74969
A_{bm}^2	2.38191
β_{bm}^2	2.21107
p_{bm0}^2	1.30669
β_{bm}	0.84948
V_{bm}^2	0.15999

(c) 最大平衡机力 $F_{\text{bm-max}}$

参数	值
e_{11}	31.9967
w_0	29.35238
m_2	12.0054
m_p	5.62486
m_1	5.28305
m_p^2	2.84488
w_0^2	2.42743
e_{12}^2	2.33383
m_2^2	2.30259
ρ_p^2	2.03645
m_1^2	1.94033

图 5.14 火炮发射载荷的灵敏度分析结果

3. 优化模型构建

采用提出的基于神经网络的非线性区间数优化算法，从系统工程的角度出发，对火炮本体结构参数、载荷装置结构参数、发射装药参数进行区间不确定性优化，实现标称尺寸与误差范围的同步设计，在最小误差成本的前提下最大限度降低火炮振动并获得各不确定性参数的合理误差区间。火炮发射过程的动力学响应包括很多指标，为了综合考虑各项指标性能，对它们进行分类并构建新的指标如下。

1）炮口振动系数 η_{mz}

$$\eta_{mz} = \frac{|\Omega_v|}{\phi_{\Omega_v}} + \frac{|\Omega_t|}{\phi_{\Omega_t}} + \frac{|\Phi_v|}{\phi_{\Phi_v}} + \frac{|\Phi_t|}{\phi_{\Phi_t}} \tag{5.76}$$

式中，Ω_v、Ω_t、Φ_v、Φ_t 为炮口振动参数；ϕ_* 为正则化因子，在实际应用中，根据实际问题取同一数量级的数值即可，其作用是为了防止"大数吃小数"现象的产生而造成某个目标函数无法被优化。

2）射击稳定性系数 η_{fs}

$$\eta_{fs} = \frac{|D_X|}{\phi_{D_X}} + \frac{|D_{Yp}|}{\phi_{D_{Yp}}} + \frac{|D_{Yn}|}{\phi_{D_{Yn}}} \tag{5.77}$$

式中，D_X、D_{Yp}、D_{Yn} 为射击稳定性参数；类似地，ϕ_* 为正则化因子。

炮口振动系数 η_{mz}^I 的区间中点和半径、区间经济性评价指标 ζ 作为目标函数，射击稳定性系数 η_{fs}^I、载荷参数（P_{max}^I、$F_{\phi h}^I$）的区间可能度被描述为约束函数，建立如下的多目标区间优化模型：

$$\min_{U}(\eta_{mz}^c(U), \eta_{mz}^w(U), -\zeta) = \left(\eta_{mz}^c(U), \eta_{mz}^w(U), -\frac{1}{q}\sum_{i=1}^{q}\left|\frac{U_i^w}{M_{U_i^w}}\right|\right)$$

s.t.

$$\begin{aligned} &P(\eta_{fs}^I(U) \leqslant 5.0) \geqslant \lambda_1 = 0.6 \\ &P(310 \leqslant P_{max}^I(U) \leqslant 340) \geqslant \lambda_2 = 0.9 \\ &P(F_{\phi h}^I(U) \geqslant 12500) \geqslant \lambda_3 = 0.9 \\ &U \in U^I = [U^L, U^R] \end{aligned} \tag{5.78}$$

外层优化器 NSGA-II 的种群个体设为 80，交叉率和变异率分别设为 0.9 和 0.3，最大进化代数设为 200；内层优化器 GA 的种群个体设为 40，最大进化代数设为 100，交叉率和变异率的设定与外层优化器 NSGA-II 相同。

4. 优化结果与讨论

优化得到的 Pareto 前沿如图 5.15 所示。Pareto 前沿中非支配解的详细信息，包括不确定性目标函数和不确定性约束函数的具体数值以及不确定性约束的区间可能度值，如表 5.4 所示。

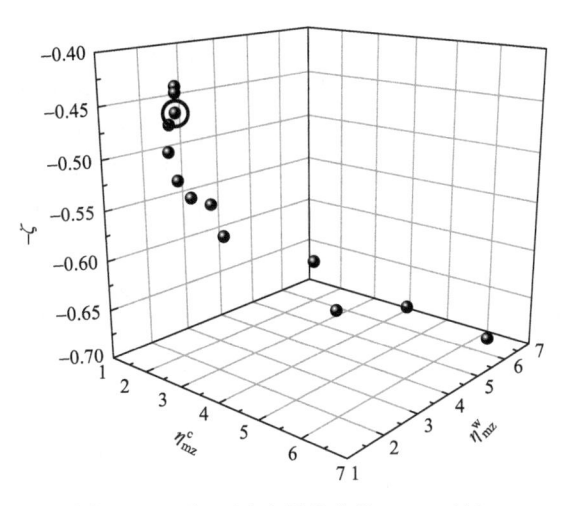

图 5.15 区间不确定性优化的 Pareto 前沿

表 5.4 Pareto 前沿中非支配解的详细信息

序号	不确定性目标函数			不确定性约束函数			
	炮口振动系数		经济性 $-\zeta$	射击稳定性系数		约束的区间可能度值		
	η_{mz}^c	η_{mz}^w		$\underline{\eta}_{fs}$	$\overline{\eta}_{fs}$	$P(310 \leqslant P_{max}^I \leqslant 340)$	$P(F_{\phi h}^I)$	$P(\eta_{fs}^I)$
1	2.0041	2.0033	−0.4378	0.5289	4.5974	(1.0000, 1.0000)	1.0000	1.0000
2	2.0044	2.0043	−0.4321	0.5199	4.6019	(1.0000, 1.0000)	1.0000	1.0000
3	2.6026	2.6015	−0.5779	0.5819	4.6384	(1.0000, 1.0000)	1.0000	1.0000
4	4.1256	3.5367	−0.5985	0.5115	5.1153	(1.0000, 1.0000)	1.0000	0.9750
5	4.4073	3.8927	−0.6501	0.4580	6.2432	(0.9715, 1.0000)	0.9118	0.7851
6	2.0503	1.7964	−0.4663	0.5111	4.0236	(1.0000, 1.0000)	1.0000	1.0000
7	1.8958	1.8952	−0.4940	0.7915	4.1486	(1.0000, 1.0000)	1.0000	1.0000
8	2.0044	2.0043	−0.4321	0.5199	4.6019	(1.0000, 1.0000)	1.0000	1.0000
9	6.3713	6.3713	−0.6926	0.6333	7.4769	(0.9326, 0.9846)	0.9563	0.6381
10	2.0046	2.0045	−0.5215	1.3617	4.4277	(1.0000, 1.0000)	1.0000	1.0000
11	5.2079	5.1666	−0.6555	0.6711	6.6601	(0.9919, 1.0000)	1.0000	0.7228
12	2.1731	2.1729	−0.5384	0.4801	5.0878	(1.0000, 1.0000)	1.0000	0.9809
13	2.0016	2.0016	−0.4568	0.4840	5.2257	(1.0000, 1.0000)	1.0000	0.9524
14	2.4385	2.4385	−0.5455	0.6057	4.4813	(1.0000, 1.0000)	1.0000	1.0000

图 5.15 和表 5.4 反映了三个目标之间的冲突。可以发现，较大的区间经济性指标总是伴随较大的炮口振动系数区间和半径，这意味着较差的鲁棒性和较低的制造成本。尽管 Pareto 前沿中的解都是满足约束条件的可行解，但最终的选择取决于决策者的偏好。这里

以炮口振动系数的鲁棒性为决策偏好，选择表 5.4 中第 6 个设计方案（即图 5.15 圆圈内的点）来进一步验证该方法的有效性，详细的不确定性设计变量的区间如表 5.5 所示。该优化方案不仅得到最优的设计变量组合，而且获得了设计变量的参数误差方案。区间中点可以视为设计变量的标称值，而区间半径可以视为设计变量的允许误差，从这个意义上说，这些参数可以为设计变量误差方案的制定、机械公差的制定提供参考。

表 5.5 不确定性设计变量的区间

不确定性设计变量	名义值 U^c	允许误差 U^w	下边界 $\underline{U}$	上边界 $\bar{U}$
d_T / mm	169.7723	0.4287	169.3435	170.2010
D_T / mm	97.8970	0.3622	97.5348	98.2592
c_t / mm	0.0183	0.0002	0.0181	0.0185
c_g / mm	0.1580	0.0012	0.1567	0.1592
A_f / m²	0.0072	0.0001	0.0072	0.0073
p_{f0} / Pa	6646554.1	0.3	6646553.8	6646554.4
p_{bm0} / Pa	4445794.4	0.7	4445793.7	4445795.1
A_{bm} / m²	0.0111	0.0001	0.0110	0.0112
β_{bm} / (°)	37.0283	0.1724	36.8559	37.2007
m_2 / kg	12.0250	0.0178	12.0072	12.0428
m_p / kg	45.4048	0.3036	45.1012	45.7084
e_{11} / mm	2.2573	0.0152	2.2421	2.2725
e_{12} / mm	2.5618	0.0148	2.5470	2.5765
w_0 / m³	0.0261	0.0001	0.0260	0.0262
c_b / mm	0.8188	0.0091	0.8097	0.8279
Δh_y / mm	0.7986	0.0385	0.7601	0.8372
e_{my} / mm	0.5887	0.1686	0.4200	0.7573
e_{mz} / mm	0.4161	0.1135	0.3025	0.5296

对于所选的第 6 个设计方案，采用 GA 在设计变量误差范围内执行模拟搜索，获得火炮发射动力学响应在设计变量区间内的最大值与最小值，即响应的区间。获得的设计变量组合用于重建火炮刚柔耦合动力学模型并进行计算，优化后炮口振动参数和射击稳定性参数的最优解和区间范围分别如图 5.16 和图 5.17 所示，详细数值如表 5.6 所示，图中的对比方案为对火炮本体结构参数进行确定性优化所获得的发射动力学响应。

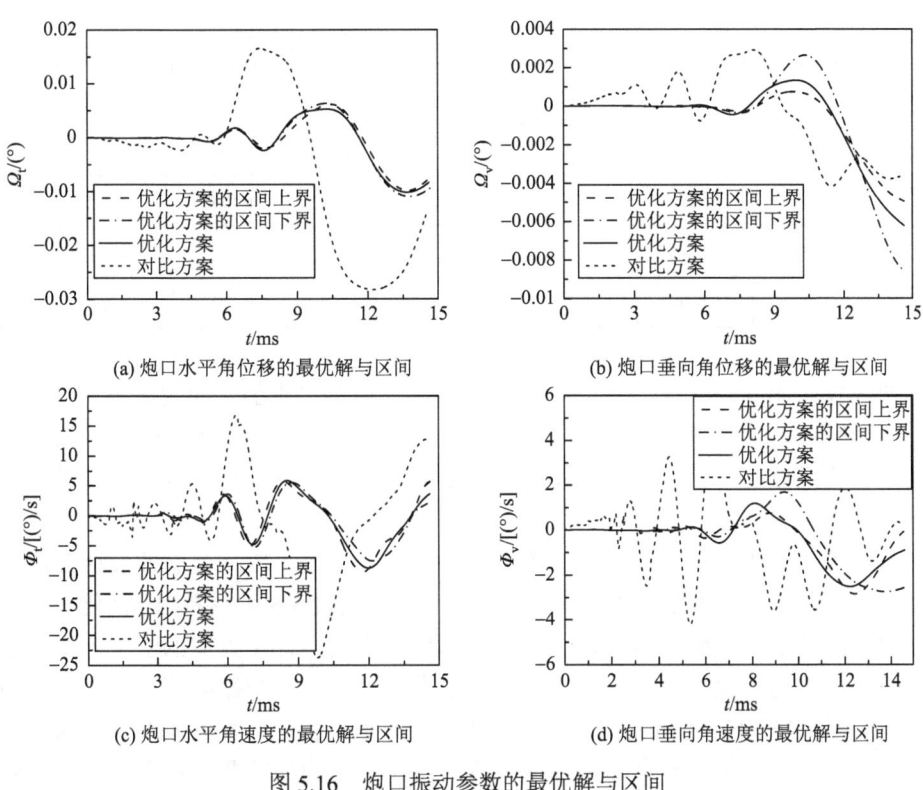

图 5.16 炮口振动参数的最优解与区间

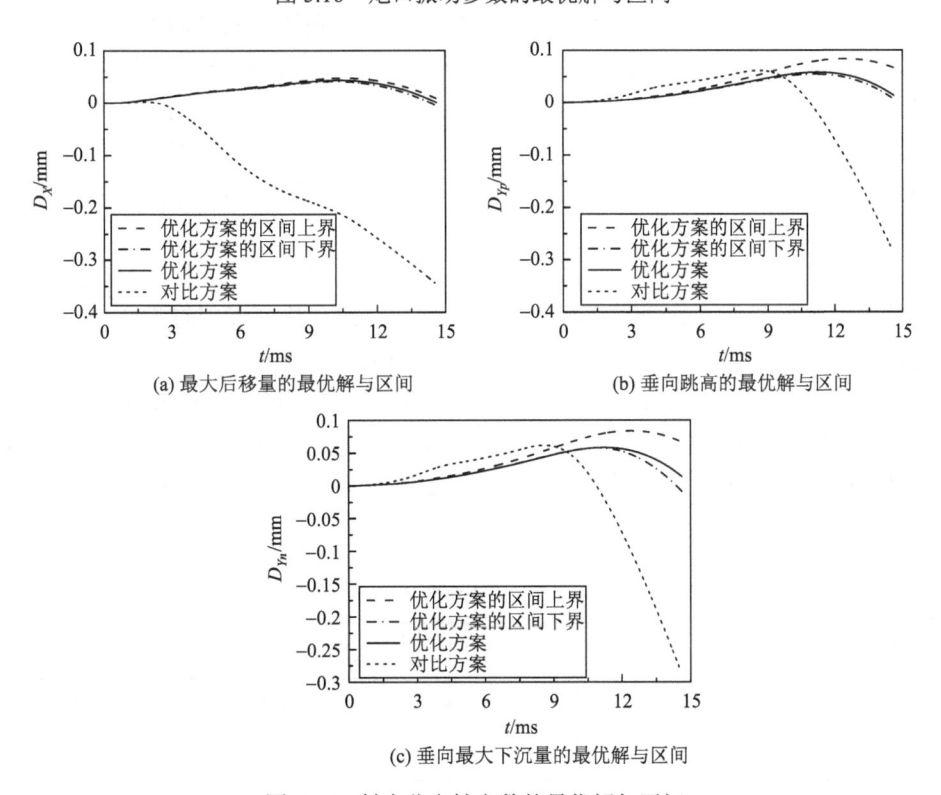

图 5.17 射击稳定性参数的最优解与区间

表 5.6 优化后火炮发射动力学响应的具体数值与对比

类别	Ω_t / (°)	Ω_v / (°)	Φ_t / [(°)/s]	Φ_v / [(°)/s]	D_X / mm	D_{Y_p} / mm	D_{Y_n} / mm	η_{mz}^c
优化解	−0.00836	−0.00622	3.57	−0.90	0.00038	0.057	0.0135	2.0503
区间下界	−0.00939	−0.00861	2.07	−2.56	−0.0049	0.054	−0.0095	—
区间上界	−0.00747	−0.00499	5.63	−0.0775	0.0071	0.083	0.0650	—
对比方案	−0.01390	−0.00364	12.70	0.203	−0.344	0.061	−0.282	3.2604

由图 5.16、图 5.17 和表 5.6 可以清楚地看到，通过提出的区间优化方法获得的火炮发射动力学响应是区间值而不是确定性的实数，这充分反映了不确定性所导致的火炮发射动力学响应的波动。因此，这些发射动力学响应的上、下边界可以为结构设计提供良好的参考。

由于该优化问题是从系统工程的角度出发，综合考虑了较为全面的设计变量，因此优化结果相较普通优化方案展现出更加优越的性能。从表 5.6 可以看出，优化后的方案具有更小的目标函数值。图 5.16（a）和（c）的结果表明，优化方案的水平炮口振动角位移和水平炮口振动角速度大大降低，并且在整个发射过程中的振动范围较小，波动也相对平缓。从图 5.16（b）可以看出，在弹丸出炮口时刻，优化方案的垂向炮口振动角位移没有明显的改善，但是从整个发射过程来看，对比方案的振动要更加剧烈而优化后方案更加平缓。图 5.16（d）表明，优化方案的垂向炮口振动角速度的区间下界与对比方案相差并不大，但是整个发射过程的振动范围要小得多，波动更加平缓。从图 5.17 可以看出，优化方案的火炮座钣在 X、Y 两个方向的移动量都要小得多，这说明射击稳定性更佳。因此，优化后的方案具有更好的发射性能。由于对比方案是仅优化火炮结构参数的结果，从某种意义上说，从系统一体化设计角度出发得到的优化结果具有更好的整体性能，炮口振动与射击稳定性都要更佳。

类似地，采用 GA 在设计变量误差范围内执行模拟搜索，以获得载荷参数的区间，计算结果如表 5.7 所示。选择平衡机力做进一步的对比分析，发射过程中平衡机力随时间的变化曲线如图 5.18 所示。由于发射过程中的载荷不仅与载荷装置的结构参数有关，还与发射过程的振动参数以及火炮相关部件运动状态有关。显然，图 5.18（b）的平衡机力曲线在整个发射过程内的振荡比图 5.18（a）更加剧烈，优化后的平衡机力较少出现剧烈变化且平衡机力曲线更为平缓，这也从侧面说明优化后方案的火炮振动比对比设计方案改善很多。

表 5.7 载荷参数的区间

类别	$F_{\phi h\text{-max}}$ / N	$P_{\max}$ / MPa	$F_{f\text{-max}}$ / N	$F_{bm\text{-max}}$ / N
区间下边界	132813.8	313.93	53999.58	55467.3
区间上边界	133693.3	336.97	54395.28	56126.6

(a) 优化后的设计方案   (b) 对比设计方案

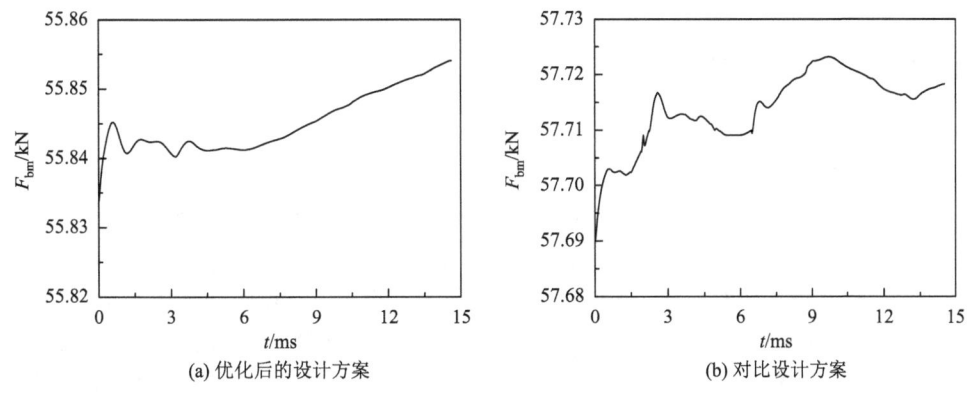

图 5.18　优化前后平衡机力的对比

5.3　基于前馈神经网络微分的火炮发射动力学响应区间分析方法

5.2 节基于神经网络的火炮发射动力学响应区间优化方法采用嵌套优化的求解策略，该方法本质上是采用基于全局搜索算法的区间分析法计算不确定性目标函数和约束函数的区间，虽然精度较高但效率比较低下。解决这一瓶颈问题的核心在于开发具有较高精度的区间分析方法，实现不确定性目标函数和约束函数区间的高效率计算。基于区间运算的区间分析法和区间顶点法只能处理一些简单的工程问题，难以适用于复杂的火炮发射动力学系统。采用区间摄动法计算不确定性目标函数和约束函数的区间可以避免内层优化，将两层优化问题转化为单层优化问题[40,44-46]。但是，由于在计算时需要系统的导数信息，该优化方法目前只能处理数值微分易于计算的简单工程问题，无法适用于火炮发射动力学这种显式函数关系不便推导的非线性泛函系统。火炮发射动力学系统等工程系统的优化问题往往需要引入代理模型构建混合优化算法进行求解，代理模型可以解决高计算成本的数值分析模型所引起的效率低下问题，但基于代理模型的嵌套优化的计算成本仍然很高，尤其是当优化问题含有多个目标函数和多个约束函数时。区间摄动法与代理模型的结合，是高效并准确地求解工程不确定性优化问题的潜在解决方案。这一构想的最大挑战在于如何使用代理模型直接进行导数信息的计算。

针对复杂工程问题的区间不确定性分析所面临的主要挑战，即系统输出相对于系统输入的导数信息很难直接计算，以及辅助优化求解器的计算成本较高，本节基于前馈神经网络（feed-forward neural network，FNN）微分方程，提出一种基于 FNN 微分的区间摄动法。为了克服导数信息的计算困难，通过偏微分计算的后向链式法则推导出 FNN 的一阶导数和二阶偏导数的计算方程与矩阵运算形式，从而实现直接利用 FNN 计算系统输出相对于系统输入的导数信息。特别地，分析多层 FNN 的结构对一阶导数和二阶偏导数计算精度的影响。基于使用 FNN 偏导数信息的区间摄动法，可以在不需要耗费大量计算时间的情况下近似获得 FNN 的极值，即响应的边界。对于区间不确定水平较大的问题，引入子区间法以获得更准确可靠的计算结果。通过具体的数值案例证明本节所提出的区间分析方法的有效性、可行性和高效率。

5.3.1 前馈神经网络的微分方程

1. 前馈神经网络的系统方程

考虑图 5.19 中的多层前馈神经网络，其由输入层、M 个隐含层和输出层构成。将输入层计为第 0 层，将输出层计为第 $M+1$ 层。I_i 和 O_i 分别是神经网络的输入参数和输出参数。o_i^k、n_i^k、$\omega_{(j,i)}^k$、b_i^k、$f_k(*)$ 和 S^k 分别是第 k 层第 i 个节点的净输出、第 k 层第 i 个节点的净输入、第 $k-1$ 层中的第 j 个节点与第 k 层中的第 i 个节点的连接权重、第 k 层中的第 i 个节点的偏移因子（阈值）、第 k 层的激励函数，以及第 k 层的隐含层节点数。

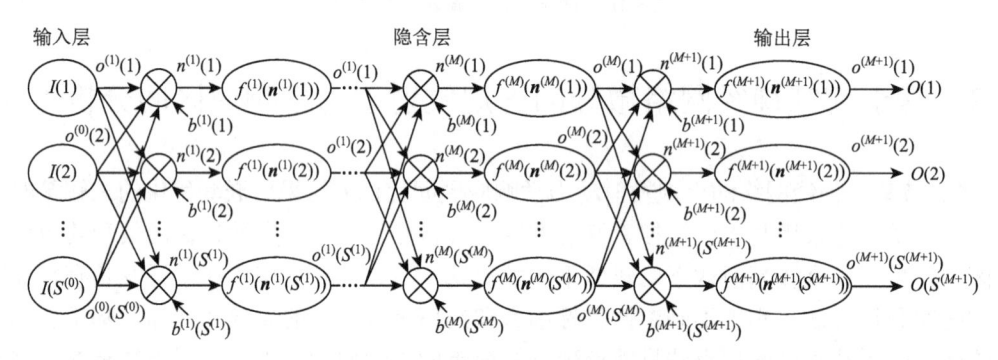

图 5.19 多层前馈神经网络的结构图

输入向量 I 从输入层输入，然后传输到隐含层。对于第 k 层第 i 个隐含层节点的净输入，可以通过计算前一层（即 $k-1$ 层）的输出矢量的加权和得到：

$$n_i^k = \sum_{j=1}^{S^{k-1}} \omega_{(j,i)}^k o_j^{k-1} + b_i^k, \quad j=1,2,\cdots,S^{k-1}, i=1,2,\cdots,S^k, k=1,2,\cdots,M+1 \quad (5.79)$$

第 k 层第 i 节点的净输出可以通过激活函数来计算：

$$o_i^k = f_k(n_i^k), \quad i=1,2,\cdots,S^k, k=1,2,\cdots,M+1 \quad (5.80)$$

将式（5.79）代入式（5.80），并重写为矩阵形式，获得的前馈神经网络的系统方程如下：

$$\boldsymbol{o}^k = f_k(\boldsymbol{W}^k \boldsymbol{o}^{k-1} + \boldsymbol{b}^k), \quad k=1,2,\cdots,M+1 \quad (5.81)$$

通过上述方式，第 k 层的输出矢量被传递到随后的隐含层，并按照隐含层顺序依次向后传输，各层网络之间没有反馈关系，数据最终被传递到输出层并生成输出向量 $\boldsymbol{O}$。例如，一个单隐含层前馈神经网络的系统方程可以简单表示为

$$\boldsymbol{n}^1 = \boldsymbol{W}^1 \boldsymbol{I} + \boldsymbol{b}^1, \quad \boldsymbol{o}^1 = \boldsymbol{f}_1(\boldsymbol{n}^1) \quad (5.82)$$

$$\boldsymbol{n}^2 = \boldsymbol{W}^2 \boldsymbol{o}^1 + \boldsymbol{b}^2, \quad \boldsymbol{O} = \boldsymbol{f}_2(\boldsymbol{n}^2) \quad (5.83)$$

2. 前馈神经网络一阶微分的特征方程

对于 FNN 微分的计算，做如下的基本假设[47,48]：①神经网络中仅存在从前一层到

后一层的直接连接，不存在每层节点之间的耦合连接关系和不同层节点之间的反馈连接关系；②神经网络的激活函数为非多项式的可微函数，且每一层的激活函数相同。

那么，第$k(k=1,2,\cdots,M+1)$层中网络单元的一阶导数可表示为

$$\frac{\partial o_i^k}{\partial o_j^{k-1}} = \frac{\partial o_i^k}{\partial n_i^k}\frac{\partial n_i^k}{\partial o_j^{k-1}} = f_k'(n_i^k)\omega_{(j,i)}^k, \quad i=1,2,\cdots,S^k, j=1,2,\cdots,S^{k-1} \quad (5.84)$$

式（5.84）同样可以表示为矩阵形式：

$$\boldsymbol{\delta}^k = \frac{\partial \boldsymbol{o}^k}{\partial \boldsymbol{n}^k}\frac{\partial \boldsymbol{n}^k}{\partial \boldsymbol{o}^{k-1}} = \boldsymbol{f}_k'(\boldsymbol{n}^k)\boldsymbol{W}^k \quad (5.85)$$

式中，$\boldsymbol{\delta}^k$ 为第 k 层的一阶导数矩阵；符号 $\boldsymbol{f}_k'(\boldsymbol{n}^k)$ 为一个对角矩阵，具有以下性质：

$$\boldsymbol{f}_k'(\boldsymbol{n}^k) = \text{diag}(f_k'(n_1^k), f_k'(n_2^k), \cdots, f_k'(n_{S^k}^k)) \quad (5.86)$$

$\text{diag}(\boldsymbol{V})$ 表示将向量 $\boldsymbol{V}$ 转换为对角矩阵的函数。

根据前馈神经网络偏微分求解的后向链式法则，输出参数相对于输入参数的一阶导数可表示为

$$\frac{\partial O_i}{\partial I_j} = \frac{\partial o_i^{M+1}}{\partial n_i^{M+1}}\frac{\partial n_i^{M+1}}{\partial \boldsymbol{o}^M}\frac{\partial \boldsymbol{o}^M}{\partial \boldsymbol{n}^M}\frac{\partial \boldsymbol{n}^M}{\partial \boldsymbol{o}^{M-1}}\cdots\frac{\partial \boldsymbol{o}^1}{\partial \boldsymbol{n}^1}\frac{\partial \boldsymbol{n}^1}{\partial o_j^0}$$

$$= f_{M+1}'(n_i^{M+1})\boldsymbol{W}_{(i,:)}^{M+1}\boldsymbol{f}_M'(\boldsymbol{n}^M)\boldsymbol{W}^M\cdots\boldsymbol{f}_1'(\boldsymbol{n}^1)\boldsymbol{W}_{(:,j)}^1, \quad i=1,2,\cdots,S^{M+1}, j=1,2,\cdots,S^0$$

$$(5.87)$$

式（5.87）也可以表示为矩阵形式：

$$\boldsymbol{\delta} = \boldsymbol{f}_{M+1}'(\boldsymbol{n}^{M+1})\boldsymbol{W}^{M+1}\boldsymbol{f}_M'(\boldsymbol{n}^M)\boldsymbol{W}^M\cdots\boldsymbol{f}_1'(\boldsymbol{n}^1)\boldsymbol{W}^1 \quad (5.88)$$

FNN 一阶微分的计算结果 $\boldsymbol{\delta}$ 是一个 $q\times n$ 的矩阵：

$$\boldsymbol{\delta} = \begin{bmatrix} \delta_{11} & \delta_{12} & \cdots & \delta_{1n} \\ \delta_{21} & \delta_{22} & \cdots & \delta_{2n} \\ \vdots & \vdots & & \vdots \\ \delta_{q1} & \delta_{q2} & \cdots & \delta_{qn} \end{bmatrix}_{q\times n} \quad (5.89)$$

式中，$q=S^{M+1}$ 为输出参数的数量；$n=S^0$ 为输入参数的数量；δ_{ij} 为第 i 个输出参数相对于第 j 个输入参数的一阶导数。

3. 前馈神经网络二阶微分的特征方程

二阶微分的计算基于一阶微分的结果，通过对一阶微分方程再求微分，就可以轻松计算出二阶偏导数。对于 $k(k=1,2,\cdots,M+1)$ 层中的第 $i(i=1,2,\cdots,S^k)$ 个神经网络单元，其相对于前一层中第 h 个和第 j 个神经网络单元的二阶偏导数可以表示为

$$\frac{\partial^2 o_i^k}{\partial o_j^{k-1}\partial o_h^{k-1}} = \frac{\partial}{\partial o_h^{k-1}}\left(\frac{\partial o_i^k}{\partial o_j^{k-1}}\right) = \frac{\partial}{\partial o_h^{k-1}}[f_k'(n_i^k)\omega_{(j,i)}^k] = \omega_{(j,i)}^k f_k''(n_i^k)\frac{\partial n_i^k}{\partial o_h^{k-1}} = \omega_{(j,i)}^k f_k''(n_i^k)\omega_{(h,i)}^k$$

$$(5.90)$$

将式（5.90）重写为矩阵形式，可以得到以下等式：

$$\frac{\partial^2 o_i^k}{\partial (o^{k-1})^2} = [W_{(i,:)}^k]^{\mathrm{T}} f_k''(n_i^k) W_{(i,:)}^k \tag{5.91}$$

将式（5.91）的结果扩展到整个 FNN 的所有节点，并应用偏微分的后向链式法则计算式（5.87）的一阶导数，可以得到第 i 个输出参数 O_i 相对于输入向量 I 的二阶偏导数表达式：

$$\begin{aligned}
\frac{\partial^2 O_i}{\partial I^2} &= \frac{\partial [f_{M+1}'(n_i^{M+1}) W_{(i,:)}^{M+1} f_M'(n^M) W^M \cdots f_1'(n^1) W^1]}{\partial I} \\
&= \frac{\partial [f_{M+1}'(n_i^{M+1}) W_{(i,:)}^{M+1}]}{\partial I} f_M'(n^M) W^M \cdots f_1'(n^1) W^1 \\
&\quad + f_{M+1}'(n_i^{M+1}) W_{(i,:)}^{M+1} \frac{\partial [f_M'(n^M) W^M]}{\partial I} f_{M-1}'(n^{M-1}) W^{M-1} \cdots f_1'(n^1) W^1 \\
&\quad + \cdots \\
&\quad + f_{M+1}'(n_i^{M+1}) W_{(i,:)}^{M+1} f_M'(n^M) W^M \cdots f_2'(n^2) W^2 \frac{\partial [f_1'(n^1) W^1]}{\partial I}, \quad i=1,2,\cdots,q
\end{aligned} \tag{5.92}$$

然后，可以很容易地进一步推导出如下等式：

$$\begin{aligned}
\frac{\partial^2 O_i}{\partial I^2} &= [f_{M+1}''(n_i^{M+1}) W_{(i,:)}^{M+1} f_M'(n^M) W^M \cdots f_1'(n^1) W^1]^{\mathrm{T}} W_{(i,:)}^{M+1} f_M'(n^M) W^M \cdots f_1'(n^1) W^1 \\
&\quad + [f_M''(n^M) W^M f_{M-1}'(n^{M-1}) W^{M-1} \cdots f_1'(n^1) W^1]^{\mathrm{T}} \mathrm{diag}[f_{M+1}'(n_i^{M+1}) W_{(i,:)}^{M+1}] \\
&\quad \times W^M f_{M-1}'(n^{M-1}) W^{M-1} \cdots f_1'(n^1) W^1 \\
&\quad + \cdots \\
&\quad + [f_1''(n^1) W^1]^{\mathrm{T}} \mathrm{diag}[f_{M+1}'(n_i^{M+1}) W_{(i,:)}^{M+1} f_M'(n^M) W^M \cdots f_2'(n^2) W^2] W^1
\end{aligned} \tag{5.93}$$

式中，$i = 1, 2, \cdots, q$，且

$$f_k''(n^k) = \mathrm{diag}(f_k''(n_1^k), f_k''(n_2^k), \cdots, f_k''(n_{S^k}^k)) \tag{5.94}$$

二阶偏导数的计算结果 $\dfrac{\partial^2 O_i}{\partial I^2}$ 是一个 $n \times n$ 的矩阵：

$$\frac{\partial^2 O_i}{\partial I^2} = \begin{bmatrix}
\dfrac{\partial^2 O_i}{\partial I_1^2} & \dfrac{\partial^2 O_i}{\partial I_1 \partial I_2} & \cdots & \dfrac{\partial^2 O_i}{\partial I_1 \partial I_n} \\
\dfrac{\partial^2 O_i}{\partial I_2 \partial I_1} & \dfrac{\partial^2 O_i}{\partial I_2^2} & \cdots & \dfrac{\partial^2 O_i}{\partial I_2 \partial I_n} \\
\vdots & \vdots & & \vdots \\
\dfrac{\partial^2 O_i}{\partial I_n \partial I_1} & \dfrac{\partial^2 O_i}{\partial I_n \partial I_2} & \cdots & \dfrac{\partial^2 O_i}{\partial I_n^2}
\end{bmatrix}_{n \times n}, \quad i = 1, 2, \cdots, q \tag{5.95}$$

显然，对于具有 q 个输出参数的神经网络，总共可以获得 q 个二阶偏导数矩阵。对于含单个隐含层的 FNN，式（5.93）可以具体表示为

$$\frac{\partial^2 O_i}{\partial \boldsymbol{I}^2} = [f_2''(n_i^2)\boldsymbol{W}_{(i,:)}^2 \boldsymbol{f}_1'(\boldsymbol{n}^1)\boldsymbol{W}^1]^{\mathrm{T}} \boldsymbol{W}_{(i,:)}^2 \boldsymbol{f}_1'(\boldsymbol{n}^1)\boldsymbol{W}^1 \\ + [\boldsymbol{f}_1''(\boldsymbol{n}^1)\boldsymbol{W}^1]^{\mathrm{T}} \mathrm{diag}[f_2'(n_i^2)\boldsymbol{W}_{(i,:)}^2]\boldsymbol{W}^1 \tag{5.96}$$

具有两个隐含层的 FNN 的二阶微分方程可以具体表示为

$$\frac{\partial^2 O_i}{\partial \boldsymbol{I}^2} = [f_3''(n_i^3)\boldsymbol{W}_{(i,:)}^3 \boldsymbol{f}_2'(\boldsymbol{n}^2)\boldsymbol{W}^2 \boldsymbol{f}_1'(\boldsymbol{n}^1)\boldsymbol{W}^1]^{\mathrm{T}} \boldsymbol{W}_{(i,:)}^3 \boldsymbol{f}_2'(\boldsymbol{n}^2)\boldsymbol{W}^2 \boldsymbol{f}_1'(\boldsymbol{n}^1)\boldsymbol{W}^1 \\ + [\boldsymbol{f}_2''(\boldsymbol{n}^2)\boldsymbol{W}^2 \boldsymbol{f}_1'(\boldsymbol{n}^1)\boldsymbol{W}^1]^{\mathrm{T}} \mathrm{diag}[f_3''(n_i^3)\boldsymbol{W}_{(i,:)}^3]\boldsymbol{W}^2 \boldsymbol{f}_1'(\boldsymbol{n}^1)\boldsymbol{W}^1 \\ + [\boldsymbol{f}_1''(\boldsymbol{n}^1)\boldsymbol{W}^1]^{\mathrm{T}} \mathrm{diag}[f_3'(n_i^3)\boldsymbol{W}_{(i,:)}^3 \boldsymbol{f}_2'(\boldsymbol{n}^2)\boldsymbol{W}^2]\boldsymbol{W}^1 \tag{5.97}$$

类似地，具有三个隐含层的 FNN 的二阶微分方程可以具体表示为

$$\frac{\partial^2 O_i}{\partial \boldsymbol{I}^2} = [f_4''(n_i^4)\boldsymbol{W}_{(i,:)}^4 \boldsymbol{f}_3'(\boldsymbol{n}^3)\boldsymbol{W}^3 \boldsymbol{f}_2'(\boldsymbol{n}^2)\boldsymbol{W}^2 \boldsymbol{f}_1'(\boldsymbol{n}^1)\boldsymbol{W}^1]^{\mathrm{T}} \\ \times \boldsymbol{W}_{(i,:)}^4 \boldsymbol{f}_3'(\boldsymbol{n}^3)\boldsymbol{W}^3 \boldsymbol{f}_2'(\boldsymbol{n}^2)\boldsymbol{W}^2 \boldsymbol{f}_1'(\boldsymbol{n}^1)\boldsymbol{W}^1 \\ + [\boldsymbol{f}_3''(\boldsymbol{n}^3)\boldsymbol{W}^3 \boldsymbol{f}_2'(\boldsymbol{n}^2)\boldsymbol{W}^2 \boldsymbol{f}_1'(\boldsymbol{n}^1)\boldsymbol{W}^1]^{\mathrm{T}} \\ \times \mathrm{diag}[f_4'(n_i^4)\boldsymbol{W}_{(i,:)}^4]\boldsymbol{W}^3 \boldsymbol{f}_2'(\boldsymbol{n}^2)\boldsymbol{W}^2 \boldsymbol{f}_1'(\boldsymbol{n}^1)\boldsymbol{W}^1 \\ + [\boldsymbol{f}_2''(\boldsymbol{n}^2)\boldsymbol{W}^2 \boldsymbol{f}_1'(\boldsymbol{n}^1)\boldsymbol{W}^1]^{\mathrm{T}} \mathrm{diag}[f_4'(n_i^4)\boldsymbol{W}_{(i,:)}^4 \boldsymbol{f}_3'(\boldsymbol{n}^3)\boldsymbol{W}^3]\boldsymbol{W}^2 \boldsymbol{f}_1'(\boldsymbol{n}^1)\boldsymbol{W}^1 \\ + [\boldsymbol{f}_1''(\boldsymbol{n}^1)\boldsymbol{W}^1]^{\mathrm{T}} \mathrm{diag}[f_4'(n_i^4)\boldsymbol{W}_{(i,:)}^4 \boldsymbol{f}_3'(\boldsymbol{n}^3)\boldsymbol{W}^3 \boldsymbol{f}_2'(\boldsymbol{n}^2)\boldsymbol{W}^2]\boldsymbol{W}^1 \tag{5.98}$$

从以上 FNN 一阶、二阶微分方程的构造过程可以看到：FNN 最终的一阶导数和二阶偏导数的计算结果主要取决于 FNN 的结构（如隐含层数、隐含层节点数）、激活函数和连接权重。一旦构造了具有良好精度的 FNN，利用 FNN 自身的系统方程，就可以轻松地计算出输出向量 $\boldsymbol{O}$ 相对于输入向量 $\boldsymbol{I}$ 的一阶导数和二阶偏导数。影响微分特征方程建模成功与否的关键因素是神经网络反映输入向量和输出向量之间非线性映射关系的能力。

5.3.2 前馈神经网络结构对微分计算精度的影响

具有 BP 学习算法的多层 FNN 是当前使用最广泛的范例。该神经网络常用的三种激活函数如式（5.99）所示，它们均是非多项式且可微的。

$$\begin{cases} \text{Logsig:} \quad f(x) = \dfrac{1}{1+\exp(-x)} \\ \text{Tansig:} \quad f(x) = \dfrac{2}{1+\exp(-2x)} - 1 \\ \text{Purelin:} \quad f(x) = x \end{cases} \tag{5.99}$$

考虑式（5.100）所示的数学算例，采用 BP 神经网络求解其一阶、二阶导数，并与精确解进行对比，以直观的方式分析所提出的前馈神经网络微分算法的准确性。式（5.100）涵盖了线性函数和典型的非线性函数，因此可以很好地证明该方法在微分计算中的适用性。

$$\begin{cases} f_1 = x_1\sqrt{x_3^2+3} + x_2\sqrt{4x_3^2+1} + 0.05\exp(x_3) \\ f_2 = x_1^2\sin(x_2+2) + 10\cos x_3 + 4x_1x_3 + 2x_2^2 + 3x_2 \\ f_3 = 0.1x_1^3 + 5x_3 - x_1\sin x_3 + 0.1\exp(x_2) \\ f_4 = 0.1x_2\exp(-x_1+2x_3) - 10x_3^2 \\ x_1, x_2, x_3 \in [0,5] \end{cases} \quad (5.100)$$

此外,FNN 的结构参数(如隐含层数、隐含层节点数)对神经网络的非线性映射能力影响很大。毫无疑问,这些参数必将影响其微分计算。因此,在此算例中讨论上述两个结构参数对多层 FNN 的一阶、二阶导数计算精度的影响。

1. 隐含层节点数对一阶微分的影响

训练 6 个单隐含层 BP 前馈神经网络,其中隐含层节点数分别为 10、20、40、60、80 和 100,隐含层和输出层的激活函数分别为 Tansig 和 Purelin,并采用 R^2 评估训练后 FNN 的精度,精度检验结果如表 5.8 所示。计算输出参数相对于输入参数的一阶导数,FNN 微分法得到的近似解和直接微分法的精确解的对比如图 5.20 所示。

表 5.8 具有不同隐含层节点数的 FNN 的 R^2

隐含层节点数	f_1	f_2	f_3	f_4
10	0.9987	0.9985	0.9990	0.9996
20	1.0000	1.0000	1.0000	1.0000
40	1.0000	1.0000	1.0000	1.0000
60	1.0000	1.0000	1.0000	1.0000
80	1.0000	1.0000	1.0000	1.0000
100	1.0000	1.0000	1.0000	1.0000

由表 5.8 可知,R^2 的值均大于 0.99,6 个经过训练的 FNN 都能精确近似式(5.100)的非线性映射。当隐含层节点数达到一定阈值后,不建议通过增加隐含层节点来提高神经网络的非线性映射能力。此算例中,20 个隐含层节点足以构建高可信度的 FNN。但是,图 5.20 表明隐含层节点数对神经网络一阶微分运算有重要影响。隐含层节点数越多,神经网络微分法获得精确的一阶导数结果的可能性就越大。具体来说,当隐含层节点数为 10 时,FNN 微分法无法精确近似一阶导数,随着隐含层节点数的增加,FNN 的一阶导数结果趋向于更高的精度。当隐含层节点的数量足够大时(在此算例中为 60),FNN 微分法获得的近似一阶导数几乎与精确解相同。为了以更直观的方式显示,采用均方根误差(root mean square error,RMSE)来评估近似值和精确值的偏差,结果如表 5.9 所示。计算 RMSE 时,在结果曲线中等间隔选取 1000 个样本点。表 5.9 说明随着隐含层节点数的增加,RMSE 总体上呈现下降趋势。当隐含层节点数为 80 时,f_1 和 f_2 的一阶导数具有最佳精度,RMSE 值的总和分别为 0.0494 和 0.1246。当隐含层节点数为 100 时,f_3 和 f_4 的 RMSE 值的总和最小,分别为 0.0157 和 0.3238。此外,图 5.20 还表明 FNN 微分法在计算输入参数 X 的两个区间边界附近的一阶导数时,较易出现大的偏差。幸运的是,随着隐含层节点数的增加,这一缺陷可以得到解决。

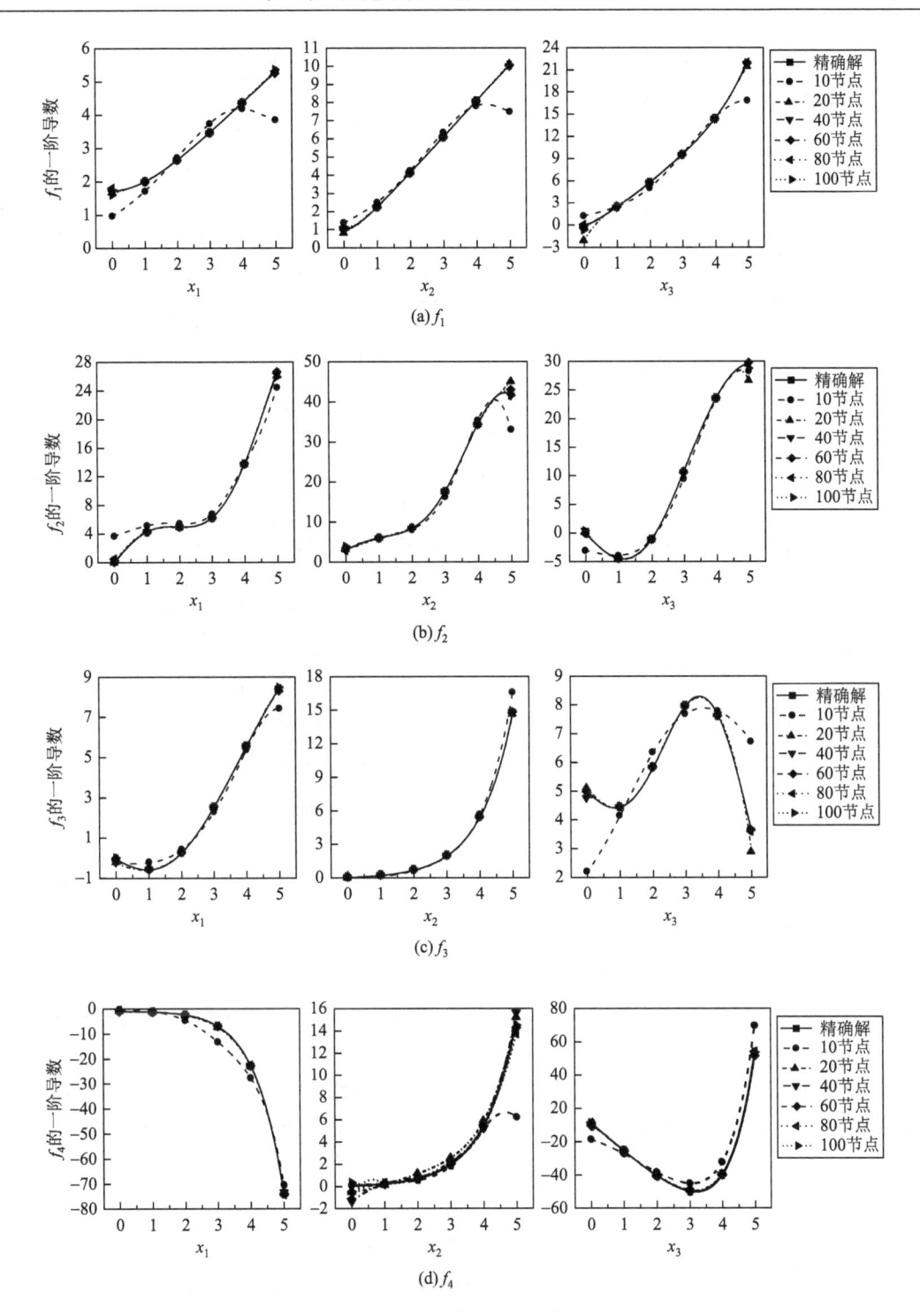

图 5.20 在不同隐含层节点数下 FNN 的一阶导数

表 5.9　在不同隐含层节点数下一阶导数的 RMSE 值

函数编号			10 个节点	20 个节点	40 个节点	60 个节点	80 个节点	100 个节点
1	$\dfrac{\mathrm{d}f_1}{\mathrm{d}x_i}$	x_1	0.4769	0.0130	0.0057	0.0059	0.0105	0.0185
		x_2	0.6984	0.0304	0.0126	0.0073	0.0196	0.0284
		x_3	1.1995	0.3689	0.0714	0.0615	0.0193	0.0829
		总和	2.3748	0.4123	0.0897	0.0747	0.0494	0.1298
2	$\dfrac{\mathrm{d}f_2}{\mathrm{d}x_i}$	x_1	1.3018	0.0884	0.0458	0.0242	0.0542	0.0858
		x_2	1.5510	0.4603	0.0360	0.1586	0.0382	0.1145
		x_3	0.9072	0.4035	0.0552	0.0192	0.0322	0.1035
		总和	3.7600	0.9522	0.1370	0.2020	0.1246	0.3038
3	$\dfrac{\mathrm{d}f_3}{\mathrm{d}x_i}$	x_1	0.2879	0.0508	0.0256	0.0157	0.0090	0.0040
		x_2	0.4581	0.0353	0.0037	0.0031	0.0157	0.0039
		x_3	1.1138	0.0986	0.0255	0.0078	0.0044	0.0078
		总和	1.8598	0.1847	0.0548	0.0266	0.0291	0.0157
4	$\dfrac{\mathrm{d}f_4}{\mathrm{d}x_i}$	x_1	3.7608	0.2522	0.2111	0.1035	0.1531	0.0632
		x_2	1.7722	0.4438	0.3898	0.1983	0.2926	0.1260
		x_3	7.8563	0.5052	0.2861	0.3838	0.2980	0.1346
		总和	13.3893	1.2012	0.8870	0.6856	0.7437	0.3238

2. 隐含层数对一阶微分的影响

为了分析隐含层数对一阶微分的影响，分别训练具有 1 个、2 个和 3 个隐含层的 BP 前馈神经网络，其中第一个隐含层、后续隐含层和输出层的激活函数分别设置为 Tansig 型、Logsig 型和 Purelin 型。隐含层节点的总数为 60，并平均分布到每个隐含层上。表 5.10 中列出了具有不同隐含层数的 BP 前馈神经网络的 R^2 值。采用 FNN 微分法计算输出参数相对于输入参数的一阶导数并与直接微分法获得的精确解进行对比，结果如图 5.21 所示，同时，相应的 RMSE 也计算出并列于表 5.11 中。

表 5.10　具有不同隐含层数的 FNN 的 R^2

隐含层数	f_1	f_2	f_3	f_4
1	1.0000	1.0000	1.0000	1.0000
2	1.0000	1.0000	1.0000	1.0000
3	1.0000	1.0000	1.0000	1.0000

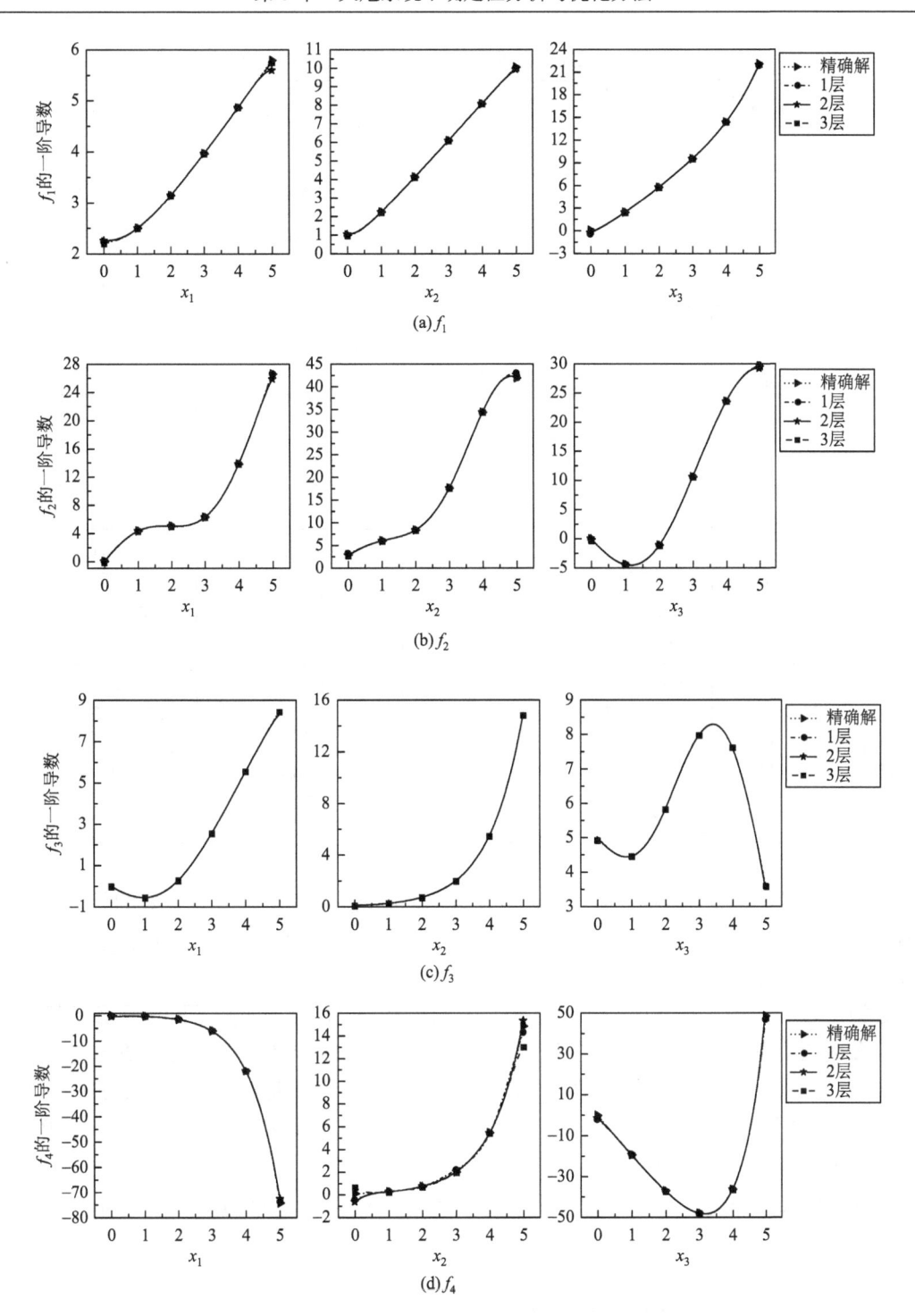

图 5.21 在不同隐含层数下 FNN 的一阶导数

表 5.11　在不同隐含层数下一阶导数的 RMSE 值

函数编号			隐含层数 1	隐含层数 2	隐含层数 3
1	$\dfrac{df_1}{dx_i}$	x_1	0.0059	0.0273	0.0069
		x_2	0.0073	0.0195	0.0074
		x_3	0.0615	0.0404	0.0128
		总和	0.0747	0.0872	0.0271
2	$\dfrac{df_2}{dx_i}$	x_1	0.0242	0.0811	0.0162
		x_2	0.1586	0.0288	0.0435
		x_3	0.0192	0.0534	0.0276
		总和	0.2020	0.1633	0.0873
3	$\dfrac{df_3}{dx_i}$	x_1	0.0157	0.0182	0.0062
		x_2	0.0031	0.0066	0.0050
		x_3	0.0078	0.0084	0.0100
		总和	0.0266	0.0332	0.0212
4	$\dfrac{df_4}{dx_i}$	x_1	0.1035	0.2506	0.1890
		x_2	0.1983	0.1500	0.2481
		x_3	0.3838	0.4620	0.1439
		总和	0.6856	0.8626	0.5810

表 5.10 和图 5.21 显示，3 个具有不同数量隐含层的 FNN 都具有良好的精度，能够精确地近似式（5.100）中的非线性函数及其一阶导数。由于隐含层节点的数量足够大，FNN 微分法获得的一阶导数几乎与精确解完全相同。但是，在输入参数 X 两个区间边界处的一阶导数仍然存在比较大的误差。同时，图 5.21 也表明随着隐含层数的增加，输入参数 X 区间边界处的一阶导数变得更精确，表 5.11 以更直观的方式进一步证明了这一点。式（5.100）中四个函数的一阶导数的 RMSE 值随着隐含层数的增加而呈下降趋势。当隐含层数为 3 时，f_1、f_2、f_3 和 f_4 的 RMSE 值的总和最小，分别为 0.0271、0.0873、0.0212 和 0.5810。

综上所述，随着隐含层数或节点数的增加，FNN 微分法可以获得更精确的一阶导数结果。

3. 隐含层节点数对二阶微分的影响

再次讨论 5.3.2 节中训练的 6 个具有不同隐含层节点数的 FNN，采用 FNN 微分法计算输出参数相对于输入参数的二阶导数，结果如图 5.22 所示，相应的 RMSE 值如表 5.12 所示。

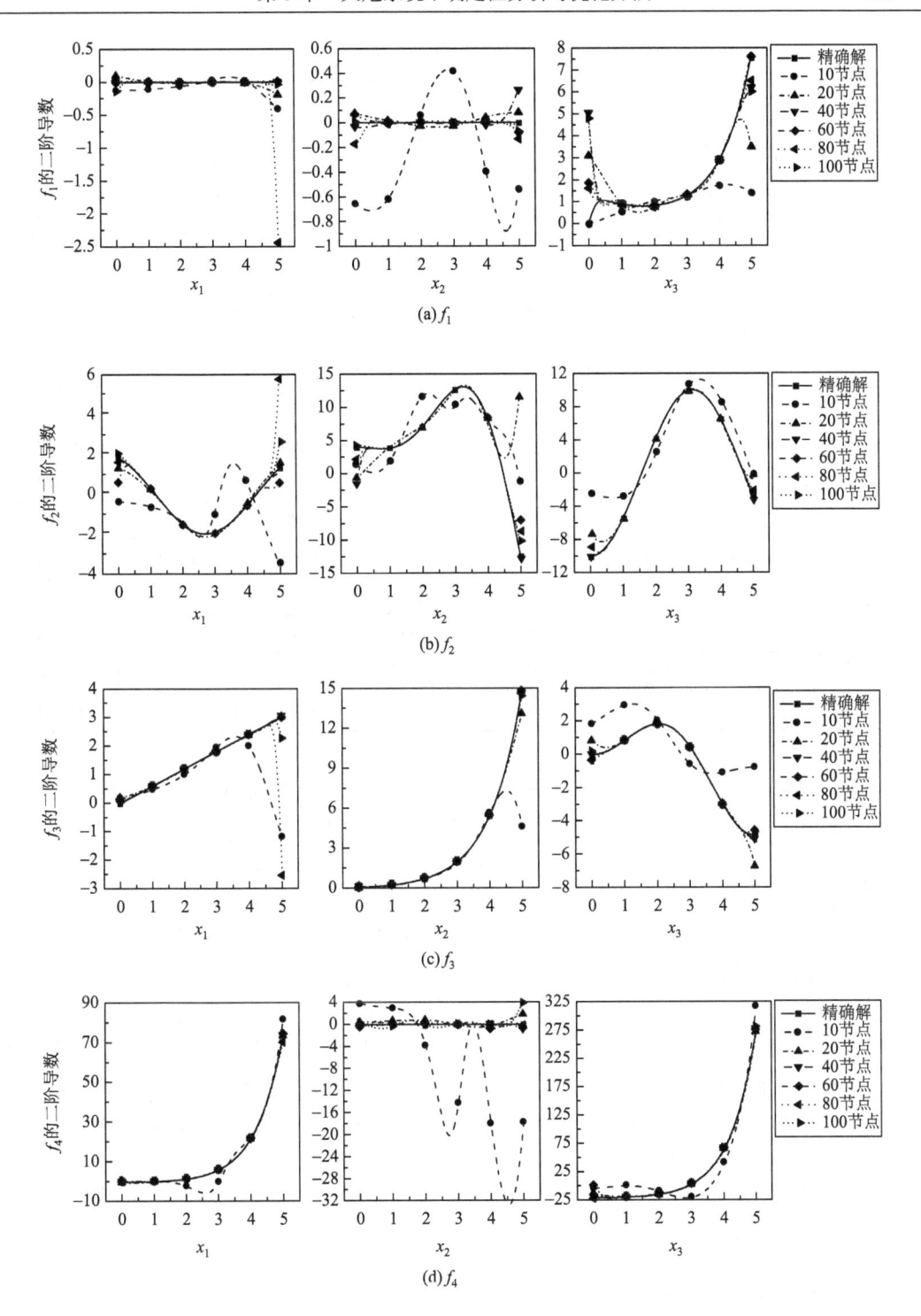

图 5.22 在不同隐含层节点数下 FNN 的二阶导数

表 5.12 在不同隐含层节点数下二阶导数的 RMSE 值

函数编号			10 个节点	20 个节点	40 个节点	60 个节点	80 个节点	100 个节点
1	$\partial^2 f_1 / \partial x_i^2$	x_1	0.1242	0.0520	0.0016	0.0050	0.2822	0.0222
		x_2	0.5181	0.0413	0.0467	0.0147	0.0375	0.0123
		x_3	1.6053	0.8751	0.6659	0.2574	0.2294	0.6184
		总和	2.2476	0.9684	0.7142	0.2771	0.5491	0.6529
2	$\partial^2 f_2 / \partial x_i^2$	x_1	1.7511	0.1781	0.0484	0.2434	0.5538	0.1457
		x_2	3.9804	4.3781	0.2485	0.9299	0.5468	0.3246
		x_3	3.0509	0.6172	0.0840	0.0541	0.1823	0.1022
		总和	8.7824	5.1734	0.3809	1.2274	1.2829	0.5725
3	$\partial^2 f_3 / \partial x_i^2$	x_1	1.0941	0.0460	0.0085	0.0121	0.6419	0.0732
		x_2	1.8519	0.2862	0.0464	0.0134	0.0317	0.0483
		x_3	1.9873	0.3251	0.0478	0.0653	0.0514	0.0307
		总和	4.9333	0.6573	0.1027	0.0908	0.7250	0.1522
4	$\partial^2 f_4 / \partial x_i^2$	x_1	3.7855	0.3788	0.0768	0.2125	0.5190	0.1045
		x_2	14.7963	0.6566	0.1514	0.3067	0.1001	0.7243
		x_3	19.4176	2.6492	0.2535	3.0241	0.4152	0.9576
		总和	37.9994	3.6846	0.4817	3.5433	1.0343	1.7864

显然，图 5.22 和表 5.12 表明，与 FNN 一阶导数相比，FNN 计算任意函数的二阶导数面临着更多的挑战。图 5.22 表明隐含层节点数对 FNN 二阶微分计算具有重要影响。以图 5.22 中 $\partial^2 f_2 / \partial x_2^2$ 为例，计算精度随着隐含层节点数的增加而增加，并在隐含层节点数为 40 时达到峰值，随后精度略有下降。尽管如此，具有 60 个、80 个、100 个隐含层节点的 FNN 相比于具有 10 个、20 个隐含层节点的 FNN，二阶导数计算结果要准确得多。类似的结论同样可以从图 5.22 的其他二阶导数结果得到，表 5.12 以更直观的方式进一步证明了这一点。当隐含层节点数为 10 时，FNN 无法准确地近似式（5.100）的二阶导数。当隐含层节点数为 60 时，f_1 和 f_3 的二阶导数具有最佳精度，RMSE 值的总和分别为 0.2771 和 0.0908。当隐含层节点数为 40 时，f_2 和 f_4 的 RMSE 值的总和最小，分别为 0.3809 和 0.4817。因此，在采用 FNN 微分法计算二阶导数时，需要根据实际问题确定合适的隐含层节点数。此外，图 5.22 还表明，如果隐含层节点数不恰当，FNN 微分法在计算线性函数的二阶导数时容易出现较大的偏差，如图 5.22 中的 $\partial^2 f_1 / \partial x_1^2$、$\partial^2 f_1 / \partial x_2^2$ 和 $\partial^2 f_4 / \partial x_2^2$。

4. 隐含层数对二阶微分的影响

讨论 5.3.2 节构建的三个具有不同隐含层数的 FNN，采用 FNN 微分法计算输出参数相对于输入参数的二阶导数并分析隐含层数对 FNN 二阶导数的影响，计算结果如图 5.23 所示，相应的 RMSE 值在表 5.13 中给出。

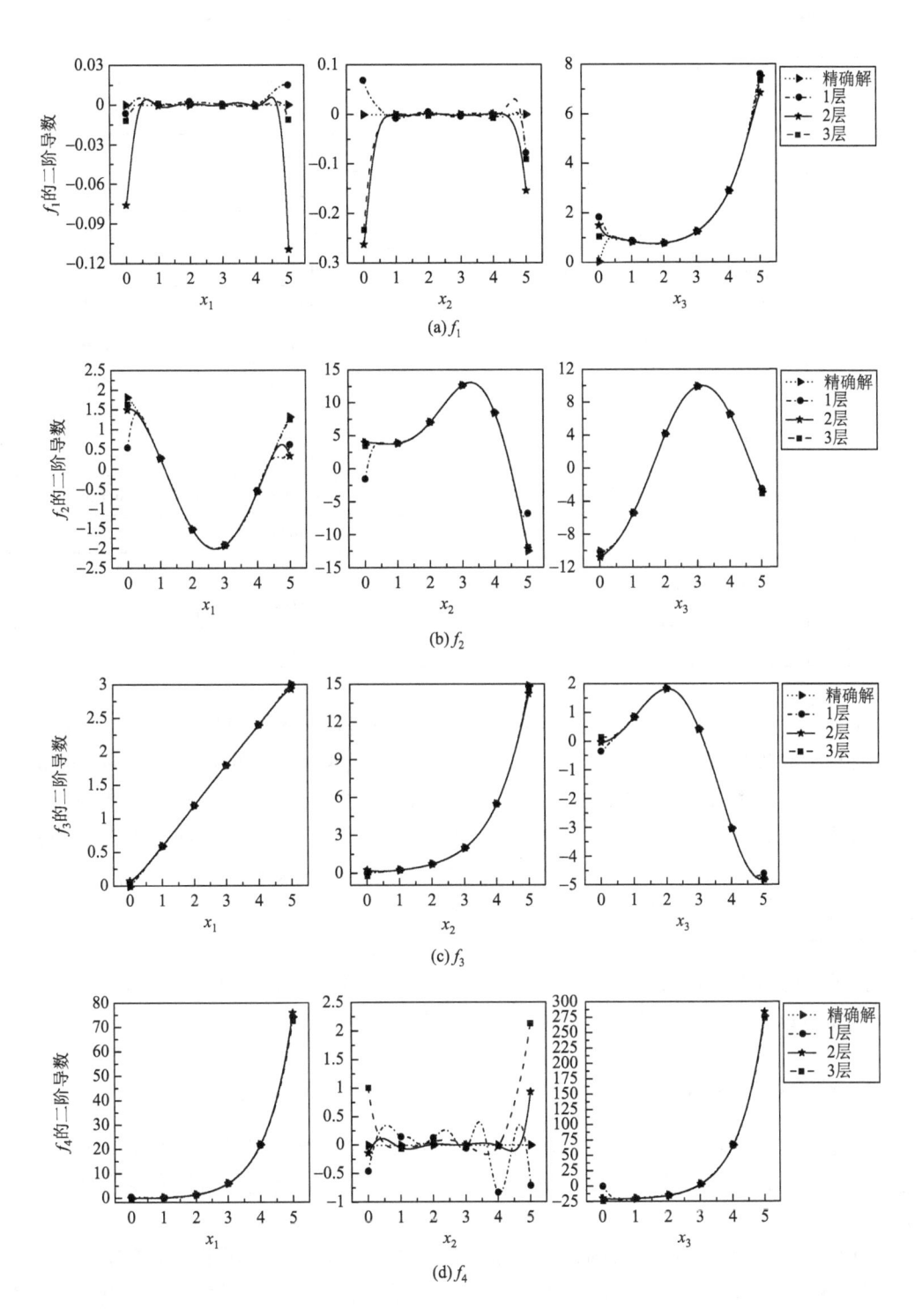

图 5.23 在不同隐含层数下 FNN 的二阶导数

表 5.13　在不同隐含层数下二阶导数的 RMSE 值

函数编号			隐含层数 1	隐含层数 2	隐含层数 3
1	$\dfrac{\partial^2 f_1}{\partial x_i^2}$	x_1	0.0050	0.0178	0.0021
		x_2	0.0147	0.0503	0.0381
		x_3	0.2574	0.2067	0.1414
		总和	0.2771	0.2748	0.1816
2	$\dfrac{\partial^2 f_2}{\partial x_i^2}$	x_1	0.2434	0.1508	0.0293
		x_2	0.9299	0.0558	0.1278
		x_3	0.0541	0.1085	0.0973
		总和	1.2274	0.3151	0.2544
3	$\dfrac{\partial^2 f_3}{\partial x_i^2}$	x_1	0.0121	0.0150	0.0018
		x_2	0.0134	0.0877	0.0573
		x_3	0.0653	0.0072	0.0341
		总和	0.0908	0.1099	0.0932
4	$\dfrac{\partial^2 f_4}{\partial x_i^2}$	x_1	0.2125	0.3006	0.3373
		x_2	0.3067	0.1277	0.4871
		x_3	3.0241	1.1186	0.6983
		总和	3.5433	1.5469	1.5227

由于隐含层节点数是 60，该数值对于该算例而言是适当的，因此，图 5.23 中绝大多数二阶导数结果都具有较高的精度。但是，与一阶导数相比，在输入参数 X 两个区间边界附近的二阶导数的误差更加明显。随着隐含层数的增加，输入参数 X 区间边界附近的结果变得更加准确。当隐含层的数量为 3 时，FNN 微分法得到的二阶导数几乎与精确解完全相同，表 5.13 进一步证明了这一点。对于式（5.100）中的大多数函数，如 f_1、f_2 和 f_4，随着隐含层数的增加，它们的 RMSE 值的总和呈现出下降趋势。当隐含层的数量为 3 时，RMSE 值的总和最小，分别为 0.1816、0.2544 和 1.5227。

此外，图 5.23 中 $\partial^2 f_1/\partial x_1^2$、$\partial^2 f_1/\partial x_2^2$ 和 $\partial^2 f_4/\partial x_2^2$ 的结果同样表明了 FNN 微分法在计算线性函数的二阶导数时容易出现较大的偏差。

5. 对前馈神经网络微分法的讨论

前述研究结果表明，具有适当隐含层节点数和隐含层数的 FNN 能够精确地逼近任意函数的一阶、二阶导数。将该方法进一步推广至工程实际问题，可以发现它具有如下优势。

（1）特别适用于一些复杂的、不可微的、非线性泛函系统。对于该类系统，只要得到了其 FNN 模型，就可以求解其一阶、二阶微分结果。该方法对于处理这类复杂的、不可微函数的微分计算问题具有明显优势，为工程实际中这类问题的微分计算提供了一种新的解决途径。

(2) 特别适用于需要大量微分计算的情况。相比于其他微分方法，如有限差分法，对于少量的微分计算，有限差分法的计算成本具有优势。但是当所分析的问题需要大量的微分计算时，如火炮发射动力学区间不确定性分析问题，有限差分法需要调用原模型进行数值计算，这将产生巨额的计算成本，特别是对于一些高计算成本的数值仿真模型。相反地，FNN 微分法的计算成本主要产生于 FNN 模型的构建阶段。而对于复杂工程问题的不确定性分析，代理模型往往是必不可少的。因此，在求解阶段并不会产生较大的附加计算成本，具有良好的计算经济性。

(3) 微分计算结果的连续性。在工程上受到计算模型和计算成本等因素的限制，有限差分法等数值微分方法仅能获得离散的微分结果，无法进行连续的微分计算，但是利用 FNN 微分法可以得到任意点的微分结果。

(4) 矩阵运算模式与并行计算。FNN 微分法采用矩阵运算模式，神经网络内部可以实现并行计算，计算速度较快。

应当指出的是，本节仅考虑了式（5.99）中的经典激活函数是否存在其他激活函数，它们与式（5.99）中的激活函数相比是否可以使用更少的隐含层和隐含层节点。虽然目前缺乏这方面的研究，但相信这个问题的答案是肯定的，例如，Sigmoidal 型函数[49,50]，尽管这种激活函数在实践中相比于式（5.99）的激活函数并不总是有效的。这种 Sigmoidal 型激活函数具有良好的特性，如平滑性、可计算性、弱单调性，并且是非多项式的。从纯粹近似理论出发，使用更少的隐含层和隐含层节点来近似任意函数的导数，这样的问题还需要进一步研究。

5.3.3 基于前馈神经网络微分的区间摄动法

1. 区间边界确定与子区间摄动法

将前馈神经网络及其微分方法应用于区间摄动法，形成一种新型的区间分析方法，将其缩写为 FANNBIA（feedforward artificial neural network based interval analysis）。FNN 的系统方程和微分方程将替换原始模型以分别计算输入参数区间中点处的响应与一阶、二阶导数。

根据区间摄动法的定义，FANNBIA 求解响应 $Y_j(j=1,2,\cdots,q)$ 的区间边界可以描述为

$$Y_j = F_{Fj}(\boldsymbol{x}^c) + \nabla \boldsymbol{F}_{Fj}(\boldsymbol{x}^c)^T \boldsymbol{x}^w \delta + \frac{1}{2!}(\boldsymbol{x}^w)^T \boldsymbol{G}_{Fj}(\boldsymbol{x}^c) \boldsymbol{x}^w \delta \tag{5.101}$$

式中，$F_{Fj}(\boldsymbol{x}^c)$ 为 FNN 系统方程计算的输入参数区间中点处的响应值；$\nabla \boldsymbol{F}_{Fj}(\boldsymbol{x}^c)$ 和 $\boldsymbol{G}_{Fj}(\boldsymbol{x}^c)$ 分别为 FNN 微分方程计算的输入参数区间中点处一阶、二阶导数，$\delta \in [-1,1]$。

通过区间运算，可以计算 Y_j 的区间边界：

$$\underline{Y}_j = F_{Fj}(\boldsymbol{x}^c) - \sum_{i=1}^{n}\left|\frac{\partial Y_j}{\partial x_i}\right|_{x_i=x_i^c}\bigg|_{FNN} x_i^w - \frac{1}{2!}\sum_{i=1}^{n}\sum_{k=1}^{n}\left|\frac{\partial^2 Y_j}{\partial x_i \partial x_k}\right|_{\substack{x_i=x_i^c \\ x_k=x_k^c}}\bigg|_{FNN} x_i^w x_k^w \tag{5.102}$$

$$\bar{Y}_j = F_{Fj}(\boldsymbol{x}^c) + \sum_{i=1}^{n}\left|\frac{\partial Y_j}{\partial x_i}\right|_{x_i=x_i^c}\bigg|_{FNN} x_i^w + \frac{1}{2!}\sum_{i=1}^{n}\sum_{k=1}^{n}\left|\frac{\partial^2 Y_j}{\partial x_i \partial x_k}\right|_{\substack{x_i=x_i^c \\ x_k=x_k^c}}\bigg|_{FNN} x_i^w x_k^w \quad (5.103)$$

应当指出的是，区间摄动法基于泰勒级数展开，只有当区间参数的不确定性水平足够小时，泰勒级数展开才是精确的。为了解决大不确定性问题，本节引入子区间法，将不确定性水平较大的区间划分为若干个不确定性水平较小的子区间，并对每个子区间组合应用区间摄动法获得对应的响应边界。

区间变量 x_i^I 的子区间可以表示为

$$(x_i^I)_{Si} = \left[\underline{x}_i + \frac{2(Si-1)x_i^w}{t_i},\ \underline{x}_i + \frac{2Si\ x_i^w}{t_i}\right],\quad Si=1,2,\cdots,t_i \quad (5.104)$$

式中，$(x_i^I)_{Si}$ 和 t_i 分别表示第 i 个（$i=1,2,\cdots,n$）区间变量的第 Si 个子区间和划分的子区间数。

根据排列组合理论，可以计算出共有 r 个子区间组合：

$$r = \prod_{i=1}^{n} t_i \quad (5.105)$$

每个子区间组合可以表示为

$$\boldsymbol{x}_{S1\cdots Si\cdots Sn} = [(x_1^I)_{S1},\cdots,(x_i^I)_{Si},\cdots,(x_n^I)_{Sn}],\quad Si=1,2,\cdots,t_i,\ i=1,2,\cdots,n \quad (5.106)$$

式（5.106）的子区间组合中，每个变量的子区间都是小不确定性的，因此可以应用基于前馈神经网络微分的区间摄动法进行求解：

$$Y_j = F_{Fj}(\boldsymbol{x}^c_{S1\cdots Si\cdots Sn}) + \nabla F_{Fj}(\boldsymbol{x}^c_{S1\cdots Si\cdots Sn})^T \boldsymbol{x}^w_{S1\cdots Si\cdots Sn}\delta + \frac{1}{2!}(\boldsymbol{x}^w_{S1\cdots Si\cdots Sn})^T \boldsymbol{G}_{Fj}(\boldsymbol{x}^c_{S1\cdots Si\cdots Sn})\boldsymbol{x}^w_{S1\cdots Si\cdots Sn}\delta$$

$$(5.107)$$

从而得到每个子区间组合对应的响应区间 $[\underline{\boldsymbol{Y}}(\boldsymbol{x}_{S1\cdots Si\cdots Sn}),\bar{\boldsymbol{Y}}(\boldsymbol{x}_{S1\cdots Si\cdots Sn})]$。通过区间数的并集运算法则，可以最终获得响应的区间下界 $\underline{\boldsymbol{Y}}$ 和上界 $\bar{\boldsymbol{Y}}$：

$$\underline{\boldsymbol{Y}}(\boldsymbol{x}_{S1\cdots Si\cdots Sn}) = \min_{\substack{Si=1,2,\cdots,t_i \\ i=1,2,\cdots,n}} (\underline{\boldsymbol{Y}}(\boldsymbol{x}_{S1\cdots Si\cdots Sn})) \quad (5.108)$$

$$\bar{\boldsymbol{Y}}(\boldsymbol{x}_{S1\cdots Si\cdots Sn}) = \max_{\substack{Si=1,2,\cdots,t_i \\ i=1,2,\cdots,n}} (\bar{\boldsymbol{Y}}(\boldsymbol{x}_{S1\cdots Si\cdots Sn})) \quad (5.109)$$

2. 算法的计算流程

采用基于前馈神经网络微分的区间摄动法求解系统响应的区间边界的流程如图 5.24 所示。

具体步骤如下。

步骤 1 确定不确定性参数及其区间范围。

步骤 2 在区间空间中选择样本点，使用原始模型计算相应的系统响应，获得神经网络的训练样本。

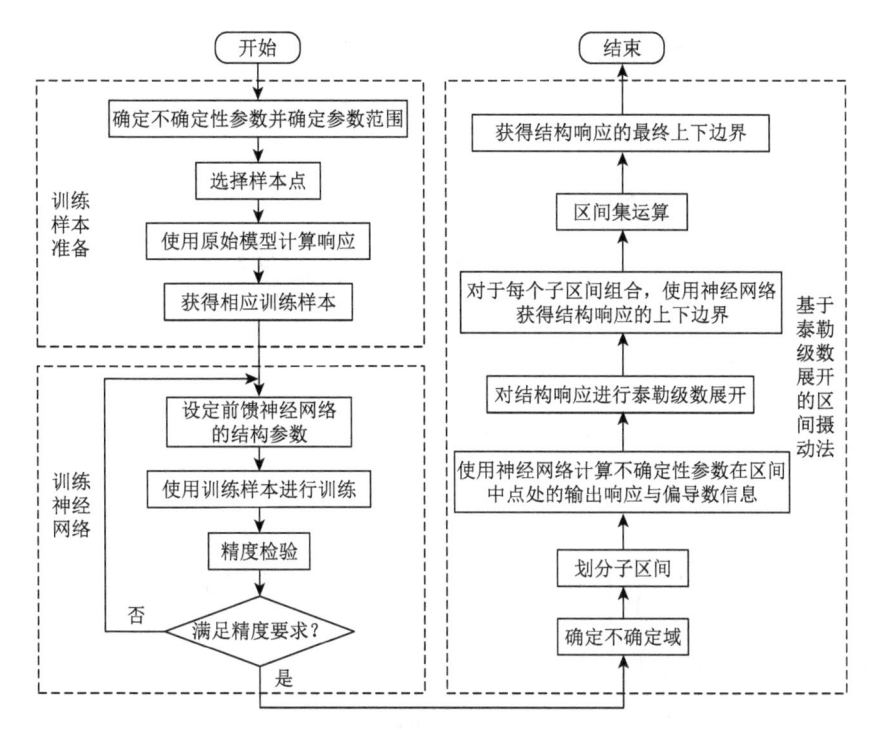

图 5.24 基于前馈神经网络微分的区间摄动法的计算流程

步骤 3 指定 FNN 的结构参数,包括隐含层节点数、隐含层数和激活函数。使用步骤 2 得到的训练样本训练 FNN 并测试其准确性。

步骤 4 进行区间划分,将不确定域划分为不确定性水平较小的子区间,通过排列组合,获得所有的子区间组合。

步骤 5 对于每个子区间组合,使用经过训练的 FNN 计算输入参数区间中点处的响应值以及一阶、二阶导数,并使用区间摄动法获得 FNN 的上界和下界。

步骤 6 对所有子区间组合的系统响应区间进行区间数的并集运算,获得最终的系统响应的区间下界和上界。

3. 验证算例 1——悬臂管响应区间分析

悬臂管[51]受到三个外力 F_1、F_2 和 P 以及扭力 T 的作用,如图 5.25 所示。

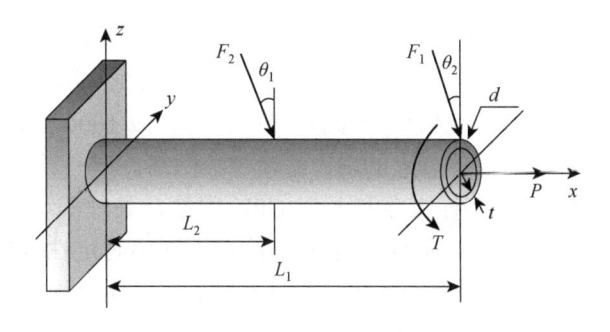

图 5.25 悬臂管结构

利用管顶表面原点处的最大冯氏应力表示系统响应，其表达式为

$$\sigma_{\text{VMS}} = \sqrt{\sigma_x^2 + 3\tau_{zx}^2} \tag{5.110}$$

法向应力可以通过式（5.111）计算：

$$\sigma_x = \frac{P + F_1 \sin\theta_1 + F_2 \sin\theta_2}{A} + \frac{Md}{2I} \tag{5.111}$$

式中，M 为弯矩，由式（5.112）给出：

$$M = F_1 L_1 \cos\theta_1 + F_2 L_2 \cos\theta_2 \tag{5.112}$$

并且

$$A = \frac{\pi}{4}[d^2 - (d-2t)^2], \quad I = \frac{\pi}{64}[d^4 - (d-2t)^4] \tag{5.113}$$

扭转应力 τ_{zx} 的计算公式为

$$\tau_{zx} = \frac{Td}{4I} \tag{5.114}$$

本算例中的参数均为连续的，t、d、L_1、L_2、F_1、F_2、P、T、θ_1 和 θ_2 的名义值分别为 5mm、42mm、120mm、60mm、3.0kN、3.0kN、12.0kN、90.0N·m、5°和 10°。将 t、d、F_1、F_2、T 视为区间不确定性参数，并分析 12 种情况，其中区间参数的不确定性水平（β）分别为±0.1%、±1.0%、±2.0%、±4.0%、±6.0%、±8.0%、±10.0%、±12.0%、±14.0%、±16.0%、±18.0%和±20.0%。该算例考虑的不确定性水平从 0.1%到 20.0%，涵盖了小不确定性问题和大不确定性问题，包含了工程中绝大多数可能的情况，因此可以全面地测试所提出的 FANNBIA 的性能，尤其是可以分析处理大不确定性问题的能力。前面介绍的区间顶点法（IVM）、区间摄动法（IPM）、基于全局搜索算法的区间分析法（GSA）以及所提出的 FANNBIA 都被用于计算 σ_{VMS} 的区间边界。由于式（5.110）在不确定域内为单调函数，因此利用 IVM 计算响应边界的精确值。使用 IPM 时，每个不确定参数被划分为 4 个子区间，并计算了一阶摄动和二阶摄动两种情况。考虑到 GA 具有良好的全局收敛性，且计算时只需要函数的值而无需其他信息，因此将其作为 GSA 的优化求解器。GA 的种群个体、交叉率和变异率分别设定为 50、0.9 和 0.3，算法终止条件设置为 5000 代。对于本节所提出的 FANNBIA，在不确定域中预先生成 1000 个样本，用以构建一个具有 3 个隐含层和 60 个隐含层节点的 BP 前馈神经网络。所有计算均在同一台计算机上完成，该机具有 16GB 的运行内存和一个 CPU 内核，处理器型号为 Intel（R）Core（TM）i5-4590 且时钟频率为 3.30GHz。不同方法在不同不确定性水平（β）下的计算结果如图 5.26 所示，不同方法获得的下、上边界与精确解的相对误差分别列于表 5.14 和表 5.15 中，计算时间的对比如表 5.16 所示。

第 5 章 火炮系统不确定性分析与优化方法

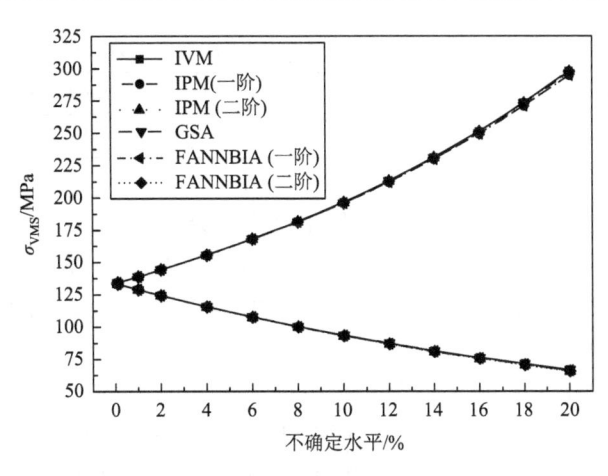

图 5.26 不同方法获得的悬臂管响应边界对比

表 5.14 不同方法获得的 σ_{VMS} 下边界与精确解的相对误差 （单位：%）

β	IPM（一阶）	IPM（二阶）	GSA	FANNBIA（一阶）	FANNBIA（二阶）
0.1	0.0000	0.0000	0.0000	0.0000	0.0001
1.0	0.0022	0.0044	0.0000	0.0019	0.0047
2.0	0.0088	0.0177	0.0166	0.0036	0.0146
4.0	0.0345	0.0695	0.0036	0.0294	0.0694
6.0	0.0762	0.1540	0.1851	0.0783	0.1578
8.0	0.1331	0.2697	0.0001	0.1275	0.2661
10.0	0.2045	0.4153	0.0000	0.2044	0.4153
12.0	0.2896	0.5898	0.2584	0.2805	0.5846
14.0	0.3880	0.7920	0.0000	0.4342	0.8310
16.0	0.4990	1.0210	0.0095	0.4999	1.0214
18.0	0.6222	1.2761	0.0138	0.6213	1.2793
20.0	0.7572	1.5566	0.0000	0.7533	1.5577

表 5.15 不同方法获得的 σ_{VMS} 上边界与精确解的相对误差 （单位：%）

β	IPM（一阶）	IPM（二阶）	GSA	FANNBIA（一阶）	FANNBIA（二阶）
0.1	0.0000	0.0000	0.0002	0.0001	0.0000
1.0	0.0023	0.0000	0.0001	0.0023	0.0001
2.0	0.0091	0.0000	0.0001	0.0179	0.0102
4.0	0.0373	0.0003	0.1011	0.0406	0.0023
6.0	0.0857	0.0014	0.0001	0.0879	0.0053
8.0	0.1558	0.0035	0.1860	0.1592	0.0099
10.0	0.2489	0.0073	0.2555	0.2491	0.0079
12.0	0.3667	0.0133	0.0017	0.3701	0.0244
14.0	0.5109	0.0223	0.1312	0.5150	0.0296
16.0	0.6836	0.0350	0.4344	0.6837	0.0359
18.0	0.8869	0.0523	0.0940	0.8979	0.0733
20.0	1.1231	0.0753	0.5288	1.1241	0.0821

表 5.16 悬臂管不确定性分析中不同方法的计算时间

类别	IVM	GSA	IPM（一阶）	IPM（二阶）	FANNBIA（一阶）	FANNBIA（二阶）
时间/s	0.0001	3.6370	0.0519	0.3551	0.1798	0.6552

从图 5.26 和表 5.14~表 5.16 可以总结出以下结论。

（1）所列六种方法都可以高精度地逼近精确解，表 5.14 和表 5.15 给出的相对误差可以更直观地说明这一点。此外，IPM 和 FANNBIA 推导的近似解的相对误差随着不确定性水平的增加而升高。

（2）尽管该算例中不确定性水平达到 20.0%，但是 FANNBIA 得到的 σ_{VMS} 边界的相对误差仍小于 1.558%，这说明该方法即使处理较大不确定性问题时也具有良好的精度。

（3）FANNBIA 获得的响应边界与 IPM 几乎完全相同，说明这两种方法具有相似的计算精度，因此 FANNBIA 可以替代传统的 IPM，也从侧面证明了 FNN 微分法的有效性与准确性。

（4）IPM 和 FANNBIA 的计算效率比基于 GSA 的高得多。

（5）GSA 在总体上具有良好的精度，但是在某些情况下（例如，表 5.14，$\beta = 6.0\%$；表 5.15，$\beta = 8.0\%$）相比其他方法没有明显的优势，这是由于 GA 使用随机数来产生每代进化的试验个体，从而每次运行的结果会有所不同。

（6）该算例中 σ_{VMS} 在不确定域内是单调的，应用区间顶点法解决此类问题可以同时实现较高精度和较少的计算成本。

4. 验证算例 2——蝶形弹簧响应区间分析

采用蝶形弹簧[52]作为第二个验证算例，如图 5.27 所示。

设计参数包括：弹簧的外径 d_e、内径 d_i、厚度 t 和自由高度 h，它们都是连续的，其名义值分别为 0.3m、0.211m、7.272mm 和 5.0mm。

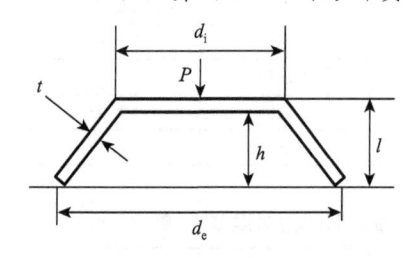

图 5.27 蝶形弹簧

此算例的响应为额定负载 P 和最大应力 $\sigma_{\max}$，计算公式如下：

$$P = \frac{E\delta_{\max}}{(1-v^2)\alpha(d_e/2)^2}\left[\left(h - \frac{\delta_{\max}}{2}\right)(h - \delta_{\max})t + t^3\right] \quad (5.115)$$

$$\sigma_{\max} = \frac{E\delta_{\max}}{(1-v^2)\alpha(d_e/2)^2}\left[\beta\left(h - \frac{\delta_{\max}}{2}\right) + rt\right] \quad (5.116)$$

式中，E 为弹性模量；$\delta_{\max}$ 为最大允许挠度，其数值等于 h；v 为泊松比；ρ 为密度；并且

$$\alpha = \frac{6}{\pi \ln K}\left(\frac{K-1}{K}\right)^2, \quad \beta = \frac{6}{\pi \ln K}\left(\frac{K-1}{\ln K} - 1\right)$$

$$K = \frac{d_e}{d_i}, \quad r = \frac{6}{\pi \ln K}\left(\frac{K-1}{2}\right) \quad (5.117)$$

显然，这是一个具有显式函数关系的算例，可以采用直接微分法获得其导数信息。

将 d_e、d_i、t、h 视为区间参数，分别采用 IVM、IPM、GSA、FANNBIA 计算不同不确定性水平下的 9 种情况，获得 P 和 σ_{max} 的区间边界。计算策略与算例 1 相同，不同方法在不同不确定性水平（β）下的计算结果如图 5.28 所示，所获区间边界与精确解的相对误差如表 5.17~表 5.20 所示。

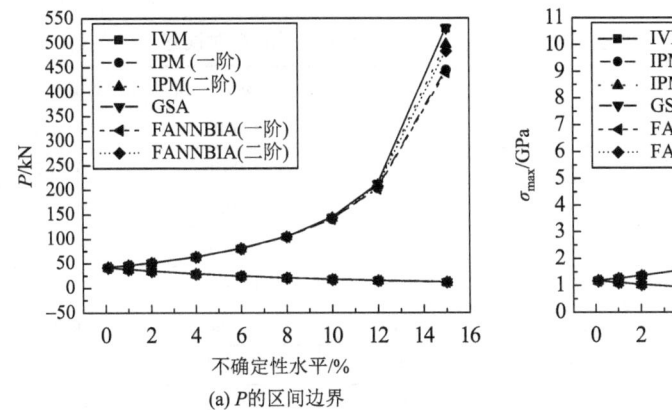

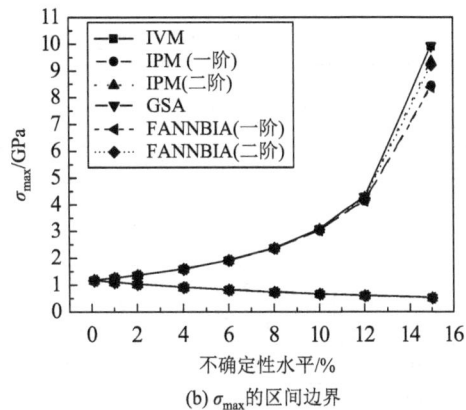

(a) P 的区间边界

(b) σ_{max} 的区间边界

图 5.28 不同方法获得的蝶形弹簧响应边界对比

表 5.17 不同方法获得的 P 下边界与精确解的相对误差 （单位：%）

β	IPM（一阶）	IPM（二阶）	GSA	FANNBIA（一阶）	FANNBIA（二阶）
0.1	0.0001	0.0001	0.0002	0.0001	0.0001
1.0	0.0059	0.0118	0.1852	0.0059	0.0118
2.0	0.0223	0.0448	0.2223	0.0223	0.0448
4.0	0.0805	0.1625	0.6932	0.0805	0.1625
6.0	0.1660	0.3364	0.0184	0.1596	0.3330
8.0	0.2740	0.5572	0.0630	0.2711	0.5535
10.0	0.4021	0.8201	0.6768	0.3914	0.8146
12.0	0.5492	1.1232	0.0000	0.7584	1.2818
15.0	0.8060	1.6538	0.9301	0.7712	1.6161

表 5.18 不同方法获得的 P 上边界与精确解的相对误差 （单位：%）

β	IPM（一阶）	IPM（二阶）	GSA	FANNBIA（一阶）	FANNBIA（二阶）
0.1	0.0001	0.0000	0.0008	0.0001	0.0000
1.0	0.0067	0.0000	0.0000	0.0068	0.0002
2.0	0.0290	0.0004	0.0000	0.0290	0.0004
4.0	0.1373	0.0040	0.0002	0.1375	0.0043
6.0	0.3790	0.0190	0.0006	0.3804	0.0221
8.0	0.8651	0.0680	0.0001	0.8625	0.0652

续表

β	IPM（一阶）	IPM（二阶）	GSA	FANNBIA（一阶）	FANNBIA（二阶）
10.0	1.8495	0.2202	0.0005	1.8839	0.2866
12.0	4.0036	0.7268	0.0199	4.5685	1.8827
15.0	16.0016	6.1290	0.0005	17.0250	8.8288

表 5.19　不同方法获得的 σ_{max} 下边界与精确解的相对误差　（单位：%）

β	IPM（一阶）	IPM（二阶）	GSA	FANNBIA（一阶）	FANNBIA（二阶）
0.1	0.0000	0.0001	0.0005	0.0000	0.0001
1.0	0.0036	0.0072	0.0466	0.0036	0.0072
2.0	0.0132	0.0265	0.1180	0.0132	0.0265
4.0	0.0451	0.0911	0.0710	0.0451	0.0911
6.0	0.0881	0.1786	0.5635	0.0908	0.1805
8.0	0.1377	0.2800	1.2522	0.1360	0.2787
10.0	0.1914	0.3900	0.0064	0.1864	0.3867
12.0	0.2474	0.5054	0.6822	0.1602	0.4505
15.0	0.3343	0.6847	0.8164	0.3495	0.6981

表 5.20　不同方法获得的 σ_{max} 上边界与精确解的相对误差　（单位：%）

β	IPM（一阶）	IPM（二阶）	GSA	FANNBIA（一阶）	FANNBIA（二阶）
0.1	0.0000	0.0000	0.0004	0.0001	0.0000
1.0	0.0043	0.0000	0.0004	0.0044	0.0001
2.0	0.0191	0.0003	0.0002	0.0192	0.0003
4.0	0.0957	0.0028	0.0001	0.0959	0.0030
6.0	0.2789	0.0139	0.0002	0.2828	0.0199
8.0	0.6721	0.0526	0.0004	0.6699	0.0505
10.0	1.5165	0.1802	0.0004	1.5343	0.2156
12.0	3.4644	0.6283	0.0001	3.7975	1.3324
15.0	15.0060	5.7468	0.0199	15.5572	7.2995

由以上分析可以得到以下主要结论。

（1）当不确定性水平较小时，即 $\beta \leqslant 4.0\%$，所列六种方法都可以高精度地逼近精确解，表 5.17～表 5.20 的相对误差可以直观地说明这一点。此外，随着不确定性水平从 0% 增加到 10.0%，IPM 和 FANNBIA 获得的近似解的误差也逐渐递增，并且在不确定性水平为 10.0% 时小于 1.9%，计算精度较高。

（2）当不确定性水平为 15.0% 时，由一阶 IPM 和一阶 FANNBIA 获得的 P 和 σ_{max} 的区间上界存在不能忽略的误差。这是因为 P 和 σ_{max} 的非线性程度较高，在这种情况下，尽管二阶 IPM 和二阶 FANNBIA 需要更多的计算成本，但获得的区间边界的精度要高得多。

(3) IPM 和 FANNBIA 获得的结果几乎完全相同，尤其是在不确定性水平较小时，故所提出的 FANNBIA 可以替代传统的 IPM。

(4) 当不确定性水平较小时，GSA 在精度上没有明显优势，在某些情况下甚至比其他方法还要差，例如，表 5.17 中的 $\beta = 4.0\%$ 以及表 5.19 中的 $\beta = 6.0\%$，这是由于每代进化中试验个体的随机性导致 GA 可能需要运行多次才能获得最佳的计算结果。但是，当不确定性水平很大时，GSA 为近似精确解提供了更高的置信度。

FANNBIA 中划分的子区间数对计算准确性和计算效率有重大影响。因此，选择不确定性水平为 10.0%进行进一步分析，计算 6 种工况，其中子区间数分别为 5、6、7、8、9 和 10。图 5.29 绘制了获得的响应的区间边界与子区间数的关系。图 5.29 显示，当划分的子区间数从 5 增加到 10 时，FANNBIA 获得的 P、$\sigma_{\max}$ 的响应区间变得更加准确，当然，也需要更多的计算成本。对于实际的区间不确定性分析问题，不确定性水平通常较小，因此不需要划分过多的子区间数。在这种情况下，使用 IPM 和 FANNBIA 解决非线性不确定性分析问题，可以同时实现较高的计算精度和较低的计算成本。

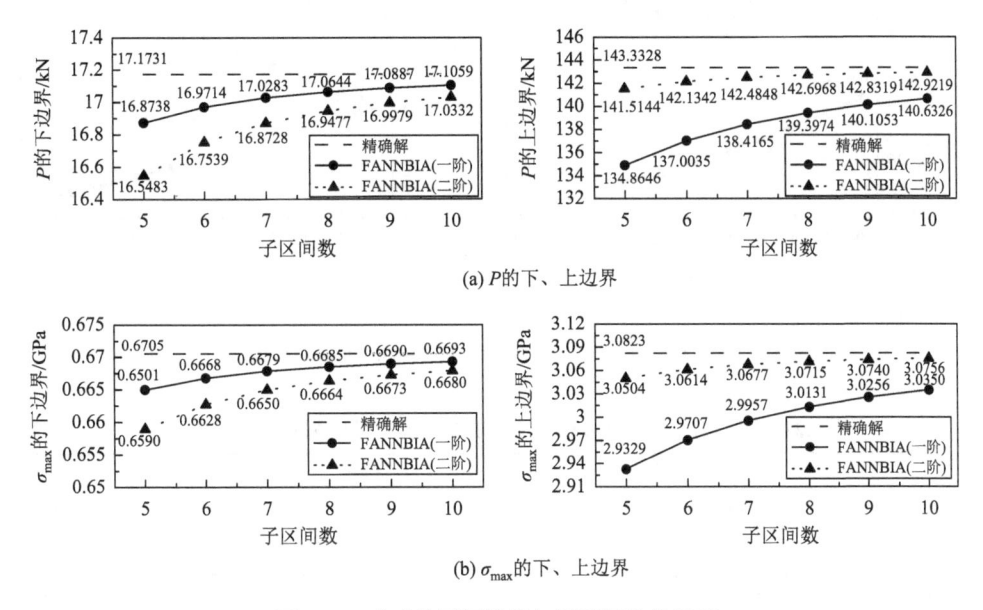

(a) P 的下、上边界

(b) $\sigma_{\max}$ 的下、上边界

图 5.29 响应的区间边界与子区间数的关系

5.3.4 火炮发射动力学响应区间分析实例

考虑 5.2.4 节所述的火炮刚柔耦合系统动力学模型，以验证所提出的区间分析方法在火炮发射动力学问题中的适用性。所研究的区间不确定性参数为身管与前衬瓦的间隙、后坐部分质量垂向偏心、后坐部分质量横向偏心、耳轴中心处高度变化、前衬瓦轴向偏移量，其他参数均为确定性的。这些区间参数均为连续的，其名义值分别为 1.05mm、6.23mm、−2.56mm、0.0mm 和 100.0mm。将弹丸出炮口时刻的炮口垂直角位移 Ω_v 和炮口垂直角速度 Φ_v 作为系统响应，以检验 FANNBIA 的性能。

显然，这些区间参数和炮口振动参数之间的关系过于复杂而不便推导，需要使用计算耗时的数值分析模型求解。由于未知的函数单调性和复杂的导数计算，IVM 和 IPM 均无法解决该问题。解决该问题的传统方法是通过全局搜索算法和代理模型的结合，搜索近似的响应区间边界。这里，采用提出的 FANNBIA 计算 Ω_v、Φ_v 的区间边界，通过全局搜索算法与神经网络相结合的方法生成参考解。在使用 FANNBIA 求解时，每个区间的不确定性参数被划分为 5 个子区间，并分别计算一阶摄动、二阶摄动两种情况。GA 被用作 GSA 的优化求解器，种群大小、交叉率和变异率分别设置为 50、0.9 和 0.3，算法终止条件设置为进化 500 代。此外，采用最优拉丁超立方试验设计在不确定域内生成 145 个样本点并通过火炮刚柔耦合系统动力学模型获得训练样本，以针对该问题构建一个具有 3 个隐含层的 BP 前馈神经网络。不同不确定性水平下的区间边界如图 5.30 所示，详细值及其相对于参考值的相对误差列于表 5.21 和表 5.22 中。

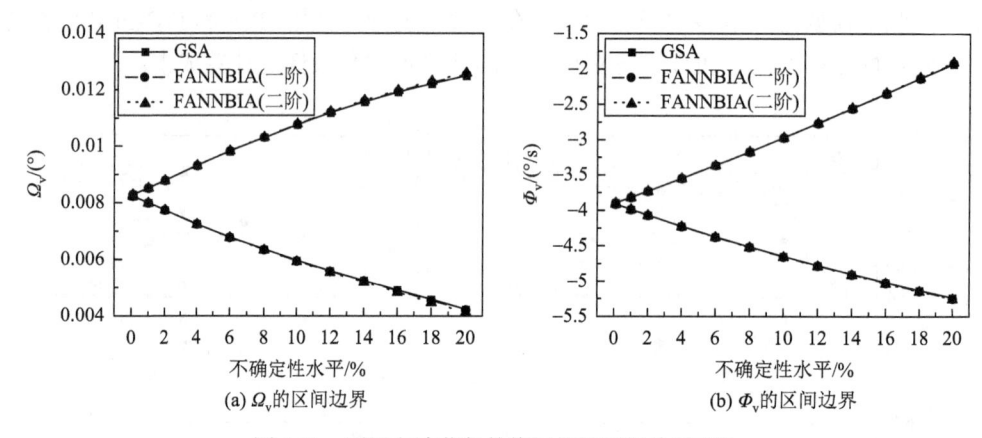

图 5.30 不同方法获得的炮口振动区间边界对比

表 5.21 不同方法获得的 Ω_v 的区间边界以及与精确解的相对误差 （单位：%）

β	区间下界			区间上界		
	GSA	FANNBIA（一阶）	FANNBIA（二阶）	GSA	FANNBIA（一阶）	FANNBIA（二阶）
0.1	0.00823	0.00823（0.0037）	0.00823（0.0037）	0.00828	0.00828（0.0000）	0.00828（0.0000）
1.0	0.00800	0.00799（0.0056）	0.00799（0.0077）	0.00852	0.00852（0.0002）	0.00852（0.0016）
2.0	0.00774	0.00774（0.0051）	0.00774（0.0145）	0.00878	0.00878（0.0000）	0.00878（0.0070）
4.0	0.00725	0.00724（0.0291）	0.00724（0.0732）	0.00931	0.00931（0.0065）	0.00931（0.0320）
6.0	0.00678	0.00678（0.0637）	0.00677（0.1770）	0.00981	0.00982（0.1606）	0.00983（0.2137）
8.0	0.00635	0.00634（0.1325）	0.00633（0.3540）	0.01031	0.01032（0.0631）	0.01033（0.1542）
10.0	0.00595	0.00594（0.1997）	0.00592（0.5676）	0.01077	0.01078（0.1127）	0.01079（0.2624）
12.0	0.00559	0.00557（0.2838）	0.00554（0.8316）	0.01118	0.01120（0.1699）	0.01123（0.3878）
14.0	0.00525	0.00523（0.3012）	0.00519（1.0565）	0.01157	0.01159（0.2276）	0.01163（0.5182）
16.0	0.00491	0.00488（0.5653）	0.00483（1.7078）	0.01191	0.01194（0.2791）	0.01198（0.6414）
18.0	0.00458	0.00454（0.8988）	0.00447（2.4188）	0.01222	0.01226（0.3195）	0.01231（0.7480）
20.0	0.00423	0.00420（0.6069）	0.00412（2.6395）	0.01249	0.01254（0.3461）	0.01260（0.8317）

表 5.22　不同方法获得的 Φ_v 的区间边界以及与精确解的相对误差　　（单位：%）

β	区间下界			区间上界		
	GSA	FANNBIA（一阶）	FANNBIA（二阶）	GSA	FANNBIA（一阶）	FANNBIA（二阶）
0.1	−3.9116	−3.9117（0.0014）	−3.9117（0.0014）	−3.89481	−3.8948（0.0000）	−3.8948（0.0000）
1.0	−3.9867	−3.9868（0.0016）	−3.9868（0.0026）	−3.81787	−3.8179（0.0007）	−3.8179（0.0003）
2.0	−4.0682	−4.0683（0.0027）	−4.0685（0.0063）	−3.73065	−3.7307（0.0007）	−3.7305（0.0034）
4.0	−4.2252	−4.2258（0.0132）	−4.2264（0.0269）	−3.55059	−3.5508（0.0050）	−3.5502（0.0122）
6.0	−4.3740	−4.3756（0.0370）	−4.3769（0.0659）	−3.36613	−3.3639（0.0666）	−3.3625（0.1078）
8.0	−4.5161	−4.5180（0.0422）	−4.5202（0.0903）	−3.16930	−3.1705（0.0380）	−3.1680（0.0418）
10.0	−4.6452	−4.6530（0.1677）	−4.6562（0.2382）	−2.97245	−2.9713（0.0403）	−2.9673（0.1752）
12.0	−4.7777	−4.7814（0.0784）	−4.7858（0.1707）	−2.76463	−2.7669（0.0836）	−2.7612（0.1259）
14.0	−4.8990	−4.9040（0.1015）	−4.9096（0.2165）	−2.55687	−2.5585（0.0637）	−2.5507（0.2423）
16.0	−5.0149	−5.0211（0.1242）	−5.0280（0.2631）	−2.34479	−2.3470（0.0950）	−2.3370（0.3316）
18.0	−5.1250	−5.1329（0.1529）	−5.1415（0.3206）	−2.13269	−2.1337（0.0474）	−2.1215（0.5247）
20.0	−5.2303	−5.2391（0.1687）	−5.2495（0.3678）	−1.93072	−1.9199（0.5617）	−1.9056（1.3004）

图 5.30 表明，本章所提出的 FANNBIA 可以高精度地逼近实际的炮口振动区间，尤其是在不确定性水平较小时。表 5.21 和表 5.22 进一步证明了这一点，FANNBIA 的计算结果几乎与基于全局搜索算法的区间分析法完全相符。此外，Ω_v 和 Φ_v 的近似解与精确解的相对误差随不确定性水平 β 的增加而增加，并且在 β 为 20.0%时达到最大值，分别为 2.6395%和 1.3004%。对于一般的火炮发射动力学问题，该精度已经非常令人满意。此外，基于全局搜索算法的区间分析法、FANNBIA（一阶）和 FANNBIA（二阶）的计算时间分别为 15.3407s、0.3550s 和 2.9477s，这说明 FANNBIA 的计算效率远远高于基于全局搜索算法的区间分析法。本节所提出的 FANNBIA 在进行火炮发射动力学问题的区间不确定性分析时可以同时实现较高的精度和较低的计算成本。此外，从表 5.21 和表 5.22 可以看出，FANNBIA 在计算区间边界时仍然存在一定的过估计，这是使用泰勒级数展开和区间运算法则所不能完全避免的，但是误差被完全限制在可接受的范围内。

5.4　基于前馈神经网络微分的火炮发射动力学响应区间优化方法

本节在 5.3 节的基础上进一步开发一种有效的非线性区间数优化算法，以高效率地解决工程不确定性优化问题。本节采用提出的基于前馈神经网络微分的区间摄动法计算不确定性目标函数和约束函数的区间，从而在一定程度上解决当前区间优化中最具挑战性的问题，即嵌套优化导致的优化效率低下，通过两个测试函数分析该算法的准确性、可行性和有效性。最后，将所提出的区间分析方法和非线性区间数优化算法应用于火炮刚柔耦合系统动力学问题的区间分析与优化，验证它们在火炮发射动力学问题的区间不确定性分析与优化中的实用性。

5.4.1 基于前馈神经网络微分的非线性区间数优化转换模型

回顾一般形式的非线性区间数优化问题以及式（5.55）中含区间不确定性设计变量的非线性区间数优化问题，这里不失一般性，将复杂的工程不确定性优化问题描述为约束具有统一表述形式的区间数优化模型：

$$\begin{aligned}&\min_{(X,U)} f(X,U)\\&\text{s.t.}\\&g_i(X,U) \leq b_i^{\mathrm{I}} = [\underline{b}_i, \overline{b}_i], \quad i=1,2,\cdots,k\\&X \in \Omega^n, U \in U^{\mathrm{I}} = [\underline{U}, \overline{U}], \quad U_i \in U_i^{\mathrm{I}} = [\underline{U}_i, \overline{U}_i], \quad i=1,2,\cdots,q\end{aligned} \quad (5.118)$$

假设所有的不确定性目标函数和约束函数均可构建具有恰当结构参数的前馈神经网络，且这些前馈神经网络结构满足微分计算的基本要求。

如果不确定性水平较小，对于每个特定的设计矢量 X，采用基于前馈神经网络微分的区间摄动法，对不确定性目标函数做一阶泰勒级数展开，可以显式近似其区间边界：

$$\underline{f}_{\mathrm{FNN}}(X,U) = f_{\mathrm{FNN}}(X,U^c) - \sum_{j=1}^{n} \left| \frac{\partial f(X,U^c)}{\partial U_j^c} \right|_{\mathrm{FNN}} U_j^w \quad (5.119)$$

$$\overline{f}_{\mathrm{FNN}}(X,U) = f_{\mathrm{FNN}}(X,U^c) + \sum_{j=1}^{n} \left| \frac{\partial f(X,U^c)}{\partial U_j^c} \right|_{\mathrm{FNN}} U_j^w \quad (5.120)$$

式中，$f_{\mathrm{FNN}}(X,U^c)$ 和 $\left.\frac{\partial f(X,U^c)}{\partial U_j^c}\right|_{\mathrm{FNN}}$ 分别为由前馈神经网络计算的不确定性目标函数在不确定向量 U 中点处的具体数值和一阶导数值。

类似地，由不确定向量 U 引起的第 i 个约束（$i=1,2,\cdots,k$）的区间 $g_i^{\mathrm{I}}(X,U)$ 可以显式获得：

$$\underline{g}_{\mathrm{FNN}i}(X,U) = g_{\mathrm{FNN}i}(X,U^c) - \sum_{j=1}^{n} \left| \frac{\partial g_i(X,U^c)}{\partial U_j^c} \right|_{\mathrm{FNN}} U_j^w \quad (5.121)$$

$$\overline{g}_{\mathrm{FNN}i}(X,U) = g_{\mathrm{FNN}i}(X,U^c) + \sum_{j=1}^{n} \left| \frac{\partial g_i(X,U^c)}{\partial U_j^c} \right|_{\mathrm{FNN}} U_j^w \quad (5.122)$$

式中，$g_{\mathrm{FNN}i}(X,U^c)$ 和 $\left.\frac{\partial g_i(X,U^c)}{\partial U_j^c}\right|_{\mathrm{FNN}}$ 分别为由前馈神经网络计算的第 i 个不确定性约束函数在不确定向量 U 中点处的具体数值和一阶导数值。

对于不确定性水平较大的问题，通过子区间法将不确定向量 U 划分为若干个不确定性水平较小的子区间，并通过排列组合获得子区间的组合：

$$U_{S1\cdots Si\cdots Sq} = [(U_1^{\mathrm{I}})_{S1},\cdots,(U_i^{\mathrm{I}})_{Si},\cdots,(U_q^{\mathrm{I}})_{Sq}], \quad Si=1,2,\cdots,t_i, i=1,2,\cdots,q \quad (5.123)$$

对每个子区间组合应用基于前馈神经网络微分的区间摄动法，并进一步通过区间并集运算计算不确定性目标函数和约束函数的区间：

$$\underline{f}_{\mathrm{FNN}}(\boldsymbol{X},\boldsymbol{U}) = \min_{\substack{Si=1,2,\cdots,t_i \\ i=1,2,\cdots,q}} (\underline{f}_{\mathrm{FNN}}(\boldsymbol{X},\boldsymbol{U}_{S1\cdots Si\cdots Sq})) \tag{5.124}$$

$$\overline{f}_{\mathrm{FNN}}(\boldsymbol{X},\boldsymbol{U}) = \max_{\substack{Si=1,2,\cdots,t_i \\ i=1,2,\cdots,q}} (\overline{f}_{\mathrm{FNN}}(\boldsymbol{X},\boldsymbol{U}_{S1\cdots Si\cdots Sq})) \tag{5.125}$$

$$\underline{g}_{\mathrm{FNN}i}(\boldsymbol{X},\boldsymbol{U}) = \min_{\substack{Si=1,2,\cdots,t_i \\ i=1,2,\cdots,q}} (\underline{g}_{\mathrm{FNN}i}(\boldsymbol{X},\boldsymbol{U}_{S1\cdots Si\cdots Sq})) \tag{5.126}$$

$$\overline{g}_{\mathrm{FNN}i}(\boldsymbol{X},\boldsymbol{U}) = \max_{\substack{Si=1,2,\cdots,t_i \\ i=1,2,\cdots,q}} (\overline{g}_{\mathrm{FNN}i}(\boldsymbol{X},\boldsymbol{U}_{S1\cdots Si\cdots Sq})) \tag{5.127}$$

通过式（5.118）～式（5.127），避免了两个耗时的确定性内层优化过程，从而直接获得不确定性目标函数和约束函数的区间。在 5.3 节中已经证明了本章所提 FANNBIA 的计算效率优于 GSA。由于非线性区间数优化要频繁地计算不确定性目标函数和约束函数的区间范围，因此这种计算效率上的节约，其最终的累积效果将是相当可观的，至少从理论上分析基于前馈神经网络微分的非线性区间数优化方法将会大幅节约计算成本。

5.4.2 基于前馈神经网络微分的区间优化求解策略

类似于 5.2 节中传统的非线性区间数优化算法，采用 $\leqslant_{\mathrm{cw}}$ 区间序关系和区间可能度模型分别对不确定性目标函数和约束函数进行不确定性转换，得到如下的确定性多目标优化问题：

$$\begin{aligned}
& \min_{\boldsymbol{X}}(f^{\mathrm{c}}(\boldsymbol{X},\boldsymbol{U}), f^{\mathrm{w}}(\boldsymbol{X},\boldsymbol{U})) \\
& \text{s.t.} \\
& P(g_i^{\mathrm{I}}(\boldsymbol{X},\boldsymbol{U}) \leqslant b_i^{\mathrm{I}}) \geqslant \lambda_i, \quad i=1,2,\cdots,k \\
& \boldsymbol{X} \in \boldsymbol{\Omega}^n, \boldsymbol{U} \in \boldsymbol{U}^{\mathrm{I}} = [\underline{\boldsymbol{U}},\overline{\boldsymbol{U}}], \quad U_i \in U_i^{\mathrm{I}} = [\underline{U}_i,\overline{U}_i], \quad i=1,2,\cdots,q
\end{aligned} \tag{5.128}$$

对于式（5.128），可以采用多目标优化算法作为优化求解器直接计算，这里采用 NSGA-Ⅱ算法，获得 Pareto 最优解集。此外，也可以采用线性组合法和罚函数法将其转化为无约束的单目标优化问题：

$$\min \tilde{f}(\boldsymbol{X},\boldsymbol{U}) = (1-\beta)\frac{f^{\mathrm{c}}(\boldsymbol{X},\boldsymbol{U})+\xi}{\varPhi} + \beta\frac{f^{\mathrm{w}}(\boldsymbol{X},\boldsymbol{U})+\xi}{\varPsi} + \sigma\sum_{i=1}^{k}\varphi(P(g_i^{\mathrm{I}}(\boldsymbol{X},\boldsymbol{U}) \leqslant b_i^{\mathrm{I}}) - \lambda_i)$$

$$\boldsymbol{X} \in \boldsymbol{\Omega}^n, \boldsymbol{U} \in \boldsymbol{U}^{\mathrm{I}} = [\underline{\boldsymbol{U}},\overline{\boldsymbol{U}}]$$

$$(5.129)$$

式中，$\beta \in [0,1]$ 为两个目标函数的权重因子；ξ 为使得 $f^{\mathrm{c}}(\boldsymbol{X},\boldsymbol{U})+\xi$ 和 $f^{\mathrm{w}}(\boldsymbol{X},\boldsymbol{U})+\xi$ 非负的调节参数；$\varPhi$ 和 $\varPsi$ 为两个目标函数的正则化因子；σ 为罚函数，通常设定为一个较大的数值；$\varphi(*)$ 为判断约束条件是否满足的函数，可以由式（5.130）计算：

$$\varphi(P(g_i^{\mathrm{I}}(\boldsymbol{X},\boldsymbol{U}) \leqslant b_i^{\mathrm{I}}) - \lambda_i) = (\max(0, -(P(g_i^{\mathrm{I}}(\boldsymbol{X},\boldsymbol{U}) \leqslant b_i^{\mathrm{I}}) - \lambda_i)))^2 \tag{5.130}$$

式（5.130）表示当且仅当约束条件 $P(g_i^{\mathrm{I}}(\boldsymbol{X},\boldsymbol{U})\leqslant b_i^{\mathrm{I}})\geqslant \lambda_i$ 满足时，$\varphi(*)=0$，罚函数 σ 将不起作用。式（5.129）可以采用普通的单目标智能优化算法求解。基于前馈神经网络微分的非线性区间数优化算法的计算流程如图 5.31 所示。

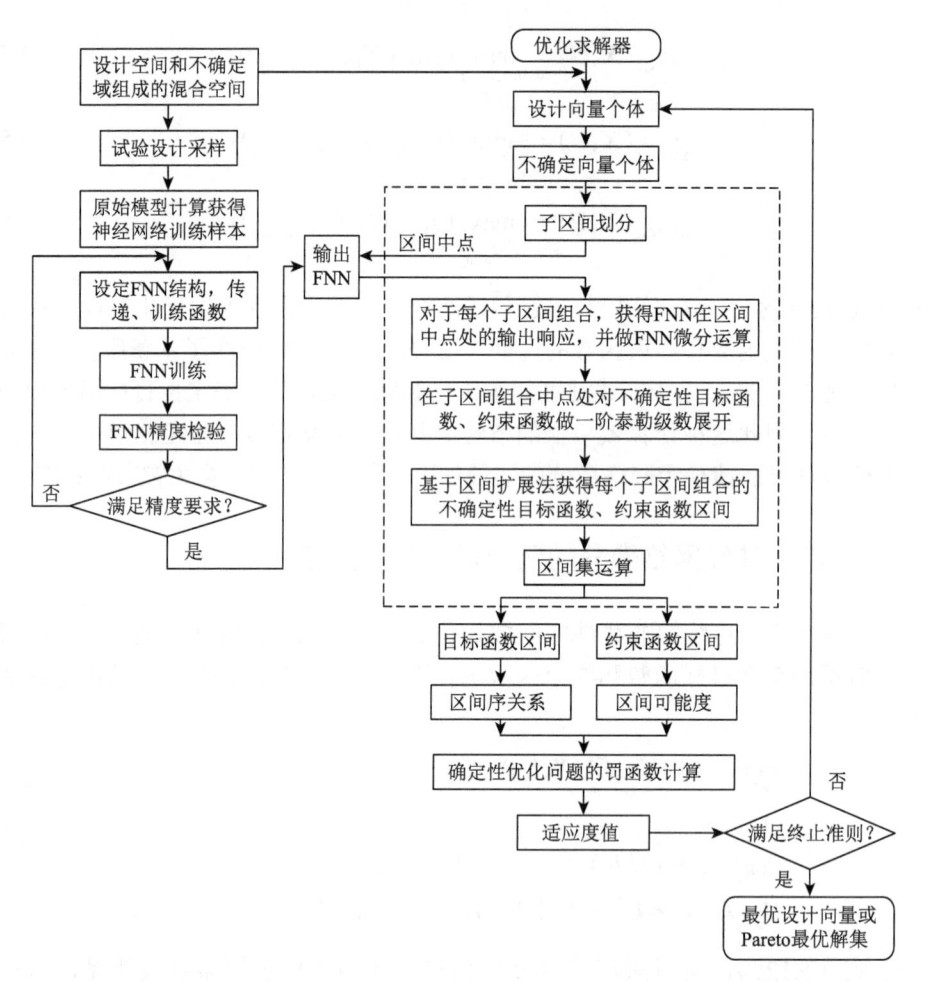

图 5.31 基于前馈神经网络微分的非线性区间数优化算法的计算流程

具体步骤如下。
步骤 1 在优化前，训练所有不确定性目标函数和约束函数的多层 FNN 代理模型。
步骤 2 设置优化求解器 NSGA-II 或 GA 的算法参数，包括种群大小、交叉率、变异率和算法终止准则，以及不确定性参数的区间、区间约束应满足的可能度水平 λ_i 等。
步骤 3 优化求解器进行试验个体的更新，获得设计矢量 $\boldsymbol{X}$。
步骤 4 采用子区间技术对不确定向量 $\boldsymbol{U}$ 进行区间划分，将不确定性水平较大的区间划分为不确定性水平较小的子区间，通过排列组合获得一定数量的子区间组合。
步骤 5 对每个子区间组合应用基于前馈神经网络微分的区间摄动法，并进一步通过区间并集运算获得不确定性目标函数和约束函数的区间。

步骤 6 采用区间序关系和区间可能度模型分别对不确定性目标函数和约束函数进行不确定性转换，获得确定性优化问题。

步骤 7 计算罚函数和适应度函数值，优化求解器进行模拟搜索，求解 Pareto 最优解集或最优设计向量，若达到算法终止准则，则算法终止，否则返回步骤 3。

从理论上讲，只要给予 NSGA-II 和 GA 足够多的优化代数，就一定能获得良好的优化结果。考虑到所提出的区间数优化算法采用本章所提出的 FANNBIA 计算不确定性目标函数与约束函数的区间，因此只要 FANNBIA 具有良好的计算精度，就一定能够获得良好的优化结果。5.3 节已经证明了本章所提出的 FANNBIA 具有良好的计算精度和高计算效率，因此在理论上就可以确保优化结果和计算成本是可以接受的。本章所提出的新的非线性区间数优化方法尤其适用于两类优化问题：①具有多目标函数和多约束函数的复杂不确定性优化问题；②需要使用代理模型的工程不确定性优化问题。

5.4.3 算法性能分析

考虑悬臂工字梁优化问题[53]，如图 5.32 所示，其中载荷 F_1 和 F_2 分别为 600kN 和 50kN，梁长度 L 为 200cm，弹性模量 E 为 20000kN/cm^2。

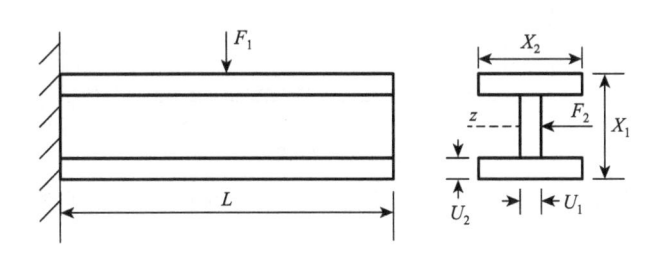

图 5.32 悬臂工字梁结构示意图

横截面尺寸 U_1 和 U_2 被考虑为不确定性参数，其名义值分别为 1.0cm 和 2.0cm。该优化问题中，通过优化两个横截面尺寸 X_1 和 X_2 使得梁自由端在满足横截面面积约束和最大应力约束的条件下垂直挠度 f 最小，横截面面积 g_1 和最大应力 g_2 分别不能大于 300cm^2 和 10kN/cm^2。由此可建立如下的不确定性优化模型：

$$\min_X f(\pmb{X},\pmb{U}) = \frac{F_1 L^3}{48EI_z} = \frac{5000}{\frac{1}{12}U_1(X_1-2U_2)^3 + \frac{1}{6}X_2 U_2^3 + 2X_2 U_2 \left(\frac{X_1-U_2}{2}\right)^2}$$

$$\text{s.t.}\quad g_1(\pmb{X},\pmb{U}) = 2X_2 U_2 + U_1(X_1-2U_2) \leqslant 300$$

$$g_2(\pmb{X},\pmb{U}) = \frac{180000 X_1}{U_1(X_1-2U_2)^3 + 2X_2 U_2[4U_2^2 + 3X_1(X_1-2U_2)]} \quad (5.131)$$

$$+ \frac{15000 X_2}{(X_1-2U_2)U_1^3 + 2U_2 X_2^3} \leqslant 10$$

$$10.0 \leqslant X_1 \leqslant 120.0,\quad 10.0 \leqslant X_2 \leqslant 120.0,\quad \pmb{U} \in \pmb{U}^I = [\underline{\pmb{U}},\overline{\pmb{U}}]$$

式中，I_z 表示横截面对中性轴 z 的惯性矩。

首先考虑 U 的不确定性水平 β 等于 10.0%的情况，通过式（5.129）将式（5.130）转化为单目标优化问题，其中两个约束的区间可能度值 λ_1 和 λ_2 设定为 0.9，权重因子 β 设定为 0.5，非负的调节参数 ξ 为 0，罚函数 σ 设定为 1000，正则化因子 Φ 和 ψ 分别为 0.007 和 0.0007。采用基于区间摄动法的非线性区间数优化算法（以下图中和表中简称为基于 IPM 的优化算法）、基于 FANNBIA 的非线性区间数优化算法（以下图中和表中简称为基于 FANNBIA 的优化算法）以及两层嵌套优化算法分别求解该优化问题，并采用 GA 作为优化求解器。在使用 IPM 和 FANNBIA 时，所有不确定性参数被划分为 5 个子区间。三种方法进化 200 代的收敛曲线如图 5.33 所示，详细的优化结果如表 5.23 所示。

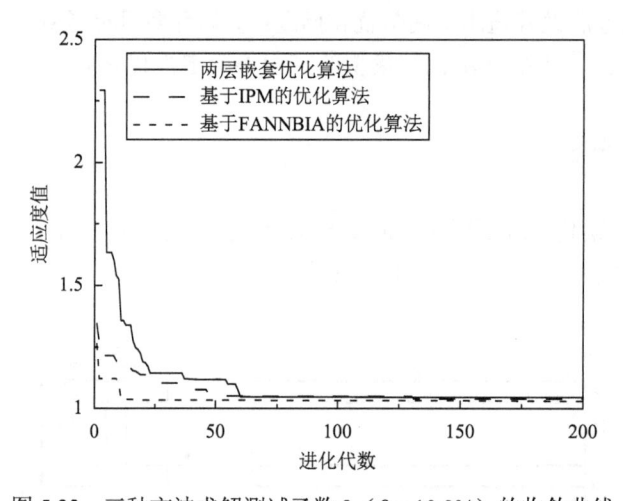

图 5.33　三种方法求解测试函数 2（$\beta = 10.0\%$）的收敛曲线

表 5.23　三种方法求解测试函数 2（$\beta = 10.0\%$）的详细优化结果

算法	适应度值 $\tilde{f}$	$P(g_1^I)$	$P(g_2^I)$	最优设计变量 (X_1, X_2)	计算时间/s
两层嵌套优化算法	1.0455	0.9007	1.0000	(117.8007, 41.0685)	6332.83
基于 IPM 的优化算法	1.0393	0.9062	1.0000	(118.2870, 40.8774)	2.42
基于 FANNBIA 的优化算法	1.0301	0.9051	1.0000	(118.9119, 40.7342)	16.69

图 5.33 表明，三种方法均迅速地收敛于几乎相同的适应度值，而表 5.23 进一步证明优化得到的适应度值和最优设计变量差异均很小，本章所提出的基于 FANNBIA 的非线性区间数优化算法具有良好的计算精度，且基于 IPM 和 FANNBIA 的非线性区间数优化算法的优化结果更加接近。计算结果产生差异的主要原因包括：①FNN 微分法计算一阶导数时虽然精度较高，但还是存在一定的偏差；②GA 使用随机数产生每代的试验个体，每次运行的结果都将有所不同。

从表 5.23 的计算时间可以看出，基于 IPM 和 FANNBIA 的非线性区间数优化算法的计算效率远远高于两层嵌套优化算法，计算时间分别仅为两层嵌套优化算法的 1/3000 左右和 1/400 左右。

上述结果已经证明了本章所提出的非线性区间数优化算法在 $\beta = 10.0\%$ 下具有良好的计算精度，为了进一步探究其性能，分别计算 $\beta = 15.0\%$、20.0%、25.0% 和 30.0% 四种情况，并采用基于区间摄动法的非线性区间数优化算法、两层嵌套优化算法生成参考解。四种不确定性水平下进化 200 代的收敛曲线如图 5.34 所示，优化结果如表 5.24～表 5.27 所示。

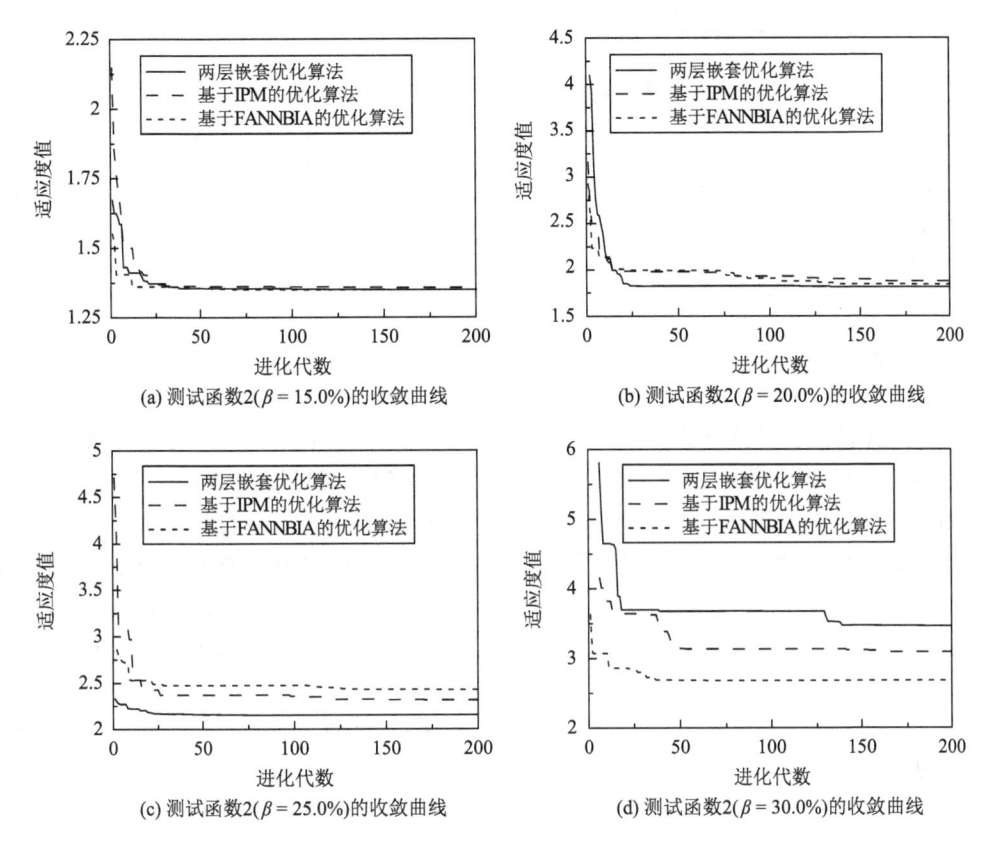

图 5.34　不同不确定性水平 β 下测试函数 2 的收敛曲线

表 5.24　测试函数 2（$\beta = 15.0\%$）的详细优化结果

算法	适应度值 $\tilde{f}$	$P(g_1^I)$	$P(g_2^I)$	最优设计变量 (X_1, X_2)	计算时间/s
两层嵌套优化算法	1.3504	0.9035	1.0000	（119.6832, 38.1084）	6243.39
基于 IPM 的优化算法	1.3572	0.9060	1.0000	（119.5300, 38.1021）	2.47
基于 FANNBIA 的优化算法	1.3497	0.9026	1.0000	（119.2455, 38.2372）	16.64

表 5.25　测试函数 2（$\beta = 20.0\%$）的详细优化结果

算法	适应度值 $\tilde{f}$	$P(g_1^I)$	$P(g_2^I)$	最优设计变量 (X_1, X_2)	计算时间/s
两层嵌套优化算法	1.8105	0.9001	1.0000	（116.0203, 36.8202）	6438.70
基于 IPM 的优化算法	1.8748	0.9011	1.0000	（113.3066, 37.4753）	2.48
基于 FANNBIA 的优化算法	1.8403	0.9004	1.0000	（112.3303, 37.7367）	16.59

表 5.26　测试函数 2（$\beta = 25.0\%$）的详细优化结果

算法	适应度值 $\tilde{f}$	$P(g_1^I)$	$P(g_2^I)$	最优设计变量 (X_1, X_2)	计算时间/s
两层嵌套优化算法	2.1501	0.9015	1.0000	(119.8529, 33.7163)	6207.23
基于 IPM 的优化算法	2.3109	0.9000	1.0000	(114.2813, 35.1470)	2.45
基于 FANNBIA 的优化算法	2.4271	0.9020	1.0000	(114.3532, 35.0816)	16.62

表 5.27　测试函数 2（$\beta = 30.0\%$）的详细优化结果

算法	适应度值 $\tilde{f}$	$P(g_1^I)$	$P(g_2^I)$	最优设计变量 (X_1, X_2)	计算时间/s
两层嵌套优化算法	3.4622	0.9010	1.0000	(101.1031, 36.4455)	6590.12
基于 IPM 的优化算法	3.0896	0.9017	1.0000	(107.9162, 34.7187)	2.43
基于 FANNBIA 的优化算法	2.6826	0.9000	1.0000	(118.5202, 32.1189)	16.61

从图 5.34 可以看出，随着不确定性水平 β 的增加，基于 IPM 和 FANNBIA 的非线性区间数优化算法得到的适应度值与两层嵌套优化算法获得的适应度值的差异也逐渐增大。这种差异性同样体现在表 5.24～表 5.27 的最优设计变量上，当 $\beta = 15.0\%$ 时，三种算法所得到的最优设计变量几乎相同，而当 β 继续增大时，最优设计变量的差异非常明显。

为了更加直观地表述，图 5.35 给出了基于 IPM 和 FANNBIA 的非线性区间数优化算法得到的适应度值相对两层嵌套优化算法结果的偏差。可以看出，当 β 小于 20.0% 时，最大偏差为 3.5529%，对工程问题是可以接受的。但是当 β 继续增大时，最大偏差可以达到 22.5175%，这种优化结果已经失去意义。显然，基于 IPM 和 FANNBIA 的非线性区间数优化算法并不适用于不确定性水平很大的情况。当然，可以通过增加子区间数的方式使结果更加可靠，但这也意味着更高的计算成本。由式（5.106）可知，子区间组合数是所有不确定性参数划分子区间数的连乘积，当不确定性参数较多时，增加子区间数会产生"维度灾难"。基于这种情况，建议将基于 FANNBIA 的非线性区间数优化算法用于求解不确定性水平较小的区间优化问题。

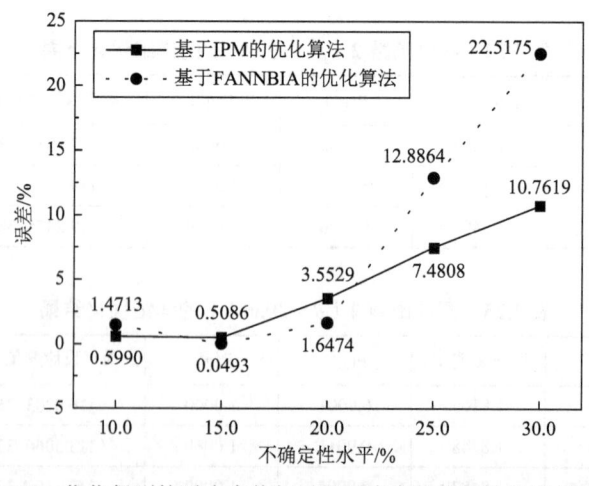

图 5.35　优化得到的适应度值相对两层嵌套优化算法结果的偏差

5.4.4 火炮发射动力学响应区间优化实例

该优化问题中，通过优化火炮刚柔耦合系统动力学模型的结构参数 c_b、e_{my}、e_{mz}、Δh_y、Δl_x，使火炮在满足射击稳定性约束的条件下减少炮口振动，最终获得各不确定性设计变量的合理误差区间，从而实现对不确定性参数的有效控制。

类似于 5.3 节的优化建模，将 4 个炮口振动参数（炮口垂向角位移 Ω_v、炮口水平角位移 Ω_t、炮口垂向角速度 Φ_v、炮口水平角速度 Φ_t）转化为式（5.76）的炮口振动系数 η_{mz}，两个区间约束火炮的最大后移量 D_X、垂向跳高 D_{Yp} 分别小于 0.45mm 和 0.25mm，应满足的可能度水平 λ_i 设置为 0.95。炮口振动系数 η^I_{mz} 的区间中点和半径、式（5.108）、式（5.109）的区间经济性评价指标 ζ 被作为目标函数，火炮的最大后移量 D_X、垂向跳高 D_{Yp} 的区间可能度被描述为约束函数，建立如下的不确定性优化模型：

$$\min_{U}(\eta^c_{mz}(U),\eta^w_{mz}(U),-\zeta)$$
$$\text{s.t.}$$
$$P(D^I_X(U) \leq 0.45) \geq (\lambda = 0.95)$$
$$P(D^I_{Yp}(U) \leq 0.25) \geq (\lambda = 0.95)$$
$$U \in U^I = [\underline{U},\overline{U}]$$
（5.132）

显然，式（5.132）是一个典型的具有多目标函数和多约束函数的复杂工程不确定性优化问题。由于火炮结构参数与振动特性之间的显式函数关系过于复杂而不便推导，因此一阶导数无法直接微分计算，基于 IPM 的非线性区间数优化算法并不适用。由于原始的数值分析模型非常耗时，需要构建代理模型，故采用 5.3 节中基于神经网络代理模型的非线性区间数优化算法和本节中基于 FANNBIA 的非线性区间数优化算法求解式（5.132），对于这样的三目标优化问题，直接采用多目标优化算法作为优化求解器。对于两层嵌套优化算法，外层优化器采用 NSGA-II，内层优化器采用 GA。

NSGA-II 的种群大小、交叉率和变异率分别设置为 50、0.9 和 0.3，并将进化代数 100 作为算法终止准则。内层 GA 的算法参数，除了种群大小设置为 20 外，其他参数设置与 NSGA-II 相同。对于基于 FANNBIA 的非线性区间数优化算法，优化器同样采用 NSGA-II，算法参数设置完全相同，并计算了 3 种情况，其中不确定性设计变量分别被划分为 4 个、5 个、6 个子区间。图 5.36 给出了两种方法获得的 Pareto 最优解集，表 5.28 列出了目标函数具体的空间域、与嵌套优化结果的偏差以及计算时间。

表 5.28 中的计算时间表明，与传统的两层嵌套优化算法相比，基于 FANNBIA 的非线性区间数优化算法具有较高的计算效率。当子区间数为 4、5、6 时，计算时间分别约为两层嵌套优化算法的 2.67%、8.14% 和 20.59%。

从图 5.36 可以看出 4 种情况获得的 Pareto 解集在空间域上是不同的。对于新的非线性区间数优化算法的 3 种情况，随着子区间数的增加，Pareto 解集的空间域会逐渐缩小，并接近于传统的嵌套优化结果。表 5.28 更清楚地表明，本节所提出的非线性区间数优化

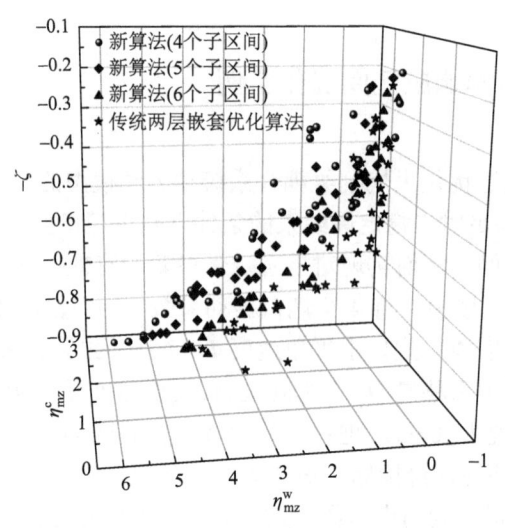

图 5.36　两种方法获得的 Pareto 最优解集

表 5.28　两种方法获得的详细优化结果

优化算法		目标函数的空间域与偏差			计算时间/s
		f_1	f_2	f_3	
两层嵌套优化算法		[0.3711, 2.2495]	[0.1545, 4.3629]	[0.1963, 0.7897]	83303.89
新型算法	4 个子区间	[0.2895, 2.1752] (21.9887, 3.3030)%	[0.1170, 6.0507] (24.2718, 38.6853)%	[0.1629, 0.7145] (17.0148, 9.5226)%	2214.23
	5 个子区间	[0.3067, 2.1002] (17.3538, 6.6370)%	[0.1487, 5.4160] (3.7540, 24.1376)%	[0.1787, 0.7199] (8.9659, 8.8388)%	6778.17
	6 个子区间	[0.3621, 2.1734] (2.4252, 3.3830)%	[0.1703, 4.5754] (10.2265, 4.8706)%	[0.1972, 0.7731] (0.4585, 2.1021)%	17152.62

算法的结果相比于传统的嵌套优化结果，目标函数分布范围的差异随着子区间数的增加而减小。当子区间数为 6 时，绝大多数目标函数的差异小于 5.0%。另外，从表 5.28 可以看出其计算精度与子区间数密切相关，如果设定更多的子区间数，计算结果必将更加准确但同时也需要更多的计算时间。因此，使用该方法时需要根据具体问题的计算要求，选择合适的子区间数。对于不确定性水平较高的问题，通常需要大量子区间才能获得更准确的结果，在这种情况下不建议使用基于 FANNBIA 的非线性区间数优化算法。

以基于 FANNBIA 的非线性区间数优化算法获得的非支配 Pareto 解集为例，Pareto 解集的部分信息被列于表 5.29 中，包括目标函数的具体值以及区间约束的满足度。尽管 Pareto 前沿中的所有方案都是可行解，但最终方案的选择取决于决策者的偏好。这里以炮口振动系数的鲁棒性为决策偏好，选择表 5.29 中第 4 个设计方案验证该方法的有效性。采用基于前馈神经网络微分的 IPM 进行区间不确定性分析，获得炮口振动在设计变量区间内的最大值与最小值，即响应的区间边界。对应的设计变量组合用于重建火炮刚柔耦合系统动力学模型并进行计算，优化后的炮口振动参数的最优解和区间范围如图 5.37 所示，弹丸出炮口时刻的振动数值如表 5.30 所示。

表 5.29 基于 FANNBIA 的非线性区间数优化算法获得的非支配 Pareto 解集

编号	区间约束的可能度值 $P(D_X^I)$	$P(D_{Yp}^I)$	目标函数值 η_{mz}^c	η_{mz}^w	ζ
1	1.0000	0.9553	1.3522	4.3575	0.7731
2	1.0000	1.0000	1.0853	0.5057	0.3897
3	1.0000	1.0000	0.7283	2.2876	0.5213
4	1.0000	1.0000	1.0265	0.1703	0.2182
5	1.0000	0.9696	1.7395	3.1102	0.7296
6	1.0000	0.9626	2.1241	2.8185	0.7175
⋮	⋮	⋮	⋮	⋮	⋮
37	1.0000	0.9603	2.0707	2.7459	0.7123
38	1.0000	0.9704	0.9612	4.5954	0.7439
39	1.0000	1.0000	0.6753	0.8576	0.3058
40	1.0000	1.0000	1.3499	1.2634	0.4890

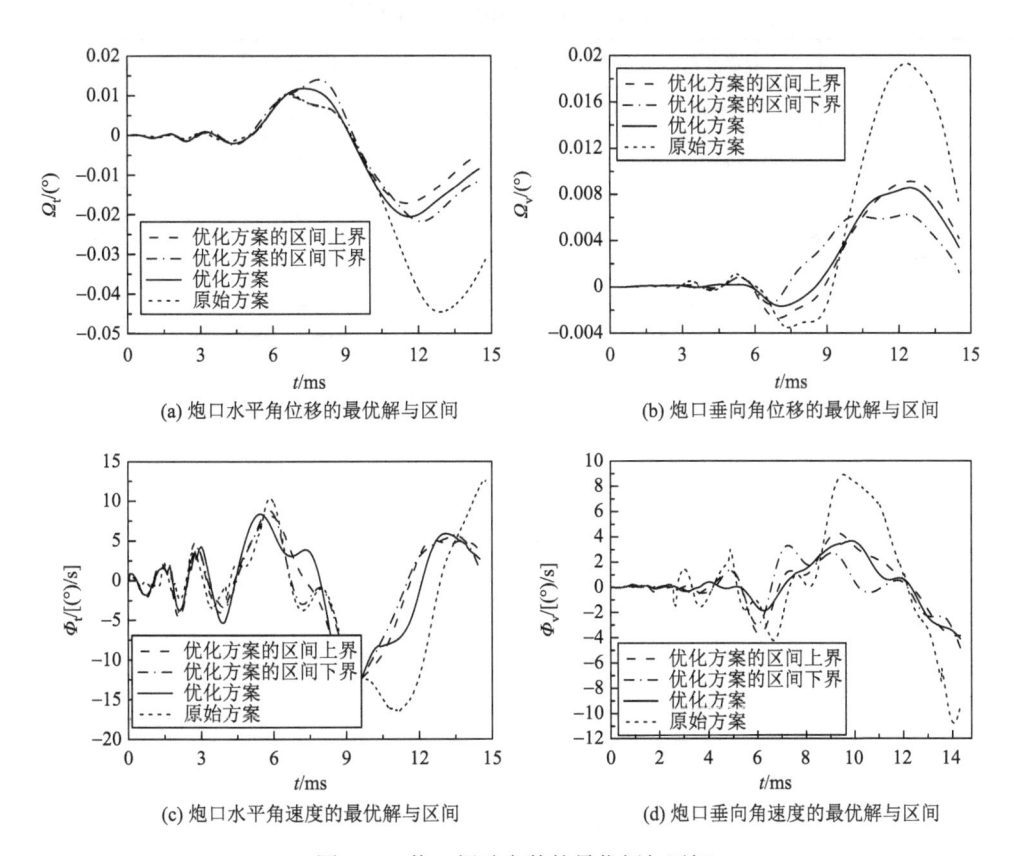

(a) 炮口水平角位移的最优解与区间

(b) 炮口垂向角位移的最优解与区间

(c) 炮口水平角速度的最优解与区间

(d) 炮口垂向角速度的最优解与区间

图 5.37 炮口振动参数的最优解与区间

表 5.30　优化前后弹丸出炮口瞬间的炮口振动参数的具体数值与对比

类别	$\Omega_t/(°)$	$\Omega_v/(°)$	$\Phi_t/[(°)/s]$	$\Phi_v/[(°)/s]$	η_{mz}^c
优化方案	−0.00848	0.00340	2.7028	−4.0986	1.0265
优化方案的区间下界	−0.01153	0.00124	1.3325	−4.8151	N/A
优化方案的区间上界	−0.00525	0.00420	3.7197	−3.8505	N/A
原始方案	−0.03144	0.00737	12.5440	−9.4773	3.5661

图 5.37 中炮口振动的区间边界反映了不确定性参数所导致的炮口响应的波动，这些炮口振动的区间边界可以为结构设计提供参考。采用优化方案后弹丸出炮口瞬间的炮口振动参数均得到了不同程度的优化，与原始方案相比，Ω_t、Ω_v、Φ_t 和 Φ_v 分别改善了 73.03%、53.87%、78.45%和 56.75%。

整个膛内运动时期四个炮口振动参数的变化幅度均变小，曲线变化趋势更加平缓，这有利于弹丸出炮口状态的一致性。详细的不确定性设计变量的区间如表 5.31 所示，区间中点可以视为设计变量的名义值，而区间半径可以视为设计变量的允许误差，这些参数区间可以为设计变量误差方案的制定提供参考。

表 5.31　不确定性设计变量的区间

不确定性设计变量	标称值 U^c	允许误差 U^w	下边界 $\underline{U}$	上边界 $\overline{U}$
c_b / mm	1.3890	0.0267	1.3623	1.4157
Δh_y / mm	2.8803	0.4328	2.4475	3.3131
e_{my} / mm	4.0585	0.5244	3.5341	4.5829
e_{mz} / mm	3.3023	0.8485	2.4538	4.1508
Δl_x / mm	72.7397	9.0360	63.7037	81.7757

第6章 火炮关键参数误差方案的优选方法

第 5 章给出了火炮系统不确定性分析及优化方法,可以对火炮系统关键参数及误差进行不确定性优化,实现火炮系统关键性能的优化和匹配,但是获得的优化方案往往有很多组,不同方案的优与劣以及如何选择最佳的方案是设计人员特别是决策者要经常面对的问题。本章主要介绍火炮关键参数误差方案的优选方法,包括火炮关键参数误差方案优选的评价指标体系、火炮关键参数误差方案的模糊综合评价法、基于模糊优选神经网络模型的火炮关键参数误差方案优选。

6.1 火炮关键参数误差方案优选的评价指标体系

火炮是一个机、电、气、液等复杂的机械系统,火炮的设计过程是一个多方案、多参数、多目标、多因素的评价与决策过程。为了能够将复杂的评价决策问题用科学的计算方法进行量化,方便设计者和决策者进行方案的优选,首先必须建立能够衡量方案优劣的评价标准,即建立反映火炮关键性能指标的方案综合评价优选指标体系,该指标体系应能够尽可能全面地反映影响火炮主要战术、技术指标的各种因素。

6.1.1 评价指标体系确定的基本原则与步骤

把评价中涉及的评价因素,按照一定的结构和层级关系进行组合而形成的一个整体即构成评价指标体系。评价指标体系的建立,要根据具体的研究对象而定,评价指标应具有独立性、代表性,能够反映研究对象的特性;评价指标应宜少不宜多,宜简不宜繁;评价指标应符合客观实际水平。建立符合评价对象特点的评价指标体系是进行综合评价的基础。评价指标的选择会直接影响研究对象的最终评价结果,对于火炮关键参数误差方案的综合评价与优选,应能够反映火炮设计的基本要求,满足火炮武器系统的战术技术指标,建立科学、完整的评价指标体系,努力提高评价的质量和水平。

1. 评价指标体系建立的原则

火炮武器系统结构复杂,技术含量高,对战术技术指标要求较为严格,开展综合评价时应该整体考虑,系统权衡。评价指标体系的确定应坚持以下原则。

(1)完备性原则。完备性原则是指评价指标应尽可能完整、全面地反映和度量评价对象。

(2)独立性原则。在选择评价指标时,要采用科学的方法处理评价指标中相关性程度较大的指标,使每一个指标在评价体系中只能出现一次。若指标之间的相关性程度难以确定，应较多地咨询专家或采用其他对独立性要求不高的评价方法。

（3）代表性原则。代表性原则是指评价指标能够代表评价目标的要求和希望。

（4）可比性原则。可比性原则是指评价指标体系应当对所有评价对象都适用，评价标准应对所有评价对象都一视同仁。

（5）可操作性原则。可操作性原则是指评价指标及其内容应能够切地表达，即定量地给出评价指标的特征值，若不能定量地给出，则定性的文字表述应明确，同时给出评价分数与指标价值特性之间的近似函数关系，是递增还是递减。

（6）简练性原则。简练性原则是指评价指标体系的层次结构要合理，各个评价指标不仅要有具体明确的特征值，而且指标体系要层次清晰，使决策者一目了然。

2. 评价指标体系建立的步骤

评价的目的是更好地进行科学决策，评价和决策是一个复杂的科学分析的过程，应按照一定的步骤进行。针对一般的综合评价问题，评价指标体系构建的一般步骤如下：

（1）明确要评价的对象，确定评价的目标；

（2）对评价对象及其属性进行分析；

（3）评价指标体系结构分析与评价目标结构分析；

（4）评价指标体系中各项评价指标的权重分析、信息来源分析、归一化分析、评价目标紧迫度分析；

（5）综合各项评价因素，形成评价指标体系；

（6）在实践中检验评价指标体系结构的完备性与可行性，向专家咨询，及时修正。

评价指标体系构建的流程如图 6.1 所示。

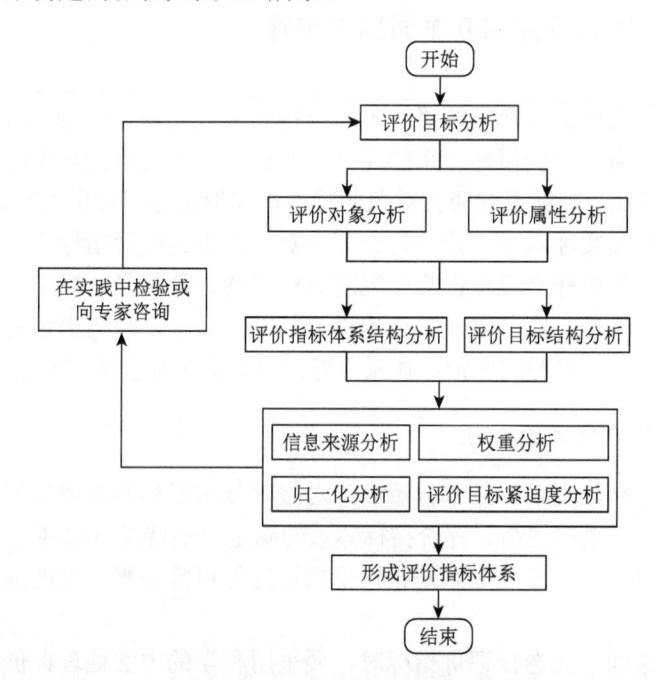

图 6.1　评价指标体系构建流程

6.1.2 火炮关键参数误差方案优选评价指标体系的建立

火炮武器系统的综合性能是以其射击精度为主要战术指标,在一定条件下,满足特定的作战任务要求。从火炮武器系统的特点出发,火炮关键参数误差方案的评价与优选应综合考虑其战术技术性能、经济性、结构承载性能、安全性、可靠性、稳定性等多方面因素集,而每个因素集又包含相应评价指标的因素子集,由此组成三级评价指标因素集。根据各指标因素集之间的层次关系,对其进行结构划分,确定火炮关键参数误差方案的评价指标体系。根据以上所述,建立一种火炮关键参数误差方案评价指标体系[54],如表 6.1 所示。

表 6.1 火炮关键参数误差方案评价指标体系

一级指标	二级指标	三级指标
综合性能评价 U	战术技术性能 u_1	横向射击密集度 u_{11}
		纵向射击密集度 u_{12}
	经济性 u_2	加工制造成本 u_{21}
	结构承载性能 u_3	结构强度 u_{31}
		结构刚度 u_{32}
	结构重量特性 u_4	结构自重 u_{41}

根据表 6.1 建立的火炮关键参数误差方案评价指标体系,可以分为三个层次结构,一级指标为最高级指标,二级指标由一级指标分解而来,三级指标为最底层指标。建立的评价指标体系中,战术技术性能指标用射击密集度来衡量,分为横向射击密集度和纵向射击密集度;经济性指标用加工制造的成本来衡量;结构承载性能用结构强度和结构刚度来衡量;结构重量特性用结构的自重来衡量。

6.1.3 优选指标权重的确定方法

建立的火炮关键参数误差方案评价指标体系中,包含若干个一级指标、二级指标和三级指标,每个层次的各个评价指标的相对重要性程度是不同的。在实际评价中,每个评价指标所取得的权重对于评价结果有重要影响。为了反映评价指标的重要程度,需要对评价指标体系中的各评价指标的相对重要性做出判断,即求出各个层级的评价指标的权重值,各个层级的评价指标权重值组成权重集。权重是评价指标本身的物理属性的客观反映,是主观和客观综合量度的结果,各个评价指标间的相对权重值的重叠是客观存在的,确定其权重值的重叠度可以防止人为因素导致评价结果的波动。评价指标的权重值是对于多目标多层次系统权系数的赋值,是专家或决策者对某一问题的重要性的认识,往往是专家经验和设计者、决策者意志的体现,因此,评价指标权重的确定是多目标多层次综合评价问题的关键。

层次分析法是一种常用的求解评价指标权重值的方法,利用该方法可以求解火炮关键参数误差方案评价指标体系中各个评价指标的权重值。首先找出评定方案优劣的主要评价指标,根据表6.1,构造不同层级的各个评价指标相对重要性大小的判断矩阵,然后求此判断矩阵的最大特征值,最后求出最大特征值对应的特征向量,即评价指标的近似权重值。此外,根据构造的层次分析模型,还需要对判断矩阵逐层进行一致性检验。利用层次分析法确定火炮关键参数误差方案评价指标权重的流程如图6.2所示。

1. 评价指标体系层次的划分

评价指标体系层次结构的划分是评价活动中的重要步骤。根据表 6.1 建立的火炮关键参数误差方案评价指标体系,把评价指标体系分为三个层次,自上而下,从一级指标到三级指标,把每一层级的指标都进行细分。第一层次即直接影响火炮战术技术性能指标实现的三级评价指标,第二层次为二级评价指标,第三层次为一级评价指标。评价指标体系层次划分的具体表示形式如下。

第一层次评价指标:u_{11}, u_{12}, u_{21}, u_{31}, u_{32}, u_{41};

第二层次评价指标:$u_1 = \{u_{11}, u_{12}\}$,u_2,$u_1 = \{u_{31}, u_{32}\}$,u_4;

第三层次评价指标:$U = \{u_1, u_2, u_3, u_4\}$。

定义各层级评价指标的权重集如下。

三级指标相对于二级指标的权重集:$A_1^{(1)} = (a_{11}, a_{12})$,$A_3^{(1)} = (a_{31}, a_{32})$;

二级指标相对于一级指标的权重集:$A^{(1)} = (a_1, a_2, a_3, a_4)$。

2. 层次分析法求解评价指标的权重

层次分析法根据研究人员的主观偏好,将定性判断与定量分析有机结合起来,用清晰明确的数量形式表达评价指标的相对重要性,是一种科学的决策方法。利用层次分析法确定评价指标权重值的步骤和方法如下。

1)构造两两评价指标判断矩阵

在对火炮关键参数误差方案评价指标体系进行层次划分的基础上,针对不同的层次结构,进行各个评价指标的两两分析比较,通过引入相对重要性标度,把这些判断信息用数值的形式进行定量化的表示,进而构成判断矩阵。用层次分析法求解评价指标权重值的核心就是构造判断矩阵。为了便于构造评价指标两两比较判断矩阵,常采用1~9标度法将判断信息定量化,如表6.2所示。

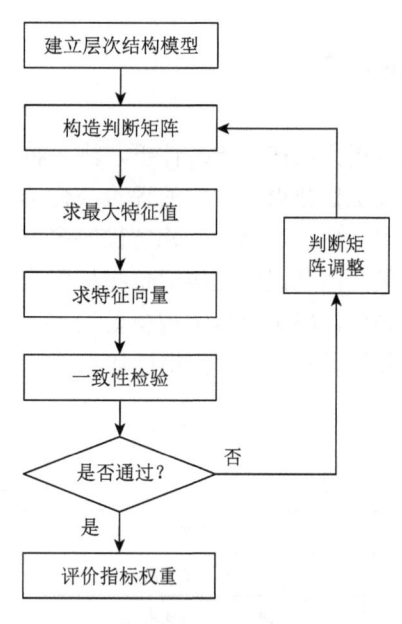

图6.2 层次分析法求解评价指标权重的流程图

表 6.2 判断矩阵标度及其含义

序号	重要性等级	标度
1	i、j 两元素同等重要	1
2	i 元素比 j 元素稍重要	3
3	i 元素比 j 元素明显重要	5
4	i 元素比 j 元素强烈重要	7
5	i 元素比 j 元素极端重要	9
6	上述判断的中间值	2、4、6、8
7	i 元素与 j 元素交互顺序比较的重要性	倒数

2) 求解特征向量（权向量）

求解某一层次评价指标的权向量问题的实质是求解判断矩阵最大特征值所对应的特征向量。以第三层次的评价因素 $U = \{u_1, u_2, u_3, u_4\}$ 为例，简要概述特征向量的计算方法。第三层次评价因素由四个二级评价指标构成，根据表 6.2 构造其判断矩阵，具体形式如式 (6.1) 所示：

$$\boldsymbol{T}^{(3)} = \begin{bmatrix} x_{11} & x_{12} & x_{13} & x_{14} \\ x_{21} & x_{22} & x_{23} & x_{24} \\ x_{31} & x_{32} & x_{33} & x_{34} \\ x_{41} & x_{42} & x_{43} & x_{44} \end{bmatrix} = \begin{bmatrix} 1 & 5 & 3 & 5 \\ 1/5 & 1 & 1/3 & 1/2 \\ 1/3 & 3 & 1 & 3 \\ 1/5 & 2 & 1/3 & 1 \end{bmatrix} \begin{matrix} u_1 \\ u_2 \\ u_3 \\ u_4 \end{matrix} \quad (6.1)$$

（1）计算判断矩阵 $\boldsymbol{T}^{(3)}$ 每一行元素的乘积：

$$M_i = \prod_{j=1}^{4} x_{ij}, \quad i = 1, 2, 3, 4 \quad (6.2)$$

（2）计算 M_i 的四次方根：

$$W_i = \sqrt[4]{M_i}, \quad i = 1, 2, 3, 4 \quad (6.3)$$

（3）对向量 $\boldsymbol{W} = [W_1, W_2, W_3, W_4]^\mathrm{T}$ 进行归一化处理后即得到所求的判断矩阵最大特征值所对应的特征向量，归一化处理公式为 $W_i = W_i \bigg/ \left(\sum_{j=1}^{4} W_j\right)$。

根据以上步骤，计算得出第三层次评价因素 $U = \{u_1, u_2, u_3, u_4\}$ 的判断矩阵 $\boldsymbol{T}^{(3)}$ 的特征向量为 $\boldsymbol{W} = [W_1, W_2, W_3, W_4]^\mathrm{T} = [0.5563, 0.0808, 0.2488, 0.1141]^\mathrm{T}$。

3) 判断矩阵一致性检验

为获取评价指标相对重要性程度，建立判断矩阵，使判断思维数学化。利用层次分析法求解评价指标的权重值，应保持判断思维的一致性。由矩阵理论可知，如果 $\lambda_1, \lambda_2, \cdots, \lambda_n$ 满足 $\boldsymbol{Ax} = \lambda \boldsymbol{x}$，则 $\lambda_1, \lambda_2, \cdots, \lambda_n$ 是矩阵 $\boldsymbol{A}$ 的特征根，此时对于所有的 $x_{ij} = 1$，从而有

$$\sum_{i=1}^{n} \lambda_i = n \quad (6.4)$$

当矩阵 A 的特征根 $\lambda_1 = \lambda_{\max} = n$ 时，矩阵 A 具有完全一致性，此时矩阵 A 的其余特征根均为零。当矩阵 A 的特征根 $\lambda_1 = \lambda_{\max} > n$ 时，矩阵 A 不具有完全一致性，此时矩阵 A 的其余特征根 $\lambda_2, \lambda_3, \cdots, \lambda_n$ 满足以下关系：

$$\sum_{i=2}^{n} \lambda_i = n - \lambda_{\max} \tag{6.5}$$

由此得出以下结论：当判断矩阵不符合完全一致性时，矩阵的特征根会发生相应的变化，因此判断矩阵是否具有完全一致性可以通过求解判断矩阵的特征根来检验。在层次分析法中，通过引入式（6.6）：

$$\text{CI} = \frac{\lambda_{\max} - n}{n - 1} \tag{6.6}$$

来检查判断思维的一致性。当判断矩阵具有完全一致性时，CI = 0，从而有 $\lambda_1 = \lambda_{\max} = n$，反之则判断矩阵不具有完全一致性。评判对象的复杂程度不同，构造的判断矩阵可能有不同的阶次，还需要引入平均随机一致性指标 RI 来判断矩阵是否具有完全一致性。常见的对于 1~9 阶的判断矩阵，平均随机一致性指标 RI 的值如表 6.3 所示。

表 6.3 平均随机一致性指标值表

阶数	1	2	3	4	5	6	7	8	9
RI	0	0	0.58	0.90	1.12	1.24	1.32	1.41	1.45

对于 1、2 阶判断矩阵，总是具有完全一致性。对于阶数大于 2 的判断矩阵，定义随机一致性比率 CR 来评判矩阵是否具有完全一致性，CR = CI/RI，当 CR<0.1 时，可认为判断矩阵具有完全一致性，否则就需要再次调整判断矩阵，计算并验证 CR 的值，使之具有完全一致性。

下面以已经建立的第三层次的判断矩阵 $T^{(3)}$ 为例，对判断矩阵进行一致性检验，具体的计算步骤如下。

（1）计算判断矩阵 $T^{(3)}$ 的最大特征值 $\lambda_{\max}$：

$$\lambda_{\max} = \sum_{i=1}^{4} \frac{(TW)_i}{nW_i} = \frac{1}{n} \sum_{i=1}^{4} \frac{(TW)_i}{W_i} \tag{6.7}$$

式中，$(TW)_i$ 表示 TW 的第 i 个元素，且 $n = 4$。

$$TW = \begin{bmatrix} (TW)_1 \\ (TW)_2 \\ (TW)_3 \\ (TW)_4 \end{bmatrix} = \begin{bmatrix} x_{11} & x_{12} & x_{13} & x_{14} \\ x_{21} & x_{22} & x_{23} & x_{24} \\ x_{31} & x_{32} & x_{33} & x_{34} \\ x_{41} & x_{42} & x_{43} & x_{44} \end{bmatrix} \begin{bmatrix} W_1 \\ W_2 \\ W_3 \\ W_4 \end{bmatrix} \tag{6.8}$$

代入已知数据计算得 $\lambda_{\max} = 4.1041$。

（2）一致性检验。由式（6.8）得，CI = 0.0347；由表 6.3 得 RI = 0.9；因此 CR = 0.0386<0.1，表明判断矩阵 $T^{(3)}$ 具有完全一致性，因此前面计算得到的第三层次评价指标的权向量 $W = [W_1, W_2, W_3, W_4]^T$ 的各个分量可以作为 $U = \{u_1, u_2, u_3, u_4\}$ 的评价指标的权重值，即 $A^{(2)} = [0.5563, 0.0808, 02488, 01141]$。

根据表 6.1 建立的火炮关键参数误差方案评价指标体系，利用层次分析法来求解评价指标体系中的各层次各个评价指标的权重。

三级评价指标相对于二级评价指标的权重判断矩阵及其一致性检验分别如表 6.4 和表 6.5 所示。由表 6.4 可知，对于三级评价指标中的横向射击密集度指标 u_{11} 的权重值 a_{11} 和纵向射击密集度指标 u_{12} 的权重值 a_{12} 分别为 $A_1^{(1)} = (0.25, 0.75)$。由表 6.5 可知，结构强度的评价指标 u_{31} 的权重值 a_{31} 以及结构刚度的评价指标 u_{32} 的权重值 a_{32} 分别为 $A_3^{(1)} = (0.75, 0.25)$。对于评价指标 u_{21} 和 u_{41}，它们相对于上一级评价指标只由单因素构成，因此取评价指标 u_{21} 和 u_{41} 的权重值分别为 $a_{21} = a_{41} = 1.0$。

表 6.4 射击密集度指标的权重判断矩阵及其一致性检验

$T_1^{(1)}$	u_{11}	u_{12}	W	一致性检验
u_{11}	1	1/3	0.25	CR = 0
u_{12}	3	1	0.75	

表 6.5 结构承载性能指标的权重判断矩阵及其一致性检验

$T_3^{(1)}$	u_{31}	u_{32}	W	一致性检验
u_{31}	1	3	0.75	CR = 0
u_{32}	1/3	1	0.25	

二级评价指标相对于一级评价指标的权重判断矩阵及其一致性检验如表 6.6 所示。由表 6.6 可知，对于二级评价指标中的各个指标的权重值分别为 $A^{(2)} = (0.5563, 0.0808, 0.2488, 0.1141)$。

表 6.6 二级评价指标的权重判断矩阵及其一致性检验

T	u_1	u_2	u_3	u_4	W	一致性检验
u_1	1	5	3	5	0.5563	CR = 0.04<0.1
u_2	1/5	1	1/3	1/2	0.0808	
u_3	1/3	3	1	3	0.2488	
u_4	1/5	2	1/3	1	0.1141	

6.2 火炮关键参数误差方案的模糊综合评价法

模糊综合评价优选方法广泛应用于工程实际的方案决策中，是结合工程经验利用模糊数学理论对待评价方案进行优劣排序，从而在论域中选择令决策者满意的方案的过程。模糊决策是一种对模糊对象的定量评价模型，是对定性决策的补充与完善。模糊综合评价是模糊决策的基础，其主要思想是指标隶属度。本节将着重介绍模糊综合评价的基本理论，通过具体实例给出火炮关键参数误差方案的模糊综合评价流程。

6.2.1 多目标模糊优选模型

1. 单元系统模糊优选模型

设由 n 个满足约束条件的方案共同组成决策集合 $D = \{d_1, d_2, d_3, \cdots, d_n\}$。方案优选过程就是比较集合 D 中各个方案的优劣。设由 m 个目标构成的评价指标集 $P = \{p_1, p_2, p_3, \cdots, p_m\}$，$m$ 个指标对于 n 个待评价方案的特征矩阵为

$$\boldsymbol{X} = \begin{bmatrix} x_{11} & x_{12} & \cdots & x_{1n} \\ x_{21} & x_{22} & \cdots & x_{2n} \\ \vdots & \vdots & & \vdots \\ x_{m1} & x_{m2} & \cdots & x_{mn} \end{bmatrix} = (x_{ij})_{m \times n} \tag{6.9}$$

式中，$i = 1, 2, \cdots, m$；$j = 1, 2, \cdots, n$。这样的系统称为单元系统。由于不同指标之间的量纲与数量级可能相差甚大，需要将各个指标对应的特征值转化为指标的相对隶属度，以便于方案之间的比较，其转换公式如下。

对于效益型指标：

$$r_{ij} = \frac{x_{ij} - \min\limits_{j} x_{ij}}{\max\limits_{j} x_{ij} - \min\limits_{j} x_{ij}} \tag{6.10}$$

对于成本型指标：

$$r_{ij} = \frac{\max\limits_{j} x_{ij} - x_{ij}}{\max\limits_{j} x_{ij} - \min\limits_{j} x_{ij}} \tag{6.11}$$

对于中间型指标：

$$r_{ij} = 1 - \frac{|x_{ij} - x_j|}{\max\limits_{j} |x_{ij} - x_j|} \tag{6.12}$$

利用以上三个转换公式就可以将指标特征矩阵转换为指标相对隶属度矩阵：

$$\boldsymbol{R} = \begin{bmatrix} r_{11} & r_{12} & \cdots & r_{1n} \\ r_{21} & r_{22} & \cdots & r_{2n} \\ \vdots & \vdots & & \vdots \\ r_{m1} & r_{m2} & \cdots & r_{mn} \end{bmatrix} = (r_{ij})_{m \times n} \tag{6.13}$$

设最优方案对指标集具有最大相对优属度向量 $\boldsymbol{g} = (g_1, g_2, \cdots, g_m)^{\mathrm{T}} = (1, 1, \cdots, 1)^{\mathrm{T}}$，最劣方案对指标集具有最小相对优属度向量 $\boldsymbol{b} = (b_1, b_2, \cdots, b_m)^{\mathrm{T}} = (0, 0, \cdots, 0)^{\mathrm{T}}$。方案 d_j 对于"优"的相对隶属度简称为相对优属度，用 h_j 表示；对于"劣"的相对优属度用 h_j^c 表示。根据模糊集合关于余集的定义，有 $h_j^c = 1 - h_j$。

若决策者认为评价指标的重要程度有区别，则可以分配给不同评价指标相对应的权重。指标集对应的权重向量为 $\boldsymbol{W} = (w_1, w_2, \cdots, w_m)^{\mathrm{T}}$，其中 w_i 表示指标 p_i 所占权重，其值为非负数且满足 $\sum w_i = 1$。方案 d_j 可以用向量表示为 $\boldsymbol{r}_j = (r_{1j}, r_{2j}, \cdots, r_{mj})^{\mathrm{T}}$，它与最优方案的差异可以用广义权距离表示：

$$d_{jg} = \left[\sum_{i=1}^{m} w_i (g_j - r_{ij})^p\right]^{\frac{1}{p}} \quad (6.14)$$

简称距优距离。其中，p 为距离参数，$p=1$ 时称其为海明距离，$p=2$ 时称其为欧氏距离。同理，方案 d_j 与最劣方案之间的差异可以用广义权距离表示：

$$d_{jb} = \left[\sum_{i=1}^{m} w_i (r_{ij} - b_j)^p\right]^{\frac{1}{p}} \quad (6.15)$$

简称距劣距离。在模糊集合论中，隶属度也可以用权重表示。方案 d_j 对模糊概念"优"的相对隶属度为 h_j，其距优距离为 d_{jg}；对模糊概念"劣"的相对隶属度 $h_j^c = 1 - h_j$，距劣距离为 d_{jb}。为了准确完整地表达方案 d_j 与概念"优"的距离，以 h_j 为权重，定义加权距离：

$$D_{jg} = h_j d_{jg} = h_j \left[\sum_{i=1}^{m} w_i (g_j - r_{ij})^p\right]^{\frac{1}{p}} \quad (6.16)$$

称为加权距优距离。类似地，定义加权距劣距离：

$$D_{jb} = (1 - h_j) d_{jb} = (1 - h_j) \left[\sum_{i=1}^{m} w_i (r_{ij} - b_j)^p\right]^{\frac{1}{p}} \quad (6.17)$$

为了求解方案 d_j 隶属于模糊概念"优"的程度 h_j 的最大值，建立如下的优化准则：方案 d_j 的加权距优距离和加权距劣距离的平方和最小，用数学函数表示为

$$\min\{F(h_j) = D_{jg}^2 + D_{jb}^2 = h_j^2 d_{jg}^2 + (1 - h_j)^2 d_{jb}^2\} \quad (6.18)$$

对目标函数求导且令导数为零，得

$$\frac{\mathrm{d}F}{\mathrm{d}h_j} = 2h_j d_{jg}^2 - 2(1 - h_j) d_{jb}^2 = 0 \quad (6.19)$$

解得

$$h_j = \left[1 + \left\{\frac{\sum_{i=1}^{m}[w_i(g_j - r_{ij})]^p}{\sum_{i=1}^{m}[w_i(r_{ij} - b_j)]^p}\right\}^{\frac{2}{p}}\right]^{-1} \quad (6.20)$$

将 $g_j = 1$、$b_j = 0$ 代入式（6.20），可以得到方案 d_j 的相对优属度为

$$h_j = \left[1 + \left\{\frac{\sum_{i=1}^{m}[w_i(1 - r_{ij})]^p}{\sum_{i=1}^{m}(w_i r_{ij})^p}\right\}^{\frac{2}{p}}\right]^{-1} \quad (6.21)$$

此模型称为单元系统模糊优选模型。当参数 $p=1$ 时，有

$$h_j = \left[1 + \left[\frac{1 - \sum_{i=1}^{m}(w_i r_{ij})}{\sum_{i=1}^{m}(w_i r_{ij})}\right]^2\right]^{-1} \quad (6.22)$$

当参数 $p = 2$ 时，有

$$h_j = \left[1 + \frac{\sum_{i=1}^{m}[w_i(1 - r_{ij})]^2}{\sum_{i=1}^{m}(w_i r_{ij})^2}\right]^{-1} \quad (6.23)$$

若令 $I_j = \sum_{i=1}^{m} w_i r_{ij}$，则式（6.23）可以简化为

$$h_j = \left[1 + \left(\frac{1 - I_j}{I_j}\right)^2\right]^{-1} \quad (6.24)$$

从式（6.24）不难看出，h_j 是 I_j 的非线性函数，在区间$[0, 1]$上的函数形状为 S 形。当 $I_j \in [0, 0.5]$时，为凹函数；当 $I_j \in (0.5, 1]$时，为凸函数。在拐点 $I_j = 0.5$ 的两侧，函数值的离散性较大，即各个方案之间的相对优属度分散性更大，便于做出决策和选择。

2. 模糊优选二次判断方法

1）模糊综合评价二次判断的必要性

在火炮相关名义参数已定的情况下，运用模糊综合评价理论研究火炮结构参数误差方案的优选，很有可能会遇到多种误差方案的相对优属度相差无几、难以区分的情况，使得决策者难以做出最终抉择。更有甚者，若模糊综合评价数学模型的精度偏低，可能会导致评判结果错误、决策者误判的情况。针对这一问题，引入模糊综合评价二次判断方法来解决。该方法主要从两个方面对评价结果加以验证。

（1）根据模糊综合评价结果，小范围调整评价结果相近的方案的相对优属度值，使它们的差距变得更加明显。利用调整后的相对优属度值，逆运算反解出对应的权重向量。将反解得到的权重向量与实际问题进行对比，如果两者的差别不大，则表明最终评价结果中各方案之间的微弱差距有效，可以据此选择最优方案。

（2）将两种方案修改后的相对优属度值交换，逆运算反解出对应的权重向量。将反解得到的权重向量与实际问题进行对比，如果两者的差别不大，则表明最终评价结果中各方案之间的微弱差距可能无效，此时需要根据实际情况判断是否选择次优方案作为最优方案。

2）二次判断基本步骤

模糊优选二次判断的中心思想非常明确，即求解指标权重矩阵对于相对优属度矩阵的稳定性。其具体计算流程如图 6.3 所示，计算流程多个方框中的 ε 为计算精度，可根据具体情况选择不同的数值。由于模糊数学运算的复杂性，模糊二次判断计算过程十分复杂，它涉及模糊数学规划问题的求解。在确定模糊模式识别与权重向量的关系时，可通过构造拉格朗日函数求得模糊优化问题的解：

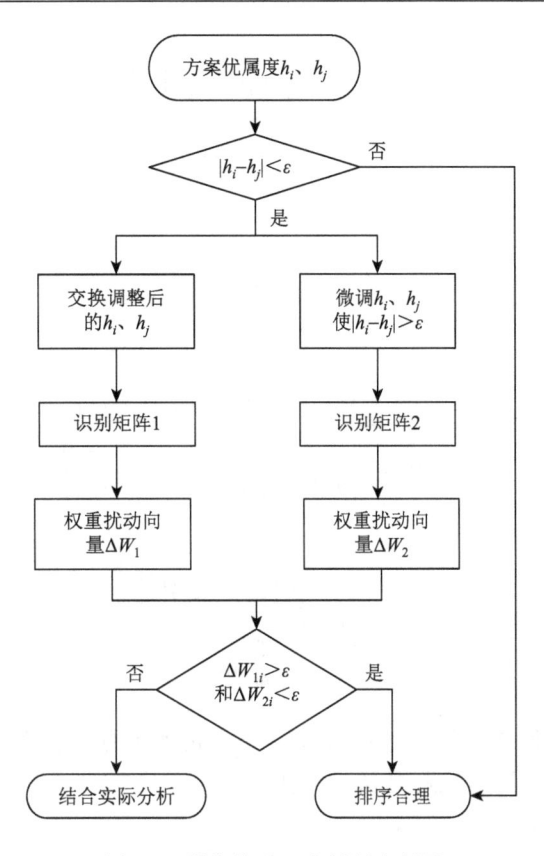

图 6.3 模糊优选二次判断流程图

$$w_i = \left\{ \sum_{k=1}^{m} \frac{\sum_{j=1}^{n}\sum_{h=1}^{c}[h_{hj}(r_{ij}-s_{ih})]^2}{\sum_{j=1}^{n}\sum_{h=1}^{c}[h_{hj}(r_{kj}-s_{kh})]^2} \right\}^{-1} \quad (6.25)$$

$$h_{hj} = \left\{ \sum_{k=1}^{c} \frac{\sum_{i=1}^{m}[w_i(r_{ij}-s_{ih})]^2}{\sum_{i=1}^{m}[w_i(r_{ij}-s_{ik})]^2} \right\}^{-1} \quad (6.26)$$

上述解称为模糊模式识别交叉迭代模型。当问题为模糊优选问题时，$c = 2$，即模糊模式识别只有"优"和"劣"两级，此时 $s_1 = 1$，$s_2 = 0$。上述结果变换为

$$w_i = \left\{ \sum_{k=1}^{m} \frac{\sum_{j=1}^{n}[h_{1j}^2(1-r_{ij})^2 + h_{2j}^2 r_{ij}^2]}{\sum_{j=1}^{n}[h_{1j}^2(1-r_{kj})^2 + h_{2j}^2 r_{kj}^2]} \right\}^{-1} \quad (6.27)$$

$$h_{hj} = \left\{ \sum_{k=1}^{2} \frac{\sum_{i=1}^{m}[w_i(1-r_{ij})]^2}{\sum_{i=1}^{m}[w_i(r_{ij}-s_{ik})]^2} \right\}^{-1} \quad (6.28)$$

由模糊余集的相关定义可知：

$$h_{1j} + h_{2j} = 1 \quad (6.29)$$

于是可以得到：

$$w_i = \left\{ \sum_{k=1}^{m} \frac{\sum_{j=1}^{n}[h_{1j}^2(1-r_{ij})^2 + (1-h_{1j})^2 r_{ij}^2]}{\sum_{j=1}^{n}[h_{1j}^2(1-r_{kj})^2 + (1-h_{1j})^2 r_{kj}^2]} \right\}^{-1} \quad (6.30)$$

$$h_{1j} = \left\{ 1 + \frac{\sum_{i=1}^{m}[w_i(1-r_{ij})]^2}{\sum_{i=1}^{m} w_i^2 r_{ij}^2} \right\}^{-1} \quad (6.31)$$

在单元系统模糊优选模型中，将 h_{1j} 记为 h_j，它表示方案 j 隶属于模糊概念"优"的相对隶属度，并将其作为距优距离 d_{jg} 的权重。

为了便于推导，记

$$E_i = \sum_{j=1}^{n}[h_j^2(1-r_{ij})^2 + (1-h_j)^2 r_{ij}^2] \quad (6.32)$$

$$E_k = \sum_{j=1}^{n}[h_j^2(1-r_{kj})^2 + (1-h_j)^2 r_{kj}^2] \quad (6.33)$$

则式（6.30）可以变为

$$\frac{1}{w_i} = \sum_{k=1}^{m} \frac{E_i}{E_k} \quad (6.34)$$

对式（6.34）两边同时求微分得

$$-\frac{1}{w_i^2}\Delta w_i = \sum_{k=1}^{m} \frac{E_k \Delta E_i - E_i \Delta E_k}{E_k^2} \quad (6.35)$$

对式（6.32）、式（6.33）两边同时求微分得

$$\Delta E_i = 2\sum_{j=1}^{n}[h_j(1-r_{ij})^2 + (h_j-1)r_{ij}^2]\Delta u_j \quad (6.36)$$

$$\Delta E_k = 2\sum_{j=1}^{n}[h_j(1-r_{kj})^2 + (h_j-1)r_{kj}^2]\Delta u_j \quad (6.37)$$

将式（6.36）、式（6.37）代入式（6.35），计算得

$$\Delta w_i = \sum_{k=1}^{m}\sum_{j=1}^{n} \frac{2E_i^2}{E_k^2}[E_i h_j(1-r_{ij})^2 + E_i(h_j-1)r_{ij}^2 - E_k h_j(1-r_{kj})^2 - E_k(h_j-1)r_{kj}^2]\Delta h_j$$
$$= \sum_{j=1}^{n}\sum_{k=1}^{m} \frac{2E_i^2}{E_k^2}[E_i h_j(1-r_{ij})^2 + E_i(h_j-1)r_{ij}^2 - E_k h_j(1-r_{kj})^2 - E_k(h_j-1)r_{kj}^2]\Delta h_j$$
(6.38)

6.2.2 隶属度确定的基本方法

隶属度的思想是模糊数学的根本思想。元素属于模糊集的隶属度不是主观臆造的，而是客观存在的，是构建模糊综合评价数学模型首先需要考虑的问题。应用模糊数学方法能否对客观事物进行较为准确的综合评价的关键在于建立符合实际的隶属度函数。隶属度函数的确定一般应遵循以下基本准则：

（1）隶属度函数的确定不能有违常理，构造隶属度函数的过程应该足够客观；

（2）针对特定的研究对象，隶属度函数可以由推理获得。推理过程是指通过概率统计试验、模糊统计试验、二元对比排序方法或者专家经验确定隶属度函数的基本形状，再选用形状相似的现有函数替代，现有函数的具体参数由统计值确定或由专家直接给出；

（3）对于新兴的工程应用领域，难以给出准确的隶属度函数时，可以根据现有数据与类似的工程应用经验直接指派隶属度函数，然后在不断的工程应用过程中检验、学习和完善相应的隶属度函数，并对比试验结果做出相应调整，直至得到满意的评价结果。

1. 定量指标隶属度

隶属度函数描述的是研究对象对模糊集合隶属度的变化过程与变化规律，是对研究对象模糊属性的量化。对于定量指标，常用的隶属度确定方法一般有以下几种。

1）模糊统计试验

模糊统计方法的基础是随机集落影理论，其核心思想是统计变动的区间盖住不动点的概率。设有论域 U、元素 $u_0 \in U$、随机变动经典集 $A^* \in U$ 和模糊子集 $\underset{\sim}{A}$，统计 u_0 对 $\underset{\sim}{A}$ 的隶属度。

经过 n 次试验可以知道 A^* 覆盖 u_0 的频数，当 n 足够大时：

$$\underset{\sim}{A}(u_0) = \lim_{n \to \infty} \frac{u\text{的数量} \in A^*}{n}$$
（6.39）

实际操作时，一般认为 n 足够大时以上等式就成立。

2）指派隶属度函数方法

指派隶属度函数方法普遍认为是一种主观的方法，它可以将人们的经验考虑进去。所谓指派方法，就是根据问题的性质借用现成的某些特定形式的模糊分布，然后根据测量数据确定分布中所含有的参数。常见的隶属度函数有矩形分布、正态分布、柯西分布和岭形分布等。

模糊数学研究的对象模糊性较强，在现有的科学研究认识水平上，尚难以建立一个精确的隶属度函数来描述单个元素对模糊集合的隶属程度，只能构建一个近似的函数来模拟真实的隶属度函数，并在后期的学习中不断完善它。判断近似的隶属度函数是否满足工程需求,主要是看它表征元素从隶属于模糊集合到超出模糊集合这一过程的整体特性是否正确,而不是关注单个元素的隶属度值。

3) 借用已有的"客观"尺度

在工程应用中,可以直接应用已有尺度作为模糊集的隶属度。例如,在零件生产过程中,定义模糊集合 $A=$ "设备生产稳定性",可以用产品合格率作为"设备生产稳定性"的隶属度;在地区经济发展状况评价中定义模糊集合 $B=$ "区域经济实力",可用区域内的人均 GDP 来衡量"区域经济实力"的强弱。

4) 二元对比排序法

二元对比排序法是将模糊子集中的所有元素两两比较,确定两个元素之间的相对隶属度大小。先排出顺序,再用相应的数学方法加以处理得到隶属度函数。事实上这种排序是隶属度函数的一种离散表达形式。

2. 定性指标隶属度

对于一些特定的研究对象,有时难以用数字来描述事物的属性,决策者只能用"好""很好""差"等文字语言来刻画事物的属性。此时,为了将语言描述转化为模糊向量,以便于模糊数学模型的计算,有学者将模糊语言的隶属度函数用不规则四边形模糊数来表示,并在此基础上拟定了相应的转化表格,如表 6.7 所示。

表 6.7 定性指标的隶属度向量

评语	得分						
	1	2	3	4	5	6	7
很好	0	0	0	0	0	0.33	0.67
好	0	0	0	0	0.25	0.5	0.25
较好	0	0	0	0.25	0.5	0.25	0
一般	0	0	0.25	0.5	0.25	0	0
较差	0	0.25	0.5	0.25	0	0	0
差	0.25	0.5	0.25	0	0	0	0
很差	0.67	0.33	0	0	0	0	0

6.2.3 火炮关键参数误差方案模糊优选分析实例

本节主要介绍如何针对火炮关键参数误差方案优选搭建合适的评价体系,面对不同类型的评价指标如何获取指标隶属度,重点解决当输入的方案信息为误差区间时,如何运用搭建的模糊模型对方案进行评价以及评价算法的实现问题。

1. 评价指标分析

1) 评价指标选取

针对某大口径火炮挤进过程:挤进规律的变化会影响内弹道参数进而影响火炮射击

精度；弹带与坡膛结构是影响弹丸挤进运动规律的重要因素；动态挤进阻力能够较好地表征弹丸动态挤进规律；弹丸质量偏心与弹炮间隙会影响弹丸的起始扰动进而影响火炮射击密集度。进行火炮参数误差方案优选时，不仅需要考虑火炮系统的射击精度，还应兼顾火炮系统的经济性以及其他由于参数误差可能造成的系统性能偏差。因此，选择 4 个一级指标作为模糊综合评价的论域元素，即 $P = \{p_1, p_2, p_3, p_4\}$。其中，$p_1$ 为经济性指标；p_2 为真值度指标；p_3 为挤进稳定性指标，它包括最大挤进阻力波动量 p_{31} 与稳定挤进阻力波动量 p_{32} 两个二级指标；p_4 为射击密集度指标，它包括纵向射击密集度 p_{41} 与横向射击密集度 p_{42} 两个二级指标。

2）评价指标含义

经济性指标 p_1：指的是按照公差方案要求加工相应零件的造价，主要用于衡量不同的最大加工误差设置造成的加工成本变化。

真值度指标 p_2：指的是参数的实际值偏离参数基础值或理想值的程度。它表征了结构的精密性，用于衡量参数实际值在上下极限尺寸范围内波动对系统性能造成的不确定性影响。

挤进稳定性指标 p_3：指的是弹带结构尺寸随机波动造成的挤进阻力变化，会影响内弹道性能的稳定性，进而影响射击密集度。挤进过程中，挤进阻力是一个动态变化的值，为了便于计算，这里仅取最大挤进阻力与挤进结束时刻的阻力来代替变化的挤进阻力。

射击密集度指标 p_4：指的是弹丸落点对散布中心的偏离情况，是衡量火炮武器系统重要的指标之一。

2. 火炮关键参数误差方案评价体系构建

结合上面选取的指标体系，为了兼顾火炮的经济性、稳定性与射击密集度，优选出综合性能最优的火炮关键参数误差方案，构建图 6.4 所示的最优误差方案评价体系。

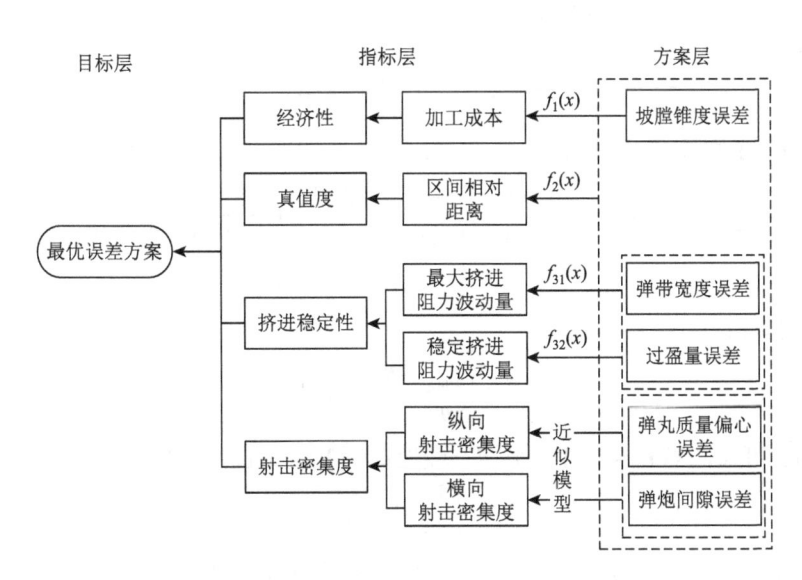

图 6.4 最优误差方案评价体系

由于真值度指标的评价比较复杂，这里不做研究，在图6.4中略去此因素。

方案集 $D = \{d_1, d_2, d_3, \cdots, d_n\}$ 中的第 k 个方案 d_k 中包含5个因素 d_{k1}、d_{k2}、d_{k3}、d_{k4} 与 d_{k5}，分别对应坡膛锥度误差、弹带宽度误差、过盈量误差、弹丸质量偏心误差和弹炮间隙误差。

3. 权重分析与一致性检验

在评价体系中，当某几个因素同时影响上层指标时，一般采用权重向量来区分因素之间的相对重要程度。运用前面介绍的1~9标度的层次分析法来确定指标对应的权重。依据加工误差控制难度和设计建议，5个设计参数误差对经济性指标 p_1 的重要性程度确定为：d_{k1} 与 d_{k4} 的重要程度相当；d_{k3} 与 d_{k5} 的重要程度相当；d_{k1} 比 d_{k3} 略微重要，比 d_{k2} 稍微重要。据此可以构造对应的判断矩阵 A_1 和评价向量：

$$A_1 = \begin{bmatrix} 1 & 3 & 2 & 1 & 2 \\ 1/3 & 1 & 1/2 & 1/3 & 1/2 \\ 1/2 & 2 & 1 & 1/2 & 1 \\ 1 & 3 & 2 & 1 & 2 \\ 1/2 & 2 & 1 & 1/2 & 1 \end{bmatrix} \xrightarrow{\text{标准化}} \begin{bmatrix} 0.3000 & 0.2727 & 0.3077 & 0.3000 & 0.3077 \\ 0.1000 & 0.0909 & 0.0769 & 0.1000 & 0.0769 \\ 0.1500 & 0.1818 & 0.1538 & 0.1500 & 0.1538 \\ 0.3000 & 0.2727 & 0.3077 & 0.3000 & 0.3077 \\ 0.1500 & 0.1818 & 0.1538 & 0.1500 & 0.1538 \end{bmatrix} \tag{6.40}$$

$$\xrightarrow{\text{总和}} \begin{bmatrix} 1.4881 \\ 0.4448 \\ 0.7895 \\ 1.4881 \\ 0.7895 \end{bmatrix} \xrightarrow{\text{标准化}} \begin{bmatrix} 0.2976 \\ 0.0890 \\ 0.1579 \\ 0.2976 \\ 0.1579 \end{bmatrix}$$

判断矩阵 A_1 的最大特征值：

$$\lambda_{1\max} = \sum_{i=1}^{n} \frac{(A_1 W)_i}{n w_i} = \frac{1}{5} \left(\frac{1.4937}{0.2976} + \frac{0.4453}{0.0890} + \frac{0.7913}{0.1579} + \frac{1.4937}{0.2976} + \frac{0.7913}{0.1579} \right) = 5.0133 \tag{6.41}$$

一致性指标：

$$\text{CI} = \frac{\lambda_{1\max} - m}{m - 1} = 0.0033 \tag{6.42}$$

由表6.3可知，当 $m = 5$ 时，平均一致性比例 $\text{RI} = 1.12$，随机一致性比例为

$$\text{CR}_1 = \frac{\text{CI}}{\text{RI}} = 0.0029 < 0.1 \tag{6.43}$$

因此，d_{k1}、d_{k2}、d_{k3}、d_{k4} 与 d_{k5} 相对于指标 p_1 的权重向量为

$$W_1 = (0.2976 \quad 0.0890 \quad 0.1579 \quad 0.2976 \quad 0.1579) \tag{6.44}$$

由于该排序的随机一致性比例 $CR_1 < 0.1$，故此单层次排序具有满意的一致性。

d_{k1}、d_{k2}、d_{k3}、d_{k4} 与 d_{k5} 对指标 p_2 的重要程度相当，d_{k3} 对指标 p_{31}、p_{32} 的重要程度明显强于 d_{k2}，d_{k4} 对指标 p_{41} 的重要程度稍微强于 d_{k5}，d_{k5} 对指标 p_{42} 的重要程度略微强于 d_{k4}。按照式（6.40）～式（6.44）的计算过程可得

$$W_2 = (1/5 \quad 1/5 \quad 1/5 \quad 1/5 \quad 1/5), \quad CR_2 = 0 \tag{6.45}$$

$$W_{31} = W_{32} = (1/6 \quad 5/6) \tag{6.46}$$

$$W_{41} = (0.75 \quad 0.25) \tag{6.47}$$

$$W_{42} = (0.3333 \quad 0.6667) \tag{6.48}$$

二级指标最大挤进阻力波动量 p_{31} 与稳定挤进阻力波动量 p_{32} 对挤进稳定性指标 p_3 的贡献相当，纵向射击密集度 p_{41} 对密集度指标 p_4 的重要程度稍微强于横向射击密集度 p_{42}。

$$W_3 = (1/2 \quad 1/2) \tag{6.49}$$

$$W_4 = (3/4 \quad 1/4) \tag{6.50}$$

密集度指标 p_4 对目标层的重要性略微强于挤进稳定性指标 p_3 与真值度指标 p_2，稍微强于经济性指标 p_1。因此，指标层对目标层的权重向量为

$$W_{p1} = (0.1225 \quad 0.2272 \quad 0.2272 \quad 0.4231) \tag{6.51}$$

$$W_{p2} = (0.1225 \quad 0.2272 \quad 0.1136 \quad 0.1136 \quad 0.3173 \quad 0.1058) \tag{6.52}$$

随机一致性比例为

$$CR_p = 0.0038 < 0.1$$

组合一致性比例为

$$CR = \sum_{i=1}^{m} a_i CI_i \Big/ \sum_{i=1}^{m} a_i RI_i = 0.0039 < 0.1$$

由于任意一阶、二阶的判断矩阵都是完全一致的，所有层次排序的随机一致性比例与组合一致性比例均小于 0.1，故所有层次排序结果均具有满意的一致性。

4. 指标隶属度分析

指标隶属度的表示方法一般可以分为两类：绝对隶属度与相对隶属度。绝对隶属度一般难以获得且主观任意性较强。相对隶属度是对绝对隶属度的补充与拓展，它主要考量的是指标属性值的相对大小，而非准确数值。相对隶属度的根本目的是获得不同待决策方案对指标模糊概念"优"的相对隶属程度。获得指标相对隶属度的基础是求得指标特征值。

特征值函数是为了将无属性的方案值转化为带属性的指标特征值，同时实现区间值到定值的转化。假设方案 d_k 在设计阶段，某个结构尺寸设计为 $d_{ki} = m$，$m \in [m^L, m^U]$，其中，m^L、m^U 分别为结构的下极限尺寸和上极限尺寸，且 d_{ki} 的实际值在区间 $[m^L, m^U]$ 内呈正态分布，正态分布函数的标准差 $\sigma = (m^L - m^U)/6$，均值 $\mu = (m^L + m^U)/2$。

1）经济性指标特征值函数

工程中常用现有方案优化来确定结构尺寸的设计公差。一般情况下，对于某一特定

结构而言，公差值大小与加工成本呈正相关性，现有文献多用成本-公差模型来定量描述这一映射关系。成本-公差模型的基础数据一般由现有工艺数据获得，也可以通过正交试验设计获得规范化的成本-公差映射关系，最后通过最小二乘法拟合相关数据样本的方法获得连续的成本-公差函数模型。成熟的成本-公差函数可以分为以下几类。

（1）指数模型：
$$C(T) = c_0 e^{-c_1 T}$$

（2）负平方模型：
$$C(T) = c_0 + \frac{c_1}{T^2}$$

（3）幂指数模型：
$$C(T) = c_0 + c_1 T^{-C_2}$$

（4）多项式模型：
$$C(T) = \sum_{i=0}^{3} c_i T^i \text{ 或 } C(T) = \sum_{i=0}^{4} c_i T^i \text{ 或 } C(T) = \sum_{i=0}^{5} c_i T^i$$

混合模型的种类较多，如线性和指数混合模型：
$$C(T) = c_0 + c_1 T + c_2 e^{-c_3 T}$$

以及指数和分式混合模型：
$$C(T) = c_0 e^{-c_1 T} + T / (c_2 T + c_3)$$

式中，$c_i(i = 1, 2, \cdots, n)$为待确定系数；T为加工公差。

以上各个成本-公差模型的共同点是：在某一特定的加工制造环境下，充足的工艺或试验样本是保证函数模型正确性的必要条件。其中多项式模型最具代表性，在相同的样本数据条件下，模型的精度取决于多项式的项数。借鉴 Dieter、Truck 和 Dong 的数据和模型，拟合得到五次多项式 Dieter 统一成本-公差模型：

$$C(T) = 23.82 - 184.7T + 602.8T^2 - 828.2T^3 + 209.5T^4 + 313.9T^5 \tag{6.53}$$

将 $d_{ki} = m$ 代入式（6.53）可得

$$\begin{aligned}C(d_{ki}) = &\ 23.82 - 184.7 \times (m^U - m^L) + 602.8 \times (m^U - m^L)^2 \\ &- 828.2 \times (m^U - m^L)^3 + 209.5 \times (m^U - m^L)^4 + 313.9 \times (m^U - m^L)^5\end{aligned} \tag{6.54}$$

经济性指标的特征值仅用 Dieter 统一成本-公差模型来粗略估计。显然，$C(d_{ki})$值越大，加工难度越大，结构的经济性能越差，故经济性指标属于成本型指标。

2）真值度指标

真值度指标用于衡量参数真实值在上下极限尺寸范围内动态波动对系统性能造成的不确定性影响，其特征值函数通过定义考虑区间分布的退化区间数距离定义。

当 $a^L = a^U = a$，即区间数 $\tilde{a}$ 退化为一个确定数值 a，且区间数 $\tilde{b}$ 在区间$[b^L, b^U]$内分布规律为 $k(b)$ 时，考虑区间分布的退化区间数距离定义为

$$d(\tilde{b}) = \int_{b^L}^{b^U} |b - a| k(b) \mathrm{d}b \tag{6.55}$$

这里不妨假设区间数 $\tilde{a} = a$，$\tilde{b} = [b^L, b^U]$，且 $\tilde{b}$ 的实际值在区间$[b^L, b^U]$内呈正态分布，正态分布函数的标准差 $\sigma = (b^L - b^U)/6$，均值 $\mu = (b^L + b^U)/2$，则容易推出考虑区间分布的

退化区间数距离：

$$d(\tilde{b}) = \begin{cases} |\mu - a|, & a \geq b^{U}, a \leq b^{L} \\ \sqrt{\dfrac{2}{\pi}}\sigma\left[\mathrm{e}^{\frac{(a-u)^2}{-2\sigma^2}} - \mathrm{e}^{-\frac{9}{2}}\right] + (\mu - a)\left[1 - 2\displaystyle\int_{-\infty}^{a}\dfrac{1}{\sqrt{2\pi}\sigma}\mathrm{e}^{\frac{(x-u)^2}{-2\sigma^2}}\mathrm{d}x\right], & b^{L} \leq a \leq b^{U} \end{cases}$$

(6.56)

区间数 $\tilde{b}$、$\tilde{c}$、$\tilde{d}$ 到区间数 $\tilde{a}$ 的距离为

$$d(\tilde{b}) = \sqrt{\dfrac{2}{\pi}} \cdot 0.5\left[\mathrm{e}^{\frac{(0-0.5)^2}{-2\times 0.5^2}} - \mathrm{e}^{-\frac{9}{2}}\right] + (0.5 - 0)\left[1 - 2\int_{-\infty}^{0}\dfrac{1}{\sqrt{2\pi}\,0.5}\mathrm{e}^{\frac{(x-0.5)^2}{-2\times 0.5^2}}\mathrm{d}x\right] \approx 0.58$$

$$d(\tilde{c}) = |1.5 - 0| = 1.5$$

$$d(\tilde{d}) = \sqrt{\dfrac{2}{\pi}} \cdot 0.33\left[\mathrm{e}^{\frac{(0-0)^2}{-2\times 0.33^2}} - \mathrm{e}^{-\frac{9}{2}}\right] + (0 - 0)\left[1 - 2\int_{-\infty}^{0}\dfrac{1}{\sqrt{2\pi}\cdot 0.33}\mathrm{e}^{\frac{(x-0)^2}{-2\times 0.33^2}}\mathrm{d}x\right] \approx 0.26$$

将考虑区间分布的四个区间数表示在数轴上，如图 6.5 所示。

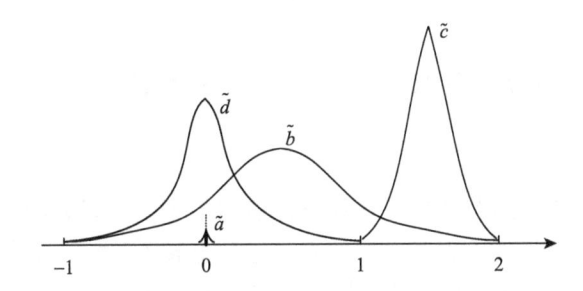

图 6.5 考虑区间分布的区间数位置关系

统计各种区间距离定义下，区间数 $\tilde{b}$、$\tilde{c}$、$\tilde{d}$ 到区间数 $\tilde{a}$ 的距离如表 6.8 所示。

表 6.8 基于距离尺度的区间数排序对比

距离	绝对距离	几何距离	Hausdorff 距离	Tran 和 Duckstein 距离	EW 型几何距离	考虑区间分布的退化区间数相对距离
$d(\tilde{a},\tilde{b})$	3	2.24	2	1	1	0.58
$d(\tilde{a},\tilde{c})$	3	2.24	2	1.87	1.87	1.5
$d(\tilde{a},\tilde{d})$	2	1.41	1	0.58	0.58	0.26

利用绝对距离、几何距离和 Hausdorff 距离进行区间数排序的计算过程简单，容易操作，但排序结果不尽如人意。利用 Tran 和 Duckstein 距离和 EW 型几何距离进行区间排序的结果与直观感觉一致，效果良好。利用考虑区间分布的退化区间数相对距离定义求解区间之间的距离，并以此为基础进行区间数排序，得到的排序结果与 EW 型几何距离定义下得到的排序结果一致，证明该型区间数距离定义是合理的，且与前几种区间距离相比有如下优点：首先，由于该型区间数距离全面考虑了区间内的每一个点，使得排序

结果的合理性更强；其次，该型区间数距离定义考虑了区间内每一个点对区间的贡献，使得排序结果的分辨率更高，对不同区间的刻画更加全面、细致、准确；最后，这种距离定义有直观的物理意义，其本质是实际值到目标数值的距离期望，便于使用者理解。

由于对于不同的基本尺寸或理想尺寸，其波动范围差别很大，因此真值度指标特征值函数采用考虑区间分布的退化区间数相对距离表示。由真值度的定义可知，真值度 $d(m)$ 值越大，结构的可靠性越差，对结构性能的未知影响越大。因此，真值度指标属于成本型指标。

由式（6.56）可得，真值度指标特征值函数为

$$d(d_{ki}) = \begin{cases} |\mu - m|/\max(|m^L|, |m^U|), & m > m^U, m < m^L \\ \left[\sqrt{\dfrac{2}{\pi}}\sigma \times \left(e^{\frac{(m-\mu)^2}{-2\sigma^2}} - e^{-\frac{9}{2}}\right) + (\mu - m) \right. \\ \left. \times \left(1 - 2 \times \int_{-\infty}^{m} \dfrac{1}{\sqrt{2\pi}\sigma} e^{\frac{(x-\mu)^2}{-2\sigma^2}} dx\right)\right]\bigg/\max(|m^L|, |m^U|), & m^L \leqslant m \leqslant m^U \end{cases}$$

（6.57）

上述距离定义的本质是实际尺寸到基本尺寸的距离期望与极限尺寸的比值，有直观的物理意义。

3）挤进稳定性指标

挤进稳定性指标包含两个分量，它的特征值用最大挤进阻力和挤进结束时刻的阻力的波动值表示，波动值越大，表明火炮的内弹道性能越不稳定，对射击密集度可能造成的负面影响越大。因此，挤进稳定性指标属于成本型指标。

以某大口径火炮杀爆榴弹（常温全装药）挤进为例，通过试验设计和拟合计算，弹带宽度 s、过盈量 $2e$ 与挤进阻力的映射关系可以用以下函数近似表征：

$$\bar{R}(s) = 10.71s^2 - 407.6s + 4930 \tag{6.58}$$

$$R_{\max}(s) = 24.09s^2 - 1007s + 11770 \tag{6.59}$$

$$\bar{R}(2e) = 2.589(2e)^2 + 481.3(2e) + 596.9 \tag{6.60}$$

$$R_{\max}(2e) = -42.99(2e)^2 + 614.4(2e) + 640.2 \tag{6.61}$$

可得挤进稳定性特征值函数：

$$\Delta R_{\max}(d_{ki}) = R_{\max}(m^U) - R_{\max}(m^L) \tag{6.62}$$

即

$$\begin{cases} \Delta R_{\max}(d_{k2}) = 24.09[(m^U)^2 - (m^L)^2] - 1007(m^U - m^L) \\ \Delta R_{\max}(d_{k3}) = -42.99[(m^U)^2 - (m^L)^2] + 614.4(m^U - m^L) \end{cases} \tag{6.63}$$

$$\Delta \bar{R}(d_{ki}) = \bar{R}(m^U) - \bar{R}(m^L) \tag{6.64}$$

即

$$\begin{cases} \Delta \bar{R}(d_{k2}) = 10.71 \times [(m^U)^2 - (m^L)^2] - 407.6 \times (m^U - m^L) \\ \Delta \bar{R}(d_{k3}) = 2.589 \times [(m^U)^2 - (m^L)^2] + 481.3 \times (m^U - m^L) \end{cases} \tag{6.65}$$

4）射击密集度指标

射击密集度是火炮武器系统的核心指标，是工程人员最为关心的设计指标。影响射击密集度的因素众多，且各个因素之间的耦合作用十分复杂，这里仅考虑弹丸质量偏心误差与弹炮间隙误差对射击密集度的影响。

以某大口径火炮发射杀爆榴弹（常温全装药）为算例，通过弹丸沿火炮内膛大位移运动的非线性动力学有限元数值模拟，获得弹丸质量偏心和弹炮间隙对弹丸出炮口时刻的运动数据。由于制造误差和其他原因，每发弹丸的质量偏心和弹炮间隙是不一致的，考虑这种不一致性，通过试验设计，获得 50 组杀爆榴弹的质量偏心误差和弹炮间隙误差方案，利用数值计算获得 50 组杀爆榴弹出炮口时刻的运动数据，运用标准六自由度外弹道程序计算 50 组弹丸质量偏心误差和弹炮间隙误差对射击密集度的影响规律，如表 6.9 和表 6.10 所示。

表 6.9 弹丸质量偏心误差对射击密集度的影响

序号	弹丸质量偏心误差/mm	纵向射击密集度	横向射击密集度/mil	序号	弹丸质量偏心误差/mm	纵向射击密集度	横向射击密集度/mil
1	0.05±0.05	1/386	0.423	8	0.3±0.1	1/236	0.860
2	0.055±0.055	1/368	0.444	⋮	⋮	⋮	⋮
3	0.1±0.05	1/375	0.433	46	0.08±0.08	1/305	0.536
4	0.1±0.075	1/306	0.53	47	0.1±0.06	1/342	0.474
5	0.2±0.036	1/320	0.42	48	0.1±0.09	1/279	0.581
6	0.2±0.08	1/282	0.626	49	0.2±0.06	1/326	0.542
7	0.3±0.045	1/352	0.577	50	0.3±0.06	1/305	0.666

表 6.10 弹炮间隙误差对射击密集度的影响

序号	弹炮间隙误差/mm	纵向射击密集度	横向射击密集度/mil	序号	弹炮间隙误差/mm	纵向射击密集度	横向射击密集度/mil
1	0.1±0.09	1/393	0.404	8	0.5±0.2	1/274	0.581
2	0.1±0.1	1/373	0.423	⋮	⋮	⋮	⋮
3	0.2±0.1	1/361	0.442	46	0.1±0.08	1/417	0.383
4	0.2±0.15	1/310	0.508	47	0.2±0.125	1/339	0.468
5	0.3±0.11	1/366	0.442	48	0.5±0.175	1/287	0.545
6	0.3±0.175	1/290	0.545	49	0.3±0.125	1/343	0.477
7	0.5±0.13	1/340	0.476	50	0.2±0.175	1/346	0.568

依据表 6.9 和表 6.10 分别构建弹丸质量偏心误差、弹炮间隙误差对密集度影响的 RBF 神经网络近似模型，并利用最后五组数据作为检测样本检验近似模型的预测精度，决定系数 R^2 均大于 0.95，因此近似模型满足精度要求。

5. 火炮关键参数误差方案优选及分析

1) 关键参数误差方案优选

选取坡膛锥度误差 d_{k1}、弹带宽度误差 d_{k2}、过盈量误差 d_{k3}、弹丸质量偏心误差 d_{k4} 与弹炮间隙误差 d_{k5} 5个因素作为火炮关键参数，建立表6.11所示的30个误差方案，将它们作为待决策方案集，也就是误差方案优选的论域。其中，m_i（$i = 1, 2, 3, 4, 5$）为5个关键参数的名义尺寸，$[m_i^L, m_i^U]$ 为相应参数的误差波动范围。

表6.11 待选误差方案集

方案序号	$d_{k1}/(°)$ m_1	$[m_1^L, m_1^U]$	d_{k2}/mm m_2	$[m_2^L, m_2^U]$	d_{k3}/mm m_3	$[m_3^L, m_3^U]$	d_{k4}/mm m_4	$[m_4^L, m_4^U]$	d_{k5}/mm m_5	$[m_5^L, m_5^U]$
1	0.1	[0.097, 0.103]	22	[22, 22.13]	0.5	[0.35, 0.75]	0	[0, 0.16]	0.02	[0.02, 0.32]
2	0.1	[0.099, 0.101]	22	[22, 22.13]	0.5	[0.5, 0.75]	0	[0, 0.074]	0.02	[0.02, 0.25]
3	0.1	[0.097, 0.103]	22	[22, 22.13]	0.5	[0.5, 0.75]	0	[0, 0.12]	0.02	[0.02, 0.4]
4	0.1	[0.099, 0.101]	22	[22, 22.13]	0.5	[0.35, 0.75]	0	[0, 0.074]	0.02	[0.02, 0.32]
5	0.1	[0.097, 0.103]	22	[22, 22.21]	0.5	[0.5, 0.75]	0	[0, 0.074]	0.02	[0.02, 0.32]
6	0.1	[0.099, 0.101]	22	[22, 22.21]	0.5	[0.5, 0.75]	0	[0, 0.16]	0.02	[0.02, 0.32]
7	0.1	[0.097, 0.103]	22	[22, 22.13]	0.5	[0.35, 0.75]	0	[0, 0.074]	0.02	[0.02, 0.25]
8	0.1	[0.099, 0.101]	22	[22, 22.13]	0.5	[0.45, 0.75]	0	[0, 0.12]	0.02	[0.02, 0.42]
9	0.1	[0.097, 0.103]	22	[22, 22.21]	0.5	[0.5, 0.75]	0	[0, 0.12]	0.02	[0.02, 0.25]
10	0.1	[0.099, 0.101]	22	[22, 22.13]	0.5	[0.5, 0.75]	0	[0, 0.074]	0.02	[0.02, 0.42]
11	0.1	[0.097, 0.103]	22	[22, 22.21]	0.5	[0.35, 0.75]	0	[0, 0.19]	0.02	[0.02, 0.32]
12	0.1	[0.099, 0.101]	22	[22, 22.13]	0.5	[0.45, 0.75]	0	[0, 0.074]	0.02	[0.02, 0.25]
13	0.1	[0.097, 0.103]	22	[22, 22.21]	0.5	[0.35, 0.75]	0	[0, 0.074]	0.02	[0.02, 0.25]
14	0.1	[0.099, 0.101]	22	[22, 22.21]	0.5	[0.5, 0.75]	0	[0, 0.074]	0.02	[0.02, 0.42]
15	0.1	[0.097, 0.103]	22	[22, 22.13]	0.5	[0.45, 0.75]	0	[0, 0.074]	0.02	[0.02, 0.32]
16	0.1	[0.099, 0.101]	22	[22, 22.13]	0.5	[0.45, 0.75]	0	[0, 0.16]	0.02	[0.02, 0.3]
17	0.1	[0.097, 0.103]	22	[22, 22.21]	0.5	[0.5, 0.75]	0	[0, 0.16]	0.02	[0.02, 0.3]
18	0.1	[0.099, 0.101]	22	[22, 22.21]	0.5	[0.5, 0.75]	0	[0, 0.12]	0.02	[0.02, 0.25]
19	0.1	[0.097, 0.103]	22	[22, 22.13]	0.5	[0.5, 0.75]	0	[0, 0.074]	0.02	[0.02, 0.25]
20	0.1	[0.099, 0.101]	22	[22, 22.13]	0.5	[0.35, 0.75]	0	[0, 0.16]	0.02	[0.02, 0.25]
21	0.1	[0.097, 0.103]	22	[22, 22.21]	0.5	[0.35, 0.75]	0	[0, 0.074]	0.02	[0.02, 0.42]
22	0.1	[0.099, 0.101]	22	[22, 22.13]	0.5	[0.45, 0.75]	0	[0, 0.12]	0.02	[0.02, 0.32]
23	0.1	[0.097, 0.103]	22	[22, 22.13]	0.5	[0.45, 0.75]	0	[0, 0.16]	0.02	[0.02, 0.25]
24	0.1	[0.099, 0.101]	22	[22, 22.13]	0.5	[0.45, 0.75]	0	[0, 0.12]	0.02	[0.02, 0.25]
25	0.1	[0.099, 0.101]	22	[22, 22.21]	0.5	[0.35, 0.75]	0	[0, 0.16]	0.02	[0.02, 0.25]
26	0.1	[0.097, 0.103]	22	[22, 22.21]	0.5	[0.35, 0.75]	0	[0, 0.12]	0.02	[0.02, 0.42]
27	0.1	[0.099, 0.101]	22	[22, 22.13]	0.5	[0.5, 0.75]	0	[0, 0.12]	0.02	[0.02, 0.32]

续表

方案序号	$d_{k1}/(°)$ m_1	$[m_1^L, m_1^U]$	d_{k2}/mm m_2	$[m_2^L, m_2^U]$	d_{k3}/mm m_3	$[m_3^L, m_3^U]$	d_{k4}/mm m_4	$[m_4^L, m_4^U]$	d_{k5}/mm m_5	$[m_5^L, m_5^U]$
28	0.1	[0.097, 0.103]	22	[22, 22.13]	0.5	[0.45, 0.75]	0	[0, 0.12]	0.02	[0.02, 0.32]
29	0.1	[0.099, 0.101]	22	[22, 22.21]	0.5	[0.35, 0.75]	0	[0, 0.12]	0.02	[0.02, 0.32]
30	0.1	[0.099, 0.101]	22	[22, 22.13]	0.5	[0.45, 0.75]	0	[0, 0.12]	0.02	[0.02, 0.42]

将各个方案的数值代入特征值计算公式中可以得到结构尺寸误差方案的特征值。由表 6.11 可知方案 1 中各个参数的误差范围，下面仅以方案 1 为例，给出误差方案指标特征值的求解过程。

（1）方案 1 对应的经济性指标特征值为

$$p_1 = \sum_{i=1}^{5}[W_{1i}C(d_{ki})] \tag{6.66}$$

将方案 1 中的数据代入式（6.44）、式（6.54）和式（6.66）中求得 $p_1 = 10.1727$。

（2）方案 1 对应的真值度指标特征值为

$$p_2 = \sum_{i=1}^{5}[W_{2i}d(d_{ki})] \tag{6.67}$$

将方案 1 中的数据代入式（6.45）、式（6.57）和式（6.67）中求得 $p_2 = 0.1466$。

（3）方案 1 对应的最大挤进阻力波动值指标特征值为

$$p_{31} = \sum_{i=1}^{2}[W_{31i} \times \Delta R_{\max}(d_{k(i+1)})] \tag{6.68}$$

将方案 1 中的数据代入式（6.46）、式（6.63）和式（6.68）中求得 $p_{31} = 190.25\text{kN}$。

（4）方案 1 对应的稳定挤进阻力波动值指标特征值为

$$p_{32} = \sum_{i=1}^{2}[W_{32i} \times \Delta \bar{R}(d_{k(i+1)})] \tag{6.69}$$

将方案 1 中的数据代入式（6.46）、式（6.65）和式（6.69）中求得 $p_{32} = 162.79\text{kN}$。

（5）将方案 1 中的弹丸质量偏心误差与弹炮间隙误差的相关信息输入构建的近似模型中，结合式（6.47）求得方案 1 对应的纵向射击密集度指标特征值 $p_{41} = 1/301$。

（6）同理，方案 1 对应的横向射击密集度指标特征值为 $p_{42} = 0.529\text{mil}$。

依照上述计算流程可以得到如表 6.12 所示的 30 种误差方案对应的指标特征值。

表 6.12 误差方案指标特征值

序号	p_1	p_2	p_{31}/kN	p_{32}/kN	p_{41}	p_{42}/mil
1	10.1727	0.1466	190.2523	162.7917	1/301	0.5287
2	12.7948	0.1605	118.0200	102.3541	1/416	0.4296

续表

序号	p_1	p_2	p_{31}/kN	p_{32}/kN	p_{41}	p_{42}/mil
3	17.4033	0.2623	118.0200	102.3541	1/325	0.5425
4	12.3650	0.1456	190.2523	162.7917	1/400	0.4694
5	12.0594	0.1624	118.8353	103.2512	1/400	0.4694
6	10.2954	0.1614	118.8353	103.2512	1/301	0.5287
7	12.3369	0.1460	190.2523	162.7917	1/416	0.4296
8	11.1246	0.1657	141.9183	122.5107	1/323	0.5516
9	11.0050	0.1619	118.8353	103.2512	1/347	0.4633
10	12.4825	0.1723	118.0200	102.3541	1/382	0.5178
11	9.4449	0.1469	191.0677	163.6888	1/280	0.5469
12	12.6773	0.1539	141.9183	122.5107	1/416	0.4296
13	12.0017	0.1464	191.0677	163.6888	1/416	0.4296
14	12.1473	0.1727	118.8353	103.2512	1/382	0.5178
15	18.6323	0.2468	141.9183	122.5107	1/400	0.4694
16	10.5527	0.1530	141.9183	122.5107	1/303	0.5180
17	10.1208	0.1609	118.8353	103.2512	1/303	0.5180
18	11.2192	0.1608	118.8353	103.2512	1/347	0.4633
19	12.5806	0.1615	118.0200	102.3541	1/416	0.4296
20	10.5730	0.1450	190.2523	162.7917	1/309	0.4889
21	11.6894	0.1582	191.0677	163.6888	1/382	0.5178
22	11.2509	0.1545	141.9183	122.5107	1/336	0.5032
23	16.8402	0.2462	141.9183	122.5107	1/309	0.4889
24	11.4369	0.1539	141.9183	122.5107	1/347	0.4633
25	10.2378	0.1454	191.0677	163.6888	1/309	0.4889
26	10.4490	0.1582	191.0677	163.6888	1/323	0.5516
27	11.3683	0.1611	118.0200	102.3541	1/336	0.5032
28	11.1431	0.1560	141.9183	122.5107	1/336	0.5032
29	10.7894	0.1459	191.0677	163.6888	1/336	0.5032
30	11.1246	0.1657	141.9183	122.5107	1/323	0.5516

显然，各个方案的特征值在量级和量纲上差异非常大，不利于方案优属度的计算。由于模糊综合评价依赖于指标隶属度，而准确的绝对隶属度函数难以求得，这里将各个指标对应的特征值按照式（6.10）～式（6.12）转化为指标的相对隶属度，同时消除量纲与量级对计算过程的影响，以便于方案之间的比较。

30 种待选误差方案对应的相对隶属度矩阵为

$$R = \begin{bmatrix} 0.9208 & 0.9867 & 0.0112 & 0.0146 & 0.7932 & 0.8130 \\ 0.6354 & 0.8704 & 1.0000 & 1.0000 & 0.0000 & 0.0000 \\ 0.1338 & 0.0193 & 1.0000 & 1.0000 & 0.5744 & 0.9257 \\ 0.6822 & 0.9952 & 0.0112 & 0.0146 & 0.0832 & 0.3268 \\ 0.7154 & 0.8541 & 0.9888 & 0.9854 & 0.0832 & 0.3268 \\ 0.9074 & 0.8626 & 0.9888 & 0.9854 & 0.7932 & 0.8130 \\ 0.6852 & 0.9915 & 0.0112 & 0.0146 & 0.0000 & 0.0000 \\ 0.8172 & 0.8265 & 0.6728 & 0.6714 & 0.5935 & 1.0000 \\ 0.8302 & 0.8590 & 0.9888 & 0.9854 & 0.4083 & 0.2765 \\ 0.6694 & 0.7716 & 1.0000 & 1.0000 & 0.1852 & 0.7235 \\ 1.0000 & 0.9837 & 0.0000 & 0.0000 & 1.0000 & 0.9617 \\ 0.6482 & 0.9253 & 0.6728 & 0.6714 & 0.0000 & 0.0000 \\ 0.7217 & 0.9885 & 0.0000 & 0.0000 & 0.0000 & 0.0000 \\ 0.7059 & 0.7686 & 0.9888 & 0.9854 & 0.1852 & 0.7235 \\ 0.0000 & 0.1488 & 0.6728 & 0.6714 & 0.0832 & 0.3268 \\ 0.8794 & 0.9331 & 0.6728 & 0.6714 & 0.7706 & 0.7247 \\ 0.9264 & 0.8668 & 0.9888 & 0.9854 & 0.7706 & 0.7247 \\ 0.8069 & 0.8674 & 0.9888 & 0.9854 & 0.4083 & 0.2765 \\ 0.6587 & 0.8620 & 1.0000 & 1.0000 & 0.0000 & 0.0000 \\ 0.8772 & 1.0000 & 0.0112 & 0.0146 & 0.7100 & 0.4861 \\ 0.7557 & 0.8898 & 0.0000 & 0.0000 & 0.1852 & 0.7235 \\ 0.8034 & 0.9204 & 0.6728 & 0.6714 & 0.4915 & 0.6034 \\ 0.1951 & 0.1536 & 0.6728 & 0.6714 & 0.7100 & 0.4861 \\ 0.7832 & 0.9253 & 0.6728 & 0.6714 & 0.4083 & 0.2765 \\ 0.9137 & 0.9970 & 0.0000 & 0.0000 & 0.7100 & 0.4861 \\ 0.8907 & 0.8898 & 0.0000 & 0.0000 & 0.5935 & 1.0000 \\ 0.7906 & 0.8656 & 1.0000 & 1.0000 & 0.4915 & 0.6034 \\ 0.8152 & 0.9080 & 0.6728 & 0.6714 & 0.4915 & 0.6034 \\ 0.8537 & 0.9922 & 0.0000 & 0.0000 & 0.4915 & 0.6034 \\ 0.8172 & 0.8265 & 0.6728 & 0.6714 & 0.5935 & 1.0000 \end{bmatrix}^{\mathrm{T}}$$

30 种待选误差方案的相对优属度向量为

$$\begin{aligned} \boldsymbol{H} = (& 0.8154 \quad 0.5056 \quad 0.5561 \quad 0.2623 \quad 0.6315 \quad 0.9778 \\ & 0.1708 \quad 0.8847 \quad 0.8186 \quad 0.7266 \quad 0.9138 \quad 0.3862 \\ & 0.1719 \quad 0.7281 \quad 0.0976 \quad 0.9367 \quad 0.9724 \quad 0.8173 \\ & 0.5075 \quad 0.7173 \quad 0.3628 \quad 0.8187 \quad 0.4764 \quad 0.7230 \\ & 0.7187 \quad 0.7018 \quad 0.8906 \quad 0.8168 \quad 0.5986 \quad 0.8847) \end{aligned}$$

比较各方案的相对优属度可知,方案 6 的相对优属度值最大,方案 6 与方案 17 的相对优属度相近,方案 17 有可能是最优方案,其他方案次之。

2)模糊优选结论二次判定

(1)根据二次判断原理为方案 6 与方案 17 添加相对优属度扰动向量:

$$\Delta H = (0 \quad \cdots \quad 0 \quad \overset{\Delta u_6}{0.0022} \quad 0 \quad \cdots \quad 0 \quad \overset{\Delta u_{17}}{-0.0024} \quad 0 \quad \cdots \quad 0) \quad (6.70)$$

通过编程并计算,得

$$\Delta W_{p2} = (-0.0024 \quad 0.0018 \quad 0.0535 \quad -0.0536 \quad 0.0004 \quad 0.0004) \quad (6.71)$$

交换调整后的方案 6 与方案 17 的相对优属度值:

$$\Delta H = (0 \quad \cdots \quad 0 \quad \overset{\Delta u_6}{-0.0078} \quad 0 \quad \cdots \quad 0 \quad \overset{\Delta u_{17}}{0.0076} \quad 0 \quad \cdots \quad 0) \quad (6.72)$$

计算得

$$\Delta W_{p2} = (0.0091 \quad -0.0068 \quad -0.1607 \quad 0.1612 \quad -0.0011 \quad -0.0014) \quad (6.73)$$

由计算结果可知,当 h_6 和 h_{17} 均稍增加时,权重的变化值较大,权重不满足实际情况;交换调整后的方案优属度 h_6 与 h_{17},权重的变化仍然较大。因此,最优方案与次优方案的微小差距是否有效需要结合实际情况进一步讨论。

(2)对比方案 6 与方案 17 发现两个方案中 d_{k1} 与 d_{k5} 均存在差异,具体对比见表 6.13。

表 6.13 方案 6 与方案 17 的差异对比

方案序号	$d_{k1}/(°)$	d_{k5}/mm	p_1	p_2	p_{41}	p_{42}/mil
6	[0.099, 0.101]	[0.02, 0.32]	10.2954	0.1614	1/301	0.5287
17	[0.097, 0.103]	[0.02, 0.3]	10.1208	0.1609	1/303	0.5180

方案 6 与方案 17 的方案值与指标值均较为接近,其相对优属度的细微差距是权重向量与指标特征值共同作用的结果。通过仔细对比分析可以发现,方案 6 中的坡膛锥度误差波动范围明显小于方案 17 的,显然方案 17 在加工时更容易实现,对应的成本应该更低;方案 17 与方案 6 对应的纵向射击密集度值几乎没有差别。

综上所述,方案 17 为最优方案。

6.3 基于模糊优选神经网络模型的火炮关键参数误差方案优选

以模糊集合理论为基础的模糊综合评价法,以模糊隶属度函数为桥梁,将模糊的信息进行定量化表示,其评价结果虽然较为精确,切合实际,但缺乏自组织、自学习能力,且模糊隶属度函数的准确性有待验证,这种评价方法具有随机不确定性、主观性和认识上的模糊性等。人工神经网络评价的方法不需要构建隶属度函数,在网络内部通过自组织的学习方式来获取知识和结构,因此人工神经网络评价法具有很强的适应能力和容错性,在一定程度上可以降低评价过程中的人为因素,但是神经网络的评价方法很难处理语言型变量,其评价结果与网络训练的样本集有很大关系。模糊综合评价法存储知识的方式是规则的，其中涉及的人为因素较多，需要充分利用专家的知识和经验，得到的评价结果较为可靠、准确。基于模糊集合理论的模糊综合评价法的评价结构模型明确，评价的思维过程物理意义清晰。人工神经网络的评价方法从本质上来说是一种黑箱式的学习模式，网络中神经元的物理意义并不是十分清晰、明确，网络也很难用统一的特征来描述评价的思维过程。

模糊优选法和人工神经网络的评价方法各有其特点和应用范围，又由于它们都是利用数值形式进行处理，故可以将两者有机结合起来，取长补短，用于复杂对象系统的多目标多层次综合评价，使得建立的评价方法既擅长处理数值型变量，又可以处理语言型变量，并获取和表现知识，既能体现人的经验与直觉思维又能降低评价过程中人为的不确定性因素，既具备综合评价方法的规范性又能体现出较高的模糊问题求解效率。

6.3.1 模糊优选神经网络综合评价的基本原理

BP 神经网络由输入层、隐含层和输出层组成。将多层系统模糊优选系统与 BP 神经网络模型有机结合起来，以建立复杂对象系统多目标多层次综合评价的模糊优选 BP 神经网络模型。

1. **多层模糊优选系统**

设评价体系分为 M 层，最底层为评价信息的输入，由若干个并列的单元子系统构成，每个单元子系统均有若干个指标特征值输入，用模糊优选公式（6.24）对每个单元系统的输入计算输出，即方案的相对优属度向量：

$$\boldsymbol{h}_i^1 = (h_{i1}^1, h_{i2}^1, \cdots, h_{in}^1) \tag{6.74}$$

它组成第二层系统中某个单元子系统的第 i 个输入，如图 6.6 所示。

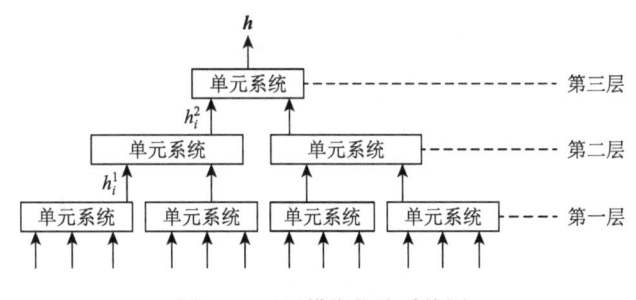

图 6.6 三层模糊优选系统图

令

$$(h_{ij}^1) = (r_{ij}) \tag{6.75}$$

设第二层并列的单元子系统的权向量为 $\boldsymbol{y}_j = (y_{1j}, y_{2j}, \cdots, y_{mj})$，且满足 $\sum y_{ij} = 1$，则将模糊优选公式（6.24）用于第 2 层单元系统的输入、输出计算。

按照此方法由图 6.6 从第 1 层向最高层 M 层，逐层计算输入与输出，直至最高 M 层输出方案相对优属度向量。由此逐层计算，最终得到方案的相对优属度向量：

$$h = (h_1, h_2, \cdots, h_n) \tag{6.76}$$

按照相对优属度值大小进行比较，据此可得到不同方案优劣的排序结果，输出满意的方案。图 6.6 所示的模糊优选系统，将系统分解为 3 个层次。最底层为指标特征值的输入，4 个并列的单元系统组成第 1 层，每个单元系统由底层向高层的非线性激励函数为模糊优选模型公式（6.24），其相应的输出为 h_i^1。第 2 层有 2 个并列的单元系统。第 3 层为最高层，仅有 1 个单元系统，按照模糊优选公式（6.24）计算最高层的输出，即可得到方案的相对优属度向量 h。

2. 模糊优选系统与 BP 神经网络的对应

把 n 个方案的全部指标特征值按式（6.10）和式（6.11）改变为指标相对优属度，把模糊优选全部指标特征值的输入作为 BP 神经网络输入层的节点值输入，网络的每个节点根据传递函数会输出一个指标相对优属度，如图 6.7 所示。

把模糊优选系统最高层输出的方案相对优属度作为神经网络系统输出层的输出。神经网络系统的隐含层为模糊优选系统的中间层，模糊优选系统中同层次单元系统的数量为神经网络隐含层的节点数。据此可将图 6.6 所示的多层次模糊优选系统变为如图 6.7 所示的多层次模糊优选 BP 神经网络系统。图 6.7 为 4 层次的 BP 神经网络系统，输入层有 8 个节点，包含 2 个隐含层，分别由 4 个隐节点、2 个隐节点组成，相邻层次的节点间用虚线连接，表示权重值为 0。非输入节点的激励函数为模糊优选公式（6.24），它与 BP 神经网络的传递函数具有相同的函数特性。

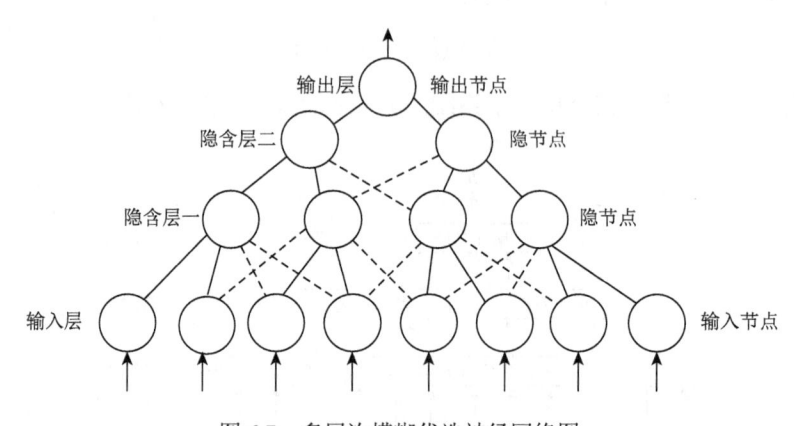

图 6.7 多层次模糊优选神经网络图

3. 模糊优选 BP 神经网络模型

为了阐述模糊优选与 BP 神经网络相融合的基本原理，选取一个三层次的模糊优选 BP 神经网络系统。设系统有 m 个评价指标特征值输入，对应的输入层有 m 个输入节点；隐含层有 l 个隐节点，即有 l 个并列的单元系统；输出层为方案的相对优属度向量，因此仅有一个单节点输出，三层次的模糊优选 BP 神经网络图如图 6.8 所示。

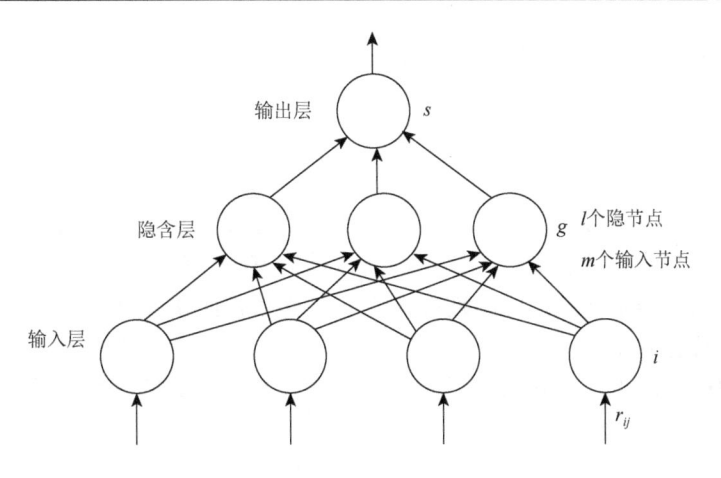

图 6.8 三层次模糊优选 BP 神经网络图

设有 n 个方案，对于方案 j 的指标值输入为 r_{ij}，$i = 1, 2, \cdots, m$；$j = 1, 2, \cdots, n$。节点 i 将输入的指标值直接传递给隐含层，即节点 i 的输入与输出相等：

$$k_{ij} = r_{ij} \tag{6.77}$$

在隐含层，节点 g 的输入值为

$$T_{gj} = \sum_{i=1}^{m} y_{ig} k_{ij} \tag{6.78}$$

输出值为

$$h_{gj} = 1 \bigg/ \left(1 + \left[\left(\sum_{i=1}^{m} y_{ig} k_{ij}\right)^{-1} - 1\right]^2\right) = 1/[1 + (T_{gj}^{-1} - 1)^2] \tag{6.79}$$

式中，y_{ig} 为节点 i 与节点 g 之间的连接权重值，满足

$$\sum_{i=1}^{m} y_{ig} = 1, \quad y_{ig} \geqslant 0 \tag{6.80}$$

输出层节点 s 的输入为

$$T_{sj} = \sum_{g=1}^{l} y_{gs} k_{gj} \tag{6.81}$$

式中，y_{gs} 为隐含层与输出层之间的节点连接权重值，其连接权重满足

$$\sum_{g=1}^{l} y_{gs} = 1, \quad y_{gs} \geqslant 0 \tag{6.82}$$

输出为

$$h_{sj} = 1 \bigg/ \left(1 + \left[\left(\sum_{g=1}^{l} w_{gs} h_{gj}\right)^{-1} - 1\right]^2\right) = 1/[1 + (T_{sj}^{-1} - 1)^2] \tag{6.83}$$

神经网络的最后节点输出值 h_{sj} 是模糊优选 BP 神经网络评价模型对于输入节点 r_{ij} 的

输出响应。设方案 j 的期望输出值为 $F(h_{sj})$，则网络的实际输出与期望输出之间的平方误差为

$$E_j = \frac{1}{2}[h_{sj} - F(h_{sj})]^2 \qquad (6.84)$$

为使网络输出值尽可能地接近实际输出值，即使 E_j 最小，需要对网络中的连接权重进行调整。BP 神经网络系统采用误差反向传播的方法调整层与层之间的连接权重。首先调整的是输出层与隐含层之间的连接权值 y_{gs}，然后按照误差最小的方向调整隐含层与输入层之间的连接权值 y_{gs}。根据梯度下降法，计算误差 E_j 对输出层与隐含层之间的连接权值 y_{gs} 的梯度，再沿着该方向的反向进行调整计算，则隐含层与输出层之间的权重调整量为

$$\Delta_j y_{gs} = -\eta \frac{\partial E_j}{\partial y_{gs}} \qquad (6.85)$$

计算误差 E_j 对 y_{ig} 的梯度，再沿着该方向反向进行调整，则输入层与隐含层之间的权重调整量为

$$\Delta_j y_{ig} = -\eta \frac{\partial E_j}{\partial y_{ig}} \qquad (6.86)$$

式中，η 为学习效率。

根据微分的链式求解规则，由式（6.85）得

$$\Delta_j y_{gs} = -\eta \frac{\partial E_j}{\partial T_{sj}} \cdot \frac{\partial T_{sj}}{\partial y_{gs}} \qquad (6.87)$$

由式（6.81）得

$$\frac{\partial T_{sj}}{\partial y_{gs}} = h_{gj} \qquad (6.88)$$

令

$$\delta_{sj} = -\frac{\partial E_j}{\partial T_{sj}} = -\frac{\partial E_j}{\partial h_{sj}} \cdot \frac{\partial h_{sj}}{\partial T_{sj}} \qquad (6.89)$$

按式（6.89）有

$$\frac{\partial E_j}{\partial h_{sj}} = h_{sj} - F(h_{sj}) \qquad (6.90)$$

由式（6.83）得

$$\frac{\partial h_{sj}}{\partial T_{sj}} = 2h_{sj}^2 \left[\frac{1 - \sum\limits_{g=1}^{l} y_{gs} h_{sj}}{\left(\sum\limits_{g=1}^{l} y_{gs} h_{sj}\right)^3} \right] \qquad (6.91)$$

将式（6.90）、式（6.91）代入式（6.89），得

$$\delta_{sj} = 2h_{sj}^2 \left[\frac{1 - \sum_{g=1}^{l} y_{gs} h_{gj}}{\left(\sum_{g=1}^{l} y_{gs} h_{gj} \right)^3} \right] [F(h_{sj}) - h_{sj}] \tag{6.92}$$

则隐含层的节点 g 与输出层的节点 s 的权重调整量公式为

$$\Delta_j y_{gs} = 2\eta h_{sj}^2 h_{gj} \left[\frac{1 - \sum_{g=1}^{l} y_{gs} h_{gj}}{\left(\sum_{g=1}^{l} y_{gs} h_{gj} \right)^3} \right] [T(h_{sj}) - h_{sj}] \tag{6.93}$$

根据式（6.86）有

$$\Delta_j y_{ig} = -\eta \frac{\partial E_j}{\partial T_{gj}} \cdot \frac{\partial T_{gj}}{\partial y_{ig}} = -\eta \frac{\partial E_j}{\partial T_{gj}} r_{ij} \tag{6.94}$$

令

$$\delta_{gj} = -\frac{\partial E_j}{\partial T_{gj}} = -\frac{\partial E_j}{\partial h_{gj}} \cdot \frac{\partial h_{gj}}{\partial T_{gj}} = -\frac{\partial E_j}{\partial h_{gj}} 2h_{gj}^2 \left[\frac{1 - \sum_{i=1}^{m} y_{ig} r_{ij}}{\left(\sum_{i=1}^{m} y_{ik} r_{ij} \right)^3} \right] \tag{6.95}$$

$$\frac{\partial E_j}{\partial h_{gj}} = \frac{\partial E_j}{\partial T_{sj}} \cdot \frac{\partial T_{sj}}{\partial h_{gj}} = -\delta_{sj} y_{gs} \tag{6.96}$$

故

$$\delta_{gj} = -2\delta_{sj} y_{gs} h_{gj}^2 \left[\frac{1 - \sum_{i=1}^{m} y_{ig} r_{ij}}{\left(\sum_{i=1}^{m} y_{ig} r_{ij} \right)^3} \right] \tag{6.97}$$

则输入层的节点 g 与隐含层的节点 s 的权重调整量公式为

$$\Delta_j y_{ig} = 2\eta r_{ij} y_{gs} h_{gj}^2 \left[\frac{1 - \sum_{i=1}^{m} y_{ig} r_{ij}}{\left(\sum_{i=1}^{m} y_{ig} r_{ij} \right)^3} \right] \delta_{sj} \tag{6.98}$$

式中，δ_{sj} 由式（6.92）确定。式（6.93）、式（6.98）为模糊优选 BP 神经网络模型的权重调整模型。式（6.77）～式（6.98）构成模糊优选与 BP 神经网络相融合的综合评价模型，该模型以模糊优选理论模型的 Sigmoid 函数与 BP 神经网络的传递函数为桥梁，综合了基于模糊集合理论的模糊优选算法与 BP 神经网络算法。由于方案的选择不是简单的一

次性方案相对优属度大小的比较，需要根据待评价系统的特点综合考虑多方面的因素，利用建立的模糊优选 BP 神经网络综合评价模型，通过对话式的决策信息输入和反馈，可以实现方案优选过程的决策→反馈→再决策→再反馈的复杂过程，最终达到多方案评价与优选的目的。

6.3.2 火炮关键参数误差方案的评价与优选实例

1. 评价指标特征值的获取

根据区间优化理论与方法，以某大口径火炮上装部分为研究对象，对火炮关键参数及其误差进行区间不确定性优化[55]，得到如表 6.14 所示的火炮关键参数及其误差方案。表 6.14 中，不同的序号代表不同的方案，每种方案的每个设计变量均由名义尺寸和误差上、下限组成，实际加工制造过程中每个设计变量在由名义尺寸和误差上、下限组成的区间范围内的取值是随机的。X_i^c ($i = 1, 2, 3, 4, 5, 6$)为上架主要侧板、立板和筋板的关键结构尺寸参数。

表 6.14 火炮关键参数及其误差方案 （单位：mm）

方案序号	$X_1^c \pm \Delta X_1$	$X_2^c \pm \Delta X_2$	$X_3^c \pm \Delta X_3$	$X_4^c \pm \Delta X_4$	$X_5^c \pm \Delta X_5$	$X_6^c \pm \Delta X_6$
1	4.0±0.03	5.5±0.02	7.0±0.03	7.0±0.02	11.5±0.02	11.0±0.02
2	4.0±0.05	5.5±0.03	7.0±0.05	7.0±0.04	11.5±0.04	11.0±0.03
3	4.0±0.06	5.5±0.05	7.0±0.07	7.0±0.05	11.5±0.07	11.0±0.05
4	4.0±0.08	5.5±0.07	7.0±0.08	7.0±0.07	11.5±0.09	11.0±0.07
5	4.0±0.10	5.5±0.08	7.0±0.10	7.0±0.08	11.5±0.10	11.0±0.08
6	4.0±0.12	5.5±0.10	7.0±0.11	7.0±0.12	11.5±0.12	11.0±0.10
7	4.0±0.14	5.5±0.13	7.0±0.13	7.0±0.14	11.5±0.13	11.0±0.12
8	4.0±0.15	5.5±0.14	7.0±0.14	7.0±0.16	11.5±0.15	11.0±0.14
9	4.3±0.17	5.5±0.16	7.0±0.16	7.0±0.18	11.5±0.16	11.0±0.15
10	4.3±0.19	5.5±0.18	7.0±0.17	7.0±0.20	11.5±0.19	11.0±0.18
11	4.3±0.20	5.3±0.21	7.3±0.20	7.0±0.22	11.5±0.21	11.0±0.20
12	4.3±0.21	5.3±0.22	7.3±0.23	6.8±0.24	11.3±0.23	11.0±0.23
13	4.3±0.23	5.3±0.25	7.3±0.24	6.8±0.25	11.3±0.26	11.0±0.25
14	4.3±0.25	5.3±0.27	7.3±0.26	6.8±0.27	11.3±0.28	11.0±0.26
15	4.3±0.27	5.3±0.28	7.3±0.27	6.8±0.29	11.3±0.29	10.8±0.28
16	4.3±0.30	5.3±0.29	7.3±0.28	6.8±0.30	11.3±0.30	10.8±0.29
17	4.3±0.32	5.3±0.31	7.3±0.29	6.8±0.32	11.3±0.33	10.8±0.31
18	4.3±0.35	5.3±0.33	7.3±0.31	6.8±0.33	11.3±0.34	10.8±0.32

续表

方案序号	$X_1^c \pm \Delta X_1$	$X_2^c \pm \Delta X_2$	$X_3^c \pm \Delta X_3$	$X_4^c \pm \Delta X_4$	$X_5^c \pm \Delta X_5$	$X_6^c \pm \Delta X_6$
19	4.3±0.36	5.3±0.34	7.3±0.32	6.8±0.35	11.5±0.36	10.8±0.34
20	4.3±0.38	5.3±0.36	7.3±0.34	6.8±0.37	11.5±0.37	10.8±0.35
21	4.3±0.40	5.5±0.39	7.3±0.37	6.8±0.39	11.5±0.38	10.8±0.38
22	4.5±0.42	5.5±0.41	7.5±0.40	6.8±0.41	11.5±0.40	10.8±0.40
23	4.5±0.45	5.5±0.44	7.5±0.42	6.8±0.43	11.3±0.41	10.8±0.42
24	4.5±0.47	5.5±0.45	7.5±0.44	7.0±0.45	11.3±0.44	11.0±0.45
25	4.5±0.48	5.3±0.47	7.5±0.46	7.0±0.48	11.3±0.45	11.0±0.47
26	4.3±0.50	5.3±0.49	7.5±0.48	7.0±0.52	11.3±0.48	11.0±0.50
27	4.3±0.51	5.3±0.50	7.5±0.51	7.0±0.54	11.3±0.52	11.0±0.53
28	4.3±0.53	5.3±0.52	7.5±0.53	7.0±0.57	11.3±0.56	11.0±0.55
29	4.3±0.54	5.3±0.54	7.5±0.55	7.0±0.58	11.3±0.57	11.0±0.56
30	4.3±0.55	5.3±0.55	7.5±0.60	7.0±0.60	11.3±0.62	11.0±0.58

为获取每种方案对应每个评价指标的实际计算值和指标特征值，在所有设计变量的区间范围内用拉丁超立方抽样的方法取一定数量的样本点，将抽取的样本点赋予弹炮耦合的火炮结构动力学有限元近似模型进行计算，得到不同样本点的评价指标实际计算值，取所有样本点各个评价指标全部实际计算值的平均值作为该评价指标的最终计算值，再将其进行规范化处理后就得到评价指标的规范值。获取评价指标特征值的计算方法和步骤如图6.9所示。

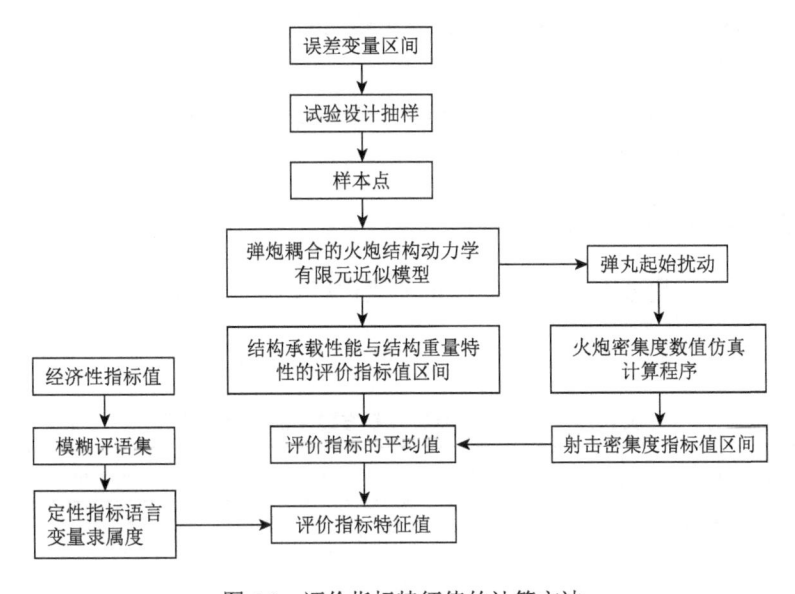

图 6.9 评价指标特征值的计算方法

评价指标的特征值是反映或描述评价对象性能指标的原始数据值。在建立的火炮关键参数误差方案的评价指标体系中，有些评价指标的特征值属于定量指标，可以通过相关的计算分析获得；有些评价指标的特征值属于定性指标，只能给出定性的估计和判断，用语言变量来描述，再给予一定的评价尺度。以下分析以表6.14中方案1为例阐述评价指标特征值的计算方法，其余方案参照同样的方法进行。

1）战术技术性能指标

通过建立由关键参数到起始扰动之间的近似模型，得到弹丸起始扰动的弹轴摆角、弹轴摆角速度，并计算速度偏角，再通过基于六自由度外弹道方程的密集度计算程序，得到方案1的横向射击密集度为 $u_{11} = 0.550$ mil，纵向射击密集度为 $u_{12} = 1/285$。

2）经济性指标

经济性指标用加工制造成本来衡量，具体从使用的材料种类，以及加工、制造、工艺的复杂度、安装的难易程度、材料的价格等方面来综合考量，由相关的设计人员评估得到。根据方案1的误差大小，经设计人员评议，其加工难度较为困难，对应的经济性指标评语为"很差"，根据表6.7，其隶属度可以表示为（0.67，0.33，0，0，0，0，0）。设置评价尺度集 $\boldsymbol{H} = (H_1, H_2, \cdots, H_7)^{\mathrm{T}}$，通过该评价尺度集 $\boldsymbol{H}$，可以将上述模糊性语言变量的隶属度向量转化为一个可以量化的标量，转化公式为

$$V = \boldsymbol{C}_i \cdot \boldsymbol{H} \tag{6.99}$$

式中，$\boldsymbol{C}_i$ 为定性指标语言变量的隶属度向量。取 $\boldsymbol{H} = (0, 0.1, 0.3, 0.5, 0.7, 0.9, 1)$，通过式（6.99），可以计算得到方案1经济性指标的量化值为 $u_{21} = 0.033$。

3）结构强度和刚度指标

对于结构强度、刚度的指标值，利用图6.9所示的评价指标特征值的计算方法，求得后坐过程中结构最大应力值为216.0MPa，最大变形位移值为4.33mm，即强度指标特征值 $u_{31} = 216.0$ MPa，刚度指标特征值 $u_{32} = 4.33$ mm。

4）结构自重

基于弹炮耦合火炮结构动力学有限元近似模型，求得上架设计区域部分的结构自重的指标特征值 $u_{41} = 81.59$ kg。

2. 方案评价指标特征值汇总

对表6.14中其他方案的评价指标特征值进行计算，将结果进行汇总，如表6.15所示。

表6.15 火炮关键参数误差方案评价指标特征值

方案序号	u_{11}/mil	u_{12}	u_{21}	u_{31}/MPa	u_{32}/mm	u_{41}/kg
1	0.550	1/285	0.033	216.0	4.33	81.59
2	0.539	1/330	0.033	225.0	4.38	82.76

续表

方案序号	u_{11}/mil	u_{12}	u_{21}	u_{31}/MPa	u_{32}/mm	u_{41}/kg
3	0.501	1/311	0.033	213.4	4.28	88.45
4	0.529	1/301	0.033	222.4	4.97	84.83
5	0.578	1/316	0.033	217.3	4.92	78.62
6	0.543	1/287	0.033	212.1	3.80	76.03
7	0.553	1/325	0.033	204.4	4.19	74.96
8	0.518	1/306	0.033	221.1	4.53	75.52
9	0.602	1/299	0.033	207.0	4.24	76.55
10	0.595	1/290	0.033	205.7	4.82	85.34
11	0.599	1/328	0.033	210.8	4.09	83.28
12	0.564	1/280	0.125	195.5	4.14	82.24
13	0.585	1/304	0.125	199.3	3.99	89.48
14	0.525	1/294	0.125	203.1	3.60	86.38
15	0.557	1/318	0.125	219.8	3.65	87.93
16	0.560	1/323	0.175	208.3	4.73	88.97
17	0.505	1/282	0.175	228.8	4.43	81.72
18	0.588	1/308	0.175	227.5	4.48	86.90
19	0.546	1/292	0.175	200.6	4.87	77.07
20	0.511	1/321	0.175	201.9	4.77	80.69
21	0.567	1/283	0.470	223.7	4.58	79.14
22	0.571	1/313	0.470	226.2	3.84	77.59
23	0.532	1/297	0.470	194.2	4.68	87.41
24	0.508	1/320	0.470	214.7	3.70	79.66
25	0.522	1/296	0.470	209.6	3.89	83.79
26	0.581	1/314	0.875	191.6	4.63	81.21
27	0.515	1/302	0.875	192.9	4.04	78.10
28	0.592	1/289	0.875	218.5	3.75	84.31
29	0.536	1/327	0.875	196.7	3.94	85.86
30	0.574	1/309	0.875	198.0	3.55	80.17

将表 6.15 转换成方案集指标特征值矩阵 A：

$$A = \begin{bmatrix} 0.550 & 1/285 & 0.033 & 216.0 & 4.33 & 81.59 \\ 0.539 & 1/330 & 0.033 & 225.0 & 4.38 & 82.76 \\ 0.501 & 1/311 & 0.033 & 213.4 & 4.28 & 88.45 \\ 0.529 & 1/301 & 0.033 & 222.4 & 4.97 & 84.83 \\ 0.578 & 1/316 & 0.033 & 217.3 & 4.92 & 78.62 \\ 0.543 & 1/287 & 0.033 & 212.1 & 3.80 & 76.03 \\ 0.553 & 1/325 & 0.033 & 204.4 & 4.19 & 74.96 \\ 0.518 & 1/306 & 0.033 & 221.1 & 4.53 & 75.52 \\ 0.602 & 1/299 & 0.033 & 207.0 & 4.24 & 76.55 \\ 0.595 & 1/290 & 0.033 & 205.7 & 4.82 & 85.34 \\ 0.599 & 1/328 & 0.033 & 210.8 & 4.09 & 83.28 \\ 0.564 & 1/280 & 0.125 & 195.5 & 4.14 & 82.24 \\ 0.585 & 1/304 & 0.125 & 199.3 & 3.99 & 89.48 \\ 0.525 & 1/294 & 0.125 & 203.1 & 3.60 & 86.38 \\ 0.557 & 1/318 & 0.125 & 219.8 & 3.65 & 87.93 \\ 0.560 & 1/323 & 0.175 & 208.3 & 4.73 & 88.97 \\ 0.505 & 1/282 & 0.175 & 228.8 & 4.43 & 81.72 \\ 0.588 & 1/308 & 0.175 & 227.5 & 4.48 & 86.90 \\ 0.546 & 1/292 & 0.175 & 200.6 & 4.87 & 77.07 \\ 0.511 & 1/321 & 0.175 & 201.9 & 4.77 & 80.69 \\ 0.567 & 1/283 & 0.470 & 223.7 & 4.58 & 79.14 \\ 0.571 & 1/313 & 0.470 & 226.2 & 3.84 & 77.59 \\ 0.532 & 1/297 & 0.470 & 194.2 & 4.68 & 87.41 \\ 0.508 & 1/320 & 0.470 & 214.7 & 3.70 & 79.66 \\ 0.522 & 1/296 & 0.470 & 209.6 & 3.89 & 83.79 \\ 0.581 & 1/314 & 0.875 & 191.6 & 4.63 & 81.21 \\ 0.515 & 1/302 & 0.875 & 192.9 & 4.04 & 78.10 \\ 0.592 & 1/289 & 0.875 & 218.5 & 3.75 & 84.31 \\ 0.536 & 1/327 & 0.875 & 196.7 & 3.94 & 85.86 \\ 0.574 & 1/309 & 0.875 & 198.0 & 3.55 & 80.17 \end{bmatrix}^{\mathrm{T}}$$

根据所建立的火炮关键参数误差方案评价指标体系，有 6 个代表火炮不同性能参数的评价指标，这些评价指标的特征值没有统一的度量标准，为更好地实施误差方案的综合评价，需要将这些评价指标的特征值进行规范化处理，将不同指标的特征值都变换到 [0, 1] 之间。根据评价指标属性的不同，分为越大越优型指标和越小越优型指标，分别按照式（6.10）和式（6.11），将评价指标特征值矩阵 A 进行规范化处理，得到方案 j 评价

指标 i 的特征值经过规范化处理后的评价指标特征值规范化矩阵 K，该矩阵的行分别代表 6 个不同的评价指标，其列分别代表 30 种不同的方案。经过规范化处理后的评价指标特征值矩阵 K 如下：

$$K = \begin{bmatrix}
0.5168 & 0.1197 & 0.0000 & 0.3449 & 0.4486 & 0.5434 \\
0.6208 & 1.0000 & 0.0000 & 0.1035 & 0.4141 & 0.4628 \\
1.0000 & 0.6585 & 0.0000 & 0.4137 & 0.4831 & 0.0709 \\
0.7238 & 0.4541 & 0.0000 & 0.1723 & 0.0000 & 0.3202 \\
0.2416 & 0.7558 & 0.0000 & 0.3102 & 0.0345 & 0.7479 \\
0.5861 & 0.1587 & 0.0000 & 0.4484 & 0.8275 & 0.9263 \\
0.4832 & 0.9109 & 0.0000 & 0.6551 & 0.5514 & 1.0000 \\
0.8277 & 0.5580 & 0.0000 & 0.2070 & 0.3106 & 0.9614 \\
0.0000 & 0.4188 & 0.0000 & 0.5863 & 0.5169 & 0.8905 \\
0.0693 & 0.2350 & 0.0000 & 0.6207 & 0.1035 & 0.2851 \\
0.0347 & 0.9707 & 0.0000 & 0.4828 & 0.6204 & 0.4270 \\
0.3792 & 0.0000 & 0.1093 & 0.8965 & 0.5859 & 0.4986 \\
0.1723 & 0.5239 & 0.1093 & 0.7930 & 0.6894 & 0.0000 \\
0.7584 & 0.3098 & 0.1093 & 0.6898 & 0.9655 & 0.2135 \\
0.4485 & 0.7874 & 0.1093 & 0.2414 & 0.9310 & 0.1067 \\
0.4139 & 0.8804 & 0.1686 & 0.5516 & 0.1725 & 0.0351 \\
0.9653 & 0.0403 & 0.1686 & 0.0000 & 0.3796 & 0.5344 \\
0.1376 & 0.5920 & 0.1686 & 0.0344 & 0.3451 & 0.1777 \\
0.5515 & 0.2727 & 0.1686 & 0.7586 & 0.0690 & 0.8547 \\
0.8970 & 0.8498 & 0.1686 & 0.7242 & 0.1380 & 0.6054 \\
0.3446 & 0.0803 & 0.5190 & 0.1379 & 0.2761 & 0.7121 \\
0.3099 & 0.6913 & 0.5190 & 0.0691 & 0.7930 & 0.8189 \\
0.6901 & 0.3828 & 0.5190 & 0.9309 & 0.2070 & 0.1426 \\
0.9307 & 0.8189 & 0.5190 & 0.3793 & 0.8965 & 0.6763 \\
0.7931 & 0.3466 & 0.5190 & 0.5172 & 0.7585 & 0.3919 \\
0.2069 & 0.7236 & 1.0000 & 1.0000 & 0.2415 & 0.5696 \\
0.8624 & 0.3828 & 1.0000 & 0.9656 & 0.6549 & 0.7837 \\
0.1030 & 0.1971 & 1.0000 & 0.2758 & 0.8620 & 0.3561 \\
0.6554 & 0.9408 & 1.0000 & 0.8621 & 0.7239 & 0.2493 \\
0.2762 & 0.6254 & 1.0000 & 0.8277 & 1.0000 & 0.6412
\end{bmatrix}^T$$

依据评价指标的特征值表 6.15 和评价指标特征值规范化矩阵 K，将误差方案各个评价指标的特征值（FV）和指标特征值经过规范化处理后的规范值（NV）进行汇总，如表 6.16 所示。

表 6.16　火炮关键参数误差方案各个评价指标的特征值和指标规范值汇总

方案序号	u_{11} FV	u_{11} NV	u_{12} FV	u_{12} NV	u_{21} FV	u_{21} NV	u_{31} FV	u_{31} NV	u_{32} FV	u_{32} NV	u_{41} FV	u_{41} NV
1	0.550	0.5168	1/285	0.1197	0.033	0.0000	216.0	0.3449	4.33	0.4486	81.59	0.5434
2	0.539	0.6208	1/330	1.0000	0.033	0.0000	225.0	0.1035	4.38	0.4141	82.76	0.4628
3	0.501	1.0000	1/311	0.6585	0.033	0.0000	213.4	0.4137	4.28	0.4831	88.45	0.0709
4	0.529	0.7238	1/301	0.4541	0.033	0.0000	222.4	0.1723	4.97	0.0000	84.83	0.3202
5	0.578	0.2416	1/316	0.7558	0.033	0.0000	217.3	0.3102	4.92	0.0345	78.62	0.7479
6	0.543	0.5861	1/287	0.1587	0.033	0.0000	212.1	0.4484	3.80	0.8275	76.03	0.9263
7	0.553	0.4832	1/325	0.9109	0.033	0.0000	204.4	0.6551	4.19	0.5514	74.96	1.0000
8	0.518	0.8277	1/306	0.5580	0.033	0.0000	221.1	0.2070	4.53	0.3106	75.52	0.9614
9	0.602	0.0000	1/299	0.4188	0.033	0.0000	207.0	0.5863	4.24	0.5169	76.55	0.8905
10	0.595	0.0693	1/290	0.2350	0.033	0.0000	205.7	0.6207	4.82	0.1035	85.34	0.2851
11	0.599	0.0347	1/328	0.9707	0.033	0.0000	210.8	0.4828	4.09	0.6204	83.28	0.4270
12	0.564	0.3792	1/280	0.0000	0.125	0.1093	195.5	0.8965	4.14	0.5859	82.24	0.4986
13	0.585	0.1723	1/304	0.5239	0.125	0.1093	199.3	0.7930	3.99	0.6894	89.48	0.0000
14	0.525	0.7584	1/294	0.3098	0.125	0.1093	203.1	0.6898	3.60	0.9655	86.38	0.2135
15	0.557	0.4485	1/318	0.7874	0.125	0.1093	219.8	0.2414	3.65	0.9310	87.93	0.1067
16	0.560	0.4139	1/323	0.8804	0.175	0.1686	208.3	0.5516	4.73	0.1725	88.97	0.0351
17	0.505	0.9653	1/282	0.0403	0.175	0.1686	228.8	0.0000	4.43	0.3796	81.72	0.5344
18	0.588	0.1376	1/308	0.5920	0.175	0.1686	227.5	0.0344	4.48	0.3451	86.9	0.1777
19	0.546	0.5515	1/292	0.2727	0.175	0.1686	200.6	0.7586	4.87	0.0690	77.07	0.8547
20	0.511	0.8970	1/321	0.8498	0.175	0.1686	201.9	0.7242	4.77	0.1380	80.69	0.6054
21	0.567	0.3446	1/283	0.0803	0.47	0.5190	223.7	0.1379	4.58	0.2761	79.14	0.7121
22	0.571	0.3099	1/313	0.6913	0.47	0.5190	226.2	0.0691	3.84	0.7930	77.59	0.8189
23	0.532	0.6901	1/297	0.3828	0.47	0.5190	194.2	0.9309	4.68	0.2070	87.41	0.1426
24	0.508	0.9307	1/320	0.8189	0.47	0.5190	214.7	0.3793	3.70	0.8965	79.66	0.6763
25	0.522	0.7931	1/296	0.3466	0.47	0.5190	209.6	0.5172	3.89	0.7585	83.79	0.3919
26	0.581	0.2069	1/314	0.7236	0.875	1.0000	191.6	1.0000	4.63	0.2415	81.21	0.5696
27	0.515	0.8624	1/302	0.3828	0.875	1.0000	192.9	0.9656	4.04	0.6549	78.1	0.7837
28	0.592	0.1030	1/289	0.1971	0.875	1.0000	218.5	0.2758	3.75	0.8620	84.31	0.3561
29	0.536	0.6554	1/327	0.9408	0.875	1.0000	196.7	0.8621	3.94	0.7239	85.86	0.2493
30	0.574	0.2762	1/309	0.6254	0.875	1.0000	198.0	0.8277	3.55	1.0000	80.17	0.6412

3. 模糊优选神经网络评价模型的结构与参数

以火炮关键参数误差方案综合评价与优选系统的总输出值最大为目标，根据所建立的火炮关键参数误差方案评价指标体系，将系统分解为四个子系统，分别为战术技术性能、经济性、结构承载性能、结构重量性能，并将其作为模糊优选 BP 神经网络模型的隐含层。各个子系统的评价指标特征值作为网络模型的输入层，包括横向密集度 u_{11} 及纵向密集度 u_{12}、加工制造成本 u_{21}、结构强度 u_{31} 及结构刚度 u_{32}、结构自重 u_{41}。方案综合评价与优选系统的模型结构如图 6.10 所示，图中模型的输入层、隐含层、输出层的激励函数采用式（6.24）表示的模糊优选模型。

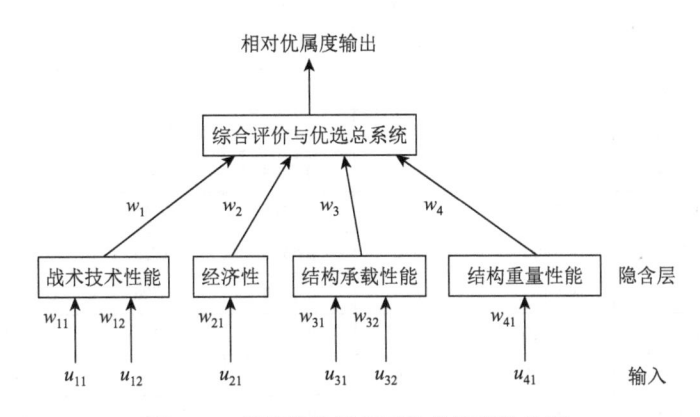

图 6.10 模糊优选神经网络的模型结构图

根据 6.1 节中得出的评价指标的权重值，网络的隐含层到输出层的连接权重值分别为 $w_1 = 0.5563$、$w_2 = 0.0808$、$w_3 = 0.2488$、$w_4 = 0.1141$，输入层到隐含层的连接权重值分别为 $w_{11} = 0.25$、$w_{12} = 0.75$、$w_{21} = 1.0$、$w_{31} = 0.75$、$w_{32} = 0.25$、$w_{41} = 1.0$。

4. 模糊优选神经网络的训练

取表 6.14 中前 20 种方案，按照图 6.9 所示的获取评价指标特征值的方法，对评价指标的特征值进行规范化处理。根据 6.1.2 节建立的火炮关键参数误差方案优选指标体系和 6.1.3 节求得的评价指标权重值，对表 6.14 的前 20 种方案进行模糊综合评价，得到每种方案的相对优属度值。这些方案的评价指标规范值和方案的相对优属度值分别作为模糊优选神经网络模型的训练样本和网络的期望值输出，如表 6.17 所示。

表 6.17 模糊优选 BP 神经网络模型的训练样本

样本序号	u_{11}	u_{12}	u_{21}	u_{31}	u_{32}	u_{41}	期望值
1	0.5168	0.1197	0.0000	0.3449	0.4486	0.5434	0.1270
2	0.6208	1.0000	0.0000	0.1035	0.4141	0.4628	0.6949
3	1.0000	0.6585	0.0000	0.4137	0.4831	0.0709	0.5581

续表

样本序号	评价指标规范值							期望值
	u_{11}	u_{12}	u_{21}	u_{31}	u_{32}	u_{41}	
4	0.7238	0.4541	0.0000	0.1723	0.0000	0.3202	0.2385
5	0.2416	0.7558	0.0000	0.3102	0.0345	0.7479	0.4886
6	0.5861	0.1587	0.0000	0.4484	0.8275	0.9263	0.2877
7	0.4832	0.9109	0.0000	0.6551	0.5514	1.0000	0.8662
8	0.8277	0.5580	0.0000	0.2070	0.3106	0.9614	0.5311
9	0.0000	0.4188	0.0000	0.5863	0.5169	0.8905	0.3401
10	0.0693	0.2350	0.0000	0.6207	0.1035	0.2851	0.1124
11	0.0347	0.9707	0.0000	0.4828	0.6204	0.4270	0.6693
12	0.3792	0.0000	0.1093	0.8965	0.5859	0.4986	0.1843
13	0.1723	0.5239	0.1093	0.7930	0.6894	0.0000	0.3859
14	0.7584	0.3098	0.1093	0.6898	0.9655	0.2135	0.4140
15	0.4485	0.7874	0.1093	0.2414	0.9310	0.1067	0.5297
16	0.4139	0.8804	0.1686	0.5516	0.1725	0.0351	0.6110
17	0.9653	0.0403	0.1686	0.0000	0.3796	0.5344	0.0993
18	0.1376	0.5920	0.1686	0.0344	0.3451	0.1777	0.1923
19	0.5515	0.2727	0.1686	0.7586	0.0690	0.8547	0.3961
20	0.8970	0.8498	0.1686	0.7242	0.1380	0.6054	0.8519

神经网络的传递函数采用模糊优选公式（6.24），隐含层到输出层、输入层到隐含层的权重调整量根据式（6.93）和式（6.98）进行计算。为使综合评价的结果更为准确，提高网络训练的效率和训练的精度，取学习效率为0.95，冲量因子为0.8，训练精度为1×10^{-4}。为提高神经网络的泛化能力，采用贝叶斯正则化的算法对网络进行训练，经过对网络的设计和训练，神经网络满足设定的条件，模糊优选BP神经网络对训练样本的计算结果如表6.18所示。

表6.18 模糊优选BP神经网络计算结果

样本序号	目标值	评价值	残差	相对误差
1	0.1270	0.1272	0.0003	0.226%
2	0.6949	0.6946	−0.0003	−0.041%
3	0.5581	0.5583	0.0002	0.044%
4	0.2385	0.2384	−0.0001	−0.058%
5	0.4886	0.4886	0.0000	0.001%
6	0.2877	0.2878	0.0001	0.022%
7	0.8662	0.8653	−0.0009	−0.105%
8	0.5311	0.5311	−0.0001	−0.010%

续表

样本序号	目标值	评价值	残差	相对误差
9	0.3401	0.3400	−0.0001	−0.030%
10	0.1124	0.1128	0.0003	0.307%
11	0.6693	0.6696	0.0003	0.047%
12	0.1843	0.1846	0.0003	0.183%
13	0.3859	0.3855	−0.0004	−0.105%
14	0.4140	0.4137	−0.0003	−0.081%
15	0.5297	0.5297	0.0000	−0.003%
16	0.6110	0.6101	−0.0009	−0.149%
17	0.0993	0.0995	0.0002	0.233%
18	0.1923	0.1922	−0.0001	−0.062%
19	0.3961	0.3959	−0.0003	−0.068%
20	0.8519	0.8511	−0.0008	−0.096%

由表6.18可知，网络训练样本的输出值与期望值均比较接近，相对误差较小，因此模糊优选BP神经网络模型的收敛效果较好，经过上述训练好的模糊优选BP神经网络模型就是所要建立的火炮关键参数误差方案综合评价与优选的模型。

应用建立的火炮关键参数误差方案模糊优选BP神经网络模型对检验样本——方案21进行相对优属度的计算，得到方案21的指标优属度值为0.0976，经过模糊优选公式(6.24)计算得到方案21的相对优属度值为0.0973，两种方法所计算的相对优属度之间的相对误差仅为0.324%，表明模糊优选BP神经网络模型应用于火炮关键参数误差方案的优选基本可行。

5. 火炮关键参数误差方案的综合评价与优选

利用所建立的模糊优选BP神经网络模型，对表6.14中剩余的29种方案进行仿真计算，得到其相对优属度值，将所有方案的相对优属度值进行汇总，如表6.19所示。

表6.19 火炮关键参数误差方案相对优属度

方案序号	相对优属度	方案序号	相对优属度	方案序号	相对优属度
1	0.1272	11	0.6696	21	0.0973
2	0.6946	12	0.1846	22	0.5585
3	0.5583	13	0.3855	23	0.5008
4	0.2384	14	0.4137	24	0.8644
5	0.4886	15	0.5297	25	0.4704
6	0.2878	16	0.6101	26	0.8156
7	0.8653	17	0.0995	27	0.8057
8	0.5311	18	0.1922	28	0.1856
9	0.3400	19	0.3959	29	0.9408
10	0.1128	20	0.8511	30	0.8045

由表 6.19 可知，方案 29 的相对优属度值最大，方案 7、方案 20、方案 24 的相对优属度值次之，将以上这 4 个方案按照相对优属值的大小进行排序，排序结果为：方案 29＞方案 7＞方案 24＞方案 20。由排序结果可知，方案 29 为最优的方案。在建立的火炮关键参数误差方案评价指标体系中，射击密集度的指标是最重要的，其次是结构的承载性能，体现在评价中相应的指标权重值也较大。以上这 4 个方案的射击密集度指标特征值相对于其他方案较大，排序的结果也很好地验证了这一点。因此，通过对火炮关键参数误差方案相对优属度进行计算分析，可以为设计人员和决策者在方案的优选时提供一定的参考。在工程实际中，可以综合考虑评价对象的其他一些性能指标和生产中的工艺条件、成本控制、决策者的偏好等，进行相应权重值的调整，重新计算方案的优属度值，进行方案的综合评价与优选。

由于火炮武器系统本身的复杂性，设计方案的评价结果可能与某些专家打分的评价结果不一致；对于评价模型中权重集的求解，根据评价对象系统的具体性能指标，不同决策者的偏好有所不同，也会得到不同的评价结果。不同方案的综合评价与优选，往往不是简单的一次性方案相对优属度大小的计算和比较，而需要综合考虑多方面的因素，因此，火炮关键参数误差方案的优选过程应该是决策→反馈→再决策→再反馈的复杂迭代过程。通过建立的模糊优选 BP 神经网络评价模型，可以实现对话式的决策信息输入与反馈，最终达到方案优选的目的。

基于以上模糊优选 BP 神经网络评价模型在火炮关键参数误差方案综合评价与优选中的应用研究，可以得到以下结论。

（1）模糊优选和神经网络相结合的评价方法将评价指标的获取、专家的评价、指标权重集的计算分析和模糊集合理论等有机结合起来，能够较好地模拟专家或决策者评价的全过程，该评价方法简化了复杂的运算过程，有较强的容错能力和自学习能力。

（2）神经网络用于复杂对象系统多指标综合评价，其传递函数的特性和模糊优选模型函数的特性相似，神经网络模型的训练样本由评价指标的特征值组成，而评价指标的特征值是根据模糊数学的隶属度定义，并经过转化后得到的，这种方法充分考虑了评价指标之间的相关关系。在对样本进行训练时，神经网络通过比较样本输出值与期望值之间的误差，沿着网络输出、输入之间的连接关系自动地进行反馈调节与计算，因此，该方法能够实现评价过程的反馈与再评价，最终达到优选的目的。

（3）提高模糊优选 BP 神经网络综合评价模型的准确性与可靠性，应合理地选择神经网络的训练算法，提高网络的泛化能力，通过引入智能优化算法对网络模型进行优化，进一步提高网络训练与学习的精度。

参 考 文 献

[1] 张相炎. 火炮概论[M]. 北京：国防工业出版社，2013.
[2] 薄煜明，郭治，钱龙军，等. 现代火控理论与应用基础[M]. 北京：科学出版社，2012.
[3] 马福球，陈运生，朵英贤. 火炮与自动武器[M]. 北京：北京理工大学出版社，2003.
[4] 钟毅芳，陈柏鸿，王周宏. 多学科综合优化设计原理与方法[M]. 武汉：华中科技大学出版社，2006.
[5] 王丽群. 面向火炮发射动力学问题的区间不确定性分析与优化方法研究[D]. 南京：南京理工大学，2020.
[6] 周华任，张晟，穆松. 综合评价方法及其军事应用[M]. 北京：清华大学出版社，2015.
[7] 孙东川，孙凯，钟拥军. 系统工程引论[M]. 4版. 北京：清华大学出版社，2019.
[8] 叶文，李海军，胡卫强. 航空武器系统分析[M]. 北京：国防工业出版社，2011.
[9] 严广乐，张宁，刘嫒华. 系统工程[M]. 北京：机械工业出版社，2008.
[10] 魏巍，闫清东. 装甲车辆设计[M]. 北京：北京理工大学出版社，2020.
[11] 王玉泉. 装备费用-效能分析[M]. 北京：国防工业出版社，2010.
[12] Steward D V. The design structure system: a method for managing the design of complex systems[J]. IEEE Transactions on Engineering Management，1981（28）：71-74.
[13] Wagner T C, Papalambros P Y. A general framework for decomposition analysis in optimal design[J]. Advances in Design Automation，1993（2）：315-325.
[14] Cramer E, Frank P, Shubin G, et al. On alternative problem formulations for multidisciplinary design optimization[C]. The 4th Symposium on Multidisciplinary Analysis and Optimization，Cleveland，1992：4752.
[15] Balling R J, Sobieszczanski-Sobieski J. Optimization of coupled systems-a critical overview of approaches[J]. AIAA Journal，1996，34（1）：6-17.
[16] Haftka R T, Sobieszczanski-Sobieski J, Padula S L. On options for interdisciplinary analysis and design optimization[J]. Structural Optimization，1992，4（2）：65-74.
[17] Cramer E J, Dennis J, Jr Dennis J E, et al. Problem formulation for multidisciplinary optimization[J]. SIAM Journal on Optimization，1994，4（4）：754-776.
[18] Sobieszczanski-Sobieski J. Optimization by decomposition: a step from hierarchic to non-hierarchic systems[C]. The 2nd NASA/Air Force Symposium on Recent Advances in Multidisciplinary Analysis and Optimization，Hampton，1988.
[19] Bloebaum C L, Hajela P, Sobieszczanski-Sobieski J. Non-hierarchic system decomposition in structural optimization[J]. Engineering Optimization，1992，19（3）：171-186.
[20] Renaud J E, Gabriele G A. Approximation in nonhierarchic system optimization[J]. AIAA Journal，1994，32（1）：198-205.
[21] Kroo I. Multidisciplinary optimization methods for aircraft preliminary design[R]. AIAA-96-0714，1996：791-799.
[22] Sobieszczanski-Sobieski J, Agte J, Sandusky J. Bi-level integrated system synthesis（BLISS）[C]. The 7th AIAA/USAF/NASA/ISSMO Symposium on Multidisciplinary Analysis and Optimization，St. Louis，MO，1998.

[23] Sobieszczanski-Sobieski J. A linear decomposition method of large optimization problems-blueprint for development[R]. NASA TM-83248, 1982.

[24] Martins J. Course notes for AEROSP 588: multidisciplinary design optimization[D]. Lansing: Michigan State University, 2012.

[25] 方开泰, 刘民千, 周永道. 试验设计与建模[M]. 北京: 高等教育出版社, 2013.

[26] Morris M D, Mitchell T J. Exploratory designs for computational experiments[J]. Journal of Statistical Planning and Inference, 1995, 43 (3): 381-402.

[27] Koehler J R, Owen A B. Computer Experiments[M]. Amsterdam: Elsevier Science, 1996.

[28] Johnson M E, Moore L M, Ylvisaker D. Minimax and maximin distance designs[J]. Journal of Statistical Planning and Inference, 1990, 26 (2): 131-148.

[29] Myers R, Montgomery D. Response surface methodology: process and product optimization using designed experiments[M]. New York: John Wiley & Sons, 1995.

[30] Sacks J, Welch W J, Mitchell T J, et al. Design and analysis of computer experiments[J]. Statistical Science, 1989, 4 (4): 409-423.

[31] Clarke S M, Griebsch J H, Simpson T W. Analysis of support vector regression for approximation of complex engineering analyses[J]. Journal of Mechanical Design, 2005, 127 (6): 1077-1087.

[32] Hajela P, Berke L. Neural networks in structural analysis and design: an overview[J]. Computing Systems in Engineering, 1992, 3 (1-4): 525-538.

[33] Hardy R L. Multiquadric equations of topography and other irregular surfaces[J]. Journal of Geophysical Research Atmospheres, 1971, 76 (8): 1905-1915.

[34] 李树立. 大口径火炮身管内膛磨损数值模拟与系统优化研究[D]. 南京: 南京理工大学, 2019.

[35] 姜潮, 韩旭, 谢慧超. 区间不确定性优化设计理论与方法[M]. 北京: 科学出版社, 2017.

[36] Fu C M, Cao L X, Tang J C, et al. A subinterval decomposition analysis method for uncertain structures with large uncertainty parameters[J]. Computers and Structures, 2018, 197: 58-69.

[37] Zhou Y T, Jiang C, Han X. Interval and subinterval analysis methods of the structural analysis and their error estimations[J]. International Journal of Computational Methods, 2006, 3 (2): 229-244.

[38] Xia B Z, Yu D J. Modified sub-interval perturbation finite element method for 2D acoustic field prediction with large uncertain-but-bounded parameters[J]. Journal of Sound and Vibration, 2012, 331 (16): 3774-3790.

[39] 董荣梅. 面向工程不确定问题的稳健优化设计理论与方法研究[D]. 大连: 大连理工大学, 2010.

[40] Jiang C, Han X, Liu G R. Optimization of structures with uncertain constraints based on convex model and satisfaction degree of interval[J]. Computer Methods in Applied Mechanics and Engineering, 2007, 196 (49-52): 4791-4800.

[41] Ishibuchi H, Tanaka H. Multiobjective programming in optimization of the interval objective function[J]. European Journal of Operational Research, 1990, 48 (2): 219-225.

[42] 陈小前, 姚雯, 欧阳琦. 飞行器不确定性多学科设计优化理论与应用[M]. 北京: 科学出版社, 2013.

[43] 马龙华. 不确定系统的鲁棒优化方法及应用研究[D]. 杭州: 浙江大学, 2001.

[44] Chakraborty S, Roy B K. Reliability based optimum design of Tuned Mass Damper in seismic vibration control of structures with bounded uncertain parameters[J]. Probabilistic Engineering Mechanics, 2011, 26 (2): 215-221.

[45] Jiang C, Han X, Guan F J, et al. An uncertain structural optimization method based on nonlinear interval number programming and interval analysis method[J]. Engineering Structures, 2007, 29(11): 3168-3177.

[46] 赵子衡. 区间不确定性优化的若干高效算法研究及应用[D]. 长沙: 湖南大学, 2012.

[47] Leshno M, Lin V Y, Pinkus A, et al. Multilayer feedforward networks with a non-polynomial activation function can approximate any function[J]. Neural Networks, 1993, 6 (6): 861-867.

[48] Pinkus A. Approximation theory of the MLP model in neural networks[J]. Acta Numerica, 1999, 8: 143-195.

[49] Guliyev N J, Ismailov V E. On the approximation by single hidden layer feedforward neural networks with fixed weights[J]. Neural Networks, 2018, 98: 296-304.

[50] Guliyev N J, Ismailov V E. Approximation capability of two hidden layer feedforward neural networks with fixed weights[J]. Neurocomputing, 2018, 316: 262-269.

[51] Guo J A, Du X P. Reliability analysis for multidisciplinary systems with random and interval variables[J]. AIAA Journal, 2010, 48 (1): 82-91.

[52] Gunawan S. Parameter sensitivity measures for single objective, multi-objective, and feasibility robust design optimization[D]. Maryland: University of Maryland, 2004.

[53] 姜潮. 基于区间的不确定性优化理论与算法[D]. 长沙：湖南大学, 2008.

[54] 刘丹. 火炮关键参数误差方案模糊综合评价研究[D]. 南京：南京理工大学, 2017.

[55] 李志旭. 火炮关键参数误差方案的模糊优选神经网络综合评价研究[D]. 南京：南京理工大学, 2017.